层状金属复合板材的制备及性能评价

■ 姬 帅 刘嘉庚◎著

中国石化出版社
·北京·

内　容　提　要

　　本书介绍了利用层状复合技术制备钛-钢、钛-铝、高硅电工钢、高铬铸铁等四种不同复合板材的方法及显微组织演变、结构表征、性能测试等方面的结果，具体包括铸坯制备、塑性加工、热处理工艺、性能测试及后续工艺改良等。

　　本书可供材料领域相关科研人员和工程技术人员参考。

图书在版编目（CIP）数据

层状金属复合板材的制备及性能评价／姬帅，刘嘉庚著．--北京：中国石化出版社，2024.9. -- ISBN 978-7-5114-7691-3

Ⅰ.TG147

中国国家版本馆 CIP 数据核字第 20243KN174 号

中国石化出版社出版发行

地址:北京市东城区安定门外大街 58 号

邮编:100011　电话:(010)57512500

发行部电话:(010)57512575

http://www.sinopec-press.com

E-mail:press@ sinopec.com

北京艾普海德印刷有限公司印刷

全国各地新华书店经销

*

787 毫米×1092 毫米 16 开本 18.5 印张 440 千字

2024 年 9 月第 1 版　2024 年 9 第 1 次印刷

定价:118.00 元

前　言

随着科学技术日新月异的发展，人类对材料的要求也逐渐变得更为严格、苛刻。同时，可持续绿色发展的思路及材料越来越严苛的服役条件，也催生了对性能更优材料的研究探索。金属基复合材料在结构上综合了不同组元的优点，在成分上弥补了各组元的不足，具有单一金属（或合金）无法比拟的优异综合性能，成为当今材料科学的研究热点之一。层状金属复合材料是利用复合技术使得两种（或两种以上）物理、化学、机械性能不同的金属之间实现牢固的冶金结合，而得到一种新型的复合材料。其中的各层金属仍保持各自原有的特性，但是，整体的物理、化学、机械性能比单一的金属有本质的提高。

早期关于层状复合材料的研究主要集中在制备工艺和综合性能方面。经过中外学者几十年的不断研究和开发，层状金属复合材料在制备、加工、生产等方面逐渐得到完善，但依然存在一些不足。未来的层状金属复合材料在新的种类配比、结构设计、加工方法、复合机制、应用性能等方面还需要大量的系统研究。

随着信息产业的高速发展，高硅电工钢已显示出更大的优越性，更适合制造高速高频电机、音频和高频变压器、扼流线圈和高频下的磁屏蔽等设备，这是由于频率越高，高硅电工钢低铁损的优势越明显。由于磁性能的提高、硅含量的增加可以大幅度减小有关电气设备的质量和体积，因此可以调高电子和电气元件的效率和灵敏度，提高工作效率。然而，由于高硅电工钢中 Si 含量较高、有序相的出现、Si 的共价键本质等特性导致其固溶强化大、硬度高，合金变得既硬又脆；与含 Si 量较低的硅钢相比，该合金硬度和脆性升高趋势明显，使得机械加工、力学性能明显恶化，难以采用常规的轧制方法加工成薄板，从而阻碍了其广泛应用。近些年，伴随着新制备工艺的出现，研究人员尝试通过避开该合金的脆性加工区来制备该合金薄板。例如，工业发达国家相继采用化学气相沉积法(CVD法)、快速凝固法、粉末压延法等来制备高硅电工钢薄板。但是，快速凝固工艺只能制备比较薄和比较窄的条带；而特殊轧制工艺由于生产过程复杂、生产成本高、品种规格有限、质量难以控制等缺点，目前仍停留在实验室研发阶段；CVD工艺比较复杂，对环境污染严重，且得到的板面质量较差。若能提升高硅电工钢合金的室温塑性，用传统的轧制方法制备该合金薄板，必将产生巨大的经济效益。因此，研究出一种生产流程简单且易于大规模生产的加工方法，就成为高硅电工钢领域研究的热点之一。采用层状金属基复合材料技术制备高硅电工钢薄板，不仅可以简化传统工艺，而且能够突破传统工艺在加工变形方面的瓶颈，同时可以扩展高硅钢的种类和规格，降低高硅钢板的生产成本，提高其质量，为满足我国社会经济发展的要求作出贡献。

高铬铸铁是一种性能优良的抗磨材料，具有极佳的耐磨性能，又有一定的强度和韧性，在冶金、建材、电力、煤炭等行业均得到广泛的应用。目前，高铬铸铁的研究仍以在不降低其硬度和抗磨性前提下如何经济地提高其韧性为主要方向。但是，由于高铬铸铁塑性、韧性较差，主要的制备工艺以铸造技术为基础，限制了这种材料的规格和应用领域。本书中采用包覆浇铸结合热轧工艺，制备出低碳钢-高铬铸铁的复合板，拓宽这种材料的尺寸规格，使高铬铸铁耐磨材料的应用打破传统限制；由于低碳钢覆层的存在，还可以使复合材料整体具有较高的韧性。

金属钛作为地壳中分布最广的元素之一，具有其他金属元素不具备的优势，用钛元素制作的材料性能优良，例如，比强度高、耐腐蚀性强、耐热性好、低温性能好以及弹性模量与导热系数低等。将钛系板材与其他金属材料的板材(如合金钢板、铝板、铜板、不锈钢板等)进行复合，可以制备加工出新型的层状金属复合板材，具有相同力学性能的同时，能够体现出更佳的防腐蚀性能。

从经济性及效率性考虑，对于复合板材而言，轧制复合无疑是最好的制备加工方式。但是，金属钛材与钢材、铝材之间存在着明显的物理、化学及机械性能方面的不匹配，使上述材料在直接轧制复合的过程中难以达到良好的结合效果，进而难以采取短流程的加工方式制备出成品。本书尝试提出一种既能控制界面又能改善整体性能的复合工艺，为钛-钢复合板材的工业化生产提供参考；而对于钛-铝的复合，由于二者存在明显的形变差异，会直接影响变形协调性及整体的对称性，而研究界面结合性能与变形协调性之间的关系，有助于揭示钛层与铝层变形不均匀的内在机理，为制备出界面结合质量高、整体变形匹配性好的钛-铝复合板材提供理论依据。

本书由西安石油大学姬帅撰写的部分共计 30.15 万字，由桂林电子科技大学刘嘉庚撰写的部分共计 13.85 万字；全书由西安石油大学姬帅统稿。

本书的出版得到了"西安石油大学优秀学术著作出版基金"的资助，在此表示感谢！同时本书还得到了"陕西省自然科学基础研究计划面上项目（2021JM-410）"、西安石油大学"金属功能材料设计与应用"青年科研创新团队基金（2019QNKYCXTD12）、广西电子信息材料构效关系重点实验室开放研究基金课题（231009-K）及广西高校中青年教师科研基础能力提升项目（2021KY0219）的资助，在此表示感谢！

作者水平有限，书中难免存在疏漏及不足之处，敬请读者批评指正。

目　　录

第1章　层状金属复合材料制备方法

　　工业革命之后，科学技术的发展速度越来越快，对人类的生活方式、社会的发展模式产生了重要的影响。特别是在第二次世界大战之后，各行业科技飞速发展，对生态环境变化产生了巨大影响。为了可持续的发展、迎合周围环境的变化，人类被迫在工具的使用方面进行了更深层次的思考，部分体现在对材料的性能方面提出了更加严格的要求。中国科学院院士肖纪美所著的《材料宏观导论》中提到，"性能是材料学科发展永恒的话题"。众所周知，地球上的物质（乃至宇宙中的一切物质），因为具有能够为人类服务的性能，才能被称为"材料"。

　　材料的分类方式有很多种，以至于材料的种类不计其数。其中有一大类是复合材料，而层状金属复合材料是其不可或缺的分支，该类复合材料在结构设计方面综合了不同成分组元的优势，彼此又可以相互弥补不足，与单一的金属（或合金）材料相比，层状金属复合材料具有更加突出的综合性能。因此，该领域依然是固体材料的研究热点之一。对于层状金属复合材料而言，从其名字中亦可获知，是采用了多种（两种或更多）不同性能（物理性能、化学性能、机械性能等）的层状金属通过冶金结合的方式来实现牢固或一体化而得到的一种新型层状复合材料。其中，不同的构成组元依旧保持着自身原有的特性，但是复合材料整体的性能，又比各组元的性能得到了提升，呈现出更加优异的方面，特别是在某些特殊的工况下，能够更加出色地完成服役要求。

　　层状金属复合材料的分类方式与单金属（或合金）型材料的分类方式类似，所以也可以分为金属复合管、复合板、复合棒、复合球等。该类金属复合材料具有优异的综合性能，在多个领域中得到了广泛的应用（如航空、航海、航天、石油、化工、锅炉、电力、交通、运输等）。经过近些年来的研究积累和发展，层状金属复合材料的制备加工方法也变得多种多样，对应的产品种类也日益繁增。

　　虽然层状金属复合材料在市场上表现得十分活跃，但是依然有很大的提升空间，特别是在新的制备方法、复合机理、结合机制、使用性能等方面，仍然需要大量系统、深入的研究探索。依据该领域目前的发展现状，可以从以下两个方面进行突破创新。第一，实现制备技术的产业化推广、批量化生产；目前大多数的制备加工方法依然停留在实验室探索阶段，与工业生产进行结合的研究仍然缺乏系统化、控制化、自动化。第二，为了更进一步提升层状金属复合材料整体的综合性能，可以采用联合式的制备方式，即将多种制备工艺的优点进行串联-并联，综合利用，这亦是该领域未来的发展趋势。

　　查阅近些年的层状金属复合材料方面的文献资料可知，该领域的研究主要集中在制备方法及机械性能两个方面。根据金属材料在加工成形过程中的形态，传统的层状金属复合材料的制备方法可分为固-固复合、固-液复合两类。

在传统制备工艺的基础上,科研人员经过不断的探索及创新,在制备方法及生产模式方面已经得到了提高,涌现出了多种固相及液相之间的复合制备方法,由不同组元结合而成的新型复合材料的数量增多、种类得到了拓展,进而层状金属复合材料的市场也得到了拓宽,目前来看,突破传统的创新探索依然是该领域发展的主要驱动力之一。

1.1 传统的层状金属复合材料的制备方法

在层状金属复合材料的制备方法中,关键的步骤(也是工艺的核心)是各层不同的组元之间能够进行整体的有效结合(即出现冶金结合的"过渡层"),否则就谈不上复合材料的完整性。根据前述的内容可知,传统的层状金属复合材料的制备方法,依据不同组元在结合过程中的形态,可以分为固-固复合、固-液复合两种类型。

1.1.1 固-固复合类型

1.1.1.1 超声波焊接复合方法

超声波焊接复合方法是采用超声波焊接的方式对多种层状金属进行复合的方法,是制备层状金属复合材料常用的方法之一。而超声波焊接技术,是采用静态压合力及高频超声震动的方式对拟定结合在一起的材料实施焊接工艺,让不同材料之间进行复合的方法。该方法能够使基体材料之间发生紧密的原子接触,可以形成牢固的冶金结合;由于其具有耗能少、速率快、效率高、加工范围大等诸多优点,在工业中的应用前景广阔。

1.1.1.2 扩散焊接复合方法

扩散焊接复合方法是采用扩散焊接的方式对不同的层状金属进行复合的方法。而扩散焊接的工艺原理是将复合材料的不同组元加热至各自熔点的 0.5~0.7 倍的温度范围内,并对各组元进行加压以实现不同组元之间的紧密结合,导致结合界面区域的原子发生扩散而实现冶金结合。该方法适用于相对难以复合的高温合金材料(如铸造高温合金等),有助于避免不同组元之间产生宏观变形,可以减少接头区域的残余应力,进而提高接头与基体之间性能的一致性。扩散焊接法的不足主要体现在以下两个方面,一是对生产设备的要求较高,二是扩散焊接形成的结合界面的力学性能较差。按照生产工艺的不同,该方法主要分为以下几种类型:相变超塑性扩散焊、过渡液相扩散焊、有助剂扩散焊、无助剂异扩散焊及无助剂自扩散焊等。

1.1.1.3 爆炸复合方法

爆炸复合方法,顾名思义,是利用爆炸释放出来的能量让不同的金属实现复合的制备方法。具体为采用炸药作为能源,使两种或多种的层状金属材料焊接成一体的复合加工工艺。该方法源自 20 世纪 40 年代美国科学家的爆炸成形实验,其优点是在复合的过程中不改变各组元的成分及状态,同时结合界面强度较高。该方法制备的层状金属复合材料具有良好的二次加工性能,不需要特殊的加工设备,且该方法具有独特的自清作用,对被加工的材料不需要再次进行表面处理。该方法制备的产品,在其界面区域会周期性分布着一些金属间化合物。在生产的过程中，会伴随着较大的声响及冲击波，对工作的环境会产生一定的污染及破坏。此外，该方法最大的不足在于生产的连贯性较低，进而导致效率低下，所以在工业中批量生产还需突破自身在连续性方面的不足。

1.1.1.4　轧制复合方法

轧制复合方法是采用轧制成形的方式对层状金属进行复合制备的方法，是工业中常用的方法。该方法在第一次世界大战之后成为了该领域的研究热点之一，根据工作温度区间的不同，主要分为热轧复合和冷轧复合。该方法具有诸多优点，如工艺流程短、生产效率高、耗能低、操作简便、成材率高、生产成本较低等，因此，具有十分广阔的应用前景。利用该方法对不同的金属组元进行复合的过程中，由于组元之间明显的性能差异，会出现塑性变形的不协调性及基体中附加不均匀的应力场等特征。因此，轧制复合方法制备的复合材料一般不被直接使用，需要经过表面处理、强化退火等工艺处理，否则会在残余应力作用下导致结合界面的开裂，进而出现复合材料的失效等问题。

1.1.2　固-液复合类型

1.1.2.1　激光熔覆复合方法

激光熔覆复合方法是采用激光熔覆的方式对不同组元进行复合的方法。该方法是把涂层材料放置在涂覆基体的表面上，通过激光辐射的方式让涂层材料与基体的表面同时被熔化，然后快速冷却凝固后形成一层较薄的冶金结合涂层。该方法能够明显改善基体材料的表面性能，具有生产效率高、涂层均匀、结合优良等优点，但是目前还没有完全投入工业批量生产中，主要的难点在于难以实现大面积的熔覆，以及涂层的强度较低易导致开裂等方面。与激光熔覆复合方法相似的固-液复合制备方法还有喷射沉积、热浸镀、气相沉积等方法。

1.1.2.2　自蔓延高温合成-焊接方法

自蔓延高温合成(SHS)方法，也称为燃烧合成制备方法。将SHS技术与焊接技术进行合理的结合，就形成了SHS-焊接方法。该方法在两个或多个拟定焊接区域之间引发SHS反应，利用反应放热及反应物进行焊接。SHS-焊接方法能够利用释放出来的大量反应热作为焊接的能量源头，具有节约能源、反应速率快、热量集中、母材热影响区小等优点，能够明显避免热敏感材料的显微组织被破坏，有助于保持母材自身的性能。

1.1.2.3　钎焊复合方法

钎焊复合方法是采用钎焊的方式对不同形态的材料组元进行焊合形成复合材料的方法。该方法的工作原理是利用浸润的液态金属发生凝固，使固-液两相进行结合。该方法的工艺流程简便、操作简单，易于实现不同形态金属的复合。但是，该方法制备的复合材料缺点也比较明显，即结合界面的强度较低，且在界面区域存在较多的显微缺陷，如气泡、小孔、夹杂、偏析等。

1.1.2.4　铸造复合方法

铸造复合方法是工业中常用的一种制备层状金属复合材料的方法，该方法是将一种固态的基体放入充满另一种液态金属基体的铸造模腔内，等冷却凝固之后而形成复合材料。铸造复合方法具有诸多优点，如结合界面的强度较高、界面区域内部缺陷少、工业生产的自动化程度高等。根据铸造复合的操作方式不同，该方法一般分为包覆铸造成形法和双流铸造法。前者亦称熔合法，针对已有的固态芯材进行液态的封闭包裹，通过冷却凝固而制备复合材料。该方法一般用来制备不同组元熔点相差明显且不易采用轧制法制备的复合材料。其缺点也十分明显，即制备的复合材料内部会存在一定的铸造缺陷，后续需要再次处理，进而导致成本较高。后者也称双浇法，工作的原理是利用不同合金组元的熔点差，先将熔点较低的合金液浇铸在一个模腔内，然后再把熔点较高的合金液浇铸到模腔的剩余空间内，通过冷却即可获得复合的双金属铸坯。

1.2　层状金属复合材料制备技术的新方法

1.2.1　离心浇铸+热加工方法

离心浇铸+热加工方法，具体为离心浇铸+热塑性变形+热扩散退火工艺，该方法是一种新型的短流程层状金属复合材料的制备方法。该方法充分利用了传统的离心铸造工艺的优势实现复合材料的坯料，再利用热塑性加工成形，利用扩散工艺提高复合材料的结合强度。采用该工艺制备的双金属复合管材已经成功实现了工业化生产。

1.2.2　固-液双相轧制复合方法

固-液双相轧制复合方法，是把固态金属的热浸镀技术与液态金属的铸轧技术进行结合，该方法的工作原理是将液态的金属不间断地浇铸在固态金属的基体带上，使得液态的金属在半凝固的状态下与固态的基体金属一起进入轧机来实现复合。该制备方法能够一步实现两种或多种金属的冶金结合界面，进而界面的结合强度高；该方法的优势明显，如工序少、设备简单、耗能低、生产效率高、适合工业化连续生产等。制备的复合材料在显微组织方面具有多种优点，如金属结晶的速度快，晶粒细小，产品的内在冶金结合质量优异等。该方法更多用来制备低熔点及高熔点金属的复合，即二者的熔点差异要明显；但是，不适用于难熔金属之间的复合。

1.2.3　爆炸+轧制复合方法

爆炸+轧制复合方法，是制造厚度较薄的层状金属复合材料的有效方法之一，保留爆炸复合+热轧变形的各自特点，同时也有效节省了热轧复合之前对各组元材料之间进行的表面清理及预成形工序。使用该方法制备的产品，其结合界面上观察不到明显的扩散层，进而避免了在界面区域产生脆性的金属间化合物，有效地提高了复合材料的结合强度。同时该方法充分利用了热轧变形生产效率高的优点，能够生产不同规格的层状金属复合材料。

1.3 层状金属复合材料的未来发展趋势

经过多年的发展，层状金属复合材料的制备方式已有许多种，但也存在着一些明显的不足，新的制备方法、复合机制、综合性能等方面仍然需要更加系统性的研究。该领域未来的发展趋势如下。

（1）实现层状金属复合材料的大规模生产。大多数制备技术的研究仍然停留在实验室探索阶段，还有待进一步深化（目前，除热轧等少数制备方法之外）。因此，层状金属复合材料的某些制备技术未来能够广泛地应用于工业化生产，也是发展的必由之路。

（2）研发出综合性能更加优异的层状金属复合材料。传统的制备方法侧重于发挥各自组元的性能特点以及关注不同组元之间的结合情况，对复合材料整体综合性能的重视程度不足。因此，未来的主要发展趋势倾向于采用联合式的制备工艺。

（3）拓宽层状金属复合材料的应用领域。随着材料制备领域不同工艺方法的相互渗透，各自的优势将会扩大，而各自的不足将会得到弥补，进而不同的制备技术之间的界限也会变得更加模糊。采用层状金属复合材料制备技术，可以突破一些传统工艺难以加工的产品，甚至可以拓宽对于传统材料的界定。

第2章 层状复合技术制备 6.5%高硅电工钢

2.1 6.5%高硅电工钢简介

电工钢(工业中亦称为矽钢)是一种 C 元素含量较低(约<0.02%)的 Fe-Si 软磁合金, Si 元素的含量一般为 0.5%~4.5%, 且合金体积中其他种类的合金元素含量也相对较少, 更多的是 Fe 元素。电工钢在工业中, 是使用量最大的一种软磁合金(不低于磁性材料总量的 4/5), 是多个工程领域(如通信、电力、国防军工、先进装备等)中的基础材料, 也是制造电动机、发电机、互感器、变压器及其他电气仪表设备的基础材料。

电工钢作为磁性向电能转换的媒介材料, 由于自身铁损的存在, 在服役的过程中会产生一定的能源损耗(如磁滞损耗、涡流损耗等)。为了进一步提高使用效率、节约能源, 提高材料自身的磁性能是最直接的方式, 而提升合金基体中 Si 元素的含量是提高自身磁性能的有效途径之一。随着 Si 元素含量在合金基体中的增加, 该合金的很多物理参数会发生显著的变化, 如磁导率升高、电阻率升高、磁致伸缩系数降低、磁晶各向异性常数降低、铁损降低、矫顽力降低等。但是合金整体的机械加工性能会随着 Si 元素含量的增加而显著降低, 因为基体中含有更高比例的 Si 元素, 整体会变得硬而脆, 进而导致塑性加工性能很差, Si 元素与 C 元素是同主族的化学元素, 在化学性质方面有相似性。5%的 Si 元素含量, 已经达到 Fe-Si 合金产品的上限, 更高 Si 元素含量的合金难以加工成形。

虽然 Si 元素含量的增多不利于合金的塑性加工成形, 但是其优异的磁学性能更加吸引相关科研人员的持续探索。近年来, 为了能够进一步降低电工钢的铁损, 提高能源的利用效率(特别是在高频信息领域当中, 铁损数值的微小变动将直接影响传输效果), Si 元素含量为 6.5%的高硅电工钢被选为普通电工钢的替代材料。该合金与一般的电工钢相比, 磁学性能十分优异, 如磁致伸缩系数约为零、电阻及交流铁损均大幅降低。因此, 采用 6.5%的高硅电工钢制作电力工程中的设备, 可以大幅节约电能, 也可以大幅降低输电过程中变压器的能耗。此外, 由于该合金接近零的磁致伸缩系数, 还能明显降低变压器的噪声。所以, 6.5%的高硅电工钢有着巨大的经济效益及社会效益, 应用前景十分广阔。

但是, 由于 6.5%高硅电工钢基体中 Si 元素含量高, 在基体中会出现很多的有序相, 而有序相不利于基体整体的塑性加工变形; 同时, Si 元素共价键的本质特征也会导致其固溶强化大、硬度高, 进而该合金在机械性能方面呈现出既硬又脆的特征, 使得在机械加工的过程中，整体会衍生出很多的缺陷，进而难以采用传统的轧制方式加工成薄板。

随着材料制备方面新工艺和新方法的诞生，相关的科研人员避开该合金的脆性加工区来制备其型材。例如，采用化学气相沉积法（CVD法）、粉末压延法、快速凝固法等来制备6.5%高硅电工钢的薄板。上述方法虽然可以有效地避开该合金的脆性加工区域，但是却存在其他方面的不足。CVD法的工艺比较复杂，会对环境造成严重的污染，而且制备的板材表面不够平整、质量较差；粉末压延法的生产过程相对复杂、生产成本较高、品种规格有限、产品的质量难于控制；快速凝固法只适合制备比较薄及比较窄的薄带。所以，如果能提升6.5%高硅电工钢的低温加工性能，并结合传统的塑性加工方法来生产该合金的板材，必将产生更大的经济效益。

目前，6.5%高硅电工钢的塑性加工能力依然是该领域的研究热点之一。相关的科研人员依旧在改良该合金的加工性能方面投入更多的精力。通过总结相关的文献资料，可以归纳为以下两个方面：第一，以该合金的断裂本质为切入点，通过添加合金元素改善整体的塑性加工性能；第二，以制备工艺为切入点，通过改良塑性变形条件及后续的热处理工艺，深入研究其冷加工的可行性。所以，探索出一种生产流程短、能够批量生产的制备工艺，是该合金获得更进一步发展的必由之路。

2.1.1　6.5%高硅电工钢薄板的国内外研究进展

高硅电工钢作为一种功能材料，广泛应用于电力行业中。与普通的电工钢相比，高硅电工钢是一种具有高磁导率、低矫顽力、低铁损等优异性能的软磁合金。由于在降低能源损耗及减少噪声污染等方面优势显著，该合金在高性能的变压器、发电机，特别是在微小型的电气部件方面具有十分广阔的应用前景。但是，该合金明显的低温脆性导致其塑性加工能力很差，难以采用传统的制备工艺（如铸造、轧制等）进行批量生产，进而严重影响了该合金高性能产品的生产。

2.1.1.1　6.5%高硅电工钢的应用现状

由于具备低铁损、接近零的磁致伸缩系数、高磁导率等显著的优点，高硅电工钢在服役的过程中，能够起到降低噪声、提高工作效率、节约能源的作用。因此，该合金适合用于制造高频变压器、低噪声音频、高频工作环境下的磁屏蔽器件等。

目前，高硅电工钢制作的元器件在部分发达国家已经得到了不同程度的应用（如芬兰的诺基亚、日本的松下电器和本田汽车、德国的西门子等），如图2-1-1中所示。采用高硅电工钢来制作某些零部件进行应用的代表性案例总结如下。

（1）日本企业采用高硅电工钢片（厚度为0.35mm）制作高速高频条件下的电动机铁芯，与普通的电工钢制作的铁芯相比，产生了良好的节能效果，电动机效率均明显提高，在正弦波驱动条件下，铁损下降36%；而在非正弦波驱动条件下，铁损下降45%。

（2）在欧美部分品牌汽车中，采用高硅电工钢制备的环形铁芯已经成功应用在GPS系统的开关电源上。

（3）日本公司采用 6.5% 高硅电工钢取代普通的 3% 取向电工钢制作铁芯，并应用在 8kHz 电焊机中，整体的质量减少 60%，由 7.5kg 减少到 3kg。

（4）NKK 公司采用 6.5% 高硅电工钢片制作的模拟音频变压器，工作铁损降低约 45%。

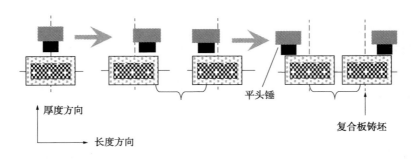

图 2-1-1　高硅电工钢片的应用

2.1.1.2　6.5% 高硅电工钢薄板的最新研究进展

对高硅电工钢薄板方面的文献进行总结，在近十五年内，具有代表性的研究成果基本如下：

（1）采用大变量的冷轧对 6.5% 高硅电工钢薄板进行加工，研究其显微组织性能，发现 0.05mm 厚的薄带具有一定程度的室温塑性，断裂强度可以达到 1.93GPa；

（2）冷轧工艺能够成功制备出 95mm 宽、0.3mm 厚的 6.5% 高硅电工钢薄带，经过退火（加热至 1000℃，保温 90min）处理后，表现出优良的磁学性能（H_c = 20.4A/m，μ_m = 222000H/m，B_S = 1.69T），在 400~10kHz 能够表现出较低的铁损值；

（3）采用多弧离子镀技术在 3%Si 取向电工钢的表面上，通过沉积的方式成功制备出了 Si 元素含量达到 6.44% 的 Fe-Si 合金薄膜，两者通过结合构成了梯度高硅电工钢，Fe-Si 合金薄膜的电阻率可以达到 64.3$\mu\Omega\cdot cm$，饱和磁化强度能够达到 1100emμ/g；

（4）成功制备出了基体的显微组织为微晶-纳米晶的铸态 6.5% 高硅电工钢薄带，其电阻率可以达到 94.8$\mu\Omega\cdot cm$，其显微组织发生再结晶之后，能够出现（100）［0vw］面织构；

（5）采用取向分布函数织构检测以及光学显微组织观察研究了冷轧高硅电工钢板退火过程对磁性能的影响，发现合理的退火工艺可以使得 6.5% 高硅电工钢的｛111｝及｛110｝<112>织构水平降低、磁感应强度上升、铁损下降；

（6）采用 PCVD 技术在 0.2mm 厚的纯铁片上沉积 Si 元素，并在工业 H_2 的保护下，加热至 1050℃并保温 1h，能够成功制备出 6.5% 高硅电工钢薄片；

（7）采用单辊快速凝固的方法，能够制备出连续成卷的 6.5% 高硅电工钢薄带（宽为 20mm、厚为 35~50μm），同时发现快速冷却能够抑制基体中 DO_3 有序相的形成，也可以降低 B2 相的生长速度，使有序度降低，进而使合金整体的塑性得到提高。

2.1.2　6.5% 高硅电工钢的力学性能

高硅电工钢板 65R-B、80R-B 及普通电工钢板 50A-400 的力学性能见表 2-1-1。

由表可知三者的力学性能差异明显，在屈服强度方面，65R-B 约为 50A-400 的 4.3 倍，80R-B 约为 50A-400 的 2.3 倍；在抗拉强度方面，65R-B 约为 50A-400 的 3 倍，80R-B 约为 50A-400 的 1.6 倍；经过退火处理之后，前二者的强度均有所下降，但依然高于后者。前二者的伸长率均小于 50A-400 板材的 1/10，而前二者的拉伸速度则分别为后者的 1/6 及 1/15。

表 2-1-1　不同试材的力学性能（$h=0.5mm$）

试材	取向/(°)	屈服强度/$\sigma_{0.2}$/(N/mm^2)	抗拉强度/(N/mm^2)	伸长率/%	拉伸速度/(mm/min)
65R-B 板材	0	1265.1	1323.9	3.5	
	45	1029.7	1108.9	3.1	0.5
	90	1363.1	1382.7	2.8	
80R-B 板材	0	676.7	720.8	2.9	
	45	668.8	706.1	2.6	0.2
	90	742.4	764.9	1.9	
50A-400 板材	0	291.3	437.4	35.4	
	45	328.5	479.5	35.1	3.0
	90	319.7	471.7	45.2	

高硅电工钢板与普通的电工钢板相比，显得既硬又脆（原因是基体中存在有序相 B2 及 DO_3），难以实现低温下的机械加工及变形。有相关的科研人员采用中子衍射技术，对 Fe-Si 合金的相结构进行了分析，同时着重研究了合金基体中的有序-无序转变，发现当 Si 元素含量大于 9%（原子百分比）时，有序相 DO_3 会一直存在于基体中。

6.5%高硅电工钢的物理性能见表 2-1-2。从表中可知，当居里温度达到 700℃时，该合金在高温下仍能保持良好的磁学性能；其电阻率为 82μΩ·cm，比 3%的普通电工钢大一倍；但是，维式硬度值达到了 395HV，说明该合金在室温下，延伸率很小、硬度大、脆性明显。

表 2-1-2　6.5%高硅电工钢的物理性能

名称	数值	名称	数值
密度	7.48g/cm^3	热导率（31℃）	0.045cal/(cm·℃·s)
电阻率	82μΩ·cm	居里温度	700℃
比热容（31℃）	0.128cal/℃	磁致伸缩系数	0.6×10^{-6}
热膨胀系（150℃）	11.6×10^{-6}/℃	维氏硬度	395HV

2.1.3　6.5%高硅电工钢的微合金化

高硅电工钢的塑性加工性能在常温下表现得比较差，而采用微合金化的方式，能够有效改善其在这方面的不足，且微合金化也是一种相对经济的方法。总结一些相关的文献可知，不同的合金化微量元素在改善高硅电工钢力学性能方面的作用不同,具体表现如下。

(1)在高硅电工钢基体中加入1.5%左右的V、Cr、Mo、Ca、Ti、Ni、Cu、Al、Mn等合金元素,Ti、Cr、Mo能够有效改善热轧变形能力,但是对合金整体的磁学特性有一定程度的损害;Mn、Al、V、Ca添加量在0.5%以下时,也可以弱化合金的磁学特性,但是可以有效改善轧制加工性能;Mn、Al、Ni能够对合金的力学性能产生明显的影响,Al元素在显微结构方面取代Si元素,能够有效提升合金的拉伸性能及延伸率。

(2)在合金基体中添加B元素,当B元素均匀分布在体心立方结构的金属间化合物中,对合金的变形能力有显著提高,B元素能够改善合金塑性变形,因为它能有效降低该化合物的反向畴界能及有序度。

2.1.4　6.5%高硅电工钢的磁学性能

众所周知,电工钢作为软磁材料的一种,已经广泛应用在了电气设备制造领域中。而电工钢的磁学性能与Si元素含量之间的关系,如图2-1-2中所示。由图可知Fe-Si合金基体随着Si元素含量的增加,其磁学性能发生了明显的变化,如最大磁导率升高、磁致伸缩系数下降、铁损降低。

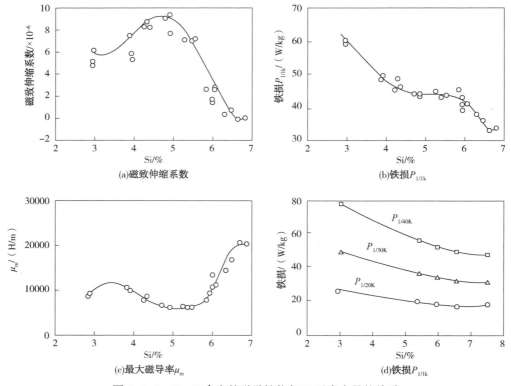

图2-1-2　Fe-Si合金的磁学性能与Si元素含量的关系

电工钢合金是由体心立方的α铁(α-Fe)固溶体及一些合金元素共同构成的铁素体合金钢,在三个不同主晶方向上的磁化特性差异明显,具体为[100]方向为易磁化晶向、[110]方向为次易磁化晶向、[111]方向为难磁化晶向,这种磁化特性称为磁各向异性。

电工钢片通过对变形再结晶的板材再次进行轧制，使显微组织中出现平面织构，大多数晶粒的{110}面平行于轧面，<100>方向平行于轧制方向，而<100>方向正是铁的易磁化方向。

6.5%高硅电工钢与普通电工钢板、Fe基非晶磁学性能的比较见表2-1-3。观察表中内容可知，6.5%高硅电工钢的磁致伸缩系数比其他的软磁材料低，而铁损约为无取向电工钢的1/2。在400Hz时，其铁损明显小于取向电工钢。

微合金元素、晶体织构、晶粒尺寸、有序转变、合金中的杂质、内应力及钢板的厚度等因素均能够对6.5%高硅电工钢的磁学性能产生影响。而上述不同的因素之间是有一定联系的，因此，合理地掌控上述这些因素即可有效地改善该合金的磁学性能。

表2-1-3　6.5%高硅电工钢与其他软磁材料的磁学性能

材料	板厚/mm	磁通密度 B_S/T	铁损/(W/kg)						最大磁导率	磁致伸缩系数/ $\lambda_{10/400}$ ×10^{-6}
			$W_{10/50}$	$W_{10/400}$	$W_{5/1K}$	$W_{2/5K}$	$W_{1/10K}$	$W_{0.5/20K}$		
6.5%电工钢板	0.05	1.28	0.69	6.5	4.9	6.8	5.2	4	16000	0.6
	0.1	1.29	0.51	5.7	5.4	11.3	8.3	6.9	23000	
	0.2	1.29	0.44	6.8	7.1	17.8	15.7	13.4	31000	
	0.3	1.3	0.49	9	9.7	23.6	20.8	18.5	28000	
取向电工钢(3%)	0.05	1.79	0.8	7.2	5.4	9.2	7.1	5.2	24000	0.8
	0.1	1.85	0.72	7.2	7.6	19.5	18	13.2	42000	
	0.23	1.92	0.29	7.8	10.4	33	30	32	94000	
	0.35	1.93	0.4	12.3	15.2	49	47	48.5	94000	
无取向电工钢(3%)	0.1	1.47	0.82	8.6	8	16.5	13.3	—	12500	7.8
	0.2	1.51	0.74	10.4	11	26	24	—	1500	
	0.35	1.5	0.7	14.4	15	38	33	—	1800	
Fe基非晶合金	0.03	1.38	0.11	1.5	1.8	4	3	2.4	30000	27

2.1.5　6.5%高硅电工钢的晶体结构

Fe-Si合金的相图如图2-1-3中所示。由图可知在固态的Fe-Si合金基体中有三种不同的相，分别是α、α_1(Fe$_3$Si)及α_2；有五种不同的化合物，分别是β-Fe$_2$Si、ε-FeSi、η-Fe$_5$Si$_3$、β-FeSi$_2$或ξ_β及α-FeSi$_2$或ξ_α。金属间化合物Fe$_3$Si在1145℃以下为固态，为DO$_3$结构。四方结构的ξ_α相在高温下有近似Fe$_2$Si$_5$的化学计量比，在低温下(<985℃)会转变成

$FeSi_2$，单斜的 β-$FeSi_2$ 相是一种半导体，而立方的 FeSi 是一种磁性半导体。根据上述分析可知，Fe-Si 合金相图比较复杂，存在很多不同的区域，并且在很大程度上，与合金的成分及形成的温度密切相关。

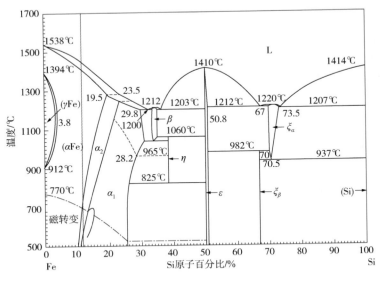

图 2-1-3　Fe-Si 合金相图

　　DO_3 有序相的点阵结构，如图 2-1-4 中所示。可知点阵由四个面心立方的亚点阵（即 A、B、C 和 D）构成。对 Si 元素含量为 25%（原子分数）的 Fe-Si 合金而言，A、C 和 D 位置及 B 位置分别由 Fe 原子及 Si 原子占据。其中，A、C 位置 Fe 原子具有四面体对称性，最近邻原子是四个 Fe 原子及四个 Si 原子。D 位置的 Fe 原子具有立方体对称性，最近邻原子是八个 Fe 原子。当 Si 元素含量偏离 25%（原子分数）时，会有如下三种不同的结构：①如果在 A、C 及 D 位置上存在 Fe 原子的可能性（对应 rA、rC 及 rD）是相同的，但与在 B 位置存在 Si 原子可能性（rB）不相等，则是 DO_3 类型的有序结构；②如果 B 位置的 Si 原子及 D 位置的 Fe 原子随机混合（rA=rC，rB=rD 且 rA≠rB），则是 B2 类型的有序结构；③如果 rA=rB=rC=rD 时，则是 bcc 类型的无序结构。

　　Fe_3Si 的晶体结构是以体心立方点阵为基础的，由两个互锁的简单立方点阵构成。其中一个简单立方点阵，其所有位置全部被 Fe 原子占据；而另一个简单立方点阵，其位置交替地被 Fe 原子和 Si 原子以 NaCl 晶体结构的方式占据着。

　　有相关的科研人员发现了另外两种新的有序结构（$Fe_{14}Si_2$ 与 BigB2）。Si 原子位于大单胞中心（F）及顶点（A），其他的位置为 Fe 原子，大单胞的 16 个原子中包含 14 个 Fe 原子及 2 个 Si 原子，即形成 $Fe_{14}Si_2$ 相。同时，如果在 $Fe_{14}Si_2$ 相中 Si 原子位于 F 点，而其他的位置（A、B、C、D、E 点）都是 Fe 原子，则可以形成 BigB2 结构。几种有序结构中 Fe 及 Si 原子的位置见表 2-1-4。6.5% 高硅电工钢中存在 BigB2 及 $Fe_{14}Si_2$ 相，其有序峰的位置，如图 2-1-5 所示，（211）及（332）是 $Fe_{14}Si_2$ 的特征峰、（110）是 BigB2 的特征峰（表 2-1-5）。

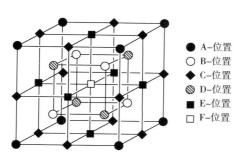

图 2-1-4　Fe-Si 合金的单胞点阵结构

- A-位置
- B-位置
- C-位置
- D-位置
- E-位置
- F-位置

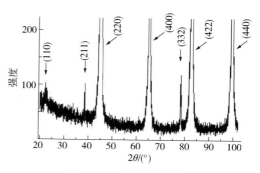

图 2-1-5　有序峰的位置

表 2-1-4　有序结构中 Fe 及 Si 原子的位置

原子位置	$Fe_{14}Si_2$	BigB2	DO_3	B2	A2
A-位置	Si	Fe	Fe	Fe	Fe
B-位置	Fe	Fe	Si	Si	Fe
C-位置	Fe	Fe	Fe	Fe	Fe
D-位置	Fe	Fe	Fe	Si	Fe
E-位置	Fe	Fe	Fe	Fe	Fe
F-位置	Si	Si	Fe	Fe	Fe

表 2-1-5　有序相的特征峰

hkl	100	110	111	200	211	220	311	222	400	332	422
$2\theta/°$	15.4	21.9	27.3	31.6	38.4	45.4	53.8	56.4	66.1	78.0	83.9
DO_3	0	0	6.01	3.11	0	100	2.49	0.7	17.74	0	28.81
B2	0	0	0	17.2	0	100	0	3.86	15.01	0	29.86
$Fe_{14}Si_2$	0	5	0	1	2.25	100	0	0.23	22.12	0.24	42.57
BigB2	1.19	1.1	0.45	0.24	0.54	100	0.18	0.05	22.05	0.06	42.3
A2	0	0	0	0	0	100	0	0	12	0	19

2.1.6　6.5%高硅电工钢的脆性机理

　　6.5%高硅电工钢的脆性机理与金属间化合物的关系十分密切，合金基体中存在有序金属间化合物，是其脆性的主要原因。金属间化合物的脆性机理比较复杂，诸多情况均能导致其呈现出脆性。在表征方面，分为沿晶断裂、穿晶断裂及准解理断裂。从本征上分为本征脆性和环境脆性。金属间化合物本征脆性的主要原因如下：金属独立滑移系数不足、较高的 $P-N$ 力、解理应力较低、交滑移困难及晶界脆性明显等。

6.5%高硅电工钢的环境脆性，是指合金与周围环境相互作用，进而导致合金整体的塑性及韧性明显降低的现象。相关的科研人员指出，依据环境脆性的机理，在合金设计的过程中，着重注意以下四个方面的作用，能够明显降低金属间化合物的环境脆性，进而能够有效地提高合金整体的塑性：

（1）亚化学计量比成分，即控制金属间化合物中活性元素的含量（如 Fe_3Si 相中的 Si 元素），可以有助于自身具有较低的环境脆性及晶界脆性；

（2）B 元素的作用，即对于晶界强度较低的金属间化合物而言，适量加入 B 元素可以有效提高晶界的结合强度，降低环境脆性导致的晶界失效，同时亦可降低 H 原子沿晶界的扩散；

（3）减少表面反应的可能性，即添加适当的合金元素，可以降低表面吸附反应的速率、减弱表面的预氧化，也可以有效地减弱环境脆性；

（4）改善基体的显微组织，即通过合适的热处理工艺改变晶粒的形状及尺寸，以此减少强度较低的大角度晶界。

2.1.7 6.5%高硅电工钢薄板的制备方法

由于 6.5%高硅电工钢有着明显的低温脆性，采用传统的冷加工方法制备成薄板是非常困难的。近些年，在传统塑性加工方法的基础上，相关的科研人员研发了一些特殊的制备方法，主要包含以下三种：①热浸扩散法；②快速冷凝法；③粉末压延法。这三种方法的共性均是避开合金的低温脆性来加工成薄板。生产工艺的研发、改善以及能否复合绿色发展，是 6.5%高硅电工钢薄板扩大市场应用的关键。

2.1.7.1 化学气相沉积法（CVD 法）

在 1962 年，相关的科研人员已经提出采用化学气相沉积法（CVD 法）制备高硅电工钢的思路；到 1980 年左右，日本公司将该方法开发成功，并在 1993 年建成了月产 100t 左右的 CVD 生产线，如图 2-1-6 中所示。截至目前，CVD 法是高硅电工钢板材工业化生产最成熟的方法之一，该制备方法主要分为三个部分。

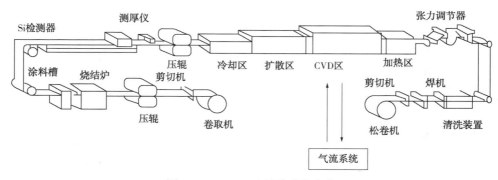

图 2-1-6 CVD 连续渗硅生产线

（1）采用普通轧制的方式先生产出 Si 元素含量约为 3.1%的电工钢薄片；
（2）使电工钢薄片表面接触硅化物（$SiCl_4$），并使得二者之间发生高温化学反应，导致薄板的表面产生 Si 元素的富集；

（3）对上述薄板实施长时间的扩散退火（加热至 1100℃），让其表面的 Si 元素扩散至薄板的中心，进而生成整体 Si 元素含量为 6.5% 的电工钢薄片。

CVD 法的核心技术为：①将 Si 元素含量约 3.1% 的电工钢薄片在无氧化气氛（$SiCl_4$ 5%~35%，N_2 或稀有气体）保护条件下，加热至 1020~1200℃，通过发生反应生成 Fe_3Si 沉积在电工钢片的表面上，同时热解成活性 Si 原子；②在气体保护下进行平整轧制加工，以此消除 Si 原子在沉积之后导致基体表面的凹凸不平，其原理如图 2-1-7 中所示，该工艺的渗硅反应如式（2-1-1）所示：

$$5Fe+SiCl_4 \Longleftrightarrow Fe_3Si+2FeCl_2 \tag{2-1-1}$$

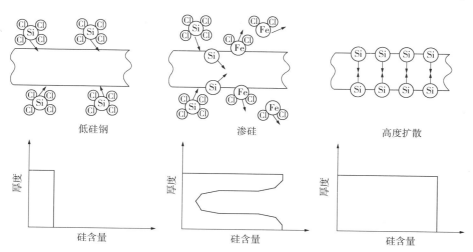

图 2-1-7 制备高硅电工钢片渗硅处理技术原理图

在 2005 年，日本某公司对 CVD 生产线进行了改进，如图 2-1-8 中所示。电工钢薄板由开卷机开卷，经过加热炉、渗硅处理等装置，最后由卷取机卷取，这说明该产品在 Si 元素含量较高的前提下已经具备了良好的韧性。

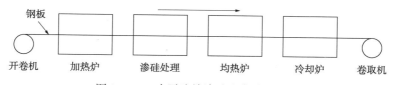

图 2-1-8 水平连续渗硅生产线示意图

虽然 CVD 法在制备 6.5% 高硅电工钢薄带方面已经达到了工业化的生产规模，但其依然存在不少的问题，具体如下：

（1）制备的关键过程均在高温下进行（最高达 1320℃），对设备要求高、能耗大，同时设备的维修成本也高；

（2）采用 $SiCl_4$ 接触电工钢片的表面，通过反应形成 Fe_3Si 沉积，会导致基体的表面产生腐蚀坑洼，后续需要平整，使得工序变得烦琐；

（3）沉积形成的 Fe_3Si 在扩散的过程中，会在基体中形成 Kirkendall 空洞，沉积后 Si 元素的浓度分布并不均匀，严重影响后续工序，导致产品的合格率降低；

（4）生产过程中会产生较多的 $FeCl_2$ 废气，对环境会造成污染，同时也会造成 Fe 元素的丢失，进而提高了生产成本。

2.1.7.2 电子束物理气相沉积法（EB-PVD 法）

电子束物理气相沉积法（EB-PVD 法）是一种先进的制备方法，该方法能够制备出采用传统轧制工艺难以生产的大尺寸、厚度可调的板材，其制备 6.5%高硅电工钢的工艺简图，如图 2-1-9 中所示。

采用 EB-PVD 法制备 6.5%高硅电工钢，其优点是可精确控制沉积层的厚度，生产工艺可以进行多次重复操作，能够有效避免基板及涂层间的氧化及污染。但是该方法的缺点也比较明显，即设备价格昂贵、制备成本高、难以实现工业化的批量生产。

2.1.7.3 熔盐电沉积法

采用熔盐电沉积法制备 6.5%高硅电工钢，如图 2-1-10 中所示。该方法的工作原理可以分为如下四点：

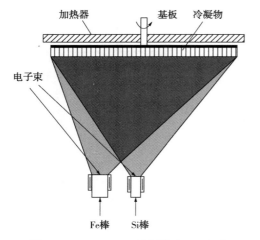

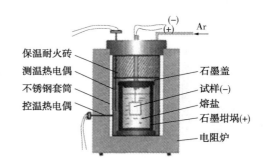

图 2-1-9　EB-PVD 法制备 6.5%高硅
电工钢工艺简图

图 2-1-10　熔盐电沉积装置示意图

（1）选用 LiF、NaF、$KF \cdot 2H_2O$、Na_2SiF_6 熔盐体系；

（2）在温度>750℃的条件下，让 Na_2SiF_6 完全熔化并混合均匀，以 Si 元素含量<3.1%的电工钢为阴极，石墨为阳极；

（3）在直流电源的作用下，促使 Si 元素连续在阴极发生沉积，且在浓度梯度的作用下，逐渐向基体的内部发生扩散，同时发生反应 $Si+3Fe \longrightarrow Fe_3Si$；

（4）加热至 1050℃，长时间保温进行扩散退火处理。

该方法的优点是在阳极电位能够获得电位更正的氧（因为体系中没有水），在阴极电位能够获得电位更负的氢；缺点是熔盐电解导致电解质溶液容易挥发、被氧化、耗电量大。

2.1.7.4 热浸扩散法

采用热浸扩散法也能够制备出6.5%高硅电工钢薄板，该方法的工作原理如下：

（1）将普通的电工钢薄板浸入 Al-Si 的过共晶溶液之中，在电工钢的表面上得到高浓度的 Al 元素及 Si 元素；

（2）通过高温热处理，让基体表面上的 Al 及 Si 向薄板中间发生扩散，以此提高基体中的 Al 及 Si 的浓度。

2.1.7.5 等离子体化学气相沉积法（PCVD 法）

采用等离子体化学气相沉积法（PCVD 法）制备6.5%高硅电工钢，该方法的工作原理是使用等离子体强烈的电离作用，在较低温度（450~500℃）条件下，让 $SiCl_4$ 在 PCVD 炉中解离成 Si^{4+} 离子，并沉积在负极的基体板（即无取向电工钢片）上，形成一层 Si 元素含量>6.5%的 Fe-Si 化合物层（厚度>10μm），后续再进行高温扩散处理，让电工钢的平均 Si 元素含量达到6.5%。PCVD 工艺的装置示意图，如图2-1-11所示。在该工艺实施的过程中，如果扩散温度较低，则发生如下反应：$5Si + 2Fe \longrightarrow FeSi_3 + FeSi_2$，会导致 Si 元素向基板内部的扩散能力有所降低。

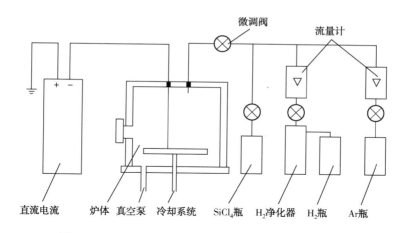

图 2-1-11 PCVD 法制备6.5%高硅电工钢装置示意图

依据 PCVD 法的工作原理，可知其优点为：①沉积温度低（450~500℃）、保温时间短（10~20min）；②沉积表面质量好（Si^{4+} 离子沉积，没有腐蚀反应，不会形成侵蚀沟）。但是缺点也比较明显：①Si 元素的沉积量低、沉积过程需要真空环境；②会产生腐蚀性较强的 HCl 气体，对环境造成污染；③$SiCl_4$ 价格昂贵、利用率较低、生产成本高。

2.1.7.6 粉末压延法

粉末压延法是将颗粒状的粉末采用漏斗装入一对旋转的轧辊之间，使得粉末被压实成连续带坯的制备方法。该方法也存在明显的不足，概括为如下三点：

（1）原材料中的 Fe 粉和 Si 粉容易被氧化，进而影响合金元素的含量以及后续的烧结；

（2）原料的颗粒细小、表面积大，会导致颗粒之间的分散性差，难以均匀混合，进而影响烧结后坯料的致密度，会出现明显的不均匀；

（3）轧制后板材的厚度偏差较大，同时板形也不利于精确控制。

2.1.7.7 快速冷凝法

近年来，采用快速冷凝法制备 6.5% 高硅电工钢薄带已取得了一些成果，且显示出了广阔的应用前景，其生产设备示意图，如图 2-1-12 所示。快速冷凝法生产 6.5% 高硅电工钢薄带，优点显著，可以概括为：①合金的显微组织细密；②工艺步骤简单；③避开了该合金的本征脆性。但该方法的缺点也比较明显，即工艺的参数适用范围窄、生产容易断带、难以精确控制、板形质量差、成品率较低等。

2.1.7.8 喷射成形法

喷射成形法是一种涉及金属雾化、快速冷却、粉末冶金及非平衡凝固等诸多领域的新型制备方法。该方法的工作原理，是把经过气体雾化的液态金属熔滴，沉积到特定的接收器上，直接制成一定形状的产品。采用喷射成形技术制备 6.5% 高硅电工钢，其原料是工业用的纯铁及硅块，工艺设备如图 2-1-13 所示。该方法的优点是有效避开了合金在轧制过程中的脆性区，能够获得比较薄的板带；缺点是制备的合金致密度较低、合金的宽度及厚度尺寸有限，且在板厚的方向上不利于精确控制其均匀性。

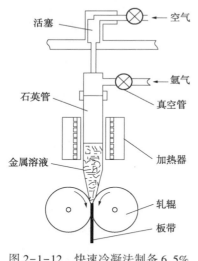

图 2-1-12 快速冷凝法制备 6.5%
高硅电工钢设备示意图

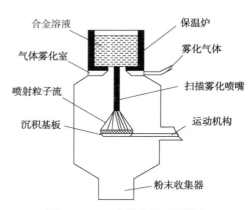

图 2-1-13 喷射成形工艺设备

2.2 6.5%高硅电工钢复合板的实验探索

6.5% 高硅电工钢具有诸多优异的电磁学性能，与普通的电工钢片相比，有助于实现节能化、高效化、轻便化及低噪声化，因此应用前景十分广阔。众所周知，Si 元素含量越高，合金的加工性能越差，所以采用传统的塑性加工方法实现该合金的批量化生产，目前难以实现，进而阻碍了该合金的应用市场的进一步扩大。所以，6.5%高硅电工钢实现工业化生产的一个研究热点，依旧是探索出一种短流程且易于自动化控制的生产工艺。

采用层状金属复合技术制备6.5%高硅电工钢薄板，是研究上述热点问题的一种探索。该制备技术的优势在于可以有效限制该合金在低温下脆性显著难变形的缺陷。通过在结构上的创新设计，可以确保重要的合金元素在后续不同阶段的加工过程中不会丢失，同时也有助于塑性加工变形过程中保持该合金的完整性。采用层状金属复合技术制备6.5%高硅电工钢，可以突破传统的塑性加工方法面对难变形材料的瓶颈；同时，也有助于扩展该合金的产品规格及种类、降低生产成本。

本节探索包覆浇铸制备6.5%高硅电工钢复合板坯料及后续塑性加工变形的可行性，包括设计各层（覆层及芯层）的厚度比例、Si元素的含量，并通过塑性加工（热锻、热轧、温轧、冷轧等）并结合热处理工艺来制备6.5%高硅电工钢复合薄板，同时结合适当的扩散退火工艺，进而得到Si元素分布均匀的6.5%高硅电工钢薄板。该技术所需要的原材料相对简单，不含其他的合金元素，因此生产成本低，而塑性加工阶段采用传统的加工技术，所以该方法相对适合现阶段的工业化生产。本节在上述制备工艺的基础上，对该合金的显微组织演变、磁学性能等方面做进一步的研究分析。

2.2.1 6.5%高硅电工钢的研究背景及意义

"绿水青山就是金山银山"，工业发展不能只追求眼前的经济效益，在"双碳"背景下，节约资源、减少污染，有效地利用现有的技术及设备进行新型绿色材料的研发并对现有技术进行改良，依旧是相关科研人员工作的内容之一。

电工钢作为一种广泛应用在工业中的软磁合金，在能量转换过程中，扮演着重要的角色。根据有关文献报道，在工程应用中电工钢因为电阻发热而造成的损失占电力总能量的 $2.5\% \sim 6.0\%$。因此，针对性减少能源的损耗，研发性能更加优异的电工钢品种取代普通的电工钢具有重大的意义。

Si元素含量为6.5%的高硅电工钢与普通电工钢相比，电磁学性能方面更加优异；在高频区域条件下进行工作时，6.5%高硅电工钢在减少噪声、增强效率等方面具有明显的优势，这是普通电工钢难以达到的。众所周知，对于Fe-Si合金而言，Si元素在基体中含量越高，合金的硬度越高、脆性越明显，特别是在Si元素含量≥5%时，会导致明显的室温脆性，难以进行塑性加工成形。

在该领域，很多科研团队研发了避开该合金脆性区的制备方法（如粉末压延法、快速凝固法、逐步增塑法等），但是，这类方法大部分还处于实验室的研发阶段，还不能成熟地投入工业化批量生产6.5%的高硅电工钢薄板或薄带中。日本某公司研发的CVD法是目前唯一成功实现工业化生产的制备技术，但是，也存在诸多的不足（如工艺复杂、生产周期长、成本高、设备维护费用高、污染环境严重等），在21世纪初已经停止了批量生产。

因此，基于上述情况分析，可知扩大6.5%的高硅电工钢的应用市场，研发的关键在于探索出一种流程短、效率高的制备加工方法。本章节拟采用层状复合制备技术，合理利用传统的塑性加工设备，并结合适当的热处理工艺，在实验室平台上对6.5%的高硅电工钢薄板（厚度<0.1mm）进行制备探索。本章节在实施实验过程中，没有添加任何的合金元素，采用的原材料简单而廉价（低碳钢、工业硅块、普通电工钢），对该合金在结构、成分、制备方式方面进行创新设计；通过充分利用我国现有的电工钢生产线，为6.5%的高硅电工钢产品的工业化生产进程提供一种方案。

2.2.2 实验探索6.5%高硅电工钢的研究内容

本章节依据传统的塑性加工设备，结合层状复合制备技术的特点，研究探索Si元素含量为6.5%的高硅电工钢复合板材的生产工艺。本节主要围绕6.5%高硅电工钢合金的低温脆性，针对传统加工方法难以成形的不足，依据层状金属复合材料结构对称的几何学特点，充分利用覆层对芯层在塑性加工过程中的保护，实现6.5%高硅电工钢的制备成形技术，并对该合金的复合铸坯、成形工艺、热处理工艺、显微组织演变、微观结构转变、合金元素分布、磁学性能特征等方面进行研究分析，具体的研究内容如下。

1. 研究6.5%高硅电工钢的复合铸坯

总结相关的文献可知，6.5%高硅电工钢合金的熔点高、导热性能差，产品对成分、显微组织、内部杂质等要求严格。因此，对6.5%高硅电工钢进行结构及成分的设计，基于层状复合制备技术，初步确定了各层的合金成分、形状尺寸及结构比例，定制了熔炼模具，初步制定了熔炼的工艺流程、铸坯的保温方式、冷却速率等工艺参数，对该合金复合板铸坯的显微组织进行深入研究，以此来调整熔炼工艺、优化工艺参数，为后续的塑性加工阶段做准备。

2. 研究6.5%高硅电工钢复合板的塑性加工

对于功能材料而言，优异的材料表面质量和形状外观尺寸是确保自身功能的前提。这意味着6.5%高硅电工钢复合板材的塑性加工过程要求严格，从其结构上可知，塑性加工之后的对称性，是指导变形过程的关键依据，同时也是基体整体的合金元素含量得到精确控制的前提条件，即如果6.5%高硅电工钢复合板材的对称性、完整性被破坏，则说明制定的塑性加工工艺存在明显的不足。为了有效避免上述不足，并对塑性加工成形的整个过程进行分析，需研究6.5%高硅电工钢复合板材从铸坯到薄板加工过程中的不同阶段，具体研究内容如下。

（1）铸坯的锻造阶段，针对加热温度、保温时间、变形过程、冷却方式等内容进行研究；

（2）锻造后的热轧阶段，针对6.5%高硅电工钢复合板所进行的热轧变形的理论进行研究分析（包括热轧变形的几何条件、滑移线特征），并对所需的载荷（即轧制力）进行推导及求解，制定热轧工艺，并对热轧之后复合板的微观结构、显微组织、合金元素变化等进行研究分析；

（3）热轧之后的温轧阶段，制定温轧工艺，并对温轧后复合板材的微观组织演变、结构尺寸比例、合金元素变化及表面质量进行观察分析；

（4）温轧后的冷轧阶段，制定冷轧工艺，并对冷轧后复合板的组织演变、比例结构、表面质量、缺陷类型等方面进行观察分析。

3. 研究6.5%高硅电工钢复合板的扩散工艺+电磁学性能

通过上述塑性加工成形后，6.5%高硅电工钢复合板经过温轧厚度约为0.15mm，经过冷轧之后的厚度约为0.05mm；选择适当厚度的复合板材进行扩散退火实验。针对Si元素在6.5%高硅电工钢复合板中的扩散机理进行探索，同时计算扩散激活能、确定扩散系数，在此基础上制定扩散退火工艺，并对扩散退火后复合板的组织结构演变、内部缺陷消除、合金元素变化等进行观察分析。

针对扩散退火处理之后的不同复合板，测试其磁感应强度和铁损，对合金内部的缺陷、组织结构、合金元素分布等对磁性能产生的影响进行研究，并分析合金磁性能的测试结果，以此为下批次复合板的制备、加工成形、性能改善作出指导。

2.2.3 实验探索6.5%高硅电工钢的技术路线

根据主要研究内容，实施不同阶段的实验方案，并以制备出板形良好、成分精确、性能优良的6.5%高硅电工钢为研究目标，技术路线如图2-2-1中所示。在理论研究的基础上，制备路线如图2-2-2中所示。

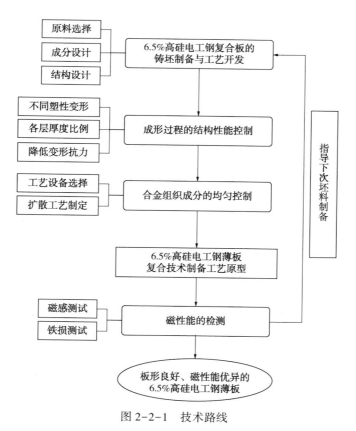

图2-2-1 技术路线

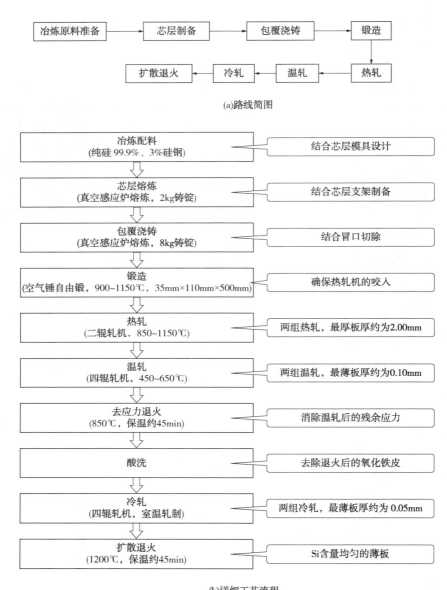

(a)路线简图

(b)详细工艺流程

图 2-2-2　制备路线

2.2.4　实验中主要应用的设备及测试方法

2.2.4.1　实验阶段应用的主要设备

1. 真空感应电磁加热炉

真空感应电磁加热炉是用来冶炼金属的设备。本实验采用的成套设备由四个部分构成：电源、真空炉腔体、真空系统、冷却系统。该设备的控制机柜是特有的冶炼设备控制柜（集机械、电子等多种技术为一体）。

本实验的两次熔炼(芯层熔炼+覆层熔炼)均采用的是 10kg 容量(坩埚的容积)的真空感应电磁熔炼炉，具体的性能参数见表 2-2-1；加热炉的实物，如图 2-2-3 所示。

表 2-2-1　真空感应电磁熔炼炉的性能参数

型号	ZG-0.01	型号	ZG-0.01
额定容量	10kg	额定温度	1700℃
额定功率	40kW	极限真空度	$6.6×10^{-3}$Pa
额定频率	4000Hz		

2. 锻造机

本实验采用的锻造机，整体的框架结构为双柱下拉式，在油泵的压力作用下直接传动，最大的工作行程为 1m。可用于金属铸坯的锻造工艺实施，为后续的轧制变形做好组织准备。锻造机的实物，如图 2-2-4 所示。

图 2-2-3　真空感应电磁加热炉　　　　图 2-2-4　锻造机实物图

3. 轧制设备

本实验的轧制变形阶段采用的是 Φ300mm(轧辊直径)的二辊热轧机、Φ120mm 的四辊冷轧机。轧机的实物如图 2-2-5 所示。

图 2-2-5　Φ300mm 的二辊热轧机、Φ120mm 的四辊冷轧机实物图

4. 箱式电阻加热炉

采用箱式电阻加热炉对复合板进行加热及保温，目的在于更好地配合塑性加工工艺的实施，具体的性能参数见表 2-2-2；加热炉的实物，如图 2-2-6 所示。

表 2-2-2　箱式电阻加热炉的具体性能参数

型号	RJX-40-12	型号	RJX-40-12
额定功率	40kW	空载功率	<12kW
额定电压	380/220V	额定频率	50Hz
相数	3	最大技术生产率	100kg/h
最高工作温度	1200℃	炉膛尺寸	长 950mm、宽 450mm、高 350mm

图 2-2-6　箱式电阻加热炉实物图

5. 扫描电镜(SEM)

采用 LEO-1450 扫描电子显微镜观察复合板各层的显微组织形貌，空间分辨率为 3.5nm，加速电压为 200~30kV，放大倍数为 15~30k，样品室的尺寸为 300mm×265mm×216mm，图像分辨率为 1024×768（显示），3072×2304（最高）。

6. 显微硬度计

采用 LEICA-VMHT-30M 显微硬度计对试样进行显微硬度测试，压力为 10g~1kg。对复合板的覆层及芯层不同部位的显微硬度进行测试。

7. 电工钢交流磁性测量仪

用于检测 6.5% 高硅电工钢复合板试样的铁损值和磁感应强度 B_{50} 等磁性能指标。

8. CXA-733 电子探针

用于测量 6.5% 高硅电工钢复合板试样中 Si 元素含量的分布。此外，实验阶段还用到的设备包括抛光机、金相显微镜(OM)、砂轮机、超声波清洗器等。

2.2.4.2　实验阶段实施的测试方法

1. 金相组织观察

本实验中采用金相的方法对不同工艺下试样的显微组织形貌、晶粒尺寸等进行观察分析。采用线切割仪器截取 10mm×8mm 的立方体样品，其中 10mm 沿轧制方向截取，8mm 沿宽展方向截取。考虑到冷轧 6.5% 高硅电工钢复合板的样品厚度只有 0.05mm 左右，采用夹具叠片的方式进行磨样及抛光。

通过夹具固定或镶样之后，将样品依次在 100#、400#、800#、1000#、1200#、1500#、2000# 的砂纸上进行打磨，打磨方向与前一次及后一次均保持 90°垂直，目的在于确保上一道次的划痕被全部覆盖，处理过程中使用清水进行冲洗，避免在磨样的过程中出现表面损伤。试样完成打磨之后，逐次采用 3.5$^{\#}$、1.5$^{\#}$、0.5$^{\#}$ 三种不同型号的抛光膏进行机械抛光。完成后用 5% 左右的硝酸水溶液浸蚀 30~40s。后续把试样放入酒精中清洗掉表面的残渣，再用大功率的吹风机(功率≥1000W)烘干酒精残液，之后在光学显微镜下进行观察并拍照留存。

为了统计试样表面的晶粒尺寸，把晶粒简单等效为球形，采用面积法测算其尺寸，计算公式如下：

$$L = 2\sqrt{A/N \cdot \pi} \qquad (2-2-1)$$

式中　L——平均晶粒的尺寸；

　　　A——测试区域的面积；

　　　N——测试区域中所含的晶粒个数。

为了更加客观地获得晶粒尺寸，在样品的观察面上随机选择 8~10 个不同的区域进行测量并统计。

2. X 射线衍射法测量宏观织构

本实验借助 X 射线衍射仪对合金的显微组织择优取向(织构)进行测量。采用 $\boldsymbol{I}_0$ 及 $\boldsymbol{I}$ 分别表示入射、衍射 X 射线的单位矢量，令矢量 $\boldsymbol{N} = \boldsymbol{I} - \boldsymbol{I}_0$；为衍射{hkl}晶面的法向。固定 X 射线衍射系统 $\boldsymbol{I} - \boldsymbol{I}_0 - \boldsymbol{N}$，使多晶体的坐标系(RD-ND-TD)分别作 α、β 转动，如图 2-2-7 所示，则能够测得不同方位(α, β)的衍射强度 $I(\alpha, \beta)$，进而可以获得归一化极密度函数的分布。操作前对背底及散焦进行校正，则需要无织构的 6.5% 高硅电工钢试样的衍射数据。因此，需要制备出晶体取向随机分布的粉末标样，同时测量 A2 相{110}、{200}、{211}的背底强度 $I_b(\alpha)$ 及无织构试样的衍射强度 $I_r(\alpha)$。

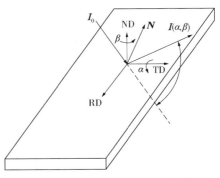

图 2-2-7　RD-ND-TD 系统相对于
$\boldsymbol{I} - \boldsymbol{I}_0 - \boldsymbol{N}$ 系统作 α、β 转动

把 6.5% 高硅电工钢的试样放在测角器内的样品台上，选用 Mo 靶的 X 射线束，在 D-5000 型 X 射线衍射仪上测量，α 的检测范围为 0~70°，β 的检测范围为 0~360°；在测量的过程中，沿着 α、β 以 5° 的步长间隔记录衍射强度 $I(\alpha, \beta)$。

将衍射强度 $I(\alpha, \beta)$ 做背底和散焦校正后，可以获得极图 $p^*(\alpha, \beta)$，将极图 $p^*(\alpha, \beta)$ 进行归一化处理之后，可以获得归一化极密度函数 $p(\alpha, \beta)$，采用 $p(\alpha, \beta)$ 能够绘出 6.5% 高硅电工钢的 A2 相{110}、{200}、{211}的极图。由于所测极图具有不完整性，进而极图的 α 角最高只达到 70°。

利用 A2 相{110}、{200}、{211}三个不完整的极图数据，可以获得 A2 相 ODF 的数据 $f(\varphi_1, \Phi, \varphi_2)$，进而能够作出 $\varphi_2 = 45°$ 的截面取向分布函数。

通常把 $\varphi_1 = 0$、$\varphi_2 = 45°$、沿着 $\Phi = 0~90°$ 的取向范围称作体心立方金属的 α 取向线；而把 $\Phi = 55°$、$\varphi_2 = 45°$、沿着 $\varphi_1 = 0~30°$ 或者 60°~90° 的取向范围称作体心立方金属的 γ 取向线。根据 $\varphi_2 = 45°$ 的截面取向分布函数 $f(\varphi_1, \Phi, \varphi_2)$，能够绘出 α 取向线和 γ 取向线。

3. 有序度的测量法

由于6.5%高硅电工钢基体中的 DO_3 相只出现 $\{111\}$ 特征衍射峰，因此，与 A2 相 $\{110\}$ 衍射峰进行比较，能够计算 DO_3 相的体积分数。采用相关的设备对6.5%高硅电工钢进行慢速照射，扫描 DO_3 相 $\{111\}$、A2 相 $\{110\}$ 的衍射峰，其中，布拉格角 2θ 范围为 $5° \sim 25°$，步进宽度为 $0.2°$，步进时间为30s。

由于6.5%高硅电工钢不能采用制备粉末样品的方式消除织构对有序度计算带来的误差，因此，6.5%高硅电工钢的有序度计算，需要 A2 相 $\{110\}$、DO_3 相 $\{111\}$ 的归一化极密度分布函数 $p(\alpha, \beta)$，采用 X 射线衍射法能够得到 A2 相 $\{110\}$、DO_3 相 $\{111\}$ 的极图。

4. 微区晶粒取向的测量法(EBSD)

试样进行 EBSD 测试，要求样品的质量要良好并能够达到测试要求，即良好的导电性、表面平整且光洁、试样无残余应力等。机械抛光结合离子减薄法以及电解抛光法是制备 EBSD 样品常用的两种方法。本实验采用 LEO-1450 型扫描电子显微镜(配有 EBSD 探头)对样品进行观察分析。

(1)机械抛光结合离子减薄法。由于6.5%高硅电工钢片的厚度相对较小(0.05～1.5mm)，要对样品的侧面(RD 及 ND 组成的平面)进行微区取向分析，可以通过以下五个步骤来完成：第一步，把样品粘到铜板上(采用导电的502胶，且为了保证导电性良好，铜板的厚度不宜超过6mm)；第二步，等粘贴牢固后，在 $2000^{\#} \sim 2500^{\#}$ 砂纸上进行打磨；第三步，再采用 $3.5^{\#}$ 的抛光膏进行机械抛光；第四步，更换较细的抛光膏，再次进行抛光；第五步，等抛光完成后，调整工艺参数，对样品进行离子减薄(放入待观测区域，目的是减少样品表面损伤及消除残余应力，提高表面质量)。

(2)电解抛光法。电解抛光对样品的厚度要求较高，一般要求样品厚度 >0.2mm，否则会产生不平整的电解弧形(由于样品两侧及中间部分的抛光不均匀导致的)，进而会影响观察区域的表面质量。本实验所用的电解抛光溶液为 5%$HClO_4$+乙醇的混合液，电压为 $35 \sim 40$V，抛光时间为 $10 \sim 15$s；由于电解抛光液的温度越低，越有利于样品表面的清洁，所以在实验之前，将抛光液提前在冰箱中冷藏 2h 左右。

5. 磁学性能检测法

本实验中采用 NIM-2000E 型交流磁性能测量装置检测6.5%高硅电工钢的铁损 $P_{1.5}$ 和磁感应强度 B_{50}。上述装置能够检测两种不同尺寸的6.5%高硅电工钢，即 30mm×300mm 的长条状(其中，300mm 为沿着轧制方向)和 50mm×50mm 的正方形状。

磁性能检测装置对试样的表面质量要求较高，要求表面清洁、无氧化层、无残余应力、表面平整、尺寸精准等。因此，在测试之前要对试样进行处理，采用50%的盐酸-酒精混合溶液进行擦拭以去除氧化层。

在检测的过程中，6.5%高硅电工钢的密度 ρ 是不可或缺的重要参数，根据经验公式获得，计算的公式如下：

$$\rho = 7.865(\text{g/cm}^3) - (6.5\%\text{Si} + 1.7\%\text{Al}) \tag{2-2-2}$$

通过计算可知：6.5%高硅电工钢的密度 ρ 为 7.45g/cm³。

对尺寸为 30mm×300mm 的试样,沿着轧制方向分别做正面、反面的测量,均进行 5 次测试,最终的检测值为所有测量数据的平均值,这样相对客观地反映出样品的磁性能。

6.5%高硅电工钢沿着轧制方向及宽展方向的磁性能不同(因为晶粒取向差异明显),因此,针对尺寸为 50mm×50mm 的试样,第一步,先测试沿着轧制方向分别做正面、反面的测量,均进行 5 次测试,方法如上,取所有数据的平均值,以此作为轧制方向的检测值。第二步,沿着宽展方向分别做正面、反面的测量,对各面进行 5 次测试,将所有测量数据取平均值,作为宽展方向的磁性能检测值。

2.2.5　6.5%高硅电工钢复合板材制备探索

2.2.5.1　实验用的原材料

本次实验用的原材料经济廉价,为低碳钢、普通电工钢和工业硅块,具体信息如下:

(1)覆层采用低碳钢、普通电工钢,各自的成分见表 2-2-3、表 2-2-4;

表 2-2-3　低碳钢的化学成分　　　　　　　　　　　　　　　　　%

Cr	Ni	C	Mn	Si	Cu	P	S	Fe
0.25	0.3	0.2	0.45	0.2	0.25	0.04	0.035	余量

表 2-2-4　Si 元素含量为 3.0%的电工钢化学成分　　　　　　　%

Si	C	Cu	Al	Ni	Ti	Cr	Mn	N	P	S	Fe
3.02	0.0017	0.045	0.9045	0.011	0.0032	0.035	0.196	0.0013	0.011	0.0007	余量

(2)芯层由于含有更多的 Si 元素,所以在熔炼的时候,在覆层合金的基础上添加工业硅块(其成分见表 2-2-5),此以制备 Si 元素含量高的 Fe-Si 合金作为芯层。

表 2-2-5　工业硅块化学成分　　　　　　　　　　　　　　　　%

化学成分	C	Ca	Fe	Al	Si
含量	0.05	0.085	0.37	0.22	余量

2.2.5.2　6.5%高硅电工钢复合板铸坯设计

采用低碳钢包覆高硅合金,以此制备 6.5%高硅电工钢复合板铸坯。由于是第一次尝试采用复合技术制备 6.5%高硅电工钢,所以在结构方面选择相对简单的三层结构。复合板铸坯的结构比例为:覆层-芯层-覆层,各层的厚度比为 1:2:1。为了探索上述工艺的可行性,同时提高实验的成功率,拟定制备三批次的芯层,且芯层中 Si 元素的含量配比分别为 8%、10%、12%,因为不清楚扩散工艺的效果如何,通过上述方式拟定能够制备出 Si 元素含量分别达到 5.5%、6.5%、7.5%的高硅电工钢复合板。芯层 Si 元素含量及试样编号见表 2-2-6。

表 2-2-6　芯层 Si 元素含量及试样编号

Si 元素含量/%	5.5	6.5	7.5
试样编号	1#	2#	3#

2.2.5.3　制备 6.5%高硅电工钢复合板的铸坯

本实验采用真空冶炼的方式完成铸坯的浇铸过程。真空感应电磁加热炉在冶炼的过程中，一直是处在负压的条件下进行工作的，其冶炼的程序包含加热、熔化、精炼、合金化、浇铸五个不同的阶段。由于整个熔炼的过程都在真空条件下实施，所以，有效避免了合金熔液的氧化、烧损，进而有助于保证合金元素的含量。基于铸坯的复合结构，熔炼分两个批次，进而浇铸也分为两次，即芯层的浇铸和覆层包裹芯层的浇铸。具体的浇铸过程如下。

（1）芯层的浇铸。浇铸制备 Si 元素含量分别为 8%、10%、12%的三个芯层。芯料分成三个批次，每一批次的成分种类一致，只是 Si 元素含量存在差异，后两个批次在第一批次的基础上，根据之前的成分设计，适当增多 Si 元素含量即可。对上述的三个批次，分别投入工业硅块 0.65kg、0.75kg、0.85kg，把工业硅块及低碳钢按照设计的比例混合后，放入真空感应电磁加热炉中。熔炼操作的步骤包含以下四步：第一步，等炉内的气压降低到小于 0.1MPa 后开始加热，等到合金熔液的颜色呈现出近白色后，根据经验可知，此状态下的温度约为 1550℃，保温 1~2min；第二步，打开气体阀门，把炉内的气体放出；第三步，往炉内通入约 0.6MPa 的氩气，再将合金熔液倒入铸模内；第四步，大约 20min 之后，将坯料从铸模内取出，空冷至室温。

（2）芯料的加工。采用线切割机，将坯料切割成为所需芯层的尺寸，并用砂轮机打磨处理表面的氧化铁皮。把加工好的芯料放入铸模腔内，采用两块覆层材料的垫片把芯料架起，以此确保芯料处于铸模的中心。

（3）包覆层的浇铸。把低碳钢(7.0kg)放入真空感应电磁加热炉中进行熔炼，熔炼的过程可以分为以下四步：第一步，将炉内压抽真空至 0.1MPa，逐渐加热，能够观察到合金熔液呈现出白亮色，此时，根据经验可知合金熔液的温度约 1600℃；第二步，保温 1~2min 之后，打开气体阀门，放出气体；第三步，往熔炼炉腔内通入约 0.6MPa 的氩气，后续将合金熔液浇入铸模内，让合金熔液完全包裹住芯料；第四步，铸模内的铸锭冷却至约 800℃时，向熔炼炉腔内冲入空气、恢复气压，打开熔炼炉取出铸锭，将其放入密封炉中，缓慢冷却至室温。

2.2.6　6.5%高硅电工钢复合板塑性加工探索

2.2.6.1　6.5%高硅电工钢复合板的锻造变形

6.5%高硅电工钢复合板的铸坯是通过浇铸方式获得的，进而基体内部存在一些铸造缺陷，为了有助于后续的热轧加工变形，对复合铸坯实施锻造处理，这样可以有效地焊合芯部裂纹、缩松等缺陷，也可以破碎粗大的柱状晶粒，细化各层的显微组织，改善整个铸坯的塑性加工性能。

本实验采用自由锻造机，复合板铸坯通过锻打之后，其厚度减薄至 35mm 左右。通过查阅 Fe-C、Fe-Si 相图可知，合金锻造的开始温度，会随着 C、Si 元素含量的增加而有所降低，再参考相应的文献可知，对 6.5% 高硅电工钢实施热锻工艺，所制定的始锻温度一般在 1100~1150℃。本实验中所用的覆层材料为低碳钢，其始锻温度会相应增高，因此本实验制定的加热及保温的温度为 1180℃、保温 45min，始锻温度为 1150℃，复合板铸坯的锻造工艺见表 2-2-7。

表 2-2-7　6.5%高硅电工钢复合板铸坯的锻造工艺

进料温度/℃	升温速度	保温温度/℃	保温时间/min	始锻温度/℃	终锻温度/℃	冷却方式
800	按加热炉最大升温速度	1180	45	1150	950	空冷

2.2.6.2　6.5%高硅电工钢复合板的热轧变形

合金材料的热轧变形一般发生在再结晶温度以上，在较高温度的条件下进行大变量的塑性加工，会发生动态再结晶现象，使得晶粒更加细化、显微组织更加均匀。

本实验在箱式电阻加热炉(功率为 50kW)中加热到 800℃之后，将锻打后的 6.5% 高硅电工钢复合板放入炉中，并随炉缓慢加热至 1100℃、持续保温 45min；后续采用二辊可逆式热轧机进行热轧变形，轧制变形的温度范围在 950~1100℃。热轧变形的第一及第二个道次的压下量较大，之后随着温度整体降低，压下量也降低，每 4~5 个道次热轧变形后迅速回炉再次加热到初始变形的温度，但是后续热轧的次数会减少，就必须尽快回炉加热，因为复合板的厚度减薄明显，热量损耗更快，会导致温度降低的速率加快。通过上述热轧过程，复合板的厚度减薄为 2.3mm 左右，热轧结束之后采取空冷的方式冷却至室温。热轧过程涉及的道次压下量分配见表 2-2-8。

表 2-2-8　低碳钢包覆的高硅电工钢复合板热轧道次压下量分配表

轧制道次	初始厚度/mm	轧后厚度/mm	压下量/mm	道次压下率/%
1	35.0	28.0	7.0	20.0
2	28.0	22.0	6.0	21.4
3	22.0	18.0	4.0	16.0
4	18.0	15.0	3.0	14.3
返回炉中加热至1100℃、保温15min				
5	15.0	11.0	4.0	26.7
6	11.0	8.0	3.0	27.3
7	8.0	6.0	2.0	25.0
8	6.0	4.5	1.5	25.0
返回炉中加热至1100℃、保温15min				
9	4.5	3.7	0.8	17.8
10	3.7	3.0	0.7	18.9
11	3.0	2.6	0.4	13.3
12	2.6	2.3	0.3	11.5

2.2.6.3 6.5%高硅电工钢复合板的温轧工艺

在再结晶温度以下、低温回火温度之上，这个温度范围内进行的轧制变形，一般认为是中温轧制工艺。在中温轧制变形的过程中，因为温度处于再结晶温度以下，所以合金基体的显微组织不会发生再结晶现象，只有回复现象。本实验所涉及的中温轧制变形分两次进行，因为热轧结束后复合板的厚度为2.3mm，而温轧的精轧机是四辊式的轧机，该设备的咬入上限为1mm（即厚度>1mm，则复合板会在轧辊前打滑，不能进入轧辊缝隙中）。所以，第一次温轧在二辊热轧机（$\Phi300mm×400mm$）上进行，第二次温轧在四辊冷轧机（工作辊$\Phi120mm×450mm$，支撑辊$\Phi400mm×450mm$）上进行。

对于设定温轧变形的温度范围，是根据实验所选择的轧机轧辊的状况，以及6.5%高硅电工钢合金的韧脆转变温度共同制定的。通过查阅相关的文献可知，在没有进行热处理的前提下，6.5%Si的Fe-Si合金的韧脆转变温度在500℃左右，而冷轧轧辊的耐热温度为700℃，同时要避开合金的蓝脆区（蓝脆效应是由于合金在塑性变形的过程中，基体中的位错运动速度与该温度下C、N等合金元素的原子扩散速度近似，因而在变形的过程中发生了形变时效造成的，从而导致塑性加工能力显著降低）。在一般情况下，蓝脆的温度范围为250~400℃。所以，基于上述情况，本实验选择第一次温轧的初始温度为600℃，第二次温轧的初始温度为550℃。以本实验中3#-板的温轧过程为例，第一次温轧变形板厚度由2.3mm减薄至0.85mm，轧制的初始温度为600℃，具体的中温轧制压下量分配见表2-2-9。

表2-2-9 3#-板第一次温轧道次压下量分配表

轧制道次	原始厚度/mm	轧后厚度/mm	压下量/mm	道次压下率/%
1	2.30	2.05	0.25	10.7
2	2.05	1.80	0.25	12.2
3	1.80	1.60	0.20	11.1
返回炉中加热至600℃、保温15min				
4	1.60	1.48	0.12	7.5
5	1.48	1.36	0.12	8.1
6	1.36	1.27	0.09	6.6
7	1.27	1.18	0.09	7.1
返回炉中加热至600℃、保温15min				
8	1.18	1.05	0.13	11.0
9	1.05	0.95	0.10	9.5
10	0.95	0.90	0.05	5.3
11	0.90	0.85	0.05	5.6

6.5%高硅电工钢复合板进行第二次中温轧制，复合板的厚度由0.85mm减薄至0.5mm，轧制的初始温度为550℃，第二次温轧的具体压下量分配见表2-2-10。

表2-2-10　3#-板第二次温轧道次压下量分配表

轧制道次	原始厚度/mm	轧后厚度/mm	压下量/mm	道次压下率/%
1	0.85	0.80	0.05	5.9
2	0.80	0.72	0.08	10.0
3	0.72	0.68	0.04	5.6
返回炉中加热至550℃、保温15min				
4	0.68	0.59	0.09	13.2
5	0.59	0.53	0.06	10.2
6	0.53	0.50	0.03	5.7

2.2.7　6.5%高硅电工钢复合板的扩散工艺及磁学性能测试

对芯部基体中Si元素含量不同的6.5%高硅电工钢的试样(1#、2#、3#)进行扩散退火实验，目的是得到Si元素含量均匀分布的高硅电工钢板，同时根据Si元素的含量是否为6.5%来判断制备工艺的合理性，为下批次的制备提供参考。通过中温轧制变形之后，三个试样(1#、2#、3#)的厚度分别是0.45mm、0.55mm、0.50mm，当温度加热至1200℃后，进行保温，此温度下Si原子的迁移能力较强、扩散效果较好。制定好扩散温度之后，后续实施两次不同保温时间的扩散退火实验，以此来对扩散工艺进行优化。经过扩散退火处理之后的2#-复合板的试样，对其进行磁学性能检测、化学成分测试、X射线衍射织构检测等分析，并对影响合金磁学性能的因素进行了研究分析。

2.2.8　6.5%高硅电工钢复合板的实验结果及分析

2.2.8.1　制备实验样品

本实验的试样分别从6.0mm厚的热轧板、2.3mm厚的热轧板、温轧板(1#取0.5mm厚，2#和3#取0.8mm厚)的中芯层位截取，试样的尺寸为(长×宽×高)12mm×10mm×板厚，其中长度截取的面为轧制方向的横切面。实验样品的制备过程如下：第一步，把每个试样的侧面(即三层结构的切面)依次在不同粗糙度的砂纸(砂纸的型号分别为150#、360#、500#、800#、1000#、1200#、1500#及2000#)上处理磨平；第二步，在抛光机上进行抛光，完成后采用酒精清洗并吹干；第三步，在8%(质量分数)硝酸水溶液中浸蚀30s左右，从溶液中取出并采用酒精清洗、吹干。后续把试样放在金相显微镜下观察，并拍照存底；再用扫描电镜及能谱仪对复合板进行显微组织观察及成分变化分析，并利用Image-tool软件对复合板各层厚度进行测定。

2.2.8.2 金相显微组织观察分析

1#-试样，即 Si 元素含量为 5.5% 的复合板，不同轧制状态下的金相组织如图 2-2-8~图 2-2-10 中所示。本批试样的轧制变形方向均为宽展方向。

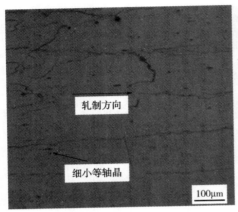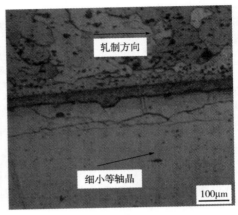

(a)芯部　　　　　　　　　　　　　(b)复合板

图 2-2-8　1#-试样热轧 6.0mm 处的金相组织

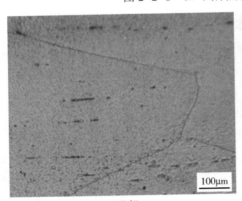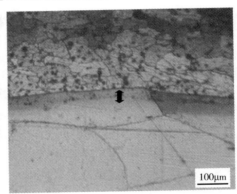

(a)芯部　　　　　　　　　　　　　(b)复合板

图 2-2-9　1#-试样热轧 2.3mm 处的金相组织

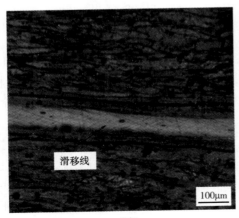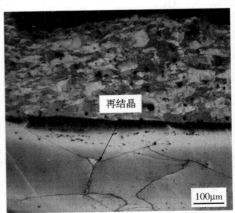

(a)芯部　　　　　　　　　　　　　(b)复合板

图 2-2-10　1#-试样温轧 0.5mm 处的金相组织

上述两种不同厚度（6.0mm、2.3mm）的热轧复合板均在 1100℃ 下轧制变形所得，0.5mm 厚度的复合板在 550℃ 下轧制所得。两种不同厚度的热轧复合板界面扩散层均在 $25\sim30\mu m$。从 6.0mm 到 0.5mm 的轧制变形过程中，Si 元素扩散层的厚度增加了 $5\mu m$ 左右，说明 Si 元素在上述变形的温度下发生了一定程度的扩散。从上述的金相图片中可以观察出，界面结合得比较紧密，从能谱中分析可知，界面处过渡层的成分比较均匀，说明实现了良好的冶金结合。

由于轧制时温度较高、变形量也大，所以，在热轧的过程中均发生了动态再结晶现象，进而显微组织呈现出粗大的等轴状晶粒。由于试样是三层的复合板，合金整体的综合性质应由各层（即芯部的高硅层、两侧的低碳钢层和中间的过渡层，亦是结合界面）共同决定。其中，界面是 Si 元素含量较高的芯层与低碳钢层的结合之处，即两者的元素在界面形成原子作用力。又由于界面处的结构、物理、化学等性能既不同于高硅层，又不同于低碳钢层，所以，界面的优良结合是十分重要的，这决定着复合板在塑性加工过程中的完整性，界面能够有效地传递压力载荷、改良复合板内的应力分布、防止微裂纹拓展增大，从而促使复合板展现出优异的力学性能。

界面在结构及性能方面要求相对严格，界面的结合强度必须适中，否则不利于复合板的塑性加工变形（如结合太弱，不能有效地传递载荷；而结合太强，则会引起脆性断裂），特别是在界面结合的区域，会通过反应产生脆性的金属化合物，将直接影响界面的塑性。在界面的区域，由于覆层及芯部的塑性差异较大，会导致变形不一致。界面处的 Si 元素含量介于低碳钢与高硅合金之间（由于热轧变形的温度较高，合金元素会发生一定程度的扩散），界面区域的晶粒尺寸大小也介于两者之间。随着轧制过程的持续进行，界面区域中的晶粒也呈现出拉长的状态；同时观察其他的复合板，也都呈现出这一特点。

对于温轧复合板而言，由于轧制的温度相对较低（在再结晶温度以下），低碳钢没有出现再结晶现象、显微组织发生了回复，低碳钢层的晶粒依然呈现出拉长的状态，复合板的芯部均为大块的晶粒（因为 Si 元素含量高，导致晶界平直、晶粒粗大）。在轧制变形过程中，由于自身的塑性较差，变形较困难，尺寸粗大的晶粒在载荷作用下，会经过破碎形成新的细小的晶粒。在较高温度进行轧制时（对于 6.0mm 及 2.3mm 厚度的两种复合板而言），高硅部分塑性相对较好，晶粒发生明显的变形，形成长条状晶粒。对于板厚 6.0mm 的试样而言，由于厚度较大、基体的温度场变化较慢，进而散热也较慢，高硅层会发生动态回复及动态再结晶。在一些易于形核的晶界区域，会出现一些细小的等轴晶粒，而在厚度较薄的复合板中，则没有观察到这种现象。

随着变形程度的增大，以及轧制温度的持续降低，高硅层的变形程度也会越来越大，并出现了比较明显的滑移线。可以观察到滑移线是与轧制方向呈45°的互相垂直的平行线。大量的滑移线出现在晶粒内部，充分说明了高硅层的变形方式，即大块晶粒首先被破碎，等破碎结束后，晶粒得到一定程度的细化，后续变形则是晶粒内部位错的滑移。

2#-复合板在不同轧制状态下的金相组织，如图 2-2-11～图 2-2-13 中所示。

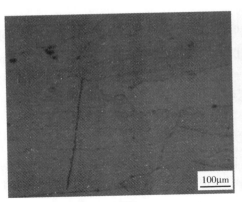

(a)芯部   (b)复合板

图 2-2-11 2#-试样热轧 6.0mm 处金相组织

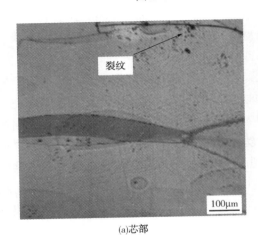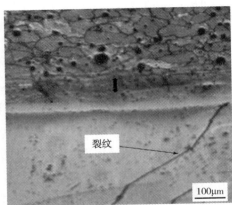

(a)芯部   (b)复合板

图 2-2-12 2#-试样热轧 2.3mm 处金相组织

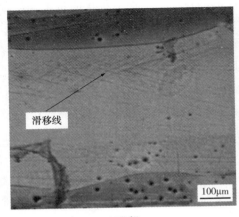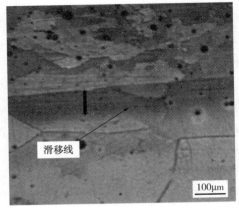

(a)芯部   (b)复合板

图 2-2-13 2#-试样温轧 0.8mm 处金相组织

由于复合板整体的变形在局部存在不同，同时从复合板中截取试样的位置也存在差异，所以，对于界面扩散层的厚度而言，不同试样（即使厚度相同）的界面扩散层的厚度差异较大，但是其他试样上的过渡层要比1#-试样的过渡层厚一些（原因是1#-复合板芯层的Si元素含量最低，在相同的扩散工艺条件下，形成的扩散层厚度较薄），热轧扩散层在$30 \sim 35 \mu m$，经过温轧之后的扩散层可以达到约$50 \mu m$。上述现象说明了即使加热的条件一致，复合板合金元素含量的差异也会导致浓度梯度越大，扩散得越多。

随着Si元素含量的增多，芯层的硬度上升、塑性加工能力下降，在显微组织方面主要呈现出一些被拉长的比较大的晶粒。在厚度为2.3mm的芯部出现了一些裂纹（如图2-2-12中所示），这是变形程度超出塑性能力所致的。出现的裂纹主要是沿着轧制的方向，进而说明上述裂纹的出现是轧制变形程度较大导致的；裂纹出现在这个区域，另一个主要原因是这个方向上的畸变能较大，在多次变形后易于出现应力集中，从而导致裂纹的演生及微裂纹的扩展。

在厚度较薄的复合板中，从基体中的晶粒处也能观察到出现了明显的滑移带。滑移带的形成机理可以用多晶体发生塑性变形的特点来解释：滑移带一般更多地出现在晶界附近的区域，原因是晶粒内部的位错发生了位移运动，发生位移的位错聚集到晶界处之后，遭受到了其他晶粒晶界的阻碍，不能顺利地继续发生位移，因为相邻的晶粒均有相互约束的作用，在累积的载荷作用下，更多的位错聚集到这个区域，从能量的角度而言，要穿过晶界滑移至相邻的晶粒需要更大的能量，所以位错在晶粒内部的晶界附近会产生塞积。位错不断地塞积会对相邻的晶粒传导作用力，迫使相邻的晶粒内部也会出现滑移运动，从而有助于整体完成协调的变形。

3#-复合板的试样在不同的轧制状态下的金相组织，如图2-2-14~图2-2-16中所示。

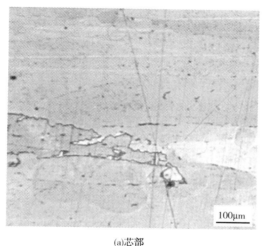
(a)芯部

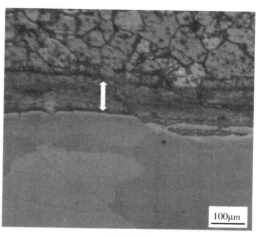
(b)复合板

图2-2-14　3#-试样热轧6.0mm处金相组织

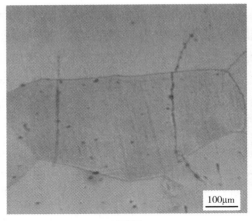

| (a)芯部 | (b)复合板 |

图 2-2-15　3#-试样热轧 2.3mm 处金相组织

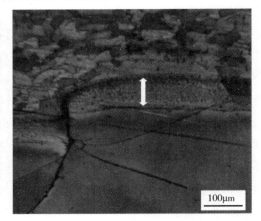

| (a)芯部 | (b)复合板 |

图 2-2-16　3#-试样温轧 0.8mm 处金相组织

由图可知界面扩散层的厚度在 50μm 左右,明显厚于前两种复合板的扩散层,再次验证了如下规律:在加热条件一致的前提下,Si 元素的浓度梯度越大,扩散的原子数量也越多,进而形成的扩散层厚度越大。随着 Si 元素含量的增多,在该试样中低碳钢层观察到的现象与 1#、2#类似,芯层硬度增大、脆性增加、塑性加工能力下降。在厚度为 2.3mm 的试样芯部出现了一定数量的裂纹,该类裂纹出现的原因与 2#-复合板的相同,不过数量明显多一些,甚至出现了穿越整个芯层的大裂纹,一直延伸到低碳钢层中的显微组织中。原因是该复合板芯层中的 Si 元素含量最高,所以在几个试样中,该试样的塑性最差。若是没有低碳钢层的包覆进行保护,这样的大裂纹会使芯层的合金在轧制的过程中出现开裂甚至断层,但是复合板整体上没有见到开裂,只是在边部出现了一些尺寸较小的裂纹,这说明覆层的保护效果良好。在厚度较薄的复合板中,没有观察到类似的滑移带,这是由于芯层的 Si 元素含量较高,芯部发生的变形程度相对较小,进而难以出现滑移。

2.2.8.3　扫描电子显微镜(SEM)分析

本实验对热轧+温轧之后的试样进行 Si 元素含量的定点扫描测试,确定 Si 元素的含量及分布。试样的定点分析数据见表 2-2-11。可知不同成分配比的复合板经过热轧、温轧之后，各自的 Si 元素含量基本都有所降低，说明在熔炼制备芯层的过程中 Si 元素有所损失，毕竟熔炼温度很高，Si 元素的化学性质很活泼，存在一定的烧损。

表 2-2-11　Si 元素含量定点分析表

试样的编号	1#	3#	1#	2#	3#
试样的厚度/mm	2.3	2.3	0.5	0.8	0.8
初定的芯层 Si 元素含量/%	8	12	8	10	12
测定的芯层 Si 元素含量/%	6.37	12.06	7.86	6.71	11.81

经过温轧之后三种试样的面分析图，以及所在区域的金相显微组织，如图 2-2-17~图 2-2-19 中分别所示。右边的图呈现的是所作面分析区域的金相图片，可以清晰地观察显微组织；因为不同试样芯层的厚度不同，进而放大的倍数也不同。左边的图片为右侧图片对应的区域中 Si 元素含量的分析图。左侧图片的左边有一个小图例，图中不同的颜色深浅表示不同的元素含量。

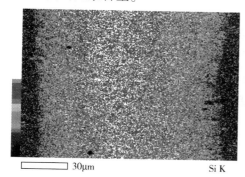

图 2-2-17　温轧后 1#-0.5mm 厚板 Si 元素含量面分析图及所分析区域的金相照片

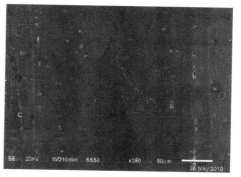

图 2-2-18　温轧后 2#-0.8mm 厚板 Si 元素含量面分析图及所分析区域的金相照片

从 1#-样品的金相图及 Si 元素含量面分析图中可以明显观察出，芯层与覆层之间已经出现了过渡层，即结合界面。从左至右进行观察，依次分别是：低碳钢层（覆层）、过渡层（低硅层）、高硅层（芯层）、过渡层（低硅层）、低碳钢层（覆层）。在过渡层中已经观察到了滑移带（如图 2-2-17 中所示）。但是，滑移带中的平行线在晶界的区域，会出现一定程度的偏折，该图中的右侧比较明显。造成上述现象的原因是 Si 元素的扩散使这些地方的 Si 元素含量降低，进而其塑性就会有所提升，相较中心区域发生了更大程度的形变。滑移带就是在更大程度的塑性变形过程中，位错发生滑移而留下的痕迹。与上述情况相比，2#-样品基体中 Si 元素含量的面分析图中，浅色部分的比例明显降低，没有观察到有滑移带的部分。

图 2-2-19   温轧后 3#-0.8mm 厚板 Si 元素含量面分析图及所分析区域的金相照片

观察 3#-样品的金相图，可以看到一条尺寸较大的裂纹，这个裂纹在面分析图中也能够被观察到(如图 2-2-19 中所示)。而在 Si 元素的面分析图中，只能够清晰地观察到靠近边部的一小部分，进入芯部的高硅层就观察不到了。由上述现象可知，在该裂纹的缝隙中出现了一些 Si 元素含量较高的金属间化合物，其对裂纹的缝隙进行了有效的填补。

2.2.8.4   6.5%高硅电工钢复合板中各层厚度的测定及分析

由于 6.5%高硅电工钢复合板中的各层材料不同，所以各层呈现出的塑性、硬度等加工性能也明显不相同，因此在轧制过程中，各层变形的程度也存在明显差异，并且这种差异会在相同的加工工艺条件下，随着合金成分的不同也发生变化。通过(线+面)分析图得到了 1#-板和 3#-板芯层的厚度，同时统计出了经过热轧+温轧之后，芯层及覆层的厚度变化，统计结果见表 2-2-12。

表 2-2-12   6.5%高硅电工钢复合板各层厚度的统计

复合板的编号	芯部的 Si 含量/%	复合板的实际厚度/mm	芯层的厚度/μm	扩散层的厚度/μm
1#	6.37	2.3	714	30
1#	7.86	0.5	42.5	33
3#	12.06	2.3	557	64
3#	11.81	0.8	400	54

在热轧变形的过程中，由于加热的温度较高、在再结晶温度以上，覆层的硬度很低、塑性良好，而芯层中 Si 元素含量较高，使得覆层及芯层的塑性差异过大，进而复合板在厚度方向上的大部分变形均由覆层的低碳钢承担。在热轧变形的过程中，低碳钢层由于前、后滑的作用，会明显地向首尾聚集，导致首尾区域的芯层比中间的芯层更薄。而低碳钢层的前、后滑对 3#-复合板的芯层作用更强，低碳钢层变形量更大，进而更多的芯层部分留在了复合板整体的中间，而头尾的高硅层比例变得更少。

对于 Si 元素含量相同的热轧、温轧板，通过测试获得的芯层的厚度比，差异是十分明显的。由于温度较大幅度地降低，在温轧过程中低碳钢层的塑性加工能力远不如热轧过程中的，而芯层的高硅合金的整体塑性变化并不明显；在温轧过程中，复合板的覆层及芯层的塑性更加接近，又由于低碳钢层的加工硬化，各层的整体变形程度趋于一致。1#-样品由于 Si

元素含量较低，芯层的塑性相对较高，在温轧变形的过程中，芯层由热轧之后的 714μm 减薄成了 42.5μm，而整个复合板整体的变形量为 1.8mm，进而可知芯层部分承担了更大程度的变形，成为主要的变形层。对于 3#-样品而言，因为 Si 元素的含量较高，整体的塑性加工能力差，所以在温轧变形的过程中只减少了 157μm，相对于复合板整体变形的 1.5mm 而言，可知主要的变形层为覆层的低碳钢。所以在芯层并未出现滑移带，芯层组织依旧是晶粒面积较大的高硅晶粒，并且明显存在一些裂纹。

　　1#-样品与 3#-样品的热轧、温轧复合板 Si 元素的面分析，如图 2-2-20 中所示。从图中可知，Si 元素扩散层的厚度分别如下：1#-热轧样品的扩散层厚度为 30μm，1#-温轧样品的扩散层厚度为 33μm，3#-热轧样品的扩散层厚度为 64μm，3#-温轧样品的扩散层厚度为 54μm。这组数据的趋势与之前由金相显微组织分析观察出的扩散层厚度数据基本一致，这说明在压下量较大的情况下，即使温度不高，合金元素也会发生一定的扩散。

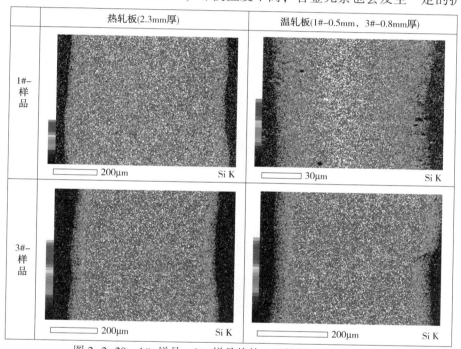

图 2-2-20　1#-样品、3#-样品热轧、温轧板 Si 元素面分析

2.2.8.5　不同的热处理工艺对复合板材扩散效果的影响

　　在温度都为 1200℃ 的条件下，对厚度分别为 0.45mm、0.55mm、0.50mm 的 1#-、2#-、3#-试样进行两次不同的扩散退火实验，密封加热炉中通入混合气体（60% H_2＋40% N_2），混合气体的流量为 9L/h H_2：6L/h N_2，设定的保温时间分别为 2h 及 3h，冷却的方式一致，均是在炉口进行快速空冷。

　　为了方便记录，对不同扩散工艺的试样进行再次编号：保温 2h 的试样编号不变，依旧是 1#、2#、3#；保温 3h 的试样编号变为 11#、12#、13#。

　　由于复合板的芯部 Si 元素含量很高（在 8%～11%），如图 2-2-21 中所示，芯层的 Si 元素衍射强度高且十分明显，而两边的衍射强度低；Fe 元素的衍射强度差异不大，说明 Fe 元素在基体中的分布比较均匀。虽然经过了热轧及后续的热处理，Si 元素由芯部向覆层也发生了扩散，但 Si 元素仍然呈现出梯度分布的状态，说明必须对复合板实施针对性的扩散热处理工艺，否则 Si 元素难以分布均匀。

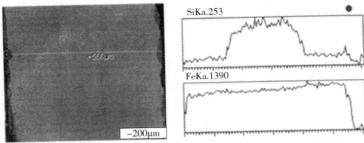

图 2-2-21　温轧后的 2#-试样沿板厚方向 Si 元素线扫描图

对轧制后的试样经过不同的高温扩散退火处理，并探索合理的均匀化效果的工艺参数，观察 Si 元素沿着复合板厚度方向的分布状态，如图 2-2-22 中所示。

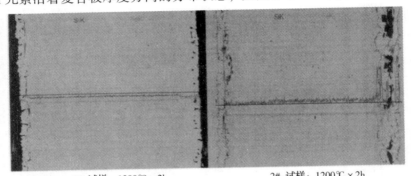

1#-试样：1200℃×2h　　　　　　2#-试样：1200℃×2h

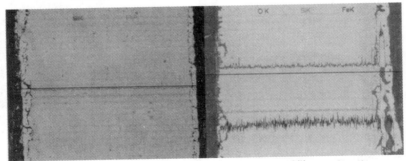

3#-试样：1200℃×2h　　　　　　11#-试样：1200℃×3h

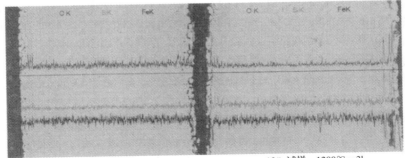

12#-试样：1200℃×3h　　　　　　13#-试样：1200℃×3h

图 2-2-22　扩散退火的均匀化效果

由图2-2-22可知，经过加热至1200℃且保温2h及3h的扩散退火工艺的实施，Si元素沿着复合板厚度方向的衍射强度一致，说明上述扩散退火工艺可以让Si元素在板厚的方向上均匀分布。从该图中可观察出，试样存在较多的缺陷（如微裂纹、孔洞），在这些区域，Si及Fe的衍射强度均很高，说明在热处理的过程中发生一定程度的内氧化，经过扩散退火处理之后，Si及Fe的原子在微裂纹及孔洞中出现了偏聚。

2.2.8.6　复合板材的磁性能检测及影响因素分析

对扩散退火处理之后的高硅电工钢的试样进行磁性能检测（检测的方式采用爱泼斯坦方片）。磁性能检测的结果见表2-2-13。将所测得的磁性能进行对比，表2-2-14中所示为6.5%高硅电工钢片与传统电工钢磁性能的指标，表2-2-15中所示为日本NKK公司CVD法制备的6.5%高硅电工钢磁性能的指标。

表2-2-13　试样的磁性能检测结果

试样编号	扩散退火工艺	$P_{1.0/50}$/（W/kg）	$P_{1.5/50}$/（W/kg）	$P_{1.0/400}$/（W/kg）	B_8/T	B_{50}/T	B_{100}/T
1#-1	1200℃×2h	2.797	8.173	57.390	1.180	1.500	1.621
1#-2		2.950	8.000	56.960	1.190	1.548	1.670
2#-1		2.658	7.215	59.107	1.278	1.579	1.698
2#-2		2.638	7.170	58.920	1.282	1.586	1.701
3#-1		2.491	7.357	45.951	1.190	1.515	1.644
3#-2		2.137	7.098	39.940	1.220	1.517	1.639
11#-1	1200℃×3h	2.173	6.693	43.836	1.158	1.512	1.626
11#-2		2.243	7.024	45.252	1.239	1.522	1.640
12#-1		2.067	5.446	43.972	1.389	1.604	1.716
12#-2		—	—	—	—	—	—
13#-1		2.469	7.505	42.156	1.288	1.521	1.637
13#-2		2.182	6.323	37.530	1.258	1.535	1.653

表2-2-14　6.5%高硅电工钢片与传统电工钢磁性能指标

	厚度/mm	$P_{1.0/50}$/（W/kg）	$P_{1.0/400}$/（W/kg）	$P_{0.2/1000}$/（W/kg）	$P_{0.2/10K}$/（W/kg）
6.5%高硅电工钢	0.10	0.51	5.98	0.96	32.5
	0.30	0.49	10.0	1.80	74.4
	0.50	0.58	15.6	2.80	106.0
3.5%无取向电工钢	0.50	1.36	27.1	4.84	180.0

表2-2-15　日本NKK公司CVD法制备的6.5%高硅电工钢磁性能指标

厚度/mm	铁损值/（W/kg）					B_{5000}/T
	$P_{1.0/50}$	$P_{1.5/50}$	$P_{1.0/400}$	$P_{0.2/1000}$	$P_{0.2/10K}$	
0.5	≤0.7	≤1.8	≤13.0	≤1.2	≤110	≥1.6
0.3	≤0.5	≤1.6	≤11.0	≤1.0	≤80	≥1.6

从上述三个表中可知，本实验所制备的试样的磁性能较差，铁损比低牌号无取向电工钢高，磁感比高牌号无取向电工钢低，中频下也没能呈现出高硅电工钢的优势。在本批次的复合板中，相同温度下保温时间较长的试样的铁损相对较低、磁感相对较高；这充分说明了较长的保温时间有助于合金中缺陷的减少或消除，进而明显有助于磁性能的提升。

2.2.8.7 复合板的成分检测分析

对经过扩散退火处理之后的试样进行化学成分分析，检测的结果见表2-2-16。

表 2-2-16　成分检测结果

试样编号	C	Si	Cu	Cr	Al	B	S	N
1#	0.0055	2.33	0.024	0.053	0.005	0.0045	0.0038	0.0062
2#	0.0041	3.25	0.019	0.028	0.005	0.0010	0.0027	0.0120
3#	0.0110	3.16	0.019	0.022	0.005	0.0006	0.0040	0.0110

对化学成分的检测结果进行分析，可知经过扩散退火之后的复合板，整体的Si元素含量比预先设计的Si元素含量低，这也是铁损高的直接原因。同时N元素的含量在2#-、3#-试样中达到120ppm、110ppm（1ppm为10^{-6}），与高牌号无取向电工钢的要求（即低于20ppm）进行对比，明显不符合要求。N元素对于基体整体的性能是不利的（易与合金基体中的Al元素结合，形成细小的AlN），会抑制晶粒的长大，N元素含量高会严重恶化磁性能，导致铁损增高、磁感降低、增加磁时效。试样中Si元素含量低，N元素含量高的原因是在浇铸、起模、锻造、热轧及热处理的过程中发生了Si元素的内氧化；而其他的合金元素（如S、Cr、B、Cu等）则没有明显的变化。

2.2.8.8 复合板材的织构分析

对两种不同的扩散退火工艺处理后的试样进行织构测试，测试的结果如图2-2-23中所示。从ODF图中可以观察出，三个试样的织构均不强。1#-、2#-试样的织构组分为γ-纤维织构{111}，3#-试样的织构组分为{110}<011>、{100}<011>。11#-、12#-试样的织构组分为γ-纤维织构{111}；13#-试样的织构组分为{110}<uvw>，其强度中心在(110)[100]或(110)[7-55]及其附近，但强度相对较低。虽然退火工艺的保温时间不同，但是二者的织构却基本相同，且Si元素含量的织构种类一致，但是，衍射峰的强度不一致。

2.2.8.9 复合板基体中夹杂物的分析

高硅电工钢复合板基体中的夹杂物，对其磁学性能会产生不利的影响（夹杂物的种类、形状、大小、数量、分布均会对磁学性能有不同的影响）。原因是夹杂物会破坏晶体结构，同时阻碍畴壁的自由传递，进而直接降低磁学性能。本实验采用扫描电子探针并结合能谱分析，对经过扩散退火处理之后的高硅电工钢复合板基体中夹杂物的情况进行观察分析。图2-2-24中所示为扩散退火前试样、1200℃×2h扩散退火试样、1200℃×3h扩散退火试样的夹杂物的形貌、尺寸、成分。

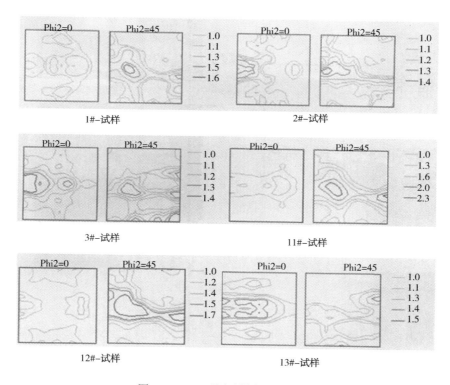

图2-2-23　不同试样的织构分析

对图2-2-24进行观察分析可知，基体中的夹杂物数量较多且尺寸大小不等。在实施退火工艺之前，夹杂物主要是AlN及其他的氮化物（形状为椭圆形或菱形、尺寸较小为4~6μm），如扩散退火之前的试样2#-1、2#-2、2#-3。

而经过扩散退火之后，基体中夹杂物的成分变得更加复杂，且在尺寸大小方面也更加参差不齐，呈现出线状或长条状；氧化物的长短也不一致，在12~60μm的范围内。高硅电工钢复合板在高温退火的过程中，发生了氧化物及夹杂物的长大，温度越高、保温时间越长，则氧化的程度越严重。基体中夹杂物的形状、尺寸、分布均会对其磁性能产生影响。一般而言，夹杂物的种类和数量越多、分布得越弥散，则晶粒的长大越困难，因为阻力更大。晶界是磁畴运动的障碍物，所以晶粒越细小（晶界越多），合金的磁性能越差；而晶粒越大，越有助于磁畴的运动。

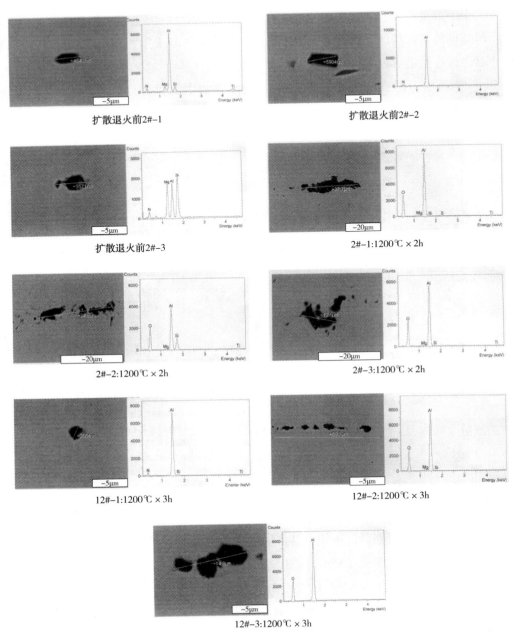

扩散退火前2#-1   扩散退火前2#-2

扩散退火前2#-3   2#-1:1200℃×2h

2#-2:1200℃×2h   2#-3:1200℃×2h

12#-1:1200℃×3h   12#-2:1200℃×3h

12#-3:1200℃×3h

图2-2-24   高硅电工钢复合板基体中的夹杂物分析

2.2.8.10   复合板基体中的析出相分析

基体中析出相的种类、大小、形貌、分布均影响着合金的磁性能，且影响与析出相自身的性质有关。针对2#-、12#-样品的析出相进行检测及能谱分析，结果如图2-2-25所示。

对图2-2-25进行观察可知，试样2#-、12#-的基体中析出相的种类基本一致，但数量有所不同。在芯部，更多为Fe、Si的析出相，同时伴有有极少量的Cu_2S以及少量Al、Si、Cu、S的复合析出相；而在边部，较多的是长条状的析出相。例如，2#-试样中较多的是含有 Al、Si 的长条状析出相、长度为 1~3μm，部分的长条中含有少量的 Cu_2S 析出相；12#-试样表面长条状的析出相比 2#-试样的略多，宽度约 100nm、长度可达 6μm，其类型为含有 Al、Si 的析出相。由于 Cu_2S 等析出相的固溶温度点相对较低，固溶量会随着保温时间的延长增多。

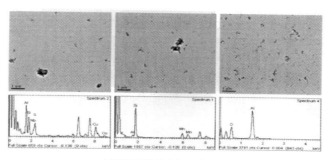

2#-试样芯部的析出相形貌及能谱

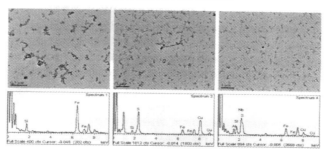

12#-试样芯部的析出相形貌及能谱

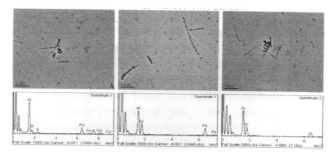

2#-试样表面的析出相形貌及能谱

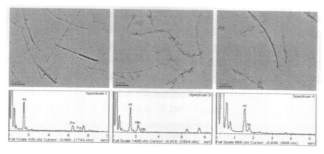

12#-试样表面的析出相形貌及能谱

图 2-2-25　2#-、12#-样品的析出相及能谱分析

本实验中所涉及的高硅电工钢复合板基体中的 Si 元素含量没有达到预定的标准，对制备的整个过程进行分析，Si 元素含量较低的主要原因，可以概括为以下两点：第一，Si 元素的氧化烧损，Si 元素与 O 元素形成具有挥发性的 SiO_2 气体；第二，在设计的过程中成分存在一定的问题。复合板整体的变形会保持自身结构的特点，而复合板的厚度比是以覆层与芯部均匀变形为前提来设定的。根据存在的问题及分析的结果，提出以下改进措施。

（1）由于 Si 元素含量为 3% 的普通电工钢坯料的成形性能较好，下一批次拟定采用 3%Si 电工钢坯料进行包覆，以此来提高扩散之后复合板覆层的 Si 元素含量，进而为提高其磁性能打下成分的基础。

（2）由于复合板试样被氧化的程度比较严重，生成了一定量的 SiO_2 及 Al_2O_3 氧化物，N 元素的含量也严重超标，进而生成了较多细小的 AlN 析出物，严重降低了合金的磁性能。试样出现了比较严重的内氧化及内氮化，原因是在浇铸、热塑性加工、热处理的过程中发生了渗氧、渗氮。拟定在下次实验中为了更有效地控制 O 元素、N 元素的含量，在真空冶炼时提高真空度、延长抽真空的时间，以此提高合金熔液的纯净度；在热处理的过程中，应加强对气氛的控制，在扩散退火的过程中采用纯 H_2 作为保护气氛，以防止发生内氮化。

（3）在复合板试样的覆层中，存在着大量的孔洞、微裂纹，这些缺陷存在的区域容易造成夹杂物及气体的聚集，在经过热处理之后容易生成氧化物。由于复合板的芯部与覆层变形不一致，会提高氧化物出现的概率。所以，在下批次的实验中，应根据复合板的结构特点及变形特点采取更为合理的塑性加工规程，以此消除塑性变形的过程中因 Si 元素含量不同而产生的孔洞及微裂纹，进而提高合金的机械性能及磁学性能。

2.3　6.5%高硅电工钢复合板铸坯制备

层状金属复合材料是两种（或两种以上）不同的金属（或合金）之间通过冶金结合而得到一种新型的复合金属材料。其中，对各层金属或合金的属性并没有设置具体的要求，可以在化学、物理、机械等性能方面相似，也可以存在明显的差异。但是，不论采用哪种形式的复合，不同的两种（或多种）金属进行结合的目的，是充分利用不同组元各自特性上的优势进行互补。采用层状复合技术制备 6.5% 高硅电工钢，在上述实验探索的基础上，针对实验过程中的不足进行改善。

2.3.1　6.5%高硅电工钢复合板铸坯的结构设计

采用层状复合技术在实验室平台上尝试制备 6.5% 高硅电工钢复合板材，探索在塑性变形过程中的结构及显微组织的演变，以此克服高硅电工钢合金在低温条件下难以变形的问题。由于普通电工钢（Si 元素含量≤3%）具有相对良好的塑性加工能力，为解决上一批次实验中整体 Si 元素含量不足的问题，选用普通电工钢作为覆层，有助于提高复合板整体的 Si 元素含量。在塑性加工的过程中，普通电工钢亦能够对高硅合金提供直接的保护，可以有效地减少高硅合金内部裂纹的产生及扩展，从而能够保证持续的塑性加工变形。众所周知，6.5%高硅电工钢薄板是一种磁性能十分优异的功能材料，特别是在高频磁场环境下进行服役，合金的磁性能表现得更加优异，而Si元素在合金中的精确含量及均匀分布是确保自身磁性能优良的前提。所以，本章节在设计6.5%高硅电工钢复合板的铸坯时，为了确保薄板成品基体中的Si元素含量，暂定复合板依然为三层，其结构、尺寸、成分的设计过程如下。

（1）总结前阶段（即第一批次）的实验探索，中间芯层（Fe-Si合金）为8%～12%Si的Fe-Si合金、外层为低碳钢（材质为Q235）的三层复合板，初步设计的各层厚度的比例（即覆层厚度：芯层厚度：覆层厚度）约为2：1：2，实验结束后，发现覆层经过不同阶段的塑性加工变形之后，依然显得略厚（虽然覆层是塑性加工能力优良的低碳钢，可以良好地保护芯层），而覆层较厚的比例是不利于扩散退火（均一化）处理的。由于覆层基体中几乎不含有Si元素，而扩散退火会使得Si原子大量进入覆层基体中，这样导致复合板整体的Si元素含量明显降低，难以达到预期。所以，上一批次制备的高硅电工钢复合板难以充分体现出该合金的磁学性能优势。

（2）在第一批次实验的基础上，为了能够制备出预期的6.5%高硅电工钢复合薄板，本次实验所设计的复合板结构也为三层，如图2-3-1中所示。总结上一阶段的实验探索过程，发现Si元素整体相对较低，其主要问题并不是复合板的结构，而是各层的厚度比例，以及各层基体中Si元素的含量。

图2-3-1 6.5%高硅电工钢复合板结构示意图

（3）本次实验选用的原材料是普通电工钢（即Si元素含量约为3%的电工钢）及工业纯硅块（Si元素含量>99%）。与第一阶段的实验类似，本次实验中依然熔炼三批不同成分的复合板铸坯，这样有助于在相同的实验阶段进行对比，能够为后续再次加工制备6.5%高硅电工钢复合薄板提供有价值的参考依据。

（4）由于Si元素在高温下具有活泼的化学性质，所以，6.5%高硅电工钢复合板在热塑性加工变形的过程中，会发生一定程度的氧化，导致合金基体中的Si元素与O元素结合而离开基体，进而降低复合板整体的Si元素含量。依据Fe-Si相图可知，Si元素在Fe基体中具有良好的固溶性，可以适当地提高芯层基体中的Fe元素含量，以此确保复合板整体的Si元素含量。在塑性加工变形结束后，可以通过扩散退火工艺（即均一化的处理）弥补覆层中Si元素含量的减少。

（5）基于上述思考，本次实验中复合板的芯层采用10%Si、11%Si、12%Si三种不同含量的Fe-Si合金。通过理论计算，当各层厚度的比例达到5：4：5时，经过塑性加工变形之后，复合板整体的Si元素含量通过实施扩散退火工艺，可以有效地控制在6.5%～6.8%。根据Fe-Si相图可知，基体中的Si元素含量为6.5%时合金的磁性能最佳，而研究的重点之一亦是确保该合金的Si元素含量在6.5%左右，并能够为下一批次的实验提供参考。

2.3.2　6.5%高硅电工钢复合板铸坯的成分设计

2.3.2.1　芯层(Fe-Si 合金)的成分设计

6.5%高硅电工钢复合板铸坯的芯层基体中的 Si 元素含量分为三种,分别为 10%Si、11%Si、12%Si。熔炼芯层设计加工的模具(材质为球墨铸铁)内腔尺寸(长×宽×高,mm)为120×70×45,通过查阅相关的文献可知,本次实验覆层所用的合金材料(3%Si 电工钢)的密度为 7.65g/cm³、工业纯硅块的密度为 2.33g/cm³,芯层的成分设计过程如下:

(1)计算出 10%Fe-Si 合金的密度,为 7.31g/cm³;

(2)计算出熔炼芯层 10%Fe-Si 合金的体积,为 3780cm³;

(3)计算出熔炼芯层 10%Fe-Si 合金的质量,为 2763g;

(4)计算出熔炼芯层所需不同原材料的质量,即所用 3%Si 电工钢、工业纯硅块的质量(设所需 3%Si 电工钢质量为 Ag,工业硅块质量为 Bg),建立方程组

$$\begin{cases} A+B=C \\ C=2763 \\ (3\%\times A+99\%\times B)\div C=10\% \end{cases}$$

解得 $A=2243$g,$B=177$g;

(5)根据实际熔炼浇铸的情况,考虑熔炼过程中 Si 元素的烧损,因此选用的冒口系数为 1.2,Si 元素烧损的系数为 1.07;

(6)11%Si、12%Si 两种合金的不同芯层成分的计算过程与上述一致。

2.3.2.2　覆层(普通电工钢)的成分设计

根据上述内容,覆层的成分设计建立在确定芯层成分的基础之上,覆层的原材料均采用普通电工钢(密度为 7.65g/cm³),设计加工的包覆浇铸模具内腔尺寸(长×宽×高,mm)为150×110×75;总结分析上一批次实验中的不足,在结构尺寸设计方面,拟定复合板的覆层及芯层的厚度比例为 5:4,则覆层成分设计的过程如下:

(1)根据包覆浇铸模具的厚度,计算覆层的厚度;

(2)根据包覆浇铸模具的内腔容积,计算覆层的体积;

(3)计算所需要的覆层材料质量;

(4)根据熔炼过程的实际情况,拟定冒口系数为 1.1;由于覆层为普通电工钢,合金基体中的 Si 元素含量相对较低,基本可以忽略烧损,在计算出覆层质量的基础上,适当增多些质量;

(5)对 11%Si、12%Si 两种不同含量的芯层进行包覆浇铸时,所需要的覆层质量的计算过程与上述过程一致。

2.3.3　制备 6.5%高硅电工钢复合板铸坯所需的实验材料

本次实验的原材料采用普通电工钢、工业纯硅块,二者的具体成分见表 2-3-1、表2-3-2。依据拟定的实验计划,熔炼三批复合板的铸坯设计见表 2-3-3,制备三批不同的高硅电工钢复合板铸坯的思路如下。

表2-3-1　普通电工钢的化学成分　　　　　　　　　　　　　　%

C	Si	N	P	Mn	Cu	Al	Ni	Cr	Fe
0.0017	3.01	0.0013	0.011	0.196	0.045	0.9045	0.011	0.035	余量

表2-3-2　工业纯硅块的化学成分　　　　　　　　　　　　　　%

Al	Ca	Fe	Si
0.22	0.085	0.37	余量

表2-3-3　高硅电工钢复合板的铸坯设计

铸坯的代号	芯层用的材料	覆层用的材料	设计的目的
1#-复合板的铸坯	Fe-10%Si 合金		6.5%高硅电工钢薄板
2#-复合板的铸坯	Fe-11%Si 合金	3%Si 普通电工钢	参见思路（2）
3#-复合板的铸坯	Fe-12%Si 合金		参见思路（3）

（1）根据设计拟定的复合板的结构、成分，制备 1#-复合板铸坯的目标是磁性能最佳的 6.5% 高硅电工钢薄板。

（2）在上一批次实验中，复合板经过塑性加工变形之后，基体中的 Si 元素存在一定程度的损失，制备 2#-复合板铸坯的目的是与 1#-复合板铸坯进行对比，对研究 Si 元素的损失，针对性地增加一个参考量，同时进一步确保目标产品的 Si 元素含量，因为 Si 元素含量具体损失多少难以确定，只能根据经验确定一个范围，并对后续的成分设计提供一种参考。

（3）拟定 3#-复合板铸坯的结构、各层的尺寸比例均与 2#-复合板的铸坯相同，但是整体在尺寸方面进行缩小，具体尺寸（长×宽×高，mm）为 72×64×10，亦可作为 2#-复合板铸坯的"相似形"。制备 3#-复合板铸坯的目的是，用来作为热轧变形时调整热轧机辊缝及压下量的"实验品"，由于该复合板的厚度较小，能够被热轧机直接咬入，因此不用经过锻造加工，同时与 2#-复合板的铸坯进行对比，有助于研究锻造工艺对复合板基体中 Si 元素含量的影响，为后批次的制备工艺的改进提供一种参考。

2.3.4　制备 6.5% 高硅电工钢复合板铸坯的芯层

本次实验采用真空感应电磁加热炉对原材料进行熔炼。按照提前拟定的成分比例，把不同质量的原材料进行混合之后，再放入熔炼炉中。熔炼及浇铸的过程在实施的时候，有些细节必须注意，否则对实验的结果会产生明显的影响，总结如下。

（1）Si 元素的化学性质比较活泼，为了减少氧化（导致 Si 元素含量的降低），在抽真空结束之后，保持 10~15min，对真空度进行验证之后，再开始加热，当加热温度达到 1550℃之后，保温 4~5min，使得合金熔液熔化均匀之后，再打开阀门，放出气体杂质。

（2）通入 0.65~0.85MPa 的保护气体（如 Ar），然后再将合金熔液匀速倒入铸模之中，等待充分凝固之后，再把芯料从铸模中取出。在取出芯料的过程中，由于 Si 元素含量较高，芯料合金的硬度较大、韧性较差，所以应注意芯料脱模的起模温度，若温度过低，则会导致芯料与模具发生黏结，不利于脱模取出；为了减少脱模的困难，制备模具的原材料应与熔炼的合金材料在成分上保持较大的差异。

（3）由于芯层铸坯基体中 Si 元素含量高、低温脆性显著、硬度大，在完成起模之后，应注意铸坯的冷却速率，应该采取缓慢冷却的方式，否则温降过快，会导致局部产生开裂，芯层铸坯在完成起模之后，应该在密封炉内通过自身散发出的热量形成温度场，缓冷至室温。

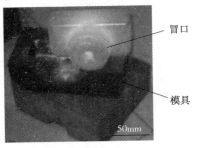

图 2-3-2 芯层铸坯及模具

对上述三种不同的芯层铸坯的化学成分进行检测，1#-复合板铸坯基体中的 Si 元素含量约为 9.8%，2#-复合板铸坯基体中的 Si 元素含量约为 10.7%，3#-复合板铸坯基体中的 Si 元素含量约为 11.5%；在熔炼过程中出现的烧损现象，会导致铸坯基体中的 Si 元素含量降低，除了这个原因之外，也与原料中工业纯硅块含有的杂质有一定的关系。浇铸的芯层铸坯及模具，如图 2-3-2 中所示。

2.3.5 制备 6.5%高硅电工钢复合板的铸坯

熔炼覆层所需要的相关设备、整个浇铸过程、实施中的注意事项等方面，与芯层的浇铸过程一致，但是，熔炼覆层起模之后的冷却方式与熔炼芯层的不同。由于覆层基体中的 Si 元素含量明显较低，合金的塑性相对较好，在释放残余应力的过程中，不会造成裂纹的出现，采取在室温下进行空冷的方式是合适的。

按照拟定的计划，加工好芯层铸坯的尺寸之后，让芯层在模腔中处于悬空的状态，采用覆层材料来制作垫片，以设计结构尺寸时复合板的覆层底部的高度，作为垫片的高度。包覆浇铸的示意图，如图 2-3-3 所示。加工之后的芯层铸坯、包覆浇铸之后的 6.5%高硅电工钢复合板的铸坯，如图 2-3-4 中所示。

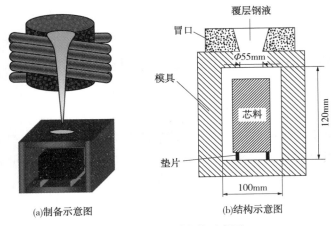

(a)制备示意图　　　　(b)结构示意图

图 2-3-3 包覆浇铸示意图

(a)芯层铸坯   (b)6.5%高硅电工钢复合板铸坯及模具

图 2-3-4　实物图

2.4　6.5%高硅电工钢复合板高温塑性加工

　　6.5%高硅电工钢具有显著的低温脆性，在低温的条件下，难以采取塑性加工的方式实现变形。但是，该合金在高温的条件下（奥氏体温度区域），塑性加工的能力相对良好，原因是在高温条件下，该合金基体的显微结构是面心立方结构，在立方晶格内具有较多的滑移系，所以塑性变形的能力相对较强。但是，随着温度的明显降低，在合金的内部会发生有序度增高的显微结构转变（由于该合金基体中含有较高含量的 Si 元素），导致该合金在低温环境下显得既硬又脆，且延伸率<3%。所以，采用传统的塑性加工方式，对该合金的铸坯实施加工变形，合适的温度范围是十分必要的。由于本实验采取的铸造工艺不是精密铸造，在合金铸坯的内部难免会存在一定的铸造缺陷（如疏松、缩孔、微裂纹、气泡等）。合金的基体中存在上述缺陷，不利于直接进行塑性加工（因为随着缺陷的扩展，会导致铸坯的完整性被破坏）。为了能够提高该合金铸坯的塑性加工能力，在塑性加工之前对上述缺陷进行消除是十分必要的，所以在热轧之前对该合金的铸坯实施锻造（且对铸造过程中出现的缺陷进行有效的处理）是有益的。

2.4.1　6.5%高硅电工钢复合板铸坯的锻造工艺

　　众所周知，锻造工艺与金属材料在铸坯加工之后的质量有着密切的联系，金属铸坯不通过锻造直接进行塑性变形加工（如轧制、拉拔、冲压、敦粗等）为成品，成品的内部会存在较多的缺陷（这些缺陷都是铸造阶段产生的），进一步导致成品的机械性能变差。针对上述涉及的缺陷，锻造工艺的改进是必要的，可以概述为以下两个方面：

　　（1）能够消除铸坯内部的疏松、缩孔、热裂纹等缺陷，有效提高铸件的致密度，进而提升塑性加工能力，因为锻造工艺与其他的塑性加工方式存在明显的差异，锻造工艺是对金属材料的铸坯从三维的不同角度实施锻打变形，这样的加工方式能够消除铸坯内部的缺陷。

　　（2）能够破碎铸坯内部尺寸较大的柱状晶粒，起到细化晶粒组织、提高变形能力的作用，为后续的塑性加工做组织准备；同时能够改善合金铸坯的表面质量，为后续的精加工做好准备，经过锻造加工之后的金属铸坯，其表面的质量相对于铸件明显更优，表面更加完整、平直。

2.4.1.1　6.5%高硅电工钢复合板铸坯的锻造工艺分析

经过包覆浇铸之后的复合板，其铸坯基体中的组织晶粒粗大，由于浇铸的过程温度场持续降低，而芯层一直处于固态，所以覆层及芯层在接触的界面处，难以形成良好的冶金结合效果，会存在一定程度的缝隙。造成上述现象的主要原因，是在冷却的过程中冷却速率不均匀，在局部存在较大的过冷度，导致覆层的合金熔液没有完全与芯层表面接触而先发生了凝固，所以会存在尺寸不等的裂缝。为了能够消除上述的裂缝，应在热轧变形之前对复合板铸坯实施锻造。在锻造之前，为了减少覆层表面的氧化程度，对复合板的铸坯进行加热，在抽真空之后通入保护气体。为了提高金属基复合材料不同组元之间的冶金结合，实施变形程度大、变形次数少的塑性变形工艺。铸坯在切除冒口之后，采用平头锤自由锻造的方式进行锻打，如图2-4-1中所示。

在实施锻造之前，复合板的铸坯应做到充足的加热保温，使得铸坯内部的温度场保持均匀；但是，如果操作不当（如加热速率过快），在加热的过程中复合板铸坯的各层之间会产生较大的内应力，在后续变形时有可能

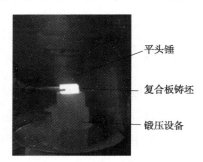

图2-4-1　6.5%高硅电工钢
复合板铸坯及锻造设备

（图中标注：平头锤、复合板铸坯、锻压设备）

产生裂纹，所以应选择适宜的加热速率。

在锻造工艺实施的过程中，对铸坯的第一次锻造的变形量要大，且方向应沿着法线的方向（即平行于复合板铸坯的厚度方向），这样最有助于改善各层之间的结合情况（减小或消除不同层之间的缝隙、提高冶金结合的强度）。但是，铸坯的整体变形量也不宜过大（以免由于温度的降低，铸坯接受较大载荷的冲击而产生新的裂纹），且在锻造的过程中要多次回炉加热，以此减少加工硬化对变形造成不利（如造成铸坯局部开裂、对称结构被破坏）。变形规程少且多次回炉的原因是复合板的铸坯经过锻造之后会导致表面积增大，进而复合板铸坯的热量向周围环境传递的速率会增快，而铸坯基体的温度场较低，使得铸坯整体的塑性大幅度降低。所以，如果没能及时回炉加热，在复合板的内部容易在锻造的后续阶段产生缺陷。由于复合板铸坯在完成锻造之后，要实施热轧加工变形，铸坯锻件的最终厚度必须小于热轧机的咬入上限值，因此复合板铸坯完成锻造的最终厚度，应根据选用的热轧机的轧辊型号来确定。对复合板铸坯在锻造过程中的受力状态进行分析，具体如下。

（1）由于锻造机的平头锤的直接作用，复合板铸坯的中心区域处于比较复杂的应力状态，对其进行受力分析，如图2-4-2中所示。铸坯在接触平头锤锻打之后，由于载荷较大，会发生明显的压缩变形，同时在压缩方向的法平面上，会产生两个互相垂直的拉伸应力。在拉伸应力的作用下，铸坯会沿着应力的方向发生变形，在变形的过程中容易导致铸坯的中心产生裂纹。为了有效避免裂纹的产生，必须严格控制始锻温度、终锻温度、锻造

载荷的大小等主要因素，即每一阶段的锻造变形在回炉加热之前，应在合理的温度范围内进行塑性加工变形。

（2）在锻造的过程中，不能简单地按照单一金属铸件处理，否则将严重破坏铸坯的对称性结构。复合板铸坯的对称性一旦被破坏，在完成后续的塑性加工变形之后，就难以保证复合板整体的合金元素的含量，进而不能保障复合板的磁学性能。铸坯在完成锻造之后，各层的结构比例应与拟定的目标一致。

（3）由于覆层及芯层的基体中 Si 元素含量的差异很大，会导致覆层及芯层的塑性加工能力差异显著，覆层金属的流动性能良好，而芯层金属则相反；在制定锻造工艺时，应主要考虑芯层的变形能力，每次锻造变形的规定量必须适宜，不能超过芯层出现断层的上限值，可以采取逐步增塑的方式实现芯层的变形。

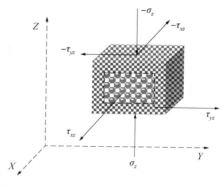

图 2-4-2 复合板铸坯锻造受力分析示意图

（4）在确保复合板铸坯结构对称的前提下进行受力分析，为了有助于热轧加工变形的顺利实施，铸坯的变形应更大程度地体现在长度方向上（即在铸坯整体的体积不变的前提下，长度上的伸长量应正比于厚度上的缩小量），所以锻造设备的平头锤的接触面积应小于铸坯的上下表面积。

（5）为了有利于复合板铸坯中间部位的金属流动性（即能够更多地沿着长度方向进行变形），在宽度方向上的金属流动应受到一定的制约。所以，锻造机的平头锤在接触铸坯的表面时，应先接触复合板铸坯的中心区域，再逐渐向两边移动，锻造铸坯的过程中平头锤的位置顺序示意图，如图 2-4-3 所示。

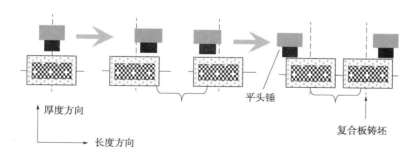

图 2-4-3 锻造位置顺序示意图

2.4.1.2 6.5%高硅电工钢复合板铸坯的锻造工艺制定

铸坯的芯层基体中的显微组织主要是尺寸粗大的柱状晶，其成分分布的均匀性比较差，某些区域存在 Si 元素的富集，晶粒的颜色较深，如图 2-4-4 中所示。在锻造工艺实施之前，对复合板铸坯进行适宜的加热+保温，有利于合金基体中成分的均匀化；同时对铸坯进行锻造变形，能够有效地破碎铸态的柱状晶粒、消除疏松和缩孔等缺陷，使得复合板基体中的显微组织变得更加致密，有助于后续的塑性加工变形。

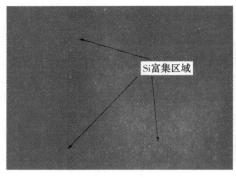 

(a)10%Si (b)12%Si

图 2-4-4 芯层的铸态显微组织

拟定复合板铸坯的锻造工艺，重点在于制定主要的工艺参数（如加热温度、保温时间、变形量、始锻温度、终锻温度等）。首先，在较低的温度条件下，对复合板铸坯加热并保温一定的时间，有助于减少由于加热速率过快而导致铸坯内部产生的裂纹；其次，根据铸坯的结构特性及锻造过程的受力分析，铸坯的锻造工艺的制定过程如下。

（1）根据 Fe-Si 相图可知，普通电工钢（3%Si）的熔点为 1520℃、Fe-Si 合金（10%Si）的熔点为 1350℃、Fe-Si 合金（12%Si）的熔点为 1320℃，可知 Si 元素含量越高其合金的熔点越低，合金的始锻温度受过烧温度及过热温度的影响，其过烧温度比合金的熔点会降低 100～150℃，而过热温度比过烧温度会降低 50℃。

（2）6.5%高硅电工钢的始锻温度为 1200℃，以复合板铸坯的芯层为重点，所以制定始锻温度略低于 1200℃；同时为了细化铸坯的晶粒，终锻温度应略高于 Fe-10%Si、Fe-12%Si 两种合金的再结晶温度，否则在温度较低的情况下继续变形，会导致大量的缺陷产生。

（3）冷却速率对 Fe-Si 合金的应力状态影响较大，在高温下冷却速率较快，合金基体中会产生较大的内应力，进而导致芯层出现微裂纹，不利于后续的塑性加工变形，所以应制定合理的冷却方式。

综上所述，具体的铸坯的锻造工艺见表 2-4-1。完成锻造之后的 1#-复合板铸坯、2#-复合板铸坯的尺寸见表 2-4-2；3#-复合板铸坯在加热保温后直接采用机械加工处理。完成锻造之后的复合板及未经过锻造的复合板，如图 2-4-5 中所示。经过锻造之后的复合板铸坯的 Si 元素含量检测结果见表 2-4-3。

表 2-4-1 6.5%高硅电工钢复合板铸坯的锻造工艺

预热温度/℃	初始温度/℃	升温速率/（℃/min）	保温温度/℃	保温时间/min	始锻温度/℃	终锻温度/℃	冷却方式	变形量
600	700	15	1170	75	1150	900	埋沙冷却	≤30%

表 2-4-2 锻造后的不同坯料的尺寸

名称	锻造工艺	锻前尺寸/mm	锻后尺寸/mm
1#-复合板铸坯	表 2-4-1 中所示	120×90×70	170×123×30
2#-复合板铸坯	表 2-4-1 中所示	120×90×68	175×121×32
3#-复合板铸坯	没有经过锻造	90×80×30	90×80×30

图 2-4-5　复合板铸坯

表 2-4-3　复合板铸坯锻造前后各层的 Si 元素含量对比　%

名称序号	覆层锻造前	覆层锻造后	芯层锻造前	芯层锻造后
1#-复合板铸坯	2.94	2.86	9.73	9.31
2#-复合板铸坯	2.95	2.88	11.68	11.18

2.4.2　6.5%高硅电工钢复合板热轧工艺理论研究

6.5%高硅电工钢复合板的覆层及芯层基体中的 Si 元素含量差别十分明显，会导致在塑性加工变形过程中各层出现明显不同的变形行为。针对上述问题，本实验采用滑移线场理论对锻压之后的复合板铸坯进行变形分析，将三层复合板(对称结构)的热轧变形近似为平面变形，以芯层的厚度中心线作为对称轴，对热轧变形的几何边界条件、应力场的变化特点进行分析。结构对称的三层 6.5%高硅电工钢复合板，其热轧变形的主要特点如下。

(1) 在热轧变形的过程中，覆层的存在对芯层起到保温的作用，有助于复合板的完整性(即使芯层出现大尺寸的裂纹，也能够持续进行轧制变形)；复合板在热轧机上被咬入的初始阶段，覆层的变形量较大，主要承担着复合板整体的变形，而芯层的变形太小，可以忽略不计。

(2) 芯层 Si 元素含量高，导致其脆性显著、热塑性差。在热轧变形的过程中，由于附加剪切应力的集中，会在芯层基体中 Si 元素富集区域产生一定数量的微裂纹，在持续的变形中这些裂纹会发生扩展，导致芯层出现断裂。但是，覆层优异的塑性加工性能，有效地分散了应力集中的作用，在球应力的作用下，覆层金属因其自身具有良好的流动性，能够有针对性地流动到裂纹所在的区域，直接填补在裂纹空隙中，从而阻碍了裂纹的持续扩展，进而降低了芯层发生开裂、出现断层的可能性。

2.4.3　6.5%高硅电工钢复合板热轧变形的几何边界条件

本实验对完成锻造之后的复合板进行热轧加工变形，为了能够有效地完成咬入，要求热轧辊的半径远大于 6.5%高硅电工钢复合板的厚度；同时根据复合板在热轧加工过程中

的变形特点，热轧变形中的几何边界条件如图
2-4-6 中所示，可知几何关系如下：

$$ME^2 = ND^2 + [(ME-ND-DE)+AB]^2 + 2 \times$$

$$ND \times [(ME-ND-DE)+AB] \times \left(1 - \frac{\Delta H}{ND}\right)$$

$$(2-4-1)$$

根据复合板的三层对称结构，式（2-4-1）
可简化如下：

$$ME^2 = ND^2 + (MN+AB)^2 + 2 \times$$

$$ND \times (MN+AB) \times \left(1 - \frac{\Delta H}{ND}\right) \quad (2-4-2)$$

式中　ME——覆层与芯层结合界面的虚拟圆
　　　　　　弧半径；
　　　ND——热轧机轧辊的半径；
　　　AB——热轧辊入口处覆层的厚度；
　　　DE——热轧辊出口处覆层的厚度；
　　　ΔH——压下量。

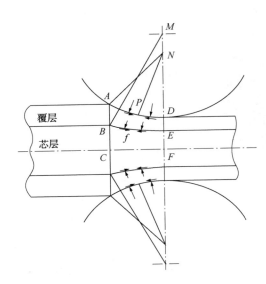

图 2-4-6　6.5%高硅电工钢复合板热
轧变形的几何边界条件示意图

将式（2-4-2）各项展开，即：

$$2 \times (ME-DE) \times AB + AB^2 = 2 \times (ME-ND-DE+AB) \times \Delta H \qquad (2-4-3)$$

式（2-4-3）可以化简如下：

$$MD \times AB + \frac{AB^2}{2} = (MN+AB) \times \Delta H \qquad (2-4-4)$$

可得覆层及芯层结合界面的虚拟圆弧半径如下：

$$ME = \frac{MN \times \Delta H}{\Delta H - AB} - \frac{AB}{2} + DE \qquad (2-4-5)$$

式（2-4-5）化简如下：

$$ME = \frac{2MN \times \Delta H - \Delta H^2 + \Delta H_{芯层}{}^2}{2\Delta H_{芯层}} \qquad (2-4-6)$$

式中　$\Delta H_{芯层}$——芯层的压下量。

2.4.3.1　6.5%高硅电工钢复合板热轧变形的滑移线特点

1. 覆层的滑移线特点

　　复合板的热轧变形可以近似于斜平面的压缩变形，覆层及轧辊的接触面在热轧变形的过程中，会呈现出摩擦的状态。根据受力的平衡条件可知，摩擦力与覆层的最大剪切应力呈现大小相等、方向相反的关系。所以，在覆层与轧辊接触的界面上，滑移线与接触面的夹角均为 0、90°；而覆层的滑移线相交于合金内部的某一条线上，该线与水平方向的夹角为 j_0，覆层的滑移线示意图，如图 2-4-7 中所示。覆层及轧辊接触面上的压力 P 的状态可近似为均匀分布，单位压力为 $P_单$。覆层与芯层界面上的单位压力亦为 $P_界$；根据水平方向上的力学平衡条件，可知：

$$P_单 \cdot AD \cdot \sin j_1 = f \cdot AD \cdot \cos j_1 \quad (2\text{-}4\text{-}7)$$

式中 $P_单$——轧辊及覆层接触面的单位压力；

AD——覆层轧制变形区的长度；

f——覆层及轧辊之间的摩擦力；

j_1——覆层变形的近似斜面与水平线夹角。

$$P_界 \cdot BE \cdot \sin j_2 = f_界 \cdot BE \cdot \cos j_2$$
$$(2\text{-}4\text{-}8)$$

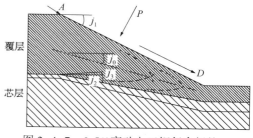

图 2-4-7 6.5%高硅电工钢复合板轧
制变形滑移线示意图

式中 $P_界$——覆层及芯层界面上的单位压力；

BE——AD 对应的覆层及芯层界面上的长度；

$f_界$——覆层及芯层界面上的单位摩擦力；

j_2——覆层及芯层界面变形的近似斜面与水平线夹角。

在覆层的滑移线场中，任取一条滑移线，根据 Hencky 定理可知：

$$F_平 + 2f_外 \cdot [\pi - (j_1 - j_0)] = F_外 + 2f_外 \times \frac{3}{4}\pi \quad (2\text{-}4\text{-}9)$$

式(2-4-9)简化如下：

$$F_平 - F_外 = 2f_外 \cdot \left(j_1 - j_0 - \frac{1}{4}\pi\right) \quad (2\text{-}4\text{-}10)$$

式中 $F_平$——覆层表面处的平均应力；

$F_外$——覆层中间的平均应力；

$f_外$——覆层的最大剪应力。

$$F_外 + 2f_外 \cdot \frac{3}{4}\pi = F_界 + 2f_外 \cdot [\pi - j_3 - (j_0 - j_2)] \quad (2\text{-}4\text{-}11)$$

式中 $F_界$——覆层在界面处的平均应力；

j_3——覆层在界面处最大剪切力与剪应力的夹角。

将式(2-4-10)与式(2-4-11)合并，整理可得：

$$F_平 = F_界 - 2f_外 \cdot (2j_0 + j_3 - j_2 - j_1) \quad (2\text{-}4\text{-}12)$$

当覆层与轧辊接触表面上的滑移线与表面处于平行的关系，则式(2-4-12)为：

$$P_单 = 2f_外 \cdot (2j_0 + j_3 - j_2 - j_1) - F_界 \quad (2\text{-}4\text{-}13)$$

由滑移线上的应力基本方程可知：

$$\begin{cases} F_界 = f_外 \cdot \cos 2j_3 \\ P_界 = f_外 \cdot \sin 2j_3 - F_外 \end{cases} \quad (2\text{-}4\text{-}14)$$

结合式(2-4-7)、式(2-4-8)、式(2-4-13)、式(2-4-14)，可以得出此时结合界面处覆层滑移线与界面的夹角方程：

$$\sin 2j_3 + \frac{\cos 2j_3}{\tan j_2} = \frac{1}{\tan j_1} + 2(2j_0 + j_3 - j_2 - j_1) \quad (2\text{-}4\text{-}15)$$

由式(2-4-15)可以得出 j_3，进而可以得出在这个位置上的平均应力 $F_界$ 以及覆层及芯层界面上的单位压力 $P_界$。

从图 2-4-7 中可以观察出，j_0、j_1 及 j_2 之间的关系为 $j_1 < j_0 < j_2$，在轧制变形的过程中，轧辊的半径远大于复合板的厚度，会导致 j_1 及 j_2 很小，所以 j_0 也是一个很小的角度，式（2-4-15）可以简化如下：

$$\sin 2j_3 + \frac{\cos 2j_3}{\tan j_2} = \frac{1}{\tan j_1} + 2j_3 \qquad (2-4-16)$$

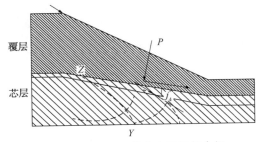

图 2-4-8 6.5% 高硅电工钢复合板
芯层的滑移线场示意图

2. 芯层的滑移线特点

对芯层的受力状态及变形情况进行分析，其滑移线的特性与单层金属在轧制变形过程中的滑移线场具有类似性，如图 2-4-8 中所示。

假定结合界面上的压力及剪切应力分布均匀，任意取界面上的一点 Z 到芯层几何中心 Y 的一条滑移线，按照 Hencky 定理可知：

$$F_界 + 2f_芯 \cdot (\pi - j_2 - j_4) = F_芯 + 2f_芯 \times \frac{3}{4}\pi \qquad (2-4-17)$$

式中 $F_界$——芯层界面上的平均应力；

$\qquad F_芯$——芯层在中心处的平均应力；

$\qquad j_4$——芯层的滑移线与界面的夹角；

$\qquad f_芯$——芯层的最大剪切应力。

由滑移线上的应力基本方程可知：

$$\begin{cases} F_界 = f_芯 \cdot \cos 2j_4 \\ P_界 = f_芯 \cdot \sin 2j_4 - F_芯 \end{cases} \qquad (2-4-18)$$

3. 覆层与芯层结合界面上的滑移线转折角分析

任意取一个覆层与芯层界面上的应力单元体，其应力状态及滑移线的分布，如图 2-4-9 中所示。

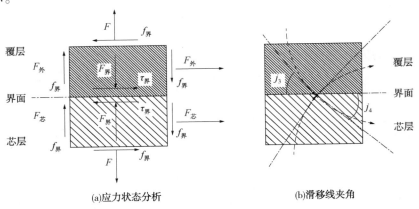

(a) 应力状态分析   (b) 滑移线夹角

图 2-4-9 界面处应力状态以及滑移线示意图

图 2-4-9（b）中覆层及芯层滑移线与界面的夹角如下：

$$\begin{cases} j_3 = \pm\left[\dfrac{\pi}{4} - \dfrac{1}{2}\arcsin\left(\dfrac{F_界}{f_外}\right)\right] \\ j_4 = \pm\left[\dfrac{\pi}{4} - \dfrac{1}{2}\arcsin\left(\dfrac{F_界}{f_芯}\right)\right] \end{cases} \qquad (2\text{-}4\text{-}19)$$

滑移线在覆层及芯层之间界面上的夹角表达如下：

$$|j_4 - j_3| = \frac{1}{2}\left| \arcsin\left(\frac{F_界}{f_芯}\right) - \arcsin\left(\frac{F_界}{f_外}\right) \right| \qquad (2\text{-}4\text{-}20)$$

由于芯层的最大剪切应力明显大于覆层的最大剪切应力，式（2-4-20）可以简化如下：

$$j_3 - j_4 = \frac{1}{2}\left[\arcsin\left(\frac{F_界}{f_外}\right) - \arcsin\left(\frac{F_界}{f_芯}\right) \right] \qquad (2\text{-}4\text{-}21)$$

复合板在热轧变形的过程中，覆层的强度明显小于芯层的强度，则可以认为在结合界面上的剪切强度约等于覆层的最大剪切强度，式（2-4-21）可以简化如下：

$$j_3 - j_4 = \frac{\pi}{4} - \frac{1}{2}\arcsin\left(\frac{f_外}{f_芯}\right) \qquad (2\text{-}4\text{-}22)$$

$$j_3 - j_4 = \frac{\pi}{4} - \frac{1}{2}\arcsin\left(\frac{F_{s外}}{F_{s芯}}\right) \qquad (2\text{-}4\text{-}23)$$

式中 $F_{s外}$——覆层的屈服强度；

$F_{s芯}$——芯层的屈服强度。

对于 6.5%高硅电工钢复合板而言，由于覆层是 Si 元素含量为 3%的电工钢，芯层为 Si 元素含量在 10%~12%的 Fe-Si 合金，可知覆层的强度明显小于芯层的强度，$F_{s外}/F_{s芯}$ 的比例在 0.15~0.35，则芯层的滑移线从界面处沿逆时针会出现弯曲。

4. 高硅电工钢复合板的滑移线特点

依据上述理论分析可知，能够在 6.5%高硅电工钢复合板热轧变形过程中，结合界面附近滑移线的特点及芯层的平均应力变化，分析出界面附近的应力场是如何变化的（即复合板在热轧变形过程中，界面附近、芯层中心区域的平均应力及应力场主要由 j_2、j_1、$f_芯$ 及 $f_外$ 决定）。其中，j_2 的大小主要取决于轧辊直径、实际的总压下量等几何边界条件；而 j_1 的大小不仅与上述条件相关，还与覆层及芯层的塑性变形差异、强度差异等因素有关。

分析上述情况，测量复合板在热轧变形过程中所涉及的轧辊半径、复合板热轧初始厚度等几何条件（见表 2-4-4），则可以分析上述因素对覆层及芯层应力场分布的影响。

表 2-4-4 高硅电工钢复合板热轧变形的几何参数

参数	数值/mm	参数	数值/mm
轧辊半径	100	复合板热轧之后的厚度	2
复合板热轧初始厚度	40	热轧之后的覆层厚度	0.5
轧前覆层厚度	10	热轧之后的芯层厚度	1
轧前芯层厚度	20		

根据表2-4-4中所示，可以计算出此种条件下的j_2和j_1，将其代入式（2-4-16）中，即可得出覆层在界面处滑移线与界面的夹角j_3。采用牛顿迭代法对式（2-4-16）进行数值计算。

用泰勒级数表达式对式（2-4-16）进行简化，可以近似如下：

$$\sin2j_3 \approx 2j_3 \tag{2-4-24}$$

$$\cos2j_3 = 1-\sin^2j_3 \approx 1-2j_3{}^2 \tag{2-4-25}$$

将式（2-4-24）、式（2-4-25）代入式（2-4-23）中，可以简化为二次函数形式，即：

$$(1-2j_3{}^2)\frac{1}{\tan j_2}-\frac{1}{\tan j_1}=0 \tag{2-4-26}$$

可以得出近似解j_3，将此解作为初始值，对式（2-4-16）采用牛顿迭代法求解，对比数值解及近似解，可知界面上的滑移线与界面之间存在较大的夹角；同时也可以得出界面处及内层金属中心的平均应力表达式，即：

$$F_{界外}=f_{外}\cdot\sin2j_3+\frac{f_{外}\cdot\cos2j_3}{\tan j_2} \tag{2-4-27}$$

$$F_{界芯}=f_{芯}\cdot\sqrt{1-\left(\frac{f_{外}}{f_{芯}}\cdot\cos2j_3\right)^2}+\frac{f_{外}\cdot\cos2j_3}{\tan j_2} \tag{2-4-28}$$

由于复合板的覆层及芯层中的滑移线连续分布且没有拐点，所以，各层的平均应力也可视为连续分布的状态。因此，求出式（2-4-28）中不同位置的应力值，即可得出复合板各层的应力场的情况，从而判定塑性变形过程中实施的应力是否在合理的范围之内。由于复合板的芯层Si元素含量高，在变形的过程中塑性加工能力很差，且平均应力（即应力球张量）对复合板整体的形状变化基本不产生影响，而主要改变整体的体积，所以能够使芯层在变形过程中产生的微裂纹得到愈合甚至消除，有助于复合板的持续塑性加工变形。

2.4.3.2　推导6.5%高硅电工钢复合板热轧轧制压力

轧制压力作为轧制工艺的主要参数之一，直接影响着塑性加工变形的效果。本实验采用工程法对轧制压力进行推导计算，并构建三层复合板的轧制压力模型。任意选取一组元的单元体为研究目标，对其进行受力分析及几何边界条件分析，完成公式演算及推导，可以得出6.5%高硅电工钢复合板在热轧变形的过程中，用来计算轧制压力及单位轧制压力的一般计算公式，进而通过积分可以计算出复合板整体发生变形时所需的轧制总压力。

6.5%高硅电工钢复合板的铸坯在完成锻造之后，在覆层及芯层之间会形成具有一定厚度的冶金结合界面（亦可称作"过渡层"），其结构示意如图2-4-10中所示。3#复合板铸坯没有实施锻造，在热轧的开始阶段与经过锻造的铸坯情况基本一致，因为在经过高温加热+保温之后，会发生一定程度的扩散，3#复合板铸坯的芯层及覆层之间也会形成过渡层，只是二者在厚度上、形貌上、结合强度上存在一定的差异。

根据Mises塑性变形的条件，可以暂时不考虑复合板在热轧变形过程中的宽展情况，拟定复

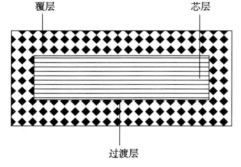

图2-4-10　锻造后复合板结构示意图

合板的轧制方向、宽展方向、法线方向为三个主应力的方向。在前滑区由于覆层及芯层已经完全结合，所以基本没有二者之间相对的滑移运动。在这种情况下，过渡层界面的剪切应力不大于覆层及芯层的最大剪切应力。而复合板在后滑区，由于覆层及芯层的塑性加工能力差异显著，所以会明显出现一定程度的滑动摩擦。由于复合板覆层的塑性加工能力良好，所以，主要以芯层的变形作为研究对象，在芯层轧制变形区域任意选取一个微分单元体 abcd，如图 2-4-11 中所示，轧辊的单位压力如下：

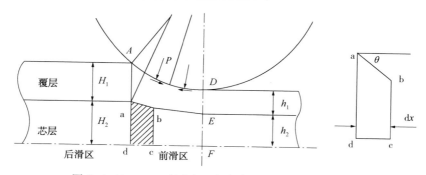

图 2-4-11　6.5%高硅电工钢复合板轧制力分析示意图

$$p_1 = \overline{B} \cdot P\left(\cos\theta \cdot \frac{\mathrm{d}x}{\cos\theta}\right) \qquad (2-4-29)$$

式中　$\overline{B}$——复合板的平均宽度；

θ——微分单元体的角度，即弧 ab 水平面与切线的夹角；

$\mathrm{d}x$——微分单元体的厚度；

$\dfrac{\mathrm{d}x}{\cos\theta}$——微分单元体的弦长。

当微分单元体位于后滑区时，单位摩擦力的垂直分量如下：

$$p_2 = \overline{B}\left(t_1\sin\theta\frac{\mathrm{d}x}{\cos\theta}\right) + \overline{B}\left(t_2\sin\theta\frac{\mathrm{d}x}{\cos\theta}\right) = \overline{B}\left[(t_1+t_2)\sin\theta\frac{\mathrm{d}x}{\cos\theta}\right] \qquad (2-4-30)$$

式中　t_1——过渡层的单位摩擦力，即覆层与芯层之间的单位摩擦力；

t_2——覆层与轧辊之间的单位摩擦力。

当微分单元体位于前滑区时，单位摩擦力的垂直分量如下：

$$p_3 = -\overline{B}\left(t_1\sin\theta\frac{\mathrm{d}x}{\cos\theta}\right) - \overline{B}\left(t_2\sin\theta\frac{\mathrm{d}x}{\cos\theta}\right) = -\overline{B}\left[(t_1+t_2)\sin\theta\frac{\mathrm{d}x}{\cos\theta}\right] \qquad (2-4-31)$$

对式（2-4-29）~式（2-4-31）分别进行积分，可以得出复合板承受轧辊的压力如下：

$$p_1 = \overline{B}\left(\int_0^l p\cos\theta\frac{\mathrm{d}x}{\cos\theta}\right) \qquad (2-4-32)$$

式中　l——轧制变形区的长度。

当在后滑区时，复合板摩擦力的垂直分量如下：

$$p_2 = \overline{B}\left(\int_{l_\gamma}^l t_1\sin\theta\frac{\mathrm{d}x}{\cos\theta}\right) + \overline{B}\left(\int_{l_\gamma}^l t_2\sin\theta\frac{\mathrm{d}x}{\cos\theta}\right) = \overline{B}\left[\int_{l_\gamma}^l (t_1+t_2)\sin\theta\frac{\mathrm{d}x}{\cos\theta}\right] \qquad (2-4-33)$$

式中　γ——复合板的中性角。

当在前滑区时，复合板摩擦力的垂直分量如下：

$$p_3 = -\overline{B}\left(\int_0^{l_\gamma} t_1\sin\theta\,\frac{\mathrm{d}x}{\cos\theta}\right) - \overline{B}\left(\int_0^{l_\gamma} t_2\sin\theta\,\frac{\mathrm{d}x}{\cos\theta}\right) = -\overline{B}\left[\int_0^{l_\gamma}(t_1+t_2)\sin\theta\,\frac{\mathrm{d}x}{\cos\theta}\right]$$

$$(2-4-34)$$

计算轧制压力如下：

$$p = \overline{B}\left(\int_0^l p\cos\theta\,\frac{\mathrm{d}x}{\cos\theta}\right) + \overline{B}\left(\int_{l_\gamma}^l t\sin\theta\,\frac{\mathrm{d}x}{\cos\theta}\right) - \overline{B}\left(\int_0^{l_\gamma} t\sin\theta\,\frac{\mathrm{d}x}{\cos\theta}\right) \qquad (2-4-35)$$

由于 p_2、p_3 相对于 p_1 显得很小，在工程中通常忽略不计，所以可以简化如下：

$$p \approx p_1 = \overline{B}\left(\int_0^l p\cos\theta\,\frac{\mathrm{d}x}{\cos\theta}\right) = \overline{B}\left(\int_0^l p\,\mathrm{d}x\right) \qquad (2-4-36)$$

从式（2-4-36）中可以观察出，轧制压力是所有微分单元体所承受的轧制压力与复合板接触轧辊表面的水平投影面积的乘积。

对式（2-4-36）进行简化，采用弦长代替接触弧长，即 $\mathrm{d}x = \dfrac{l}{\Delta h}\mathrm{d}h_x$，代入可得：

$$P = \overline{B}\,\frac{l}{\Delta h_2}\int_{h_2}^{H_2} p\,\mathrm{d}h_x \qquad (2-4-37)$$

其中，$\Delta h_2 = H_2 - h_2$，压下率 $\varepsilon = \dfrac{\Delta h_2}{H_2}$。

2.4.3.3　6.5%高硅电工钢复合板热轧单位轧制压力的微分方程

对单位轧制压力 p 进行求解之后，即可通过计算获得轧制压力 P。先对后滑区进行分析，分析的过程与上述过程一致，同样在后滑区任意截取一个微分单元体，其厚度为 $\mathrm{d}x$，高度由 y 变为 $(y+\mathrm{d}y)$，宽展可以忽略，则复合板的宽度可以恒定为 B，弧长视为弦长，即 $\overline{ab}=\mathrm{d}x/\cos\theta$，$\theta$ 为微分单元体的角度，其值的大小等于弧 ab 的切线与水平面所成的夹角。

假设在纵向上应力均匀分布，微分单元体两侧的应力分别为 σ_x、$\sigma_x+\mathrm{d}\sigma_x$，则合力的计算公式表达如下：

$$B\sigma_x y = B(\sigma_x+\mathrm{d}\sigma_x)(y+\mathrm{d}y) \qquad (2-4-38)$$

假设复合板在轧制变形区内任一横截面的水平速度相等，水平方向上的受力状态达到平衡，即所有在水平方向上的作用力之和为零，表达如下：

$$B\cdot\sigma_x\cdot y - B(\sigma_x+\mathrm{d}\sigma_x)(y+\mathrm{d}y)B + p\cdot\tan\theta\cdot\mathrm{d}x\cdot B - (t_1+t_2)\mathrm{d}x\cdot B = 0 \qquad (2-4-39)$$

假设轧制变形均匀、无宽展，B 为常数，$\tan\theta = \dfrac{\mathrm{d}y}{\mathrm{d}x}$，忽略高阶项，式（2-4-39）可简化如下：

$$\frac{\mathrm{d}\sigma_x}{\mathrm{d}x} - \frac{p-\sigma_x}{y}\frac{\mathrm{d}y}{\mathrm{d}x} + \frac{(t_1+t_2)}{y} = 0 \qquad (2-4-40)$$

分析前滑区，采用相同的方法可得：

$$\frac{\mathrm{d}\sigma_x}{\mathrm{d}x} - \frac{p-\sigma_x}{y}\frac{\mathrm{d}y}{\mathrm{d}x} - \frac{(t_1+t_2)}{y} = 0 \qquad (2-4-41)$$

求解式（2-4-40）、式（2-4-41），需要建立 p 及 σ_x 的关系。轧件的轧制方向、宽展方向及法线方向分别与三个主应力的方向一致，假设轧辊、机架为刚性体，微分单元体水平方向压应力 σ_x 及垂直方向压应力 σ_y 均为主应力，即 $\sigma_1=-\sigma_x$ 及 $\sigma_3=-\sigma_y$，其中：

$$\sigma_3=-\left[p\frac{\mathrm{d}x}{\cos\theta}\cos\theta B\pm(t_1+t_2)\frac{\mathrm{d}x}{\cos\theta}\sin\theta B\right]\frac{1}{B\mathrm{d}x}\approx p \qquad (2-4-42)$$

根据 Mises 屈服条件，$\sigma_1-\sigma_3=K_2$，其中 K 为常数，则平面变形的抗力与组元材料本身纯剪切时屈服极限相关。结合上式，可得：$p-\sigma_x=K_2$，对其进行微分，$\mathrm{d}\sigma_x=\mathrm{d}p$，这亦是构建的 p 及 σ_x 的关系；代入式（2-4-40）、式（2-4-41）中，可以得出单位轧制压力的微分方程，如下：

$$\frac{\mathrm{d}p}{\mathrm{d}x}-\frac{K_2\mathrm{d}y}{y\,\mathrm{d}x}\pm\frac{t_1+t_2}{y}=0 \qquad (2-4-43)$$

该式即为单位压力的微分方程，"+"适用于后滑区，"−"适用于前滑区。

参考单层金属板轧制压力采利科夫公式的求解过程，并结合 6.5%高硅电工钢复合板的轧制变形情况，假设：①摩擦力分布采用干摩擦定律；②采用弦长代替接触弧长。

应用假设①，摩擦力分布采用干摩擦定律，即库伦摩擦定律，$t_1=f_1p$，$t_2=f_2p$，（f_1 为覆层与芯层之间的摩擦系数；f_2 为覆层与轧辊之间的摩擦系数），代入式（2-4-43）中，得出线性方程的解如下：

$$p=\mathrm{e}^{\mp\int\frac{f_1+f_2}{y}\mathrm{d}x}\left(c+\int\frac{K_2}{y}\mathrm{e}^{\pm\int\frac{f_1+f_2}{y}}\mathrm{d}y\right) \qquad (2-4-44)$$

再应用假设②，并结合几何边界条件，可得到后滑区的单位压力计算公式如下：

$$p_{H_2}=\frac{K_2}{\delta}\left[(\delta-1)\left(\frac{H_2}{h_{2x}}\right)^{\delta}+1\right]=\left(K_2-\frac{K_2}{\delta}\right)\left(\frac{H_2}{h_{2x}}\right)^{\delta}+\frac{K_2}{\delta} \qquad (2-4-45)$$

前滑区中单位压力的计算公式如下：

$$p_{h_2}=\frac{K_2}{\delta}\left[(\delta+1)\left(\frac{h_{2x}}{h_2}\right)^{\delta}-1\right]=\left(K_2+\frac{K_2}{\delta}\right)\left(\frac{h_{2x}}{h_2}\right)^{\delta}-\frac{K_2}{\delta} \qquad (2-4-46)$$

在式（2-4-45）、式（2-4-46）中，$\delta=(f_1+f_2)\dfrac{l}{\Delta h_2}$。

2.4.3.4　求解 6.5%高硅电工钢复合板热轧轧制压力

为了进一步合理地增大芯层的变形量，有效提高 6.5%高硅电工钢复合板的结合强度，在热轧初期对复合板实施变形道次少、变形压下量大的变形方式。通过整理式（2-4-45）、式（2-4-46），可以得出后滑区的单位压力如下：

$$p_{H_2}=\left(K_{2H}-\frac{K_2}{\delta}\right)\left(\frac{H_2}{h_{2x}}\right)^{\delta}+\frac{K_2}{\delta} \qquad (2-4-47)$$

前滑区的单位压力如下：

$$p_{h_2}=\left(K_{2h}+\frac{K_2+\dfrac{l}{\Delta h_2}\tau_1}{\dfrac{l}{\Delta h_2}f_1}\right)\left(\frac{h_{2x}}{h_2}\right)^{\frac{l}{\Delta h_2}f_2}-\frac{K_2+\dfrac{l}{\Delta h_2}\tau_1}{\dfrac{l}{\Delta h_2}f_1} \qquad (2-4-48)$$

将式（2-4-47）、式（2-4-48）代入式（2-4-37）中，得到计算公式如下：

$$P=\overline{B}\frac{l}{\Delta h_2}\left\{h_{2r}\frac{K_2}{(f_1+f_2)\frac{l}{\Delta h_2}}\left[\left(\frac{H_2}{h_{2r}}\right)^{\delta}-1\right]+\left[\frac{K_2+\dfrac{K_2+\dfrac{l}{\Delta h_2}\tau_1}{1+\dfrac{l}{\Delta h_2}f_2}}{1+\dfrac{l}{\Delta h_2}f_2}\left(\frac{h_{2x}}{h_2}\right)^{\frac{l}{\Delta h_2}f_2}-\frac{K_2+\dfrac{l}{\Delta h_2}\tau_1}{\dfrac{l}{\Delta h_2}f_2}\right]+\frac{\dfrac{l}{\Delta h_2}\tau_1 h}{1+\dfrac{l}{\Delta h_2}f_2}\right\}$$

$$(2-4-49)$$

式（2-4-49）是6.5%高硅电工钢复合板单道次轧制压力的计算公式。需要说明的是，推导和求解轧制压力起始过程中涉及的微分单元体，是在轧制变形区任意、随机选取的，合理分析复合板各层变形难易的程度，以芯层为研究对象推导求解，这样更符合复合板的实际变形情况。

2.4.3.5 6.5%高硅电工钢复合板的热轧变形研究

热轧作为金属材料塑性加工变形的有效方式之一，是在再结晶温度以上进行的塑性变形过程，也是控制板材显微组织的重要工艺步骤之一。合金的变形温度越高，内部的金属原子越活泼，变形所需要克服的阻力相对越小。但由于6.5%高硅电工钢复合板的成分、有序相、结构等特殊性，塑性加工变形存在一个适宜的温度区间。以轧制压力为研究重点，依据热轧的实验条件，对各方面的影响因素进行分析，确定6.5%高硅电工钢复合板的热轧工艺思路如下。

（1）复合板覆层及芯层的Si元素含量相差很大，热塑性变形存在明显的差异，热轧时应兼顾两种合金的变形温度范围，但是，以芯层合金的为主。根据热轧之后要获得的复合板的厚度来确定变形的总压下量。但是，每道次的压下量会随着变形温度的不同而适当调整。复合板在变形的过程中，根据实际情况要适当回炉加热，如果拟定的压下量不合适（或大或小），会导致轧后复合板覆层及芯层厚度比例严重失调（压下量小，会让覆层发生变形；压下量大，则会导致芯层出现裂纹），甚至会出现芯层露出的现象，从而影响后续的变形。

（2）根据相关的文献，可以确定变形温度、变形速率、变形程度等因素对3%电工钢高温变形抗力的影响，如图2-4-12（a）中所示。在800~1150℃，合金的总变形程度不超过80%，能够制备出合格的板材；高硅电工钢在不同温度下应力-应变曲线，如图2-4-12（b）中所示，利用Zener-Hollomon方程$Z=\dot{\varepsilon}\exp(Q/RT)$，可以得出应变速率及温度之间的关系式，可知高硅电工钢发生动态再结晶的温度范围在760~1100℃，同时可以根据准确的Si元素含量更加精确地确定其再结晶的温度范围，而合金在500~700℃的主要软化机制是动态回复，虽然不能发生动态再结晶，但是之前加工积累的二次硬化得到有效降低，进而有助于后续的持续变形。

考虑上述情况之后，拟定的热轧工艺如下：

（1）热轧的温度控制在900~1150℃；

（2）单道次的变形压下量控制在20%~40%。

实施热轧工艺采用二辊轧机（轧辊尺寸为Φ400mm×350mm），该轧机的最大载荷可达250t，可以提供充足的轧制压力、保障持续的变形，如图2-4-13（c）中所示。

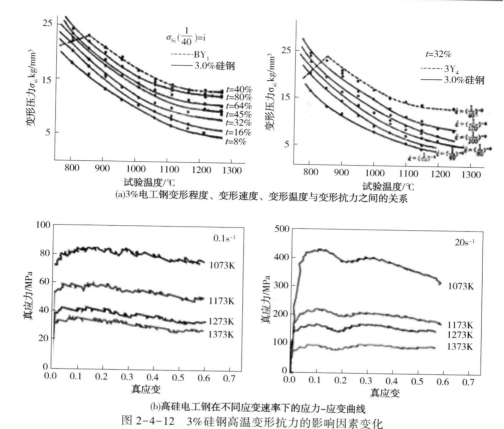

(a)3%电工钢变形程度、变形速度、变形温度与变形抗力之间的关系

(b)高硅电工钢在不同应变速率下的应力-应变曲线

图 2-4-12 3%硅钢高温变形抗力的影响因素变化

热轧变形的温度较高、变形量大，难以精确控制板形及表面质量。三种不同的复合板在热轧之前的厚度均为 32mm 左右，完成热轧之后的复合板厚度设定为 2mm，则复合板的总压下量达到 93.75%。复合板的变形抗力在热轧的过程中，会随着整体厚度的减薄、温度的降低而增大。根据上述的分析，同时结合实验设备的具体尺寸，热轧变形分两次进行比较合理。

（1）一次热轧之后，复合板的厚度约为 7mm，然后迅速回炉加热；

（2）二次热轧之后，复合板的厚度约为 2mm。

在热轧的过程中，当复合板表面的温度较高时，道次压下量控制在 22%～35%；当温度较低时，道次压下量控制在 10%～15%，持续采用红外线测温仪跟踪复合板表面的温度变化。

2.4.3.6 6.5%高硅电工钢复合板的热轧变形

将复合板放在电阻炉的炉膛中心处，加热升温至 1150℃之后保温 40min；在升温的过程中，当加热炉内的温度达到 700℃时保温 20min，这样可以确保复合板内部温度场的均匀性，以防升温速率过快导致复合板的内部产生裂纹；在高温条件下保温一定时间，有利于发生完全静态再结晶、提高复合板结合界面的强度。热轧变形的温度范围拟定为 920～1150℃；由于加热炉炉膛的尺寸有限，为了避免严重的氧化而造成复合板整体 Si 元素含量的降低，同时也为了避免热轧之后复合板降温速率过快，造成芯层内部出现开裂，因此，热轧之后的复合板适合采用埋沙冷却的降温方式，如图2-4-13(d)所示。

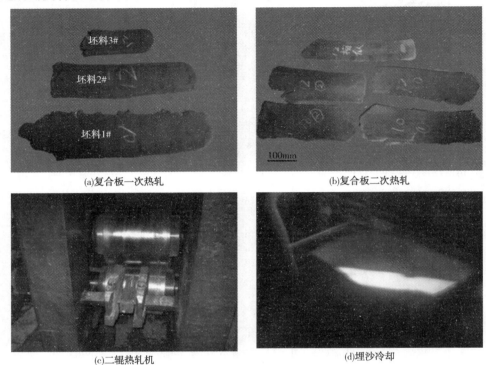

(a)复合板一次热轧　　　　　　　　　　　　(b)复合板二次热轧

(c)二辊热轧机　　　　　　　　　　　　　　(d)埋沙冷却

图2-4-13　轧机、热轧之后复合板及沙箱

三种不同的复合板的热轧工艺参数，分别见表2-4-5～表2-4-7。热轧之后的复合板，如图2-4-13(a)(b)所示。3#-复合板由于整体尺寸小，可以放入加热炉的炉膛，无须切板分批次加热，1#-复合板、2#-复合板在完成一次热轧之后，则需要切板分批次加热，否则加热炉的炉膛放不下。

轧制变形的道次与复合板的厚度、每道次的应变之间的关系，如图2-4-14中所示。

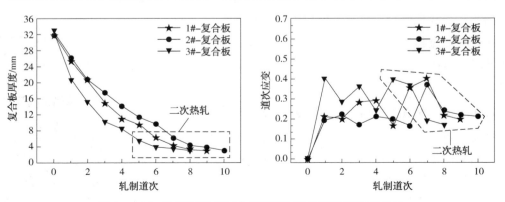

图2-4-14　轧制道次与复合板的厚度及每道次应变的关系

表 2-4-5　1#-复合板铸坯热轧工艺参数

加热次数	轧制道次	轧后厚度/mm	压下量/mm	道次应变	轧制温度/℃
1	0	32.0	0	0	1150
	1	25.2	6.8	0.21	1120
	2	20.1	5.1	0.20	1080
	3	14.3	5.8	0.28	1030
	4	10.2	4.1	0.29	980
	5	8.5	1.7	0.17	950
2	加热至1150℃、保温30min				
	6	5.4	3.1	0.36	1120
	7	3.2	2.2	0.40	1080
	8	2.5	0.7	0.22	1030
	9	2.0	0.5	0.20	970

表 2-4-6　2#-复合板铸坯热轧工艺参数

加热次数	轧制道次	轧后厚度/mm	压下量/mm	道次应变	轧制温度/℃
1	0	32.0	0	0	1150
	1	25.8	6.2	0.19	1120
	2	20.2	5.6	0.22	1080
	3	16.8	3.4	0.17	1030
	4	13.2	3.6	0.21	1000
	5	10.5	2.7	0.20	960
	6	8.7	1.8	0.17	920
2	加热至1150℃、保温35min				
	7	5.5	3.2	0.37	1120
	8	3.4	1.1	0.24	1080
	9	2.7	0.7	0.22	1030
	10	2.1	0.6	0.21	960

表 2-4-7　3#-复合板铸坯热轧工艺参数

加热次数	轧制道次	轧后厚度/mm	压下量/mm	道次应变	轧制温度/℃
1	0	30.0	0	0	1150
	1	20.3	9.7	0.32	1120
	2	14.6	5.7	0.28	1080
	3	9.4	5.2	0.36	1030
	4	7.6	1.8	0.24	970
2	加热至1150℃、保温30min				
	5	4.6	3.0	0.39	1120
	6	2.9	1.7	0.37	1080
	7	2.4	0.5	0.19	1030
	8	2.0	0.4	0.17	970

（1）由于三种复合板的芯层 Si 元素含量存在明显的差异，在热轧的过程中，不同复合板的变形程度差异也很显著。

（2）2#-复合板的变形程度最小，说明变形抗力最大，当变形至相同板厚时，2#-复合板所需要的轧制道次最多。

（3）3#-复合板由于没有实施锻造工艺，该复合板的结构比例在热轧之前没有发生改变，其覆层所占的厚度比例是较大的，而其变形量也是最大的，所以，该复合板整体的变形抗力也是最小的。

（4）1#-复合板的变形情况处于 2#-复合板、3#-复合板之间。

（5）对比复合板一次热轧、二次热轧的道次应变差异，由于板厚的不同，每道次的应变也不同，所以，整体上没有呈现出明显的规律。

2.4.3.7　6.5%高硅电工钢复合板热轧显微组织演变及结构比例变化

1. 一次热轧

三种不同的复合板经过一次热轧之后，每种复合板的显微组织，如图 2-4-15 中所示。复合板的数量较多，为了避免混淆，对不同的复合板进行编号（如 H-O-P-Q）；其中，H 代表热轧工艺（hot rolling），O 代表复合板的编号，P 代表热轧次数，Q 代表试样的编号（如 1#-复合板的一次热轧的第一个试样，记为 H-1-1-1）。

从图 2-4-15（a）中可以观察出：

（1）1#-复合板覆层基体中的显微组织，可以根据晶粒的尺寸、形貌主要分为三个的区域，即粗大的柱状晶粒区域、纤维状的晶粒区域、等轴状的晶粒区域；

（2）在覆层的外层区域，主要为等轴晶粒，出现该现象的主要原因是复合板与轧辊直接接触、变形程度相对较大，变形的晶粒发生了动态再结晶，完成热轧之后，在缓慢冷却的过程中发生静态再结晶；

（3）在覆层的中间区域，晶粒呈现出纤维状，主要原因是在热轧的过程中，随着温度的持续降低，覆层出现加工硬化现象，进而导致覆层传递轧制压力的效果减弱，使得晶粒缺乏发生动态再结晶的动能；

（4）在覆层最接近结合界面的区域，显微组织为粗大的柱状晶粒，主要原因是该区域接近芯层，而芯层的变形能力较差，在结合界面的作用下，该区域的剪切应力较小，所以，该区域的变形程度在覆层中最小，在热轧变形的过程中，难以达到形变强化，而在后续的冷却过程中，由于温度降低的速率最慢，所以晶粒尺寸较大。

1#-复合板的芯层及界面结合处的显微组织，如图 2-4-15（b）中所示，从中可以观察出：

（1）在结合界面处，良好的冶金结合并不明显，没有呈现出明显的扩散层，说明变形之前的加热温度+保温时间并不充足，没有提供充足的扩散动力，使得扩散不充分、效果不佳；

（2）在锻造的过程中，在局部会造成芯层出现裂纹，而覆层具有良好的塑性，在热轧过程中会填补到裂纹处，导致覆层的平直度有所下降；

（3）芯层基体中的晶粒组织粗大，晶界并不明显。

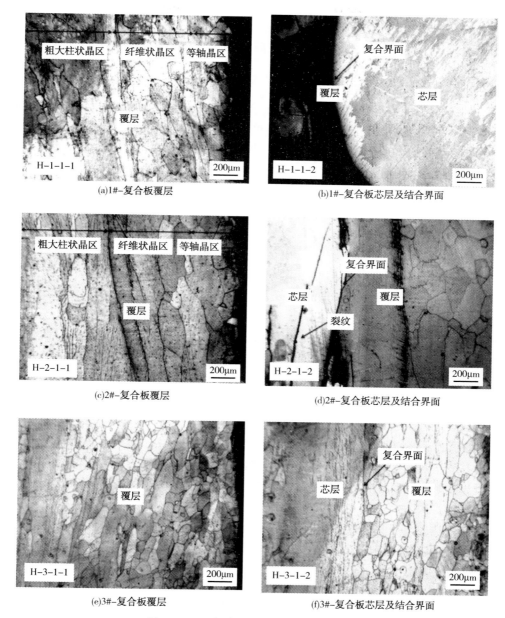

(a)1#-复合板覆层　　　　　　　　　　　(b)1#-复合板芯层及结合界面

(c)2#-复合板覆层　　　　　　　　　　　(d)2#-复合板芯层及结合界面

(e)3#-复合板覆层　　　　　　　　　　　(f)3#-复合板芯层及结合界面

图2-4-15　复合板一次热轧的显微组织

从图2-4-15（c）（d）中可以观察出：

（1）在2#-复合板的覆层中，显微组织由三部分区域的晶粒组成，与1#-复合板覆层中的显微组织类似；

（2）结合界面（即过渡层）清晰可见，在靠近芯层的区域出现了裂纹，主要原因是芯层Si元素含量更高，使得合金硬度增大、脆性升高、塑性降低，在热轧的过程中，随着温度的降低芯层会发生有序转变（即无序的 α 相会转变成有序的 B2 相）；同时，变形机制也发生了改变，由位错滑移转变为超位错滑移，而芯层缺少滑移带，在拉伸应力的作用下，芯层基体会产生裂纹，但是，在覆层的良好保护下（覆层金属会流动到裂纹缝隙中），裂纹不会扩展，亦不会发展成为断层，进而芯层可以持续接受加工变形。

从图 2-4-15(e)(f) 中可以观察出：

（1）3#-复合板的覆层显微组织与 1#-复合板、2#-复合板的覆层显微组织差异明显，没有粗大的柱状晶、晶粒尺寸较小、组织相对均匀，主要原因是动态再结晶的程度更高，进而显微组织更加细小、均匀；

（2）结合界面处的冶金结合并不明显，但是，结合层相对平直，同时出现了一定数量的细小亚晶粒，主要原因是该复合板没有实施锻造工艺，进而复合板的覆层及芯层相对更加平整，在热轧变形过程中，不会造成应力的不均匀，也难以产生裂纹。

对一次热轧之后的复合板进行厚度测量，并结合显微组织图片覆层及芯层的厚度比例变化进行观察，可知：

（1）1#-复合板的厚度约为 8.5mm，覆层及芯层的厚度比例为 1:2.3；

（2）2#-复合板的厚度约为 8.7mm，覆层及芯层的厚度比例为 1:2.8；

（3）3#-复合板的厚度约为 7.6mm，覆层及芯层的厚度比例为 1:1.3。

综上所述，在热轧变形过程中，由于变形的温度较高，合金的显微组织存在动态再结晶及回复现象；而复合板的覆层变形量更大，这对下一批次 6.5% 高硅电工钢复合板的结构设计具有一定的指导意义。

2. 二次热轧

复合板经过二次热轧之后，对不同的试样进行编号（方法与一次热轧之后的相似），不同试样的显微组织，如图 2-4-16 中所示。从图 2-4-16(a) 中可以观察出：

（1）在二次热轧之后 1#-复合板的结合界面处形成了过渡层，其厚度在 50~70μm，且各层呈现出均匀及相对平直的形貌，说明在二次热轧的过程中，在结合界面的区域，发生了一定程度的扩散；

（2）经过热轧之后，通过测量，观察到复合板的覆层及芯层的厚度比例相对合理，说明在热轧过程中因为过渡层的存在，覆层及芯层发生了相互的协调变形，且协调的程度适当，呈现出良好的效果；

（3）覆层的显微组织为晶粒尺寸约 200μm 的粗大等轴晶粒，说明覆层发生了动态再结晶，在轧后由于复合板整体的降温速率较慢，使得细小的等轴晶粒持续长大；

（4）芯层的晶粒依旧尺寸粗大，局部依然出现了裂纹，而晶界也显得不清晰。

从图 2-4-16(b) 中可以观察出：

（1）经过二次热轧之后，2#-复合板的结合界面处没有出现过渡层，主要原因是结合界面处没有发生明显的扩散，因为覆层及芯层的变形差异大，结合界面处剪切力作用下产生的内部摩擦力作用也很大，超过了过渡层的强度，进而使得过渡层难以稳定；

（2）芯层基体中的晶粒呈现出被拉长的状态，在晶界附近也呈现出网状分布的再结晶细小晶粒，说明发生了再结晶现象，由于复合板整体的温度较低，难以保证再结晶的晶粒持续长大；

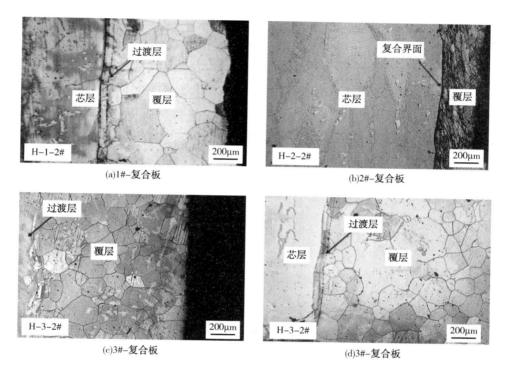

图 2-4-16　复合板二次热轧的显微组织

（3）芯层变形所占比例相对较小，主要原因是芯层 Si 元素含量高，导致合金的硬度大，同时晶体的结构也是体心立方结构，变形过程中滑移系相对较少，所以变形难度较大。

图 2-4-16（c）（d）均为 3#-复合板的显微组织，从图中可以观察出：

（1）覆层的显微组织为晶粒尺寸约 120μm 的等轴晶粒，主要原因与 1#-复合板覆层的情况类似；

（2）结合界面的区域出现了厚度为 60~75μm 的过渡层，主要原因是 3#-复合板在热轧的过程中承受了较大的压下载荷，产生了形变强化，进而出现了冶金结合，且晶粒呈现出被拉长的状态。

综上所述，每个复合板的道次形变量不小于 40%，并且各层之间的变形差异不能过大，能够发生一定程度的协调变形，是复合板在结合界面处形成过渡层的必要条件。如果芯层的变形量过小，晶格累积的畸变能不能驱动再结晶现象的发生，进而难以形成冶金结合，复合板的整体变形主要由覆层来承担，所以，难以形成过渡层。通过二次热轧之后，1#-复合板的厚度约为 2.0mm，2#-复合板的厚度约为 2.1mm，3#-复合板的厚度约为 2.0mm。复合板的覆层及芯层的厚度比例变化，见表 2-4-8。可以观察出，2#-复合板的厚度比例差别较大，在后续的变形过程中将表现出差异明显的状态。

表 2-4-8　复合板的覆层及芯层的厚度比例变化

复合板名称	包覆浇铸后	锻造后	一次热轧之后	二次热轧之后
1#-复合板	5∶4∶5	5∶6∶5	1∶2.25∶1	1∶1.1∶1
2#-复合板	5∶4∶5	10∶13∶10	1∶2.75∶1	1∶4.25∶1
3#-复合板	5∶4∶5	未锻	1∶1.3∶1	1∶1∶1

2.4.3.8　热轧 6.5%高硅电工钢复合板 Si 元素 EDS 分析

6.5%高硅电工钢复合板在热轧变形的过程中，由于加热炉的炉膛尺寸有限，复合板的热轧变形分为两次来实施（即在热轧变形中要进行切板），这样操作之后芯层在新的横切面上会暴露出来。由于热轧过程中加热的温度高、保温时间长，露出的芯层横切面接触空气后会发生氧化，而 Si 元素在高温下的化学性质活泼，与空气中的氧气迅速结合，通过氧化反应会产生氧化物，进而会造成自身含量的降低，对复合板整体的磁学性能会产生影响。所以，对复合板各层基体中的 Si 元素含量进行检测是有必要的，以此来确定氧化对 Si 元素含量造成的损失，同时可以为下一批次复合板的制备提供参考。

采用 EDS 能谱对一次热轧之后的试样进行检测，其结果如图 2-4-17 中所示。从图 2-4-17(a)中可以观察出：

（1）1#-复合板的覆层基体中的 Si 元素含量为 2.65%；

（2）1#-复合板的芯层基体中的 Si 元素含量为 8.83%；

（3）根据能谱分析可知，合金中含有少量的 Al 元素，而 Al 元素对复合板整体的塑性加工性能及磁学性能均有一定的影响。

从图 2-4-17(b)中可以观察出：

（1）2#-复合板的覆层基体中的 Si 元素含量为 2.65%；

（2）2#-复合板的芯层基体中的 Si 元素含量为 10.99%；

（3）从能谱中可以发现 O 元素的波峰，说明 2#-复合板在一次热轧过程中，其内部出现了氧化，一部分 Si 元素以气态的 SiO_2 形式挥发了，这是造成 Si 元素含量降低的主要原因。

从图 2-4-17(c)中可以观察出：

（1）3#-复合板的覆层基体中的 Si 元素含量为 2.63%；

（2）3#-复合板的芯层基体中的 Si 元素含量为 10.61%；

（3）从能谱中也发现了 O 元素的波峰，但 O 元素的含量很低，说明氧化不严重。

综上所述，6.5%高硅电工钢复合板在一次热轧过程中，覆层中的 Si 元素含量降低较小，约为 0.2%，芯层中的 Si 元素损失量相对较大，约为 1%，严重的氧化是造成 Si 元素含量降低的主要原因。

在实施二次热轧之前，由于加热炉炉膛的尺寸限制，对复合板进行了沿着长度中线处的切割，二次热轧之后复合板 Si 元素的扫描结果，如图 2-4-18 中所示。从图中可以观察出：

（1）1#-复合板的覆层 Si 元素含量约为 2.61%，芯层 Si 元素含量约为 8.4%，如图 2-4-18(a)中所示；

（2）2#-复合板的覆层 Si 元素含量约为 2.65%，芯层 Si 元素含量约为 10.2%，如图 2-4-18（b）中所示；

（3）3#-复合板的覆层 Si 元素含量约为 2.58%，芯层 Si 元素含量约为 7.0%，如图 2-4-18（c）中所示。

综上所述，复合板在二次热轧过程中，覆层 Si 元素的含量降低相对较小，其情况基本与一次热轧之后复合板覆层的 Si 元素含量相同，1#-复合板、2#-复合板的芯层 Si 元素含量与一次热轧之后的复合板芯层 Si 元素含量进行比较，其变化也不是很明显；但是，3#-复合板经过二次热轧之后 Si 元素丢失比较严重，降低的量约为 3%，除与选取试样的位置有关之外，主要原因是 3#-复合板没有实施锻造工艺，复合板的覆层及芯层之间结合相对较差，在长度方向上由于大变量的形变，出现了相对良好的冶金结合；但在宽度方向上，复合板变形量相对较小，使得层间的缝隙相对较大，在热轧过程中空气容易进入结合界面处，与芯层中的 Si 元素发生氧化，从而造成 Si 元素含量的大幅度降低。

跟踪检测复合板在不同阶段条件下 Si 元素的含量变化，对比检测值及设计预期值，发现在熔炼及热成形过程中，复合板整体的 Si 元素含量明显降低。分析原因，并总结如下：

（1）在浇铸阶段，因为原材料的纯度不高、含有一定的杂质，随着温度升高伴有烧损发生，导致 Si 元素发生了氧化反应，进而造成含量降低；

（2）在实施锻造加工的过程中，因为在高温环境下进行加热+保温，覆层会产生一定量的氧化铁皮，进而导致基体中的 Si 元素含量降低，由于覆层具有良好的包覆作用，使得复合板系统相对封闭，有助于降低芯层 Si 元素含量的损失；

（3）在热轧阶段，由于加热的温度高且保温时间长、复合板表面积增大、覆层完整性被破坏等因素，会在覆层的表面形成外氧化，在芯层、结合界面处形成内氧化，进而导致复合板整体的 Si 元素含量降低。

6.5%高硅电工钢复合板在热轧变形过程中，当实施的压下量过小，以及覆层及芯层变形差异太大，而没能出现协调变形，则在结合界面的区域不易形成过渡层；如果覆层及芯层没能出现冶金结合，在二者之间难免会产生显微缝隙；由于芯层 Si 元素含量高，使得合金硬度大、塑性差，在热轧变形过程中靠近结合界面区域，在剪切应力的作用下会产生一定数量的微裂纹，如图 2-4-19（a）中所示。从图中可以观察出：

（1）在裂纹的附近，存在一定数量的氧化圆点，而氧化圆点层的厚度、尺寸与热轧裂纹的起始温度、裂纹附近的 Si 元素含量密切相关，即温度越高，氧化圆点层的厚度越大，Si 元素含量越高，氧化圆点的尺寸越大；

（2）氧化圆点更倾向于出现在结合界面靠近芯层的区域中，出现该现象的主要原因是芯层 Si 元素含量高，由于 Si 元素的偏聚而出现了一定数量的富集区域，在高温下芯层中的 Si 元素很容易与氧化铁皮前沿析出或扩散的 O 元素发生氧化反应而生成大量的氧化物，从而导致复合板整体的 Si 元素含量大幅降低，而分散在 Si 元素富集区域的细小氧化圆点颗粒，会随着氧化反应程度的增大而逐渐长大。

El	AN	Series	unn. c norm. [wt.%]	c norm. [wt.%]	c Atom. [at.%]	C Error [wt.%]
N	7	K-series	0.00	0.00	0.00	0.0
O	8	K-series	0.00	0.00	0.00	0.0
Al	13	K-series	0.56	0.67	1.27	0.1
Si	14	K-series	7.95	8.83	15.03	0.4
Ca	20	K-series	0.02	0.02	0.03	0.0
Fe	26	K-series	76.96	91.09	83.68	2.2

El	AN	Series	unn. c norm. [wt.%]	c norm. [wt.%]	c Atom. [at.%]	C Error [wt.%]
N	7	K-series	0.00	0.00	0.00	0.0
O	8	K-series	0.00	0.00	0.00	0.0
Al	13	K-series	0.68	0.84	1.68	0.1
Si	14	K-series	2.54	2.65	5.34	0.2
Fe	26	K-series	77.74	96.38	92.99	2.3

(a)1#-复合板

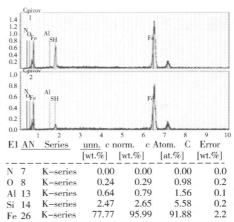

El	AN	Series	unn. c norm. [wt.%]	c norm. [wt.%]	c Atom. [at.%]	C Error [wt.%]
N	7	K-series	0.24	0.29	1.03	0.4
O	8	K-series	0.36	0.44	1.35	0.4
Al	13	K-series	0.48	0.58	1.05	0.1
Si	14	K-series	9.16	10.99	19.27	0.5
Fe	26	K-series	73.07	87.70	77.31	2.2

El	AN	Series	unn. c norm. [wt.%]	c norm. [wt.%]	c Atom. [at.%]	C Error [wt.%]
N	7	K-series	0.00	0.00	0.00	0.0
O	8	K-series	0.24	0.29	0.98	0.2
Al	13	K-series	0.64	0.79	1.56	0.1
Si	14	K-series	2.47	2.65	5.58	0.2
Fe	26	K-series	77.77	95.99	91.88	2.2

(b)2#-复合板

El	AN	Series	unn. c norm. [wt.%]	c norm. [wt.%]	c Atom. [at.%]	C Error [wt.%]
N	7	K-series	0.24	0.29	1.03	0.4
O	8	K-series	0.35	0.44	1.35	0.4
Al	13	K-series	0.48	0.58	1.05	0.1
Si	14	K-series	9.05	10.61	19.27	0.5
Fe	26	K-series	73.07	87.70	77.31	2.2

El	AN	Series	unn. c norm. [wt.%]	c norm. [wt.%]	c Atom. [at.%]	C Error [wt.%]
N	7	K-series	0.00	0.00	0.00	0.0
O	8	K-series	0.68	0.84	2.75	0.6
Al	13	K-series	0.44	0.55	1.07	0.1
Si	14	K-series	2.35	2.63	7.11	0.3
Fe	26	K-series	76.37	94.80	89.06	2.4

(c)3#-复合板

图 2-4-17　一次热轧之后试样 EDS 能谱及点扫描分析

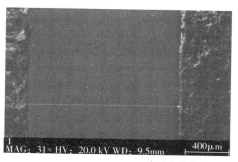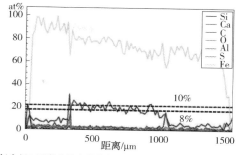

(a)1#-复合板热轧高硅电工钢复合板Si元素含量变化分析

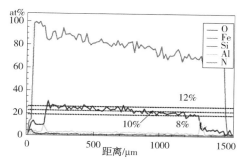

(b)2#-复合板热轧高硅电工钢复合板Si元素含量变化分析

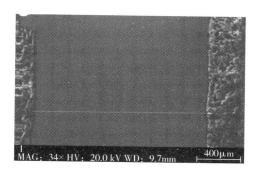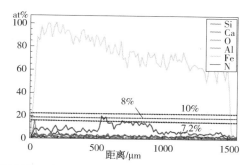

(c)3#-复合板热轧高硅电工钢复合板Si元素含量变化分析

图2-4-18　二次热轧 EDS 线扫描结果

采用 SEM 对复合板氧化层的表面进行观察，如图 2-4-19(b)中所示。从图中可以观察出：

（1）在氧化层中发现了较多的富硅相，说明该层中存在大量的 Si 元素富集区域，则在 Si 元素富集区域中，会出现大量的氧化物；

（2）在氧化层随机选取两个点(如图中的 1+点、2+点)，进行成分分析，发现 1+点处含有 Fe、Si、O 三种元素，其中，Fe 元素含量为 51.67%、Si 元素含量为 17.46%、O 元素含量为 30.87%；

（3）对 2+点处进行成分扫描，发现 2+点处没有 O 元素，主要为 Fe、Si 元素，该处 Si 元素含量为 2.25%，低于 EDS 线扫描的结果，说明氧化层 Si 元素富集区域中的 Si 元素含量很高,在富集区域的附近(即非富集区域),Si 元素含量较低,这也说明了氧化圆点在 Si 元素富集区域聚集并逐渐长大的原因。

对二次热轧复合板进行 XRD 分析,进一步确定芯层 Si 元素含量的降低(即以何种形式丢失),如图 2-4-20 中所示。从图中可以观察出:

(1) 在复合板的芯层中,除发现 DO_3 有序相之外,还存在一定数量的 Fe_2SiO_4、$FeSiO_3$、$Fe_{1.6}SiO_4$ 以及 SiO_2 相,这充分说明 Si 元素含量的降低,是因为 Si 元素发生了大量的氧化(参与了氧化还原反应),并以 Fe 的氧化物、SiO_2 的形式挥发了,进而造成 Si 元素丢失;

(2) Si 元素形成的氧化物种类较多,但数量较多的两种是 Fe_2SiO_4、$FeSiO_3$ 相。

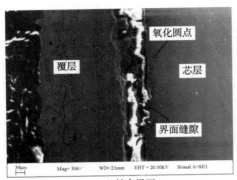
(a)结合界面

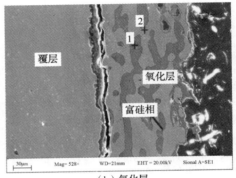
(b)氧化层

图 2-4-19 热轧复合板结合界面及氧化层的 SEM 扫描

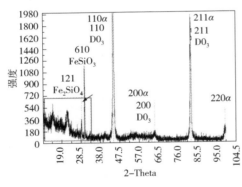

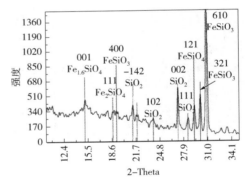

图 2-4-20 二次热轧复合板芯层 XRD 相分析

综上所述,1#-复合板及 2#-复合板经过锻造之后,覆层与芯层的结合界面已经变得非常紧密,在此状态下,Si 元素丢失的主要原因是生成了外氧化皮;随着 Si 元素含量的增多,外氧化皮的生长速率会逐渐降低,这亦是 1#-复合板、2#-复合板在覆层的表面形成致密的氧化膜之后,Si 元素含量降低的原因。但是,对于 3#-复合板而言,由于没有实施锻造工艺,结合界面是不紧密的,存在尺寸较大的缝隙,在高温环境下,覆层与芯层的结合界面处会出现氧化圆点,氧化圆点长大的速率较快,进而形成具有一定厚度的氧化层;在高温条件下,Si 元素富集的区域与空气中的 O_2 结合,能够迅速形成大量的氧化物,挥发后离开合金基体,从而导致 3#-复合板芯层的 Si 元素含量降低。

2.4.4 热轧6.5%高硅电工钢复合板在退火过程中织构的演变

6.5%高硅电工钢复合板在850℃保温不同时间(如10s、70s、130s、190s)之后，实施淬火处理的织构演变如图2-4-21~图2-4-24中所示。复合板在退火之前，覆层与芯层的织构存在一定的差异，芯层主要由 η 纤维织构及 γ 纤维织构组成；而覆层也主要由 η 纤维织构及 γ 纤维织构组成，但是，覆层的密度强度明显弱于芯层的。

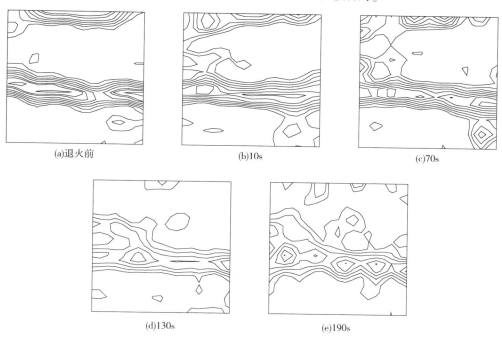

图 2-4-21　6.5%高硅电工钢复合板850℃保温不同时间后芯层的织构演变
（$\varphi_2 = 45°$，密度水平：2，4，6，8，10，12，14，16，18，20）

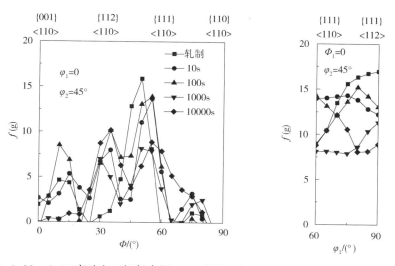

图 2-4-22　6.5%高硅电工钢复合板850℃保温不同时间后芯层的织构取向线分析

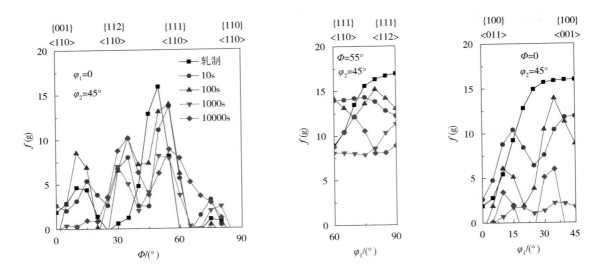

图 2-4-22　6.5%高硅电工钢复合板 850℃保温不同时间后芯层的织构取向线分析(续)

(a)退火前　　　　　　　　　　(b)10s　　　　　　　　　　(c)70s

(d)130s　　　　　　　　　　(e)190s

图 2-4-23　6.5%高硅电工钢复合板 850℃保温不同时间后覆层表面的织构演变
（$\varphi_2=45°$，密度水平：2，4，6，8，10，12，14，16，18，20）

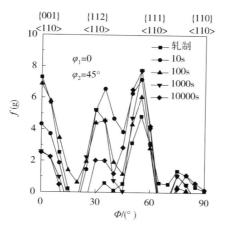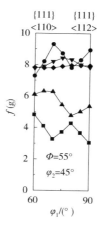

图 2-4-24　6.5%高硅电工钢复合板850℃保温不同时间后覆层表面织构的取向线分析

2.5　6.5%高硅电工钢复合板中温塑性成形

6.5%高硅电工钢复合板在热轧过程中，由于在较高的温度范围内进行变形，复合板的塑性加工性能相对良好，复合板整体的变形相对容易；但是，随着复合板表面积的增大，若持续在高温环境下变形，会进一步加重氧化，对复合板整体的 Si 元素含量、表面质量等方面会造成明显不利的影响，从而难以确保该合金材料的磁学性能。为了能够有效地减少氧化，同时获得更薄的复合板，应该在确保加工变形的前提下，直接降低复合板的变形温度，因此中温成形（即温轧）成为 6.5%高硅电工钢复合板变形过程中的重要阶段。对比温轧、热轧两个塑性加工阶段，温轧变形由于在再结晶温度以下进行，既能克服热轧变形中复合板表面氧化严重、尺寸精度差、显微组织不均匀等缺陷，也能克服复合板在室温下脆性显著、塑性差、硬度大、难变形的缺陷。因此，研究 6.5%高硅电工钢复合板的中温成形工艺具有重要的意义。

2.5.1　温轧前6.5%高硅电工钢复合板热处理工艺探索

6.5%高硅电工钢复合板经过热轧变形之后，合金的内部存在残余应力，如果不及时进行消除，直接进入后续的塑性加工变形，则会在基体中产生裂纹，从而大幅降低复合板的整体质量。根据 Fe-Si 相图，可知 6.5%高硅电工钢的 Si 元素含量高，在一定温度区间，会发生有序相的转变，而有序组织的硬度大，则不利于塑性加工变形；所以，在温轧之前对 6.5%高硅电工钢复合板进行适宜的热处理，以此抑制有序相的转变是很有必要的。基于上述思路，温轧前的热处理工艺拟定过程如下。

（1）根据 Fe-Si 局部的相图（如图 2-5-1 中所示）可知，Si 元素含量为 8%的 Fe-Si 合金，B2 有序相存在的温度在 800~1000℃，而本次实验的材料选用1#-热轧复合板（芯层和覆层分别为 Fe-3%Si、Fe-10%Si），通过合金元素测试可知，覆层的 Si 元素含量为 2.65%，芯层的 Si 元素含量为 8.8%，复合板的整体厚度为 2.0mm。

（2）针对氧化方面的问题，复合板进行热处理的加热温度不宜过高、拟定为850℃，则热处理实验的方案见表2-5-1。对复合板进行切割，截取试样的尺寸为15mm×10mm×2.1mm，试样在热处理后采用不同的冷却方式降温至室温，使用显微硬度计（型号为Leica-VMHT-30M）来测量试样的显微硬度，同时，采用XRD来分析不同冷速下的显微组织构成。

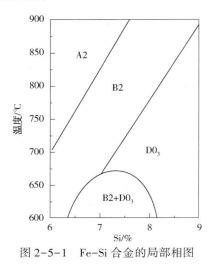

图2-5-1 Fe-Si合金的局部相图

表2-5-1 试样的不同热处理工艺

试样组别	加热温度/℃	保温时间/min	冷却方式
1		30	炉冷
			水冷
			盐水冷（15%NaCl）
2	850	60	炉冷
			水冷
			盐水冷（15%NaCl）
3		90	炉冷
			水冷
			盐水冷（15%NaCl）

2.5.2 6.5%高硅电工钢复合板热处理之后的显微组织分析

6.5%高硅电工钢复合板热轧后的显微组织如图2-5-2中所示，从图中可以观察出：

(a)覆层

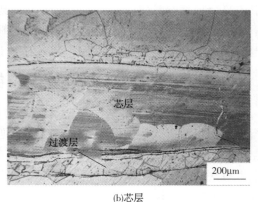

(b)芯层

图2-5-2 复合板热轧后的显微组织

（1）热轧之后的复合板覆层的晶粒粗大，平均尺寸约600μm且分布不均匀，说明覆层发生了再结晶及晶粒长大现象，但是程度不够均匀，如图2-5-2(a)中所示；

（2）在界面处形成了过渡层（厚度约为50μm），过渡层内的晶粒细小、呈现出等轴晶状，说明通过热轧变形后，复合板冶金结合良好，芯层晶粒的尺寸约为200μm，芯层晶粒的颜色不同，说明Si元素分布不均匀，颜色较深的晶粒Si元素含量较高，而颜色较浅的晶粒，则Si元素含量低，如图2-5-2(b)中所示。

复合板在加热至850℃之后保温60min，并采用不同的冷却方式降温至室温，试样的显微组织如图2-5-3中所示，从图中可以观察出：

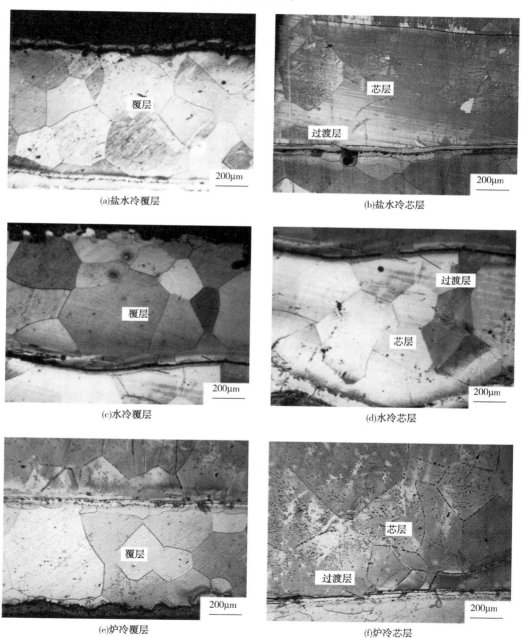

(a)盐水冷覆层　　　　　　　　　　　(b)盐水冷芯层

(c)水冷覆层　　　　　　　　　　　(d)水冷芯层

(e)炉冷覆层　　　　　　　　　　　(f)炉冷芯层

图2-5-3　850℃保温60min不同冷却方式下的显微组织

（1）经过上述处理之后的复合板，以不同冷却方式进行降温，并没有出现开裂，与图2-5-2（a）中所示进行对比，发现过渡层内部的晶粒有一定程度的增大，层内也没有裂纹，覆层的晶粒尺寸明显减小，约为400μm，且分布得相对均匀，如图2-5-3（a）（c）（e）中所示；

（2）经过盐水冷却（冷速为240K/s）之后，复合板芯层的晶粒内部出现了无规则的网格状细纹，晶粒的颜色差别明显、晶界不清晰，晶粒的尺寸与热轧之后复合板的芯层晶粒尺寸进行比较，二者的差异不大，说明芯层中的显微组织发生了结构转变，如图2-5-3（b）中所示；

（3）经过水冷（冷速为110K/s）之后，复合板芯层的晶粒内部没有明显的条纹、晶粒尺寸相对均匀、晶粒的颜色差异明显、晶界清晰、没有出现裂纹，说明水冷也可以导致芯层的显微组织发生结构转变，但是，与盐水冷却之后的复合板芯层相比，结构转变类型差异明显，如图2-5-3（d）中所示；

（4）经过炉冷（冷速为0.2K/s）之后，复合板芯层的晶粒内部出现了细微孔洞，原因是炉冷的冷却速率慢，芯层的Si元素在高温下发生氧化而丢失，形成了氧化物，进而造成芯层的显微硬度降低，采用浸蚀溶液处理之后，覆层的氧化铁皮脱落，导致表面呈现出不平整，如图2-5-3（f）中所示。

综上所述，加热至850℃、保温60min之后，经过不同冷却方式的复合板覆层的显微组织差异较小，而芯层的显微组织差异明显。说明不同的冷速能够导致芯层的显微组织发生结构转变，且转变的类型存在不同。冷却速率越大，晶粒的内应力也越大，则晶界不易被浸蚀溶液（8%的HNO_3水溶液）浸蚀，晶界比较模糊；当冷却速率越小，则晶界相对清晰。

复合板加热至850℃、保温90min之后，经过盐水冷却的显微组织如图2-5-4中所示，从图中可以观察出：

（1）复合板覆层的晶粒尺寸比较均匀且晶界清晰，与保温时间较短的复合板的覆层晶粒进行比较，二者基本相同；但是，晶粒的颜色存在差异，说明出现了不同程度的Si元素偏析，如图2-5-4（a）中所示；

（2）结合界面处形成了厚度较大的过渡层，内部的晶粒尺寸较小，明显区别于覆层及芯层的晶粒尺寸；

（3）在复合板芯层晶粒的内部出现了数量较多的微裂纹，原因是芯层Si元素含量高、自身脆性显著，经过较长时间的保温之后，芯层具有很高的热应力，在盐水冷却的过程中，热应力释放速率过快，进而造成晶粒的内部出现了无规则的微裂纹，如图2-5-4（b）中所示。

通过显微组织观察可知，经过热处理之后基体中晶粒的尺寸大小、形状，不是决定合金显微硬度变化的主要原因。根据之前所述可知，在不同冷却速率下，芯层的显微组织发生了不同类型的结构转变，复合板经过850℃退火、保温60min之后，采用XRD分析芯层在不同冷却方式下的变化，结果如图2-5-5中所示，从图中可以观察出以下结果。

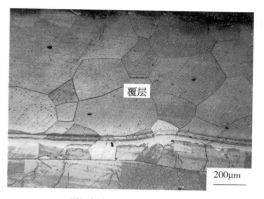

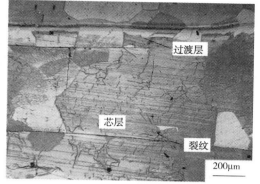

(a)覆层复合板热处理后的有序相分析

(b)芯层复合板热处理后的有序相分析

图 2-5-4 850℃退火保温 90min 盐水冷却显微组织

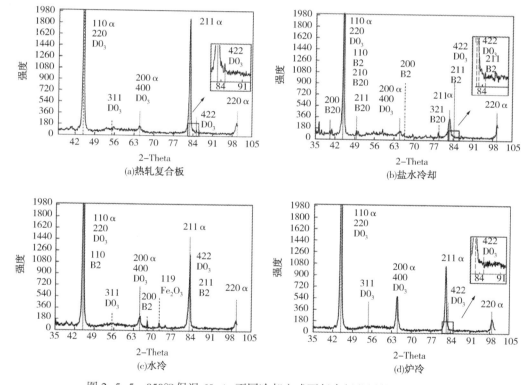

图 2-5-5 850℃保温 60min 不同冷却方式下复合板芯层的 XRD 分析

（1）热轧之后的复合板，其芯层基体中的相主要是 α-Fe 相（Im$_3$m）、DO$_3$ 有序相（Fm$_3$m）。由于复合板在热轧之后采取随炉冷却的方式（冷却速率很慢），所以，没有形成 B2 有序相；α-Fe 相的三强峰分别是（110）、（211）、（200），（220）峰也比较明显；DO$_3$ 有序相的三强峰是（220）、（400）、（422），其中（422）峰存在一定的偏移，可知 DO$_3$ 有序相的三强峰与 α-Fe 相的三强峰重合度较高，所以，DO$_3$ 有序相的特征峰亦不是十分明显，从而只能判定 DO$_3$ 有序相的含量较少，如图 2-5-5（a）中所示。

（2）根据 Fe-Si 相图可知，对于 Si 元素含量为 8%的合金而言，从高温缓慢冷却至低温的过程中，会出现 α-Fe 相转变成 B2 相、B2 相转变成 DO₃ 有序相；复合板经过退火保温之后，采取盐水冷却，由于冷却速率太快，会导致芯层发生明显的相变，除了 α-Fe 相、DO₃ 有序相之外，出现了 B2(Pm₃m) 相且特征峰为(200)，同时还发现了三强峰为(210)、(211)、(321)的 B20 相；B2 相、B20 相均为简单的立方结构，二者在结构上相似(只是晶胞的晶格常数存在差异)，B20 相出现的原因，是冷速过快导致 B2 相的晶格被拉长，发生了晶格畸变从而转变成了 B20 相；当 Fe-Si 合金中 Si 元素含量小于 20% 时，一般不会出现 B20 相，所以，也有可能是局部的 Si 元素存在偏聚(含量大于 20%)，如图 2-5-5(b)中所示。

(3) 复合板加热保温之后采取水冷，可以观察到特征峰(110)、(200)、(211)中出现了 B2 相，但是强度较低，明显不如盐水冷却之后复合板中 α-Fe 相转变成 B2 相的数量多，原因是水冷的冷却速率比盐水冷却的速率低，只能促使少量的 α-Fe 相发生相变(转变成了 B2 相)，其余均在冷速较慢的降温过程中转变成了 DO₃ 有序相，如图 2-5-5(c)中所示。

(4) 复合板加热保温之后采取随炉冷却，芯层基体中的相组成，基本与热轧之后复合板芯层的类似，即 α-Fe 相和 DO₃ 有序相，没有发现 B2 相，但是出现了特征峰为(311)的 DO₃ 有序相，DO₃ 有序相的特征峰强度明显增强，说明更多的 α-Fe 相发生了有序转变(生成了 DO₃ 有序相)，原因是复合板热处理的加热温度低于热轧变形温度的下限，且保温时间较长，冷却速率相对更慢，所以，显微组织发生了有序转变，如图 2-5-5(d)中所示。

综上所述，经过加热保温之后，6.5% 高硅电工钢复合板采取较快的冷却速率，能够抑制 α-Fe 相转变成 DO₃ 有序相，而是转变成有序度较低的 B2 相，这对降低热轧复合板的显微硬度有明显的作用，进而可以提高塑性、增强中温变形的能力。

2.5.3 复合板热处理之后的显微硬度分析

采用显微硬度计(型号为 Leica-VMHT-30M，压力为 100g)，来测试不同热处理之后复合板的显微硬度，可知热轧之后复合板芯层的显微硬度为 556HV、覆层的显微硬度为 240HV。根据表 2-5-1，实施热处理实验，采取不同的冷却方式(水冷、炉冷、盐水冷)及不同的保温时间(30min、60min、90min)，试样分成三组，对每个试样打点三次，显微硬度测试的结果(平均值)如图 2-5-6 中所示，从图中可以观察出：

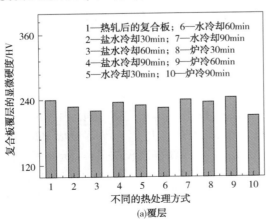

(a)覆层

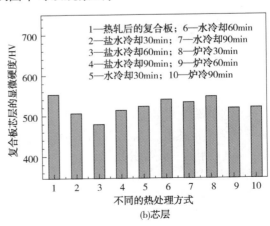

(b)芯层

图 2-5-6　850℃分别保温 30min、60min 及 90min 不同冷却方式下复合板的显微硬度

（1）复合板经过不同的热处理之后，各层的显微硬度呈现出明显的不同。经过850℃加热分别保温30min、60min之后，复合板覆层的显微硬度值会随着冷却速率的加快而减小，经过保温60min盐水冷却之后，覆层的显微硬度较低，而保温90min之后，复合板覆层的显微硬度变化没有呈现出明显的规律，经过对比，保温90min炉冷之后，覆层的显微硬度值最小，如图2-5-6(a)中所示；

（2）芯层的显微硬度值在经过不同的冷却方式之后，均有所减小，但是，下降的幅度在保温60min后采取盐水冷却最明显，保温时间越长、冷却速率越慢，芯层的显微硬度值越大，因为转变生成的DO_3有序相越多，DO_3相的有序度高，所以显微硬度值大，如图2-5-6(b)中所示。

对比分析不同热处理之后的复合板各层的显微硬度变化，其结果如图2-5-7中所示，从图中可以观察出：

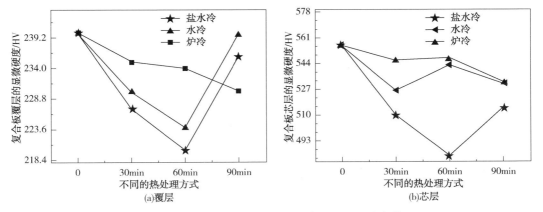

图2-5-7　不同热处理工艺下复合板显微硬度变化

（1）复合板覆层的显微硬度值在220~245HV，但是，总体的变化不是非常明显，说明不同冷却方式的热处理工艺，对覆层的显微硬度不能产生明显的变化，因为覆层中Si元素含量较低，不会发生有序转变，而冷却之后的组织类型，则是影响覆层显微硬度值的主要因素，而不是有序结构类型，如图2-5-7(a)中所示；

（2）复合板芯层的显微硬度值在482~556HV，但是总体的变化幅度较大，盐水冷却的显微硬度值最小(小于其他两种冷却方式的)，保温60min之后盐水冷却的试样硬度最低(为482HV)，经过90min保温之后盐水冷却的试样硬度反而增大，原因是保温时间过长，复合板内部的热量高，盐水冷却导致热量释放速率较慢，进而转变成B2相的比例减小，所以复合板芯层的显微硬度值反而增大，说明在降低复合板的显微硬度方面，存在一个合理的退火温度、保温时间以及相匹配的冷却方式(即850℃退火保温60min后盐水冷却)，使得复合板整体硬度降低(即覆层硬度降低到220HV、芯层硬度降低到482HV)，如图2-5-7(b)中所示。

综上所述，热处理之后6.5%高硅电工钢复合板，其覆层的显微硬度取决于冷却后的显微组织，而芯层的显微硬度取决于有序相的类型，即DO_3相的有序度高于B2相、B20相，所以复合板芯层中的B2相越多、DO_3相越少，显微硬度值越小。

2.5.4　温轧前6.5%高硅电工钢复合板的热处理工艺

6.5%高硅电工钢复合板在热轧变形完成之后，实施温轧变形。复合板温轧的变形温度上限低于再结晶温度，观察合金的显微组织，可以发现只发生回复、没有发生再结晶现象。温轧前的热处理工艺对复合板十分重要，合适的热处理能够让复合板整体塑性提高（即通过转变，有序组织的有序度得到降低），在显微硬度方面可以认为得到软化，这与复合板温轧工艺的制定有着紧密的关系。

通过前述热处理工艺方案的研究，并对实验之后的复合板的显微组织、有序相、显微硬度进行分析，可知在温轧之前对复合板实施适宜的热处理，不仅可以消除合金基体中的残余应力，也能够从组织性能上对复合板起到软化的作用，为后续的温轧变形做好准备。温轧前6.5%高硅电工钢复合板的热处理工艺拟定如下：

（1）对热轧之后的复合板在840~860℃进行加热，并保温60min；

（2）通过保温之后，采取盐水冷却的方式，盐水为15%的NaCl水溶液。

2.5.5　温轧工艺的制定

拟定6.5%高硅电工钢复合板的温轧变形工艺，主要侧重于以下四个方面的问题：

（1）温轧加工变形的温度范围（即开轧温度、终轧温度）；

（2）温轧过程中的轧制道次（即变形规程的具体化）；

（3）每道次的压下量；

（4）回炉后的加热温度和保温时间。

在温轧之前实施热处理工艺，复合板的有序度可以得到降低，显微硬度值明显减小。但是，复合板的温轧变形与单层金属的存在有明显的区别（如复合板中有过渡层的存在、各层的成分及变形能力存在差异等），不能按照单层金属的加工变形来进行轧制力的计算及轧制工艺的拟定。在中温变形的过程中，各层的金属流动情况、变形抗力均不同，所以，参考热轧工艺制定的过程，分析复合板结合界面附近的应力场变化及主要的影响因素。由于芯层的塑性加工能力差，依然以芯层的变形为主要研究目标。

依据上述分析，测量出6.5%高硅电工钢复合板在温轧变形中所采用的轧辊半径、复合板温轧初始厚度等几何参数（详见表2-5-2中所示），对上述因素在温轧过程中对覆层及芯层应力场分布的影响进行分析，从而可以指导复合板的中温变形。6.5%高硅电工钢复合板的温轧在四辊轧机（工作辊尺寸为 $\Phi 120mm \times 450mm$、支撑辊尺寸为 $\Phi 400mm \times 450mm$）上进行。

表2-5-2　6.5%高硅电工钢复合板温轧变形的几何参数

参数	数值/mm	参数	数值/mm
温轧辊半径	60	复合板温轧后的厚度	0.5
复合板温轧的初始厚度	2.1~2.3	温轧后的覆层厚度	0.1~0.15
轧前的覆层厚度	0.5~0.8	温轧后的芯层厚度	0.2~0.3
轧前的芯层厚度	0.8~1.2		

表2-5-2呈现出了复合板经过温轧变形之后的预期板厚，可以用来指导温轧轧制力的制定及变形量的设定，温轧单道次的轧制力计算如下：

$$P = \bar{B} \frac{l}{\Delta h} \int_h^H p \mathrm{d}h_x \qquad (2-5-1)$$

式中　l——温轧变形区的弧长；

$\quad\quad H$——温轧前的厚度；

$\quad\quad h$——温轧后的厚度；

$\quad\quad p$——单位轧制力；

$\quad\quad \bar{B}$——复合板的平均宽度。

单位轧制力确定如下：

$$p = e^{\int \frac{f_1 + f_2}{y} \mathrm{d}x} \left(\int \frac{K_2}{y} e^{\pm \int \frac{f_1 + f_2}{y} \mathrm{d}y} \right) \qquad (2-5-2)$$

将式(2-5-2)代入式(2-5-1)中，得出轧制力的表达式如下：

$$P = \bar{B} \frac{l}{\Delta h} \left\{ h_{2r} \frac{K_2}{(f_1 + f_2) \frac{l}{\Delta h}} \left[\left(\frac{H}{h} \right)^{\delta} - 1 \right] + \left[\frac{K_2 + \frac{l}{\Delta h} \tau_1}{1 + \frac{l}{\Delta h} f_2} \left(\frac{h_x}{h} \right)^{\frac{l}{\Delta h} f_2} - \frac{K_2 + \frac{l}{\Delta h} \tau_1}{\frac{l}{\Delta h} f_2} \right] + \frac{\frac{l}{\Delta h} \tau_1 h}{1 + \frac{l}{\Delta h} f_2} \right\}$$

$$(2-5-3)$$

2.5.5.1　温轧工艺的温度区间

通过查阅文献可知，蓝脆效应是指合金在变形的过程中也发生了变形时效，进而导致塑性降低的现象。500℃是6.5%高硅电工钢的韧脆转变温度，而对于6.5%高硅电工钢复合板的中温成形而言，应该避开蓝脆区。当变形的速率较低时，蓝脆的温度范围是在250~400℃；在温轧的过程中，由于复合板的芯层Si元素含量高、变形抗力大，在加热过程中发生回复或部分再结晶，以此来消除加工硬化，合金的再结晶温度($T_{再}$)可以通过熔点($T_{熔}$)来确定，即$T_{再} = (0.35 - 0.4) T_{熔}$，确定温轧工艺的温度范围在580~660℃。

2.5.5.2　温轧工艺的压下量

温轧变形的道次压下量，对复合板的表面质量有很大影响。如果压下量过小、变形道次过多，则在温轧过程中由于温降较大，会导致复合板的表面出现裂纹。为了减少裂纹的产生，在变形的过程中则回炉加热的次数也会增多，回炉次数增多则会导致复合板的表面易被氧化。如果轧制压下量太大，则复合板的芯层会迅速出现加工硬化，进而会产生更多的裂纹，则直接导致各层厚度比例严重失调，对温轧之后的冷轧及扩散退火这两个阶段的实施不利。以6.5%高硅电工钢复合板的性能要求为核心，查阅相关文献可知：

（1）6.5%高硅电工钢要能呈现出优异的磁学性能，与良好的表面质量、合金内部的晶粒取向密切相关（即复合板在温轧变形中，能够获得单取向立方织构{100}<001>、高斯织构{110}<001>），经过扩散退火之后，复合板变成单层金属板，能够形成{100}<0vw>面织构；

（2）6.5%高硅电工钢在温轧变形中，如果压下量达到50%，则温轧板中芯层位的晶粒开始靠近γ纤维织构，随着变形的持续进行，温轧板芯层的晶粒则会逐渐形成完整的γ纤维织构，同时出现一部分{001}<320>、（10°、35°、45°）取向的织构；

（3）6.5%高硅电工钢在温轧变形中，如果压下量增大到65%，则温轧板芯层晶粒形成的完整γ纤维织构会发生转变（即{001}<320>织构开始向{001}<490>织构转变），且呈现出不连续的状态；

（4）如果温轧压下量增大到75%，则6.5%高硅电工钢的中芯层位的晶粒形成的织构为{001}<110>、{112}<110>，说明在温轧变形中，大压下量有助于提高该合金薄板的磁学性能，同时，在温轧变形过程中的初期，首道次的大压下量也有助于降低薄板发生开裂。

根据上述分析，6.5%高硅电工钢复合板在温轧变形中的总压下量拟定在80%以上，这样可以获得厚度约为0.5mm的复合薄板。

综上所述，根据温轧的温度区间及压下量的分析，拟定6.5%高硅电工钢复合板的温轧变形在590~650℃进行，回炉加热至680℃之后保温20~30min，道次压下量，详见表2-5-3~表2-5-5。

表 2-5-3   1#-复合板温轧道次压下量及厚度变化

加热次数	轧件温度/℃	轧制道次	压下量/mm	道次应变	轧后厚度/mm
	680	0	0	0	2.60
1	660	1	0.46	0.17	2.14
	610	2	0.12	0.06	2.02
2	660	3	0.21	0.10	1.81
	610	4	0.16	0.09	1.65
3	660	5	0.35	0.27	1.30
	610	6	0.18	0.14	1.12
4	660	7	0.10	0.09	1.02
	610	8	0.11	0.11	0.91
5	660	9	0.16	0.18	0.75
	610	10	0.13	0.13	0.65
6	660	11	0.07	0.11	0.58
	610	12	0.06	0.10	0.52

表 2-5-4 2#-复合板温轧道次压下量及厚度变化

加热次数	轧件温度/℃	轧制道次	压下量/mm	道次应变	轧后厚度/mm
1	680	0	0	0	2.70
	660	1	0.30	0.11	2.40
	610	2	0.19	0.08	2.21
2	660	3	0.16	0.08	2.05
	610	4	0.14	0.07	1.91
3	660	5	0.09	0.05	1.82
	610	6	0.11	0.06	1.71
4	660	7	0.16	0.09	1.55
	610	8	0.13	0.08	1.42
5	660	9	0.11	0.08	1.31
	610	10	0.06	0.05	1.25
6	660	11	0.10	0.08	1.15
	610	12	0.05	0.04	1.10
7	660	13	0.15	0.14	0.85
	610	14	0.11	0.13	0.74
8	660	15	0.09	0.12	0.65

表 2-5-5 3#-复合板温轧道次压下量及厚度变化

加热次数	轧件温度/℃	轧制道次	压下量/mm	道次应变	轧后厚度/mm
1	680	0	0	0	2.40
	660	1	0.30	0.13	2.10
	610	2	0.20	0.10	1.90
2	660	3	0.19	0.10	1.71
	610	4	0.21	0.12	1.50
3	660	5	0.28	0.19	1.22
	610	6	0.23	0.18	0.99
4	660	7	0.18	0.18	0.81
	610	8	0.21	0.26	0.60
5	660	9	0.12	0.20	0.48

　　6.5%高硅电工钢复合板的温轧工艺示意图，如图 2-5-8 中所示。热轧之后的 1#-、2#-、3#-复合板加热至 680℃并保温 20min 之后，在四辊轧机上进行温轧变形，每两个道次变形之后，回炉加热（加热的温度范围在 580~680℃），经过温轧变形后复合板的厚度约

为 0.5mm。由于复合板的芯层 Si 元素含量高，发生韧脆转变的温度约为 550℃，为了减少复合板发生脆性转变而导致裂纹增多，所以，在温轧结束之后，复合板采用缓慢冷却的方式(炉冷)冷却至室温。

2.5.5.3 温轧工艺的微调

根据 6.5% 高硅电工钢复合板在温轧变形过程中的实际情况(如加热炉的炉膛内温度场不均匀、温轧机的轧辊表面质量、表面温度较低、复合板接触轧辊之后降温速率过大等)，适当地调整温轧工艺，更有助于获得高质量的 6.5% 高硅电工钢复合板。温轧工艺调整之后的实验方案如下：

(1) 实验材料选用 1#-热轧板(厚度约为 2.6mm)，覆层 Si 元素含量为 2.65%，芯层 Si 元素含量为 8.3%，切取 4 块试样做实验，编号分别为 1#、2#、3#、4#；

(2) 对 2#、4# 两个试样进行温轧前的热处理(850℃退火保温 60min 之后，盐水冷却)，对 1#、3# 两个试样不实施热处理，通过温轧变形，1# 试样减薄至 1mm，2# 试样减薄至 0.8mm，3#、4# 两个试样均减薄至 0.5mm；

(3) 温轧工艺经过微调之后为，温轧变形前加热至 720℃并保温 25min，从加热炉中取出后在 690℃进行轧制，轧制变形一个道次之后，回炉加热至 720℃，根据复合板厚度的变化，保温 15~25min，道次的压下量详见表 2-5-6，温轧工艺的示意图，如图 2-5-9 中所示。

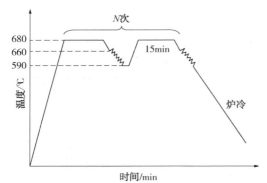

图 2-5-8　6.5%高硅电工钢复合板温轧工艺示意图

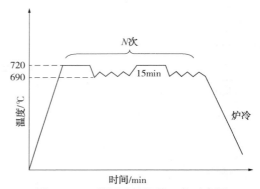

图 2-5-9　微调后的温轧工艺示意图

表 2-5-6　微调后的温轧道次压下量

轧制道次	1#	2#	3#	4#
0	2.55	2.55	2.55	2.55
1	2.01	1.88	2.04	1.90
2	1.75	1.61	1.74	1.59
3	1.50	1.32	1.51	1.30
4	1.26	1.08	1.23	1.05
5	1.05	0.82	1.02	0.80
6			0.85	0.58
7			0.65	0.45
8			0.54	

2.5.6 复合板温轧后的显微组织演变及结构比例变化

1#-、2#-、3#-复合板温轧之后的显微组织,如图2-5-10中所示,从图中可以观察出以下结果。

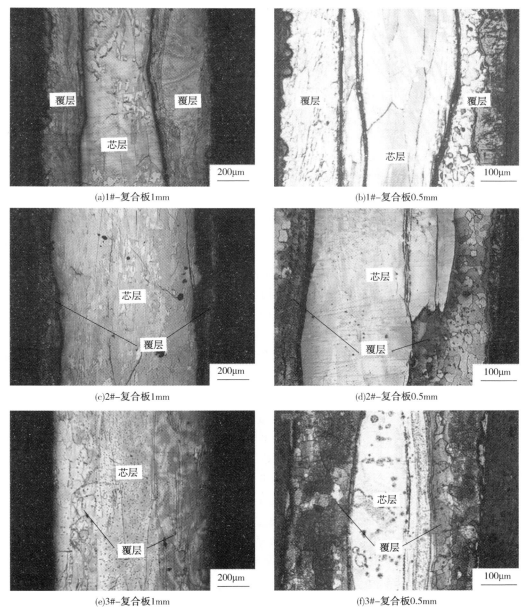

(a)1#-复合板1mm

(b)1#-复合板0.5mm

(c)2#-复合板1mm

(d)2#-复合板0.5mm

(e)3#-复合板1mm

(f)3#-复合板0.5mm

图2-5-10 1#-、2#-、3#-复合板温轧1mm及0.5mm的显微组织

(1)当1#-复合板在温轧过程中厚度为1mm时,覆层的晶粒呈现出拉长的状态,芯层出现裂纹、显微组织为拉长的粗大晶粒,芯层及覆层的厚度比例不均匀,原因是芯层Si元素含量高,在局部存在Si元素的富集,富集区域的硬度更大,复合板的锻造变形在整

体上相对均匀，但芯层变形并不均匀，Si 元素富集的地方变形相对较小，在复合板厚度截面上表现出各层厚度不均匀、结合界面不平直。芯层的晶粒虽然被拉长，但芯层整体变形相对困难，结合界面在后续的变形过程中，在剪切应力的作用下会逐渐产生裂纹，各层厚度比例约为 1∶2，如图 2-5-10(a) 中所示。

（2）当 1#-复合板温轧减薄至 0.5mm 之后，芯层会产生沿着宽展方向的裂纹，裂纹出现在晶粒内部或晶界上，芯层呈现出明显不均匀的厚度；覆层出现细小的等轴晶粒，大部分晶粒没有呈现出被拉长的状态，说明温轧过程中回炉加热的温度使得覆层发生了静态再结晶，有助于复合板的温轧变形。覆层与芯层的厚度比例约为 1∶2.3，说明覆层在温轧变形的过程中，所占复合板的厚度比例在下降，有助于扩散退火处理之后提高复合板整体 Si 元素的含量，如图 2-5-10(b) 中所示。

（3）2#-复合板覆层及芯层的显微组织与 1#-复合板各层的显微组织基本相同。但是，由于芯层 Si 元素含量比 1#-复合板芯层 Si 元素含量高，导致硬度更大、变形更难，所以，覆层在温轧中承担的变形更多，覆层及芯层的厚度比例逐渐变得失调。当 2#-复合板温轧减薄至 1mm 时，各层厚度比例约为 1∶4.5，明显小于 1#-复合板温轧减薄至 1mm 时的各层比例。在后续变形中，这些区域的芯层会随着压下的持续进行，而逐渐露出（即失去覆层的保护），如图 2-5-10(c) 中所示。

（4）当 2#-复合板温轧减薄至 0.5mm 后，覆层的组织晶粒状况与 1#-复合板温轧减薄至 0.5mm 的覆层基本相同，结合界面更加不平直、起伏程度更大，原因是芯层局部存在 Si 元素的富集，硬度过大、不易变形、产生应力集中，导致富集区域的覆层变形更多，芯层的晶粒有些拉长，但是，晶界变得更加模糊，如图 2-5-10(d) 中所示。

（5）3#-复合板的芯层 Si 元素含量与 2#-复合板的相同，但是，温轧之后各层的厚度比例、组织均匀性等方面明显比 2#-复合板的要好。覆层情况与前两块复合板的覆层情况基本相同，出现了细小的等轴晶粒，结合界面良好，说明在温轧变形的过程中，各层的变形相对协调，回炉加热之后，前阶段的加工硬化、残余应力等阻碍温轧变形的不利因素，均得到了有效的消除。3#-复合板在温轧变形的过程中，芯层变形的程度大、缺陷少，原因是没有实施锻造工艺，覆层及芯层的厚度比例良好，覆层在温轧变形中不会过早地出现加工硬化现象，能够适当地传递轧制力促使芯层变形，同时也很好地保护了芯层、降低了产生缺陷的数量。当复合板温轧减薄至 1mm 时，覆层及芯层的厚度比例约为 1∶1.3，当复合板厚度为 0.5mm 时，各层厚度比例约为 1∶1.4，如图 2-5-10(e)(f) 中所示。

对温轧工艺进行微调之后，复合板的厚度分别为 1mm、0.8mm、0.5mm、0.45mm。同时，分别编号为 1#、2#、3#、4#，显微组织如图 2-5-11 中所示；从图中可以观察出以下结果。

（1）1#-复合板在温轧之前没有实施热处理工艺，而直接进行轧制变形，当温轧减薄至 1mm 之后，覆层的晶粒细小、均匀，呈现出等轴晶状，说明调整后的温轧加热温度使得覆层发生了静态再结晶，沿着轧制方向芯层晶粒的尺寸约为 500μm、沿着宽展方向的尺寸约为 200μm，晶粒粗大且呈现出拉长的状态，各层厚度比例约为 1∶2.5，说明在温轧变形的过程中，复合板的覆层承担了更多的变形，如图 2-5-11(a) 中所示。

（2）对比 2#复合板与 1#-复合板可知，经过热处理之后的 2#-复合板再进行温轧变形将变得更加容易，原因是温轧前进行适宜的热处理能够使得复合板芯层降低硬度、提高塑性；在温轧变形中，采用恒温轧制，促使晶粒在经过回炉加热之后，能够有效消除加工硬化、应力集中，所以，复合板整体的变形量增大、变形道次少；2#-复合板的覆层状态与1#-复合板的基本相同，芯层晶粒呈现出拉长的网格状态，裂纹出现在晶界处，沿着轧制方向的晶粒尺寸约为 $200\mu m$、沿着宽展方向的尺寸约为 $50\mu m$，如图 2-5-11（b）中所示。

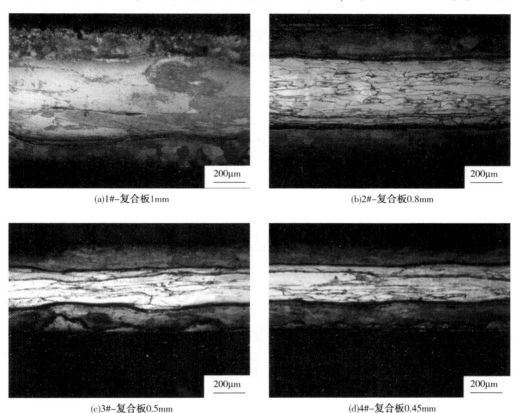

(a)1#-复合板1mm   (b)2#-复合板0.8mm

(c)3#-复合板0.5mm   (d)4#-复合板0.45mm

图 2-5-11 不同温轧工艺的复合板显微组织

（3）3#-复合板没有实施温轧前的热处理工艺，当温轧减薄至 0.5mm 之后，芯层晶粒尺寸粗大，且呈现出拉长的纤维状，沿着轧制方向的尺寸约为 $600\mu m$、沿着宽展方向的尺寸约为 $60\mu m$；在晶界上出现了裂纹，结合界面的起伏较大且不平直，覆层的晶粒细小，明显区别于1#-、2#-复合板的覆层晶粒，说明覆层的晶粒在温轧变形的过程中，会随着变形程度的增大得到细化，上覆层的质量良好，但是在下覆层中出现了较大的裂纹，这是切割试样时操作不当所致，并不是温轧产生的缺陷，如图 2-5-11（c）中所示。

（4）4#-复合板在温轧前实施热处理工艺，变形更加容易，芯层的晶粒呈现出拉长的纤维状，裂纹也出现在晶界处，与3#-复合板进行对比，芯层的晶粒更加细小且缺陷更少，沿着轧制方向晶粒的尺寸约为 $400\mu m$，沿着宽展方向的尺寸约为 $30\mu m$，覆层晶粒的状态与3#-复合板覆层的晶粒基本相同，如图 2-5-11（d）中所示。

温轧后复合板的覆层及芯层厚度比例变化，详见表 2-5-7 中所示。复合板经过热轧之后，各层厚度比例约为 1：1.1；当温轧之后的复合板厚度为 1mm 时，各层厚度比例约为

1∶2，微调后温轧的 1#-复合板的各层厚度比例约为 1∶2.4，2#-复合板的各层厚度比例约为 1∶2.6。可知芯层的厚度比例在增大，而 2#-复合板的变形程度较大，覆层承担的变形相对增多。当复合板温轧减薄至 0.5mm 时，第一次温轧后的复合板的各层厚度比例约为 1∶2，但是，厚度不均匀，微调温轧工艺之后的 3#-复合板的各层厚度比例约为1∶1.7，4#-复合板的各层厚度比例约为 1∶1.8；通过观察显微组织可知，复合板各层的厚度变化均匀、质量良好，为复合板后续的低温变形做好了准备。

表 2-5-7　温轧后复合板(覆层∶芯层∶覆层)的厚度比例

复合板编号	1#	2#	3#	4#
各层厚度比例	1∶2.4∶1	1∶2.6∶1	1∶1.7∶1	1∶1.8∶1

2.5.7　温轧后复合板 Si 元素变化分析

6.5%高硅电工钢复合板在温轧变形的过程中，为了减少加工硬化、降低应力集中，需要多次回炉加热保温。由于 2#-复合板在温轧后质量较差，因此，SEM 的试样主要从 1#-、3#-复合板中切取，分别测试 1mm、0.5mm 两个不同的试样，结果如图 2-5-12 中所示，从图中可以观察出：

（1）温轧 1mm 的 1#-复合板芯层的 Si 元素含量约为 8.2%，覆层 Si 元素含量约为 2.61%，复合板各层的 Si 元素含量与热轧之后复合板各层的 Si 元素含量基本相同，如图 2-5-12(a)中所示；

（2）1#-复合板温轧减薄至 0.5mm 之后，覆层的 Si 元素含量约为 2.63%，芯层的 Si 元素含量约为 8.3%，与温轧后 1mm 的 1#-复合板进行对比，芯层 Si 元素的含量有所增大，说明复合板的芯层 Si 元素分布不均匀，存在一定程度的偏聚，测试结果与取样的位置有直接的关系，但整体上 Si 元素含量变化不大，经过二次热轧之后，1#-复合板芯层的 Si 元素含量约为 8.3%，对比 1#-复合板在热轧之后及温轧之后的芯层 Si 元素含量，发现变化很小，如图 2-5-12(b)中所示；

（3）温轧减薄至 1mm 的 3#-复合板，覆层 Si 元素含量约为 2.5%，芯层 Si 元素含量约为 6.9%，3#-复合板 Si 元素含量大幅度降低发生在热轧阶段，对比热轧之后及温轧之后的复合板各层的 Si 元素含量，变化不是十分明显，如图 2-5-12(c)中所示；

（4）温轧减薄至 0.5mm 的 3#-复合板的覆层、芯层的 Si 元素含量均与厚度为 1mm 时基本相同；3#-复合板经过二次热轧之后，芯层的 Si 元素含量约为 7%，可知 3#-复合板在温轧之后 Si 元素含量与热轧结束之后相比基本相同，如图 2-5-12(d)中所示；

（5）根据 1#-、3#-复合板温轧之后覆层与芯层 Si 元素的测试结果，可知复合板各层的 Si 元素含量的下降只发生在高温变形阶段，在中温变形的过程中，当加热温度低于 750℃时，Si 元素含量基本保持不变，与温轧之前相比，没有明显的变化。

综上所述，3#-复合板在温轧之后板形良好，但芯层 Si 元素含量在高温变形过程中损失较大，会导致复合板整体的 Si 元素含量降低。但是，能够为下一批次 6.5%高硅电工钢复合板的制备提供借鉴，即不实施锻造工艺处理、直接热轧加工变形的复合板的各层厚度比例相对均匀，有助于温轧过程中保持良好的板形。

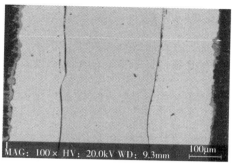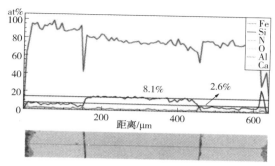

(a)1#-复合板1mm

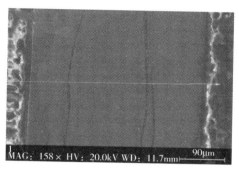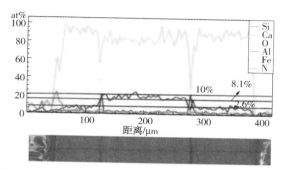

(b)1#-复合板0.5mm

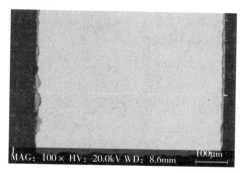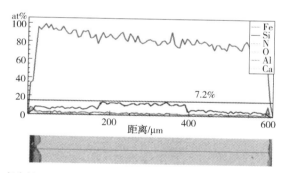

(c)3#-复合板1mm

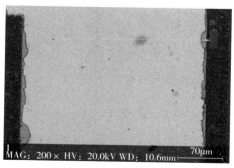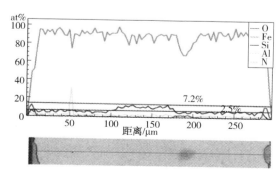

(d)3#-复合板0.5mm

图 2-5-12 温轧复合板 EDS 线扫描分析

2.5.8 温轧过程中复合板织构的演变分析

图 2-5-13~图 2-5-16 呈现的是 6.5% 高硅电工钢复合板在温轧过程中，覆层与芯层的织构演变。可知复合板在温轧过程中，芯层的织构密度明显强于覆层的织构密度。

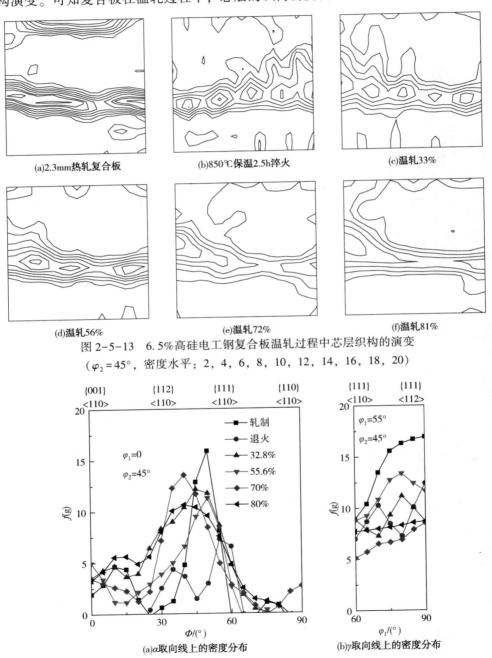

(a)2.3mm热轧复合板 (b)850℃保温2.5h淬火 (c)温轧33%

(d)温轧56% (e)温轧72% (f)温轧81%

图 2-5-13 6.5%高硅电工钢复合板温轧过程中芯层织构的演变
（$\varphi_2 = 45°$，密度水平：2，4，6，8，10，12，14，16，18，20）

(a)α取向线上的密度分布 (b)γ取向线上的密度分布

图 2-5-14 6.5%高硅电工钢复合板温轧过程中芯层织构的取向线分析

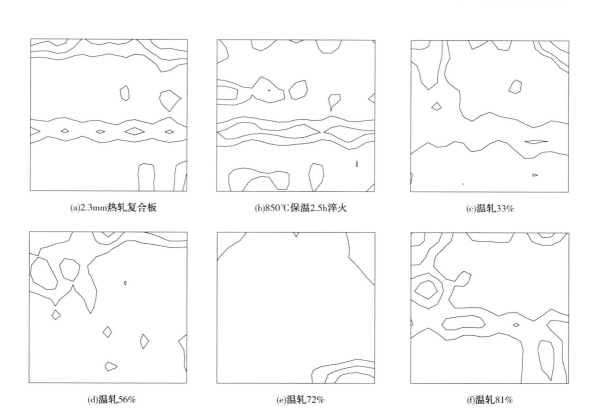

(a)2.3mm热轧复合板   (b)850℃保温2.5h淬火   (c)温轧33%

(d)温轧56%   (e)温轧72%   (f)温轧81%

图 2-5-15   6.5%高硅电工钢复合板温轧过程中覆层织构的演变
（$\varphi_2=45°$，密度水平：2，4，6，8，10，12，14，16，18，20）

6.5%高硅电工钢复合板在温轧之后，芯层织构与覆层织构差异巨大，芯层主要由极强的 γ 纤维织构及 η 纤维织构构成，η 纤维织构为{001}<100>织构，最大取向密度为16.0，γ 纤维织构为{111}<112>织构，最大取向密度为16.9。覆层由 γ 纤维织构及 η 纤维织构构成，但是覆层织构明显弱于芯层织构，η 纤维织构为{001}<110>织构，最大取向密度为7.3，γ 纤维织构为{111}<123>、{111}<110>织构，最大取向密度为4.8。

厚0.55mm、温轧压下量81%的6.5%高硅电工钢复合板，不同样品覆层的宏观织构（XRD）如图 2-5-17~图 2-5-19 中所示。采用 EBSD 软件 Channel 分析不同样品的组织结构，再结晶新晶粒的体积分数分别为6.1%、36.7%、57.2%、76.4%。可知82%温轧之后的复合板存在较强的旋转立方织构{001}<110>及 γ 纤维织构，{001}<110>织构的强度有所降低，γ 纤维织构得到增强，{111}<112>织构也得到了增强。

如图 2-5-20 中所示，呈现了温轧81%的6.5%高硅电工钢复合板在保温不同时间之后，样品的微观织构演变，可知随着再结晶晶粒尺寸的增大，{111}<112>织构得到增强。

如图 2-5-21 中所示，呈现了6.5%高硅电工钢复合板在再结晶过程中的织构演变。

可知在再结晶形核阶段，再结晶中有{111}<112>晶粒，随着再结晶新晶粒体积分数的增大，{111}<112>织构的强度得到增强。

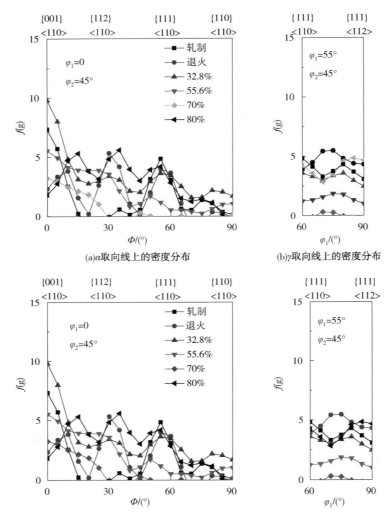

图2-5-16   6.5%高硅电工钢复合板温轧过程中覆层织构的取向线分析

如图2-5-22中所示，呈现了复合板在再结晶过程中，特殊取向的再结晶晶粒的体积分数。可知在再结晶初始阶段，{111}<112>织构的体积分数为22%。在后续的再结晶过程中，{111}<112>晶粒优先生长。

大形变量的温轧复合板在再结晶过程中，特殊取向形变晶粒的体积分数，如图2-5-22中所示。可知在再结晶早期，{111}<112>、{111}<110>形变晶粒的体积分数有所降低。而{112}<110>形变晶粒的体积分数保持不变，而在后期阶段得到降低。

温轧81%的温轧复合板，在再结晶早期特殊取向新晶粒的形核位置，如图2-5-23中所示。可知{111}<112>新晶粒在{111}<110>晶粒的晶界处形核，{111}<110>、{110}<001>新晶粒在{111}<112>形变晶粒的晶界处形核。

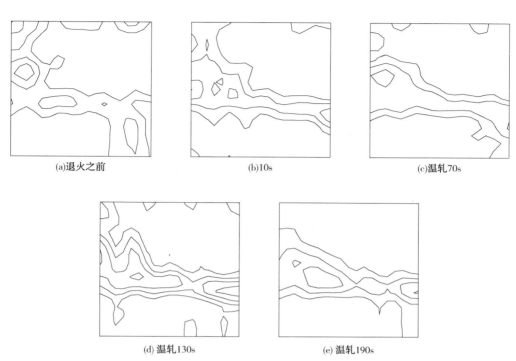

图 2-5-17　厚 0.50mm、温轧 82% 的复合板在保温不同时间后宏观织构的演变
（$\varphi_2 = 45°$，密度水平：2，4，6，8，10，12，14，16，18，20）

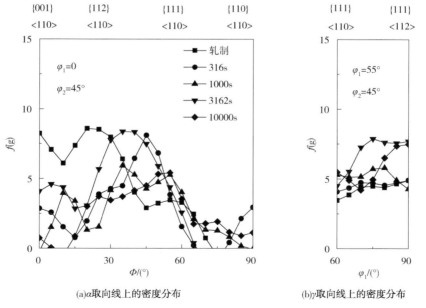

(a)α取向线上的密度分布　　　　　(b)γ取向线上的密度分布

图 2-5-18　0.50mm、温轧 81% 的复合板在保温不同时间后织构的取向线分析

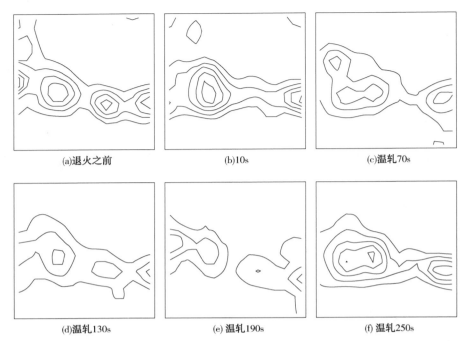

(a)退火之前   (b)10s   (c)温轧70s

(d)温轧130s   (e) 温轧190s   (f) 温轧250s

图 2-5-19　厚 0.50mm、温轧 80%的高硅钢在 750℃保温不同时间后微观织构的演变
（$\varphi_2 = 45°$，密度水平：2，4，6，8，10，12，14，16，18，20）

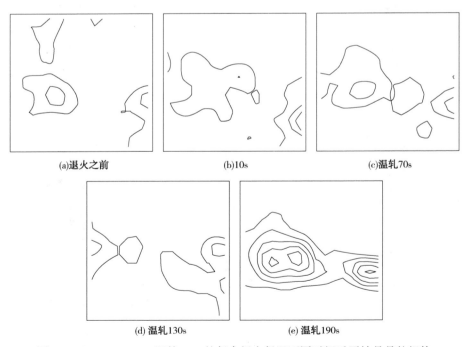

(a)退火之前   (b)10s   (c)温轧70s

(d) 温轧130s   (e) 温轧190s

图 2-5-20　0.50mm、温轧 81%的复合板在保温不同时间后再结晶晶粒织构
（$\varphi_2 = 45°$，密度水平：2，4，6，8，10，12，14，16，18，20）

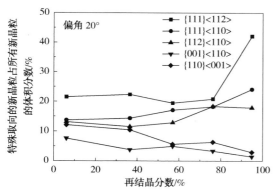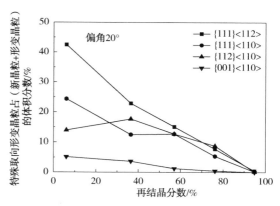

图 2-5-21　温轧 81% 的复合板再结晶过程中　　　　图 2-5-22　温轧 81% 的复合板再结晶过程中
　　　　　特殊取向再结晶新晶粒的体积分数　　　　　　　　　　特殊取向形变晶粒的体积分数

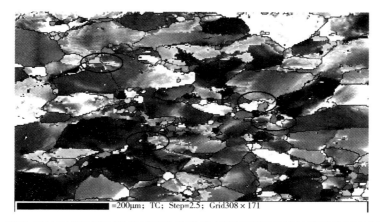

图 2-5-23　温轧 80% 的高硅钢再结晶过程中特殊取向再结晶新晶粒的形核位置（再结晶 6.04%）

2.6　6.5%高硅电工钢复合板室温塑性成形

金属材料的冷轧成形工艺一般在室温条件下实施，成形过程中材料及设备均处于室温状态、不进行特殊处理，因此，亦称为室温加工成形。冷轧变形是 6.5% 高硅电工钢复合板的最后塑性加工形变阶段，对复合板的板形及表面质量有明显的影响。因此，拟定合理的冷轧工艺，对 6.5% 高硅电工钢复合板加工成薄板（或薄带）具有重大的意义。冷轧虽然不涉及温度要素，但是，要控制的工艺因素也不少，具体包含变形量、变形速率、轧制方法等。

针对温轧之后的 6.5% 高硅电工钢复合板，实施冷轧变形，分为以下两个阶段，即：

（1）冷轧制备薄板，由 0.5mm 的温轧复合板轧制减薄至 0.2mm；

（2）冷轧制备薄带，由 0.2mm 的薄板轧制减薄至 0.05mm。

冷轧实验在四辊轧机上进行（工作辊的尺寸为 $\Phi 40mm \times 160mm$），在轧制过程中采用工艺润滑，用来降低轧制时的变形抗力，以此确保轧制过程的顺利实施，在轧制变形的过程中，应注意控制道次压下量。

2.6.1　6.5%高硅电工钢复合板中低温轧制变形探索

本实验为了探索 6.5%高硅电工钢复合板的冷轧变形能力（即冷轧减薄至最小的厚度），需要在带材冷轧机上进行轧制变形实验。但是，由于本实验所涉及的冷轧薄带四辊轧机的咬入上限为 0.2mm，而目前温轧之后复合板的厚度在 0.4~0.5mm。所以，在冷轧之前应持续对复合板进行厚度减薄，可以在温变形轧机上实施。

设计三组实验方案进行对比：

（1）按照拟定的温轧工艺，持续对复合板进行轧制变形；

（2）在温轧机上直接进行室温轧制；

（3）在冷轧变形的过程中，进行中低温回火处理，每变形一个道次之后回炉加热并保温，等冷却至室温后再次冷轧。

该组实验方案的具体内容，详见表 2-6-1 中所示。

表 2-6-1　复合板冷轧前厚度减薄实验方案

方案名称	实验内容	实验目的
实验方案①	温轧工艺，加热至 700℃保温 15min	减薄复合板厚度，为冷轧薄带做准备
实验方案②	直接冷轧	对比实验①，观察复合板的冷轧情况
实验方案③	中温回火，350~450℃加热，保温 20min	对比实验①，减少复合板的表面氧化

实验方案①的结果如下：

实验材料为 0.48mm 的 1#-温轧复合板，复合板可以持续减薄至 0.2mm；在轧制变形中，需要多次回炉加热并保温，复合板厚度的减薄会使得表面积增大，表面氧化会逐渐严重。复合板温轧减薄至 0.2mm 之后，其显微组织如图 2-6-1(a) 中所示，0.2mm 的薄板如图 2-6-2(a) 中所示。

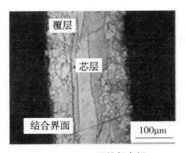
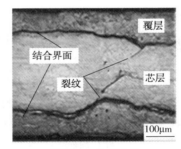
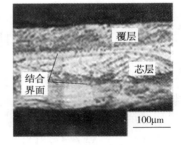

(a)0.2mm 1#-温轧复合板　　　　(b)0.45mm 1#-复合板　　　　(c)0.2mm 3#-复合板

图 2-6-1　复合板显微组织

从图 2-6-1(a) 中可以观察出，复合板的三层结构比较清晰，芯层的晶粒尺寸粗大、晶界平直、呈现拉长的状态，说明温轧过程中的回炉加热+保温，只能让芯层的晶粒发生回复，而不能发生再结晶，消除加工硬化之后的芯层可以持续变形。覆层的晶粒没有呈现出拉长的状态，说明温轧的加热温度可以让普通电工钢发生再结晶，这对持续变形更加有利。

从图 2-6-2(a) 中可以观察出，温轧减薄至 0.2mm 的复合板的板形良好；但是，表面氧化铁皮较厚，说明氧化程度严重。

(a)0.2mm 1#-温轧复合板

(b)0.2mm 1#-冷轧复合板

(c)0.2mm 3#-温轧复合板

图2-6-2　复合板实物

实验方案②的结果如下：

实验材料为0.51mm的1#-温轧复合板，在轧制两个道次之后，停止变形，复合板的厚度停留在0.42mm左右，说明二次硬化使得复合板的变形加工能力降低，变形抗力与轧制力大小相等且方向相反，所以互相抵消。

变形两个道次之后复合板的显微组织，如图2-6-1(b)中所示；从图中可以清晰地观察到裂纹，原因是复合板的芯层Si元素含量高，室温下的塑性接近于零，变形力较大且超出了合金的塑性加工极限，进而产生了裂纹。而裂纹在持续的变形过程中，会逐渐长大并变成开裂(或断裂)，在裂纹较大的地方，覆层由于良好的塑性会流动到此处，可以起到减少应力集中的作用，但是经过一定的变形之后，覆层会出现二次硬化，随着二次硬化的积累，逐渐复合板将不能持续变形。

从图2-6-2(b)中可以观察出，复合板直接冷轧之后的表面质量很差，在中芯层位出现了连续裂纹，原因是覆层承担的变形量太大，在局部减薄比较严重，而难以变形的芯层在局部产生了严重的应力集中，在应力释放的过程中覆层也出现了裂纹。复合板在尾部也出现了缺口，原因是局部出现裂纹时，在变形的过程中裂纹得到扩展，最后导致局部脱离了复合板基体。说明0.5mm的复合板经过去应力退火之后，直接实施大压下量的冷轧是不可行的，会导致复合板整体的开裂。

实验方案③的结果如下：

实验材料为0.5mm的3#-温轧复合板，复合板可以持续变形减薄至0.2mm。对比实验方案①，为了提高复合板表面质量、减少氧化程度，在每次轧制变形之后回炉加热(加热温度控制在350~450℃、保温15~20min)，目的在于降低氧化程度、消除二次硬化。上述工艺与一般的金属材料的中温回火工艺类似。从实验结果可知，中温回火可以有效地降低加工硬化，有助于复合板的厚度减薄，而且由于加热温度不太高，所以复合板表面氧化不严重、质量良好。

从图 2-6-1(c)中可以观察出，复合板的结构完整、显微组织致密、没有出现裂纹，晶粒呈现拉长状态，覆层及芯层之间的结合界面状态模糊，说明复合板各层均发生了不同程度的变形，且在变形过程中各层的协调关系良好。复合板在阶段性变形过程之后，通过中温回火处理，表面质量高、板形平直，为后续的复合板冷轧变形成薄带做好了准备［图 2-6-2(c)］。

综上所述，完成温轧变形之后的复合板，整体的厚度较薄，为了有助于加工变形的持续进行，如果在较高温度下进行加热保温，会导致复合板的表面氧化严重、质量下降；复合板在变形的过程中阶段性回炉加热在 350~450℃，适当保温后，可以有助于加工变形的持续进行，同时减少了复合板表面的氧化。

2.6.2　6.5%高硅电工钢复合板冷轧工艺制定

制定 6.5%高硅电工钢复合板的冷轧工艺，重点在于芯层合金的变形（即芯层出现的缺陷不会超出覆层的保护范围）。6.5%高硅电工钢复合板与单层合金的冷轧存在明显的不同，由于各层金属塑性的差异，导致复合板整体应力场明显区别于单层金属的应力场。对复合板结合界面附近的应力场的变化进行分析，计算冷轧工艺的轧制力，制定变形量及变形速率。

依据上述分析，测量出 6.5%高硅电工钢复合板在冷轧变形中，所涉及的轧辊半径、复合板冷轧初始厚度等几何条件见表 2-6-2。对上述因素在冷轧过程中对覆层及芯层应力场分布的影响进行分析，可以指导冷轧工艺的制定。

表 2-6-2　6.5%高硅电工钢复合板冷轧变形的几何参数

参数	数值/mm	参数	数值/mm
冷轧辊半径	40	复合板温轧后的厚度	0.05
复合板冷轧初始厚度	0.2	温轧后的覆层厚度	0.01~0.02
轧前覆层厚度	0.03~0.05	温轧后的芯层厚度	0.01~0.03
轧前芯层厚度	0.08~0.12		

完成冷轧之后的复合板的目标板厚为 0.03~0.05mm，冷轧变形的轧制力可以通过式（2-6-1）、式（2-6-2）计算：

$$P = \bar{B} \frac{l}{\Delta h} \int_h^H p \mathrm{d}h_x \tag{2-6-1}$$

$$p = e^{\int \frac{f_1+f_2}{y}\mathrm{d}x} \left(\int \frac{K_2}{y} e^{\pm \int \frac{f_1+f_2}{y}\mathrm{d}y} \right) \tag{2-6-2}$$

由于 6.5%高硅电工钢复合板冷轧前的厚度很薄（为 0.2mm），在冷轧的过程中，覆层的塑性加工性能良好，会先发生变形，而迅速出现加工硬化；随着加工硬化的积累，当覆层的变形抗力与轧制力大小相同时，复合板的覆层不再发生变形；此后，复合板的变形可以简化成芯层的变形。所以，轧制力可以分成两个阶段来计算，第一个是覆层参与变形阶段，第二个是覆层不参与变形阶段。当芯层的变形抗力与轧制力大小相同时，冷轧变形结束。根据上述分析，轧制力表达如下：

$$P = \begin{cases} \overline{B}\dfrac{l}{\Delta h}\left\{ h_{2r}\dfrac{K_2}{(f_1+f_2)\dfrac{l}{\Delta h}}\left[\left(\dfrac{H}{h}\right)^\delta -1\right] + \left[\dfrac{K_2+\dfrac{K_2+\dfrac{l}{\Delta h}\tau_1}{\dfrac{l}{\Delta h}f_2}}{1+\dfrac{l}{\Delta h}f_2}\left(\dfrac{h_x}{h}\right)^{\frac{l}{\Delta h}f_2} - \dfrac{K_2+\dfrac{l}{\Delta h}\tau_1}{\dfrac{l}{\Delta h}f_2} + \dfrac{\dfrac{l}{\Delta h}\tau_1 h}{1+\dfrac{l}{\Delta h}f_2}\right]\right\} \\[30pt] \overline{B}\dfrac{l}{\Delta h}\left\{ h_{2r}\dfrac{K_2}{f_1\dfrac{l}{\Delta h}}\left[\left(\dfrac{H}{h}\right)^\delta -1\right] + \left[\dfrac{K_2+\dfrac{K_2+\dfrac{l}{\Delta h}\tau_1}{\dfrac{l}{\Delta h}f_1}}{1+\dfrac{l}{\Delta h}f_1}\left(\dfrac{h_x}{h}\right)^{\frac{l}{\Delta h}f_1} - \dfrac{K_2+\dfrac{l}{\Delta h}\tau_1}{\dfrac{l}{\Delta h}f_1} + \dfrac{\dfrac{l}{\Delta h}\tau_1 h}{1+\dfrac{l}{\Delta h}f_1}\right]\right\} \end{cases}$$

$$(2-6-3)$$

由于冷轧过程中，采用了工艺润滑，以此来降低轧制过程中的变形抗力及摩擦。所以，式(2-6-3)中的复合板覆层表面与轧辊之间的摩擦很小，可以忽略不计，则式(2-6-3)可以简化如下：

$$P = \begin{cases} \overline{B}K_2\dfrac{l}{\Delta h}\left(\dfrac{K_2+\dfrac{l}{\Delta h}\tau_1}{\left(\dfrac{l}{\Delta h}\right)^2}+1\right) + \dfrac{\dfrac{l}{\Delta h}\tau_1 h}{1+\dfrac{l}{\Delta h}} \\[25pt] \overline{B}K_2\dfrac{h}{\Delta h}\left(\dfrac{K_2+\dfrac{l}{\Delta h}\tau_1}{\left(\dfrac{l}{\Delta h}\right)^2}+1\right) + \dfrac{l}{\Delta h}\tau_1 h \end{cases}$$

$$(2-6-4)$$

根据上述内容，拟定 1#-、2#-、3#-高硅电工钢复合板的冷轧工艺见表2-6-3~表2-6-5。

表 2-6-3　1#-复合板冷轧工艺

复合板厚度/mm	道次	压下量/%	复合板厚度/mm	道次	压下量/%
0.200	0	0	0.053	5	8
0.120	1	40	0.051	6	5
0.085	2	30	0.050	7	2
0.067	3	20	0.050	8	0
0.058	4	15			

表 2-6-4　2#-复合板冷轧工艺

复合板厚度/mm	道次	压下量/%	复合板厚度/mm	道次	压下量/%
0.200	0	0	0.078	4	8
0.140	1	30	0.074	5	5
0.098	2	22	0.073	6	2
0.085	3	13	0.073	7	0

表 2-6-5　3#-复合板冷轧工艺

复合板厚度/mm	道次	压下量/%	复合板厚度/mm	道次	压下量/%
0.200	0	0	0.053	5	9
0.120	1	40	0.050	6	5
0.084	2	30	0.048	7	3
0.068	3	20	0.047	8	1
0.058	4	14	0.047	9	0

2.6.3　6.5%高硅电工钢复合板冷轧前热处理工艺

对完成温轧之后的 6.5%高硅电工钢复合板实施退火处理，由于复合板整体的厚度较薄，在热处理的过程中，采用 Ar 进行保护，以防止表面出现严重的氧化。对复合板进行酸洗处理，消除表面的氧化铁皮。在冷轧变形之前实施热处理的目的，是对温轧之后的复合板进行去应力退火处理，改变基体内部的显微组织，降低有序度，以此提高复合板冷轧变形的能力、减少缺陷产生。

对温轧之后的 1#-、2#-、3#-复合板，在冷轧之前实施热处理，温轧之后复合板的外观图片及显微组织，如图 2-6-3 中所示。为了对温轧之后的复合板直接冷轧的效果进行观察，设计一组对比实验，采取的热处理方式见表 2-6-6。从图 2-6-3(b)~(d)中可以观察出，温轧之后的复合板没有出现裂纹、结构完整，且过渡层清晰可见，芯层的晶粒尺寸粗大、晶界平直，覆层的晶粒尺寸较小，基本完成了变形之后的回复。

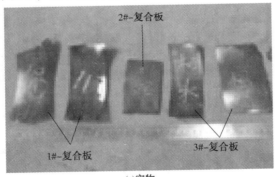

(a)实物

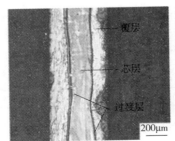

(b)1#-复合板

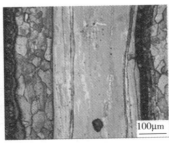

(c)2#-复合板

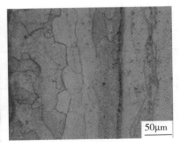

(d)3#-复合板

图 2-6-3　0.5mm 温轧复合板

表2-6-6　高硅电工钢复合板冷轧前热处理

试样编号	冷轧前的热处理方式
1#-温轧复合板-1	Ar保护、加热850℃且保温30min、盐水冷却(15wt%NaCl)
2#-温轧复合板	Ar保护、加热850℃且保温30min、盐水冷却(15wt%NaCl)
3#-温轧复合板-1	Ar保护、加热850℃且保温30min、盐水冷却(15wt%NaCl)
1#-温轧复合板-2	无任何处理
3#-温轧复合板-2	无任何处理

2.6.4　制备6.5%高硅电工钢复合板的冷轧薄带

对中低温轧制变形之后的0.2mm的三组复合板进行编号见表2-6-6。分别实施冷轧之前的热处理工艺，采用15wt%的NaCl溶液去除复合板表面的氧化铁皮，完成后在带材轧机上实施冷轧变形，如图2-6-4中所示。

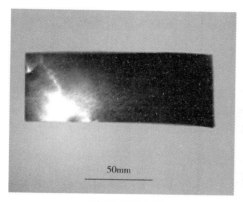
(a)酸洗后的复合板
50mm

(b)带材冷轧机

图2-6-4　复合板在冷轧前的热处理

经过三个道次冷轧之后的复合板，如图2-6-5中所示。从图2-6-5(a)中可以观察出，经过轧前热处理的复合板，冷轧板形良好且没有裂纹产生；2#-温轧复合板由于芯层Si元素含量高、局部分布不均匀，导致在复合板的首尾出现了"镰刀弯"现象，直接影响着复合板的平整度，但是，表面的质量良好；对没有经过热处理的复合板也实施冷轧，在复合板的两边出现了开裂，说明在变形的过程中，复合板的两边存在着严重的应力集中，如图2-6-5(b)中所示。

在冷轧的过程中，不同状况的复合板的变形情况，如图2-6-6中所示。从图中可以观察出：

（1）没有经过热处理的两块复合板，通过冷轧两个道次之后，出现了严重的缺陷(整体的完整性已被破坏)，此时复合板的厚度在0.075~0.085mm，如图2-6-6(a)中所示；

（2）经过热处理的三块复合板在冷轧三个道次之后，厚度在0.06~0.07mm，复合板的表面不光洁，因为在冷轧的过程中采用了工业润滑剂，导致复合板的表面有油污痕迹，如图2-6-6(b)中所示；

（3）3-复合板-1在冷轧五个道次后两边出现了开裂，但是，复合板的中芯层位完整性良好，切除两边的开裂部位，复合板亦能够持续冷轧变形，但是在后续的变形中两边依然会持续发生开裂，最终复合板可以冷轧减薄至0.035mm，如图2-6-6(c)中所示。

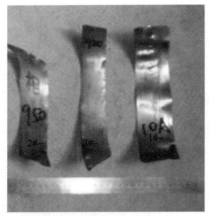 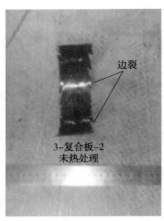

(a)经过轧前热处理的三块复合板　　　(b)未热处理的3-复合板-2

图2-6-5　冷轧三个道次的复合板

 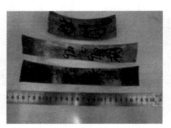 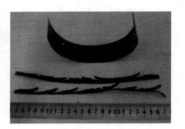

(a)冷轧两道次，未热处理的两块复合板　(b)冷轧三道次，热处理的三块复合板　(c)冷轧五道次3-复合板-1

图2-6-6　冷轧过程中的薄带

复合板在冷轧的过程中，会随着变形量的增加而逐渐产生裂纹，分析原因如下：

（1）在冷轧变形的初期，复合板的覆层塑性良好，而芯层在轧制压力的作用下，会产生裂纹，在裂纹扩展的过程中，覆层金属因其良好的流动性会填补在裂纹缺口，能够降低应力集中，进而使得裂纹扩展受到约束，不会迅速扩展到覆层的表面；

（2）随着冷轧持续的变形，覆层会出现加工硬化现象，导致继续变形的能力降低，而芯层在此时承担更多的变形，难以缓解基体中的应力集中，当应力达到临界值时，将突破覆层的保护，从而产生开裂；

（3）冷轧造成的开裂总是出现在复合板的两边，原因是覆层的延伸性能优于芯层的延伸性能，使得芯层在冷轧变形中首尾总是被覆层包覆，所以，复合板两边的芯层没有得到覆层很好的保护，表现出了边部开裂，如图2-6-6(c)中所示。

综上所述，温轧后0.5mm的复合板采用中低温回火消除加工硬化，在轧制变形中可以减薄至0.2mm的复合薄板；在冷轧前复合板实施适当的热处理工艺，可以起到软化基体组织的作用，在冷轧机上可以持续轧制成薄带（薄带厚度在0.05~0.06mm）；复合板依然可以继续变形，但是，在两边会出现开裂，切除边裂之后，能够继续减薄至0.035mm。

2.6.5 6.5%高硅电工钢复合板冷轧后组织变化及Si元素含量分析

2.6.5.1 冷轧后复合板的组织变化

6.5%高硅电工钢复合板实施冷轧变形实验，试样的编号详见表2-6-6中所示。对冷轧过程中不同厚度的复合板取样，对微观组织演变及结构尺寸比例的变化进行观察分析。从图2-6-7中可以观察出，在冷轧之前复合板没有经过热处理，塑性较差，在冷轧变形中芯层很快出现裂纹，裂纹会随着冷轧变形的持续进行而扩展。复合板三层结构良好，覆层的晶粒呈现拉长的纤维状态。在覆层没有达到加工硬化的最大值之前，复合板的变形更多由覆层来承担，在这个过程中，覆层及芯层的厚度比例在1:1.2~1:2.2之间。

图2-6-7 冷轧两个道次厚度约0.12mm的1#-温轧复合板-2

从图2-6-8中可以观察出，经过热处理的复合板通过冷轧一个道次后变形良好，三层结构清晰可见，过渡层的界面也明显，覆层的晶粒呈现拉长状态，芯层的晶粒也发生了一定量的变形。从图2-6-8(a)(c)中进行观察，没有出现裂纹。图2-6-8(b)中出现的裂纹也很少，裂纹基本出现在晶界上，由冷轧变形过程中的应力集中所致。从图2-6-8(c)中观察，发现3#-温轧复合板-1变形程度最大，过渡层有些模糊。复合板一个道次变形量有些差异，原因是复合板芯层Si元素含量不同，导致的塑性差异相对明显。冷轧一个道次之后，复合板各层的厚度比例与冷轧之前相比，变化很小，覆层及芯层的厚度比例在1:1~1:2之间。

从图2-6-9中可以观察出，冷轧两个道次的复合板之间的变形量差异更加明显、过渡层更加模糊、晶粒呈现出更大的拉长状态，此时芯层的变形量比第一个道次变形时要大，说明复合板在冷轧第二个道次，覆层已经出现了相对严重的加工硬化现象，要适当调整下冷轧的工艺参数，在后续的冷轧中应降低变形速率，避免芯层出现更多的裂纹。

从图2-6-9(a)(b)中可以观察出，过渡层由冷轧第一道次相对平直已经变得有些弯曲，说明经过持续的冷轧变形之后，芯层变形已经呈现出不均匀的现象，原因是芯层存在局部的Si元素富集，在富集区域复合板硬度更大、变形抗力更大。

图2-6-9(c)中过渡层发生弯曲的程度不明显，原因是在热变形中氧化严重，导致芯层Si元素丢失较多、含量明显减少，各层之间的变形协调程度得到提高。在这个变形阶段，可以观察出覆层及芯层的厚度比例变化在1∶1.5~1∶2之间。

(a)0.12mm的1#-温轧复合板-1　(b)0.13mm的2#-温轧复合板　(c)0.084mm的3#-温轧复合板-1

图2-6-8　冷轧一个道次的复合板

(a)0.085mm的1#-温轧复合板-1　(b)0.098mm的2#-温轧复合板　(c)0.084mm的3#-温轧复合板-1

图2-6-9　冷轧两个道次的复合板

从图2-6-10(a)~(c)中可以观察出，复合板经过四个道次的冷轧之后，芯层已经呈现出拉长的状态，过渡层已观察不清晰、基本消失，拉长的晶界在轧制方向上已经展现出很小的角度，说明变形程度很大。当冷轧的变形量积累到一定程度之后，1#-温轧复合板-1、2#-温轧复合板已经不能继续变形，说明复合板的变形抗力与轧制力的大小基本趋于相等，在冷轧的过程中，复合板的两边会呈现出不连续的开裂现象，完整性已经被破坏。但是，复合板中芯层位的表面质量良好，切除掉两边的开裂之后，复合板的板形良好、表面光洁度较高。3#-温轧复合板-1在经过多个道次冷轧之后，呈现的情况与前两个复合板的情况类似，只是继续变形的能力更强（即复合板的厚度更小）。原因是除了相对Si元素的含量较低、硬度较小、塑性更好之外，主要是复合板的结构比例均匀，在变形过程中覆层对芯层起到了更好的保护作用，使得芯层不会暴露出复合板的表面，进而可以持续变形。由于过渡层已经十分模糊，难以测量出覆层及芯层的厚度比例。

图2-6-10(d)是冷轧五个道次的3#-温轧复合板-1，可以观察出冷轧四个道次之后，复合板的变形已经很小，观察基体的显微组织，呈现出致密的纤维状。图2-6-10(e)是冷轧六个道次的3#-温轧复合板-1，对比图2-6-10(d)可知，纤维状的显微组织更加致密且晶界更加平直。

测试冷轧之后复合板的Si元素含量变化，根据复合板温轧阶段的实验及分析，可知Si

元素只在高温下化学性能活泼，在 700℃ 以下的环境中，Si 元素的丢失不是非常明显。冷轧作为复合板塑性加工变形的最后工序，应确保在扩散退火工艺之前 Si 元素的含量不会降低太多。否则，复合板通过扩散使得成分均匀之后的 Si 元素含量较低，难以保证合金的物理性能，则失去了制备 6.5%高硅电工钢的意义。所以，应在扩散退火工艺实施之前，测试冷轧之后复合板的 Si 元素含量。

(a)四个道次0.065mm 的1#-温轧复合板-1　(b)四个道次0.078mm 的2#-温轧复合板　(c)四个道次0.060mm 的3#-温轧复合板-1　(d)五个道次0.056mm 的3#-温轧复合板-1　(e)六个道次0.052mm 的3#-温轧复合板-1

图 2-6-10　冷轧变形的复合板

2.6.5.2　冷轧之后复合板的 Si 元素含量变化

对复合板的 Si 元素含量进行测试，没必要对冷轧过程中的不同阶段进行取样测试，只需检测最后道次的试样即可。若没有发现 Si 元素含量降低，则说明在整个冷轧变形的过程中，没有造成复合板 Si 元素含量的降低。依据上述分析，观察冷轧之后复合板的 Si 元素含量的 SEM 结果，可知：

（1）从图 2-6-11（a）中可以观察出，对冷轧减薄至 0.05mm 的 1#-温轧复合板-1 进行芯层及边部的成分点扫描，芯层 Si 元素的含量为 6.79%，边部 Si 元素的含量为 2.69%，测试结果与温轧之后的复合板的测试结果基本一致，说明 1#-温轧复合板经过冷轧变形之后，Si 元素的含量基本没有变化；

（2）图 2-6-11（b）是 3#-温轧复合板-1 冷轧减薄至 0.035mm 的元素线扫描图片，从图 2-6-11（b）中可以观察出，复合板沿着宽度方向的 Si 元素分布并不均匀，但是，整体的含量却没有降低，这可以在后续的扩散退火工艺中得到均匀化；

（3）图 2-6-11（c）是 3#-温轧复合板-1 冷轧减薄至 0.035mm 的元素点扫描图片，从图 2-6-11（c）中可以观察出，3#-温轧复合板经过冷轧变形之后，芯层 Si 元素的含量为 6.72%，边部 Si 元素的含量为 2.62%，说明 3#-复合板在冷轧的过程中，Si 元素的含量与温轧结束阶段的含量基本一致。

综上所述，冷轧阶段的复合板 Si 元素的含量与温轧结束阶段的含量基本保持一致。

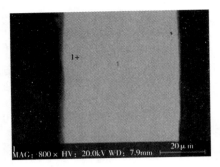

E1	AN	Series	unn. C [wt.%]	norm. C [wt.%]	Atom. C [at.%]	Error [wt.%]
O	8	K-series	0.00	0.00	0.00	0.0
Si	14	K-series	2.52	2.69	9.92	0.3
Ti	22	K-series	0.13	0.15	0.15	0.0
Fe	26	K-series	83.95	91.45	78.74	2.3
Nb	41	L-series	0.10	0.11	0.05	0.0

E1	AN	Series	unn. C [wt.%]	norm. C [wt.%]	Atom. C [at.%]	Error [wt.%]
O	8	K-series	0.00	0.00	0.00	0.0
Si	14	K-series	6.32	6.79	9.92	0.3
Ti	22	K-series	0.13	0.15	0.15	0.0
Fe	26	K-series	83.95	91.45	78.74	2.3
Nb	41	L-series	0.10	0.11	0.05	0.0

(a)0.05mm的1#-复合板-1点扫描

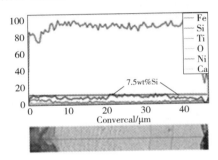

(b)0.035mm的3#-复合板-1线扫描

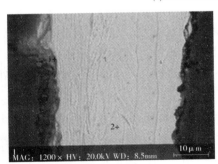

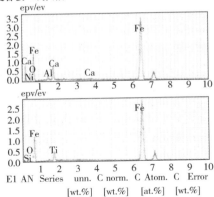

E1	AN	Series	unn. C [wt.%]	norm. C [wt.%]	Atom. C [at.%]	Error [wt.%]
O	8	K-series	0.00	0.00	0.00	0.0
Si	14	K-series	6.28	6.72	9.92	0.3
Ti	22	K-series	0.13	0.15	0.15	0.0
Fe	26	K-series	83.95	91.45	78.74	2.3
Nb	41	L-series	0.10	0.11	0.05	0.0

E1	AN	Series	unn. C [wt.%]	norm. C [wt.%]	Atom. C [at.%]	Error [wt.%]
O	8	K-series	0.00	0.00	0.00	0.0
Si	14	K-series	2.47	2.62	9.92	0.3
Ti	22	K-series	0.13	0.15	0.15	0.0
Fe	26	K-series	83.95	91.45	78.74	2.3
Nb	41	L-series	0.10	0.11	0.05	0.0

(c)0.035mm的3#-复合板-1点扫描

图 2-6-11 Si 元素含量 SEM 图

2.6.6　6.5%高硅电工钢复合板冷轧过程中的织构演变

2.6.6.1　中等压下量的复合板冷轧过程中的织构

冷轧压下量约为40%、0.8mm的6.5%高硅电工钢复合板分别在保温不同时间后淬火，各个样品中覆层的宏观织构(XRD)、侧面的微观织构(EBSD)，分别如图2-6-12、图2-6-13中所示。使用EBSD软件Channel分析不同样品的组织结构，再结晶新晶粒的体积分数分别为7.1%、26.6%、53.7%、65.4%、92.6%。与一般体心立方(即BCC)金属类似，冷轧中等压下量的6.5%高硅电工钢复合板具有较强的α、γ纤维织构。

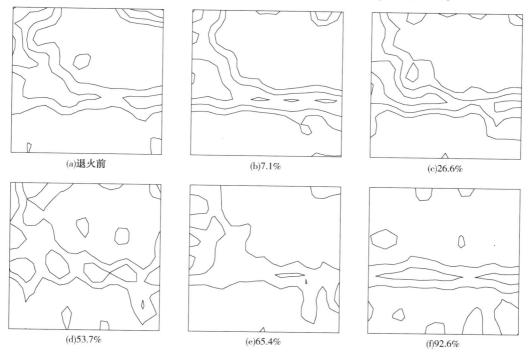

图2-6-12　冷轧40%、0.8mm的复合板在保温不同时间后覆层宏观织构
($\varphi_2 = 45°$，密度水平：2, 4, 6, 8, 10, 12, 14, 16, 18, 20)

冷轧中等压下量的6.5%高硅电工钢复合板在再结晶过程中，再结晶新晶粒的织构演变如图2-6-14中所示。可知在再结晶形核阶段，再结晶核心中存在{111}<112>、{111}<110>、{110}<001>新晶粒。但是，织构分布比较分散，没有呈现比较强的取向，说明冷轧中等压下量的复合板通过随机形核的方式发生再结晶。再结晶过程中，具有特殊取向的新晶粒的体积分数，如图2-6-15中所示，可知个别织构出现了波动。但是，织构成分的百分比没有发生明显的变化，说明新晶粒的生长率与取向没有直接的关系。复合板再结晶过程中特殊取向形变晶粒的体积分数，如图2-6-16中所示。可知在再结晶的早期阶段，{111}<112>、{111}<110>形变晶粒的体积分数得到降低，在后续阶段体现得并不明显。而{112}<110>形变晶粒的体积分数在再结晶的早期阶段保持不变，在中期阶段明显降低。复合板再结晶早期特殊取向新晶粒的形核位置，如图2-6-17中所示。可知{111}<112>新晶粒在{111}<110>晶粒的晶界处形核，{111}<110>、{110}<001>新晶粒在{111}<112>形变晶粒的晶界处形核。

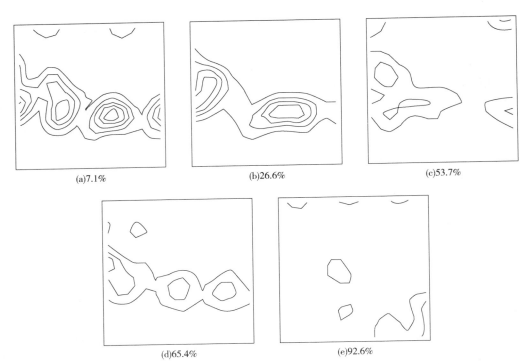

(a)7.1%　　　　　　　　(b)26.6%　　　　　　　　(c)53.7%

(d)65.4%　　　　　　　　(e)92.6%

图 2-6-13　冷轧 40%、0.8mm 的复合板再结晶过程中侧面微观织构
（$\varphi_2 = 45°$，密度水平：2，4，6，8，10，12，14，16，18，20）

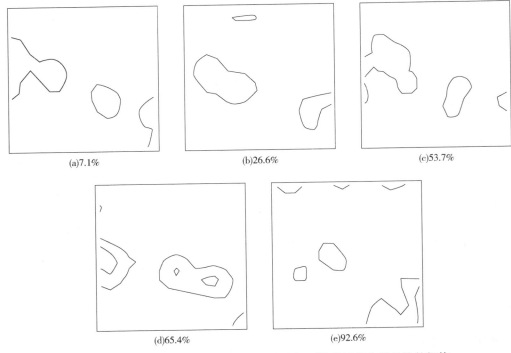

(a)7.1%　　　　　　　　(b)26.6%　　　　　　　　(c)53.7%

(d)65.4%　　　　　　　　(e)92.6%

图 2-6-14　厚 0.30mm、冷轧 40%的冷轧板再结晶过程中新晶粒的织构
（$\varphi_2 = 45°$，密度水平：2，4，6）

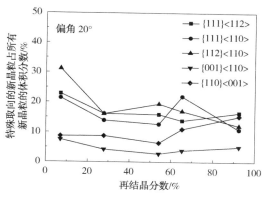 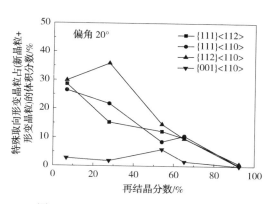

图 2-6-15　复合板再结晶过程中特殊　　　　　图 2-6-16　复合板再结晶过程中特殊
取向再结晶新晶粒的体积分数　　　　　　　　取向形变晶粒的体积分数

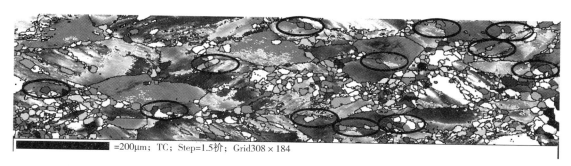

=200μm；TC；Step=1.5抌；Grid308×184

图 2-6-17　复合板再结晶过程中特殊取向再结晶新晶粒的形核位置（再结晶 29.1%）

2.6.6.2　复合板冷轧过程中有序度的演变

6.5%高硅电工钢复合板在冷轧的过程中，基体中的显微组织由等轴晶变为纤维状的形变晶粒，但是，并没有发生 A2 相与有序相的转变，如图 2-6-18 中所示；随着压下量的持续增加，没有出现有序度较高的 D0₃ 相。

由前述内容可知，温轧后的复合板有较强的 γ 织构，由{111}<110>、{111}<112>织构组成，其中，{111}<112>织构较强，取向密度为 11。温轧复合板还存在 α 织构，但是，α 织构明显弱于 γ 织构。6.5%高硅电工钢复合板在冷轧过程中的织构演变，如图 2-6-19 中所示。可知形成了较强的 α 织构、γ 织构；其中，{112}<110>织构的取向密度约为{100}<011>织构的 2 倍左右，γ 织构相对于轧制前的织构有所降低。随着冷轧压下量的增加，α 织构的强度基本保持不变，{112}<110>织构的取向密度约为{100}<011>织构的 2 倍，如图 2-6-20 中所示。一般体心立方（BCC）金属随着冷轧变形量的增加，α 线上的取向密度会得到增强，且形成{001}<110>、{112}<110>织构，γ 线上的{111}<110>、{111}<112>织构也会得到增强。

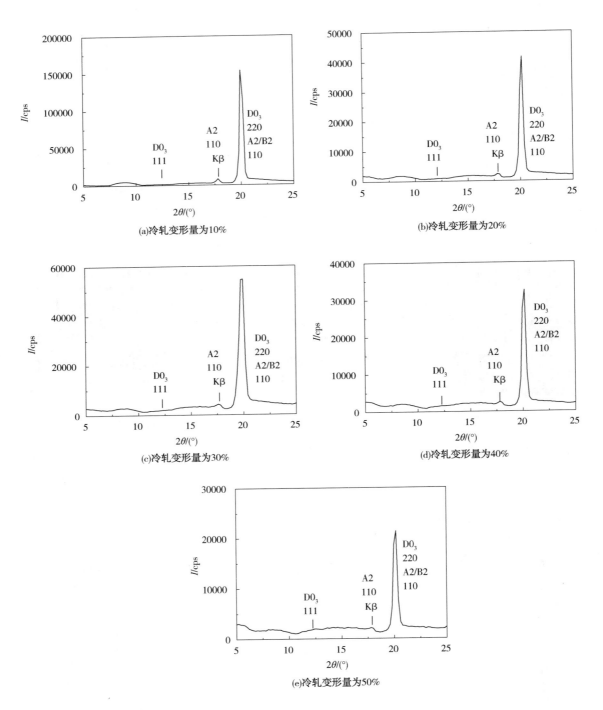

图 2-6-18 6.5%高硅电工钢复合板在冷轧过程中的有序度

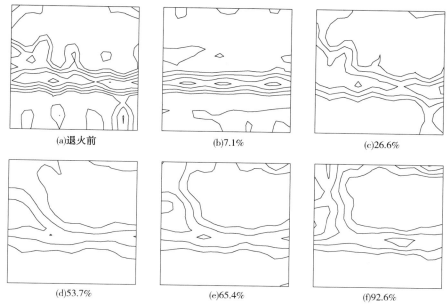

(a)退火前　　　(b)7.1%　　　(c)26.6%

(d)53.7%　　　(e)65.4%　　　(f)92.6%

图 2-6-19　复合板在冷轧过程中覆层织构的演变
（$\varphi_2 = 45°$，密度水平：2，4，6，8，10，12，14，16，18，20）

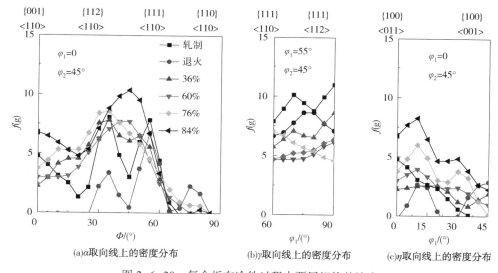

(a)α取向线上的密度分布　　　(b)γ取向线上的密度分布　　　(c)η取向线上的密度分布

图 2-6-20　复合板在冷轧过程中覆层织构的演变

2.7　6.5%高硅电工钢复合板均一化处理

6.5%高硅电工钢在高频条件下能够呈现出优异的磁学性能（如磁导率高、铁损低、磁致伸缩系数接近零等），该软磁合金在工业上用来制备高性能的发电机、变压器、传感器等设备，这类设备在降低能源消耗、减少噪声污染等方面具有显著的优势，因此应用前景十分广泛。本研究采用传统的轧制加工变形，并结合层状复合材料技术，在实验室平台上制备出了 6.5% 高硅电工钢复合板。然而，要获得成分均匀、Si 元素的含量为 6.5% 的高硅电工钢合金，需要对复合板实施扩散退火工艺。本节对 Si 元素在 Fe-Si 合金中的扩散机制、扩散激活能、扩散系数等理论进行研究，并在此基础上拟定具体的扩散工艺；6.5% 高硅电工钢复合板通过扩散退火处理之后，由三层的复合板变成单层的薄板，最后对 6.5% 高硅电工钢薄板进行铁损、磁感应强度为主要指标的磁学性能测试。

2.7.1 Si 元素在 Fe-Si 合金中的扩散机理

6.5% 高硅电工钢复合板由于芯层中 Si 元素含量高、覆层中 Si 元素含量低；在扩散退火的过程中，Si 元素的扩散梯度是由内向外（或由里及表）的，并且这个动态的扩散过程比较复杂。由于 6.5% 高硅电工钢复合板在制备的过程中，没有额外添加其他合金元素，所以，可以认为是层状复合结构的 Fe-Si 合金。为了系统地研究复合板的扩散过程、拟定合理的扩散工艺，应先确定 Si 元素在 Fe-Si 合金中的扩散机制、扩散激活能、扩散系数等关键参数，再根据 Fe-Si 合金的特殊性，来研究 Si 元素的扩散机理。

2.7.1.1 固溶体中合金元素的扩散系数

扩散系数是表征物质扩散快慢的物理量，也是衡量原子扩散能力的参数之一；构建扩散系数与影响因素之间的关系是十分必要的。如果扩散的过程是非稳态的（即扩散系统中各点的浓度会随着时间而发生变化），可以采用 Fick 第二定律来描述扩散过程，表达如下：

$$\frac{\partial}{\partial x}\left(D\frac{\partial C(x,\ t)}{\partial x}\right)=\frac{\partial C(x,\ t)}{\partial t} \tag{2-7-1}$$

式中 D——扩散系数，
$C(x,\ t)$——扩散时间 t 后，距离试样表面 x 处的溶质浓度。

当扩散系数与成分无关（或可近似为常数）时，则式（2-7-1）可以化简如下：

$$D\frac{\partial C^2(x,\ t)}{\partial x^2}=\frac{\partial C(x,\ t)}{\partial t} \tag{2-7-2}$$

对式（2-7-1）求通解，用 $C=C(\lambda)$ 在式（2-7-2）中作变量代换，其中，$\lambda=\frac{x}{\sqrt{t}}$，则式（2-7-2）可以变为如下：

$$\frac{\mathrm{d}D}{D}+\frac{\mathrm{d}\left(\frac{\mathrm{d}C}{\mathrm{d}\lambda}\right)}{\left(\frac{\mathrm{d}C}{\mathrm{d}\lambda}\right)}=-\frac{\lambda}{2}\left(\frac{\mathrm{d}\lambda}{D}\right) \tag{2-7-3}$$

在式（2-7-3）中，D 为常数，对 λ 进行积分，可得：

$$C=k_1+\frac{k_2}{D}\int_0^\lambda\exp\left(-\frac{\lambda^2}{4D}\right)\mathrm{d}\lambda \tag{2-7-4}$$

其中 k_1、k_2 为积分常数，用 x 做变量代入式（2-7-4）中，可得：

$$C = k_1 + \frac{2k_2}{\sqrt{D}} + \int_0^{\frac{x}{2\sqrt{Dt}}} \exp\left(-\frac{x^2}{4Dt}\right) \mathrm{d}\frac{x}{2\sqrt{Dt}} \qquad (2-7-5)$$

采用误差函数转化如下：

$$C = k_1 + \frac{k_2\sqrt{\pi}}{\sqrt{D}} erf(\beta) \qquad (2-7-6)$$

式中

$$\beta = \frac{x}{2\sqrt{Dt}} \qquad (2-7-7)$$

$$erf(\beta) = \frac{2}{\sqrt{\pi}} + \int_0^{\beta} e^{-\beta^2} \mathrm{d}\xi \qquad (2-7-8)$$

$erf(\beta)$ 是误差函数，ξ 称为哑变量。边界条件不同，则扩散方程的解亦不相同。可以通过确定的边界、初始条件来进行实验，则扩散系数即可从测定的溶质浓度场求出。当扩散源恒定时，边界条件如下：

$$C(x>0, \ t=0) = C_0; \ C(x<0, \ t=0) = C_x \qquad (2-7-9)$$

将误差函数式（2-7-7）及初始条件式（2-7-9）代入式（2-7-5）中，可得：

$$k_1 = C_x; \ k_2 = (C_0 - C_x\sqrt{D/\pi}) \qquad (2-7-10)$$

此时，式（2-7-1）的解如下：

$$C = C_x - (C_x - C_0) erf\left(\frac{x}{2\sqrt{Dt}}\right) \qquad (2-7-11)$$

式中 C——扩散时间 t 时距离试样表面 x 处的 Si 浓度，%；

       C_x——试样表面浓度；

       C_0——试样基体浓度；

       D——扩散系数，$\mu m^2/s$；

       t——时间，s。

根据误差函数的性质，当 $\beta \leqslant 0.6$ 时，$erf(\beta)$ 与 β 可以近似成线性关系，即 $erf(\beta) \approx \beta$，联立式（2-7-7）及式（2-7-11），可得：

$$erf(\beta) = \frac{C_x - C}{C_x - C_0} \qquad (2-7-12)$$

$$D = \frac{1}{t}\left(\frac{x}{2\beta}\right)^2 \qquad (2-7-13)$$

根据已知的 C、C_x、C_0，可以计算出 $erf(\beta)$；根据误差函数的数值表求 $erf(\beta)$，即可得出 β，然后可通过式（2-7-13）求出扩散系数 D。

2.7.1.2   Si 元素在 Fe-Si 合金中的扩散机制

合金元素在固溶体中的扩散机制，是指扩散原子在晶体的空间点阵中发生迁移的方式。一般分为两种，即间隙扩散和空位扩散。间隙扩散，是指当扩散发生时，原子从空间点阵中的某个间隙位置迁移到另一个间隙位置的过程，如图 2-7-1（a）中所示；半径相对较小的非金属元素(如 H、C、N、O 等)以这种方式在晶体中扩散。空位扩散，是指在一定温度下晶体中存在空位，该空位有可能被周围的原子占据，进而导致原来的原子位置变成空位，即原子的迁移通过空位的移动来实现，如图 2-7-1(b)中所示。一般情况下，空位扩散比间隙扩散更容易实现，在诸多合金中是主要的扩散机制。

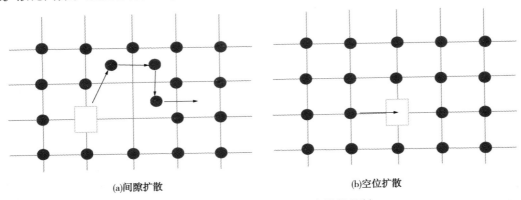

(a)间隙扩散　　　　　　　　　　　　　　(b)空位扩散

图 2-7-1　固溶体中的合金元素扩散机制

根据 Fe-Si 合金的晶体结构可知，Si 原子的半径比间隙的半径大很多，与 Fe 原子形成置换固溶体，置换固溶体采取空位扩散机制，可以降低扩散激活能。在 6.5%高硅电工钢复合板中，芯层的 Si 原子向覆层发生扩散的过程中，同时还伴随着覆层的 Fe 原子向芯层扩散，这也是结合界面形成过渡层的主要原因。在过渡层的两边，存在着 Si 原子及 Fe 原子的互扩散，高硅电工钢复合板的扩散示意图，如图 2-7-2 中所示。

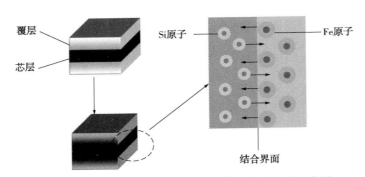

图 2-7-2　6.5%高硅电工钢复合板结合界面扩散示意图

2.7.1.3　Si 元素在 Fe-Si 合金中的扩散激活能

当 6.5%高硅电工钢复合板中的 Si 原子按照空位机制进行扩散时，由扩散激活能来克服能垒，从而实现从一个平衡位置到另一个平衡位置的跃迁。Si 原子的扩散系数可以用 Arrhenius 公式来计算，表达式如下：

$$D = D_0 \exp\left(-\frac{Q}{RT}\right) \tag{2-7-14}$$

式中　Q——Si 原子的平均扩散激活能，J/mol；

　　　D——扩散系数，m^2/s；

D_0——扩散常数；

R——气体常数，$J/(mol \cdot K)$；

T——扩散温度，K。

对式(2-7-14)取自然对数，可得：

$$\ln D = \ln D_0 - \frac{Q}{RT} \qquad\qquad (2-7-15)$$

则 Si 原子的平均扩散激活能如下：

$$Q = RT\ln\left(\frac{D_0}{D}\right) \qquad\qquad (2-7-16)$$

2.7.1.4 Si 元素在 Fe-Si 合金中的扩散系数

根据 Arrhenius 公式可知，Si 原子的扩散系数会随着扩散温度的升高而变大，依据 Si 原子在复合板中的扩散机制，则 Si 原子的扩散系数的微观表达通式如下：

$$D = A^2 BE \qquad\qquad (2-7-17)$$

式中 A——扩散梯度方向上相邻晶面的面间距；

B——Si 原子的跃迁概率；

E——Si 原子的跃迁频率。

从式(2-7-17)中可知，Si 原子的扩散系数与 E 成正比(E 是温度的强函数)，所以扩散系数与温度的关系密切(即温度越高，Si 原子的扩散系数越大)。当温度升高时，Si 原子获得的扩散激活能大于能垒束缚的概率会增大，Si 原子表现得更加活跃，而空位出现的数量也会增多，这有助于提升扩散的效果。参数 A、B 均与 Fe-Si 合金的晶体结构有着紧密的关系，所以 Si 原子的扩散不仅受到温度的影响，而且还取决于扩散基体的晶体结构。

2.7.2 6.5%高硅电工钢复合板扩散退火工艺研究

采用 CVD 法、熔盐沉积法来制备高硅电工钢薄板，最后也涉及扩散工艺。这两种方法进行扩散时，Si 原子的扩散方向是由表及里的(即扩散源在扩散基体的表面区域)，且扩散源的溶质浓度恒定，属于相对稳定的面扩散。随着扩散的持续进行，基体中的 Si 元素含量则会越来越高。

6.5%高硅电工钢复合板的扩散过程与上述的扩散过程存在明显的区别：

(1)扩散的方向为由里及表(即由内向外)；

(2)扩散源的溶质浓度是变化的(但是系统整体的合金元素含量恒定)，增加了精确控制扩散过程的难度；

(3)由于扩散源是变化的，所以，扩散的过程属于非稳态的体扩散。

综上所述，6.5%高硅电工钢复合板的扩散过程更加复杂，精确控制的难度也更大。因此，扩散源溶质浓度相对稳定的面扩散理论，将不适合 6.5%高硅电工钢复合板的扩散工艺制定；应根据实际的扩散情况，制定符合自身特点的扩散工艺。

2.7.2.1 6.5%高硅电工钢复合板扩散退火工艺的理论依据

在 6.5%高硅电工钢复合板中，芯层的 Si 元素浓度梯度高，但是在扩散的过程中芯层

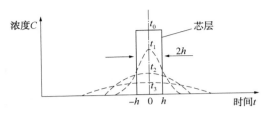

图 2-7-3 Si 元素在复合板扩散过程
中不同时刻浓度变化示意图

的 Si 元素浓度是动态的（即在变化中），可以近似为 Si 元素集中在一个以芯层的厚度为宽度的区域里，这个区域里的 Si 元素减少总量在理论上等于覆层 Si 元素的增加量，在扩散的过程中不同时刻的浓度分布变化趋势，如图 2-7-3 中所示。

Si 元素从芯层扩散到覆层的过程中，以芯层的结构对称中线为坐标原点，芯层厚度的一半为 h，芯层 Si 元素在扩散开始之前的浓度为 C_0，覆层 Si 元素在扩散之前的浓度为 C_1，则扩散的初始条件如下：

$$C = C_0, \quad -h < x < h, \quad t = 0 \tag{2-7-18}$$

$$C = C_1, \quad x < -h, \quad x > h, \quad t = 0 \tag{2-7-19}$$

根据扩散的初始条件，并结合误差函数来解析 Fick 第二定律的表达式，具体情况如下：

（1）当 $x > h$，$t = 0$ 时，$C = A + B\,erf(\infty) + C\,erf(\infty) = A + B + C$；

（2）当 $h > x > -h$，$t = 0$ 时，$C = A + B\,erf(-\infty) + C\,erf(\infty) = A - B + C$；

（3）当 $x < h$，$t = 0$ 时，$C = A + B\,erf(-\infty) + C\,erf(-\infty) = A - B - C$；

根据上述三种情况，建立方程组可得：$A = 0$，$B = -\dfrac{1}{2}C_0$，$C = \dfrac{1}{2}C_0$。根据式（2-7-11）可以得出 Fick 第二定律的解如下：

$$C = \frac{1}{2}C_0\left[erf\left(\frac{x+h}{2\sqrt{Dt}}\right) - erf\left(\frac{x-h}{2\sqrt{Dt}}\right) \right] \tag{2-7-20}$$

对式（2-7-20）进行化简，可得：

$$C = \frac{hC_0\sqrt{\pi Dt}}{\pi Dt} \cdot \exp\left(-\left(\frac{x}{2}\right)^2 \cdot \frac{1}{Dt}\right) \tag{2-7-21}$$

因为 Si 元素在 6.5% 高硅电工钢复合板中的扩散没有组元的变化，所以可以用式（2-7-21）来进行求解。

2.7.2.2 制定 6.5% 高硅电工钢复合板扩散退火工艺

对 6.5% 高硅电工钢复合板扩散工艺进行研究，主要是确定加热温度、保温时间、加热速率等关键参数。不同厚度的 6.5% 高硅电工钢复合板在扩散过程中，Si 元素含量的浓度梯度也是不同的，Si 元素在基体中沿着复合板的厚度方向的分布面积如图 2-7-4 中所示。经过扩散退火工艺之后的 6.5% 高硅电工钢复合板，其 Si 元素的平均含量，为 Si 元素含量分布曲线积分的面积与复合板厚度的比值，表达式如下：

$$Silicon(\%) = S/H \tag{2-7-22}$$

式中　S——曲线积分后的面积（阴影部分的面积）；

　　　H——扩散退火后复合板的厚度。

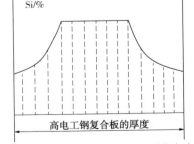

图 2-7-4 Si 元素在复合板厚度方向
上的分布面积示意图

1. 扩散退火工艺的原始数据制定

根据6.5%高硅电工钢复合板的结构及成分设计，1#-复合板芯层的 Si 元素含量为10%，覆层的 Si 元素含量为3%，芯层的厚度为20mm，复合板整体的厚度为70mm；3#-复合板芯层的 Si 元素含量为12%，覆层的 Si 元素含量为3%，3#-复合板芯层的厚度为10mm，整体的厚度为30mm。通过扩散工艺之后，两个复合板的 Si 元素含量均为6.5%，则扩散工艺的初始、边界条件如下：

$$\begin{cases} C_0 = 10\%, \ C_1 = 3\%; \ x = 70\text{mm}, \ h = 10\text{mm} \\ C_0 = 12\%, \ C_1 = 3\%; \ x = 30\text{mm}, \ h = 5\text{mm} \end{cases}$$

将初始条件、边界条件分别带入式（2-7-21）中，即可求出 Si 原子的扩散系数及所需的扩散时间；再带入式（2-7-15）中，即可求出对应此扩散系数的扩散温度。

2. 扩散退火工艺的实际数据制定

6.5%高硅电工钢复合板在完成温轧变形之后，厚度小于1mm，由于在热成形的过程中，会发生严重的高温氧化，导致覆层及芯层的 Si 元素均有所降低。通过温轧变形之后，复合板芯层的 Si 元素含量下降至8%~9%，覆层的 Si 元素含量下降至2.6%左右；复合板的厚度在 0.38~0.5mm。根据扩散退火实验所需的设备，加热温度的范围在 1050~1230℃，为了减少氧化通入 Ar，由于加热炉的密封性、氧化现象不可能消除，且随着温度的升高，氧化速率会增大，同时薄板在高温加热下会发生形状尺寸的改变，进而导致复合板的表面质量受到影响。

根据上述情况，再结合扩散退火工艺的原始数据拟定思路，确定复合板扩散退火工艺的初始条件、边界条件如下：

$$\begin{cases} C_0 = 8.5\%, \ C_1 = 2.6\%; \ x = 500\mu\text{m}, \ h = 200\mu\text{m} \\ C_0 = 9.0\%, \ C_1 = 2.6\%; \ x = 450\mu\text{m}, \ h = 150\mu\text{m} \end{cases}$$

计算出扩散退火所需的加热温度及保温时间后，制定不同厚度的 6.5%高硅电工钢复合板的扩散退火工艺为：扩散温度在 1100~1200℃，保温时间在 48~135min；应根据复合板的具体厚度，并结合多次的扩散退火实验，来确定精确的加热温度及保温时间，具体的细节详见后续章节。

2.7.2.3 扩散退火实验材料及方案

由于本实验所涉及的气氛加热炉的密封性不佳，对冷轧后的 6.5%高硅电工钢复合板进行扩散退火处理，实验结果并不理想。因为冷轧之后的复合板的厚度太薄，扩散过程中氧化严重，不利于实验结果的分析。厚度在 0.08~0.12mm 的冷轧 6.5%高硅电工钢复合板（以 0.12mm 复合板为例，如图 2-7-5 中所示），加热至1150℃、保温 18~30min 的扩散结果，如图 2-7-6 中所示。从图中可以观察出，三层的 6.5%高硅电工钢复合板已经变成了单层的薄板，薄板的显微组织晶粒尺寸粗大，说明发生了再结晶及晶粒的长大，晶

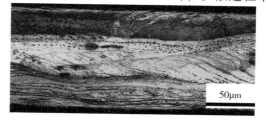

图 2-7-5　0.12mm 冷轧 6.5%高硅电工钢
复合板的显微组织

粒的尺寸接近板厚值，试样的氧化程度严重、板形较差，难以进行磁性能的测试。所以，实验选用温轧之后的复合板进行扩散退火实验。

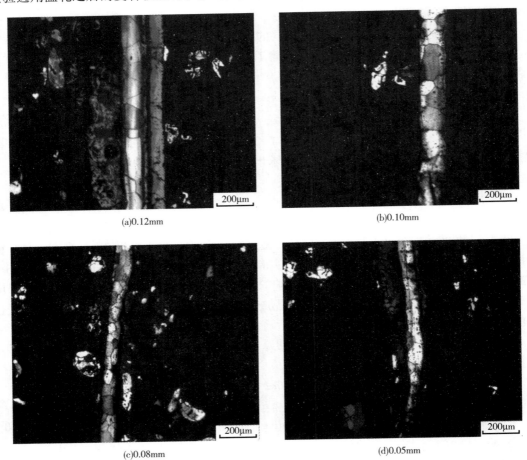

(a)0.12mm   (b)0.10mm

(c)0.08mm   (d)0.05mm

图 2-7-6　冷轧 6.5% 高硅电工钢复合板 1150℃ 扩散退火的显微组织

1. 实验材料

根据冷轧复合板的扩散实验情况以及后续磁性能测试的设备对薄板厚度的要求，同时为了有助于扩散实验结果的分析，本次实验的材料选用温轧制备出的 0.8mm、0.5mm 厚的两种复合板，分析温轧之后的复合板实施的元素扫描结果，可知芯层的 Si 元素含量约为 8.8%，覆层的 Si 元素含量约为 2.63%，各层的厚度比例见表 2-7-1。

表 2-7-1　实验材料的各层厚度比例

复合板厚度/mm	0.8	0.5
覆层：芯层：覆层	1：2.5：1	1：1.9：1

2. 实验方案

实施本次实验的目的是，根据扩散退火工艺的理论计算，验证并找出适合不同厚度复合板的扩散温度、保温时间。

实验方案的操作过程如下：

（1）为确定合适的扩散温度，以 0.8mm 复合板为研究对象，进行正交实验，设定 1100℃、1150℃、1200℃ 三个扩散温度；

（2）设定四个扩散时间段，分别为 45min、75min、105min、135min；

（3）试样的编号为 2-7-K-T-S，其中，2-7-代表复合板的厚度（即 0.8mm），K-代表高温扩散工艺，T-代表扩散的温度（1100℃、1150℃、1200℃），S-代表扩散的时间（45min、75min、105min、135min），具体内容详见表 2-7-2。

表 2-7-2　0.8mm 复合板的实验编号

温度/℃	时间/min			
	45	75	105	135
1100	2-7-K-1#-1	2-7-K-1#-2	2-7-K-1#-3	2-7-K-1#-4
1150	2-7-K-2#-1	2-7-K-2#-2	2-7-K-2#-3	2-7-K-2#-4
1200	2-7-K-3#-1	2-7-K-3#-2	2-7-K-3#-3	2-7-K-3#-4

通过上述实验，研究 0.8mm 复合板基体中 Si 元素随着温度变化的扩散规律，确定与不同的扩散温度相对应的扩散时间，0.5mm 复合板基体中 Si 元素的扩散规律研究方法与上述一致。

2.7.2.4　扩散退火实验结果分析

1.1100℃下复合板 Si 元素的扩散

0.8mm 的复合板在通入保护气氛（Ar）的前提下，加热至 1100℃，分别保温 45min、75min、105min、135min，因为扩散后晶粒的尺寸及 DO_3 有序相的含量，是影响复合板磁性能的重要因素（即晶粒尺寸越大、DO_3 有序相含量越多，而复合板的磁性能越好；反之越差），为了使晶粒的尺寸变大以及发生更多的有序转变生成 DO_3 有序相，扩散退火完成之后，采取随炉冷却的方式冷却至室温。

加热至 1100℃、不同保温时间的复合板的显微组织，如图 2-7-7 中所示，由图 2-7-7 可以得到以下结果。

（1）经过温轧之后，复合板覆层的晶粒为拉长状态的细小晶粒，芯层的显微组织为细长纤维状的晶粒且晶粒的尺寸差别明显，在晶界处出现了一些裂纹，结合界面的形貌明显区别于覆层及芯层。

（2）复合板加热至 1100℃，经过不同的保温时间，显微组织发生了明显的变化；复合板在保温 45min 并随炉冷却后，覆层的晶粒迅速长大，晶粒的尺寸存在差异，说明再结晶之后的晶粒长大速率存在差异；芯层的晶粒由细长的纤维状态转变成粗大的等轴晶粒，晶粒形状不同（有的为四边形、有的为五边形等），四边形结构的晶粒，在长大的过程中随着保温时间的延长会继续长大（或合并），在扩散过程中，复合板的结构由三层向单层进行转变。

（3）保温 75min 之后的复合板，覆层晶粒的尺寸几乎达到了覆层的厚度值，但是在某些局部区域存在尺寸较小的晶粒，说明发生再结晶及晶粒长大的过程中，在界面能差异明显的区域会二次发生再结晶及晶粒的长大，从而导致晶粒尺寸上存在明显的差异；芯层的晶粒尺寸变大、差异也变得明显，其整体的形状与保温 45min 时基本相同，而结合界面变得更加模糊。

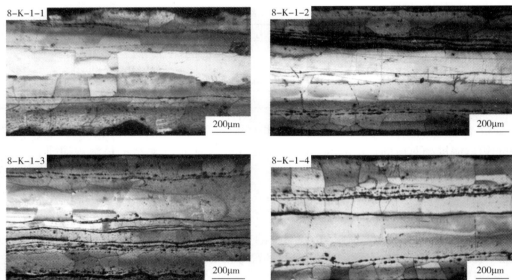

图 2-7-7　0.8mm 复合板原始组织及 1100℃退火不同保温时间显微组织

（4）保温 105min 及 135min 之后的复合板，各层的显微组织与保温 75min 之后的复合板相比，并没有明显的变化，只是随着保温时间的延长，覆层的晶粒达到板厚尺寸之后，沿着轧制方向长大且晶粒在长大的过程中尺寸差异明显，芯层的晶粒尺寸更大，结合界面处的裂纹逐渐得到愈合，但是过渡层没有随着扩散的持续进行而消失。

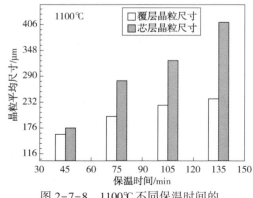

图 2-7-8　1100℃不同保温时间的
复合板覆层及芯层的平均晶粒尺寸

复合板各层的晶粒在扩散退火过程中根据不同的保温时间，各层晶粒的平均尺寸变化并不是简单的线性关系（即保温时间越长晶粒尺寸越大），当各层的晶粒尺寸达到其临界值之后，延长保温时间并不能促使晶粒尺寸发生明显的变化；在 1100℃进行扩散退火，复合板覆层及芯层的晶粒尺寸变化存在明显差异，随着延长保温时间，芯层晶粒的尺寸明显增大，覆层晶粒在保温时间较短时也明显增大，在保温时间较长时反而增大得并不明显，如图 2-7-8 所示。

6.5%高硅电工钢复合板基体中的 Si 元素，沿着板厚方向的扩散均匀程度，是检验扩散退火实验是否达标的衡量标准。因此，对 Si 元素在不同保温时间的扩散程度进行 EDS 线扫描，结果如图 2-7-9 中所示，从图中可以观察出：

（1）复合板在温轧之后，覆层的 Si 元素含量约为 2.63%，芯层的 Si 元素含量约为 8.8%，观察显微组织可知，虽然各层的晶粒尺寸（在 1100℃保温 45min 之后）明显变大，但是根据 EDS 线扫描的结果，并对比温轧之后的芯层 Si 元素分布曲线，可知 Si 元素沿着板厚的扩散并不明显；

（2）复合板保温 75min 之后，虽然 Si 元素在结合界面处的含量有所增大，但扩散现象并不明显；

（3）复合板保温 105min 之后，Si 元素的分布出现了异常，观察显微组织可知，由于复合板内部存在裂纹（宽度约为 30μm），阻碍了 Si 元素的持续扩散，说明高温扩散过程中发生的再结晶及晶粒长大，可以消除一定尺寸的裂纹，但是，当裂纹的宽度较大时，则难以愈合，会严重阻碍了 Si 元素的进一步扩散；

（4）复合板保温 135min 之后，Si 元素的扩散程度明显增大，沿着板厚方向 Si 元素的含量在 5%以上的区域达到了 550μm，但是，芯层仍有约 110μm 的区域 Si 元素含量保持在 7.7%左右，复合板边部的 Si 元素含量小于 4.5%。

综上所述，1100℃作为扩散温度，结果并不理想。

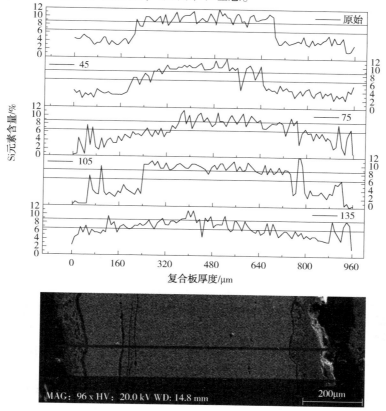

图 2-7-9　0.8mm 复合板在 1100℃退火 Si 元素随时间的扩散分布

2. 1150℃下复合板 Si 元素的扩散

复合板加热至 1150℃进行扩散退火，分别保温 45min、75min、105min、135min，不同试样的显微组织如图 2-7-10 中所示，从图中可以观察出：

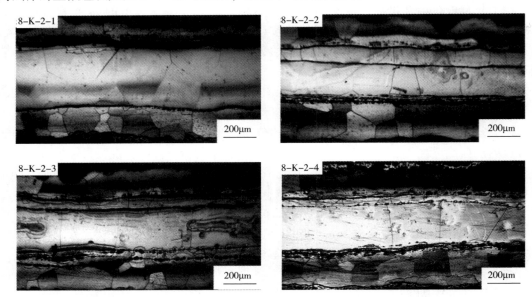

图 2-7-10　0.8mm 复合板 1150℃退火不同保温时间的显微组织

（1）保温 45min 之后的复合板，芯层的晶粒为五边形的等轴晶，晶粒的尺寸存在差异、约为芯层厚度值的一半，覆层的晶粒尺寸不均匀，此时，晶粒正在发生再结晶及晶粒长大；

（2）保温 75min 之后的复合板，覆层的小晶粒已经变成尺寸较大的等轴晶，芯层晶粒的形状更多为四边形，而中间的裂纹是变形过程中遗留下来的，在扩散过程中并没有完全得到愈合，阻碍了芯层晶粒沿着板厚方向的长大；

（3）保温 105min 之后的复合板，覆层的晶粒没有明显的变化，芯层晶粒的尺寸持续变大（约为 390μm），说明保温时间多于 45min 是晶粒迅速长大的阶段，但是结合界面不会因为芯层晶粒的长大而被吞噬，依然保留下来；

（4）保温 135min 之后的复合板，覆层的晶粒变化并不明显，芯层的晶粒尺寸继续变大，基本达到了芯层的厚度（约为 400μm），与 1100℃扩散的显微组织进行对比，芯层的厚度明显减小，说明芯层的 Si 元素发生了大量扩散，进而导致结合界面向芯层移动。

各层的晶粒在扩散过程中，平均尺寸会随着保温时间的不同而产生十分明显的变化，如图 2-7-11 所示，从图中可以观察出：

（1）各层的晶粒随着保温时间的延长会

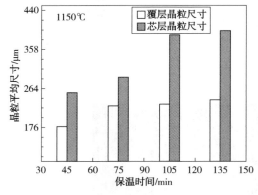

图 2-7-11　1150℃不同保温时间的
复合板覆层及芯层平均晶粒尺寸

持续长大，保温 75min 之后的晶粒尺寸明显大于保温 45min 之后晶粒的尺寸；

（2）保温时间大于 75min 之后，覆层晶粒尺寸的增大并不明显，说明保温 75min 以内可以促使覆层的晶粒达到最大尺寸；

（3）芯层的晶粒表现则会不同，在保温 75min 之后会持续增大且长大的幅度十分明显，但是保温 105min 之后长大的程度并不明显，说明芯层的晶粒在保温 135min 以内，可以达到其最大尺寸。

对复合板在 1150℃实施高温扩散退火，根据不同的保温时间，Si 元素沿者板厚方向的扩散分布结果，如图 2-7-12 中所示，从图中可以观察出：

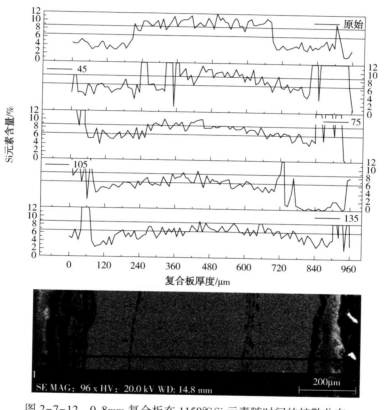

图 2-7-12　0.8mm 复合板在 1150℃Si 元素随时间的扩散分布

（1）保温 45min 之后的复合板，结合界面处的 Si 元素已经发生了一定的扩散，在该时间段内 Si 元素含量大于 6.5% 的区域厚度约为 540μm，说明在该温度下 Si 元素具备了克服能垒的扩散激活能，使得扩散现象变得十分明显，但是，由于芯层出现了裂纹，在高温下 Si 元素极易与 O 元素发生化学反应，从而迅速形成 Si 元素富集的区域，所以在板厚 240μm、360μm 的地方，Si 元素含量过高，约为 11%；

（2）保温 75min 之后的复合板，芯层的 Si 元素持续扩散，使得芯层的 Si 元素含量变化很大，沿着厚度方向 Si 元素含量约为 8.8% 的区域约为 110μm，而 Si 元素含量大于 6% 的区域厚度增大到 600μm；

（3）保温 105min 之后的复合板，芯层的 Si 元素含量下降到约 7.6%，持续保温

135min 之后的复合板，沿着板厚方向的 Si 元素含量在 6.8%~7% 之间的厚度约为 695μm，余下的覆层 Si 元素含量在 4% 以上，说明 1150℃ 作为复合板的扩散温度是可行的，但是要达到 Si 元素沿着板厚的均匀化，还需要更长的保温时间；

（4）在覆层边部的某些区域的 Si 元素含量很高，几乎在 10% 以上，原因是表面有一层氧化铁皮，Si 元素以 Fe-Si 氧化物的形式存在，形成了偏聚。

3. 1200℃ 下复合板 Si 元素的扩散

0.8mm 复合板加热至 1200℃ 进行扩散退火处理，分别保温 45min、75min、105min、135min 之后的显微组织，如图 2-7-13 中所示，从图中可以观察出：

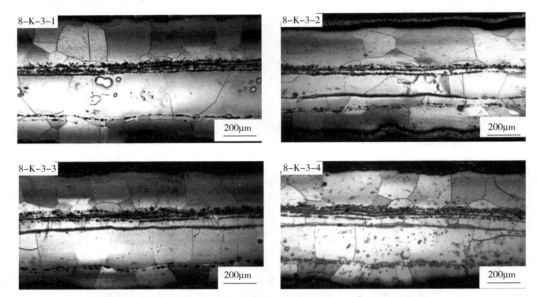

图 2-7-13　0.8mm 复合板 1200℃ 退火不同保温时间显微组织

（1）复合板中所选扩散退火试样的覆层并不对称（厚度差异明显），说明在塑性变形过程中复合板的对称结构遭到了破坏，覆层两边所承受的轧制力相等，由于结构的不对称从而导致变形上存在很大的差异；

（2）保温 45min 之后的复合板，芯层的晶粒变成尺寸粗大的等轴晶，说明加热至 1200℃ 后芯层晶粒已经完成了再结晶及晶粒长大，在上述过程中温轧之后的复合板基体那个的形变储存能得到了完全释放，界面能差（或界面曲率）是晶粒长大的主要驱动力，同时晶界的活动性也起着一定的作用，晶界的扩散系数 $D_界$ 与晶界的活动性 B 之间的关系为 $B=D_界/kT$，而 $D_界$ 与温度呈指数关系，即 $D_界=D_0\exp(-Q/RT)$，所以加热至 1200℃ 复合板的晶粒尺寸长大比较迅速；

（3）保温 45min 之后的覆层晶粒尺寸约为 275μm，芯层晶粒的尺寸约为 300μm，结合界面处的裂纹正在得到愈合，持续延长保温时间之后，发现各层晶粒的尺寸变化并不明显，当晶粒均匀化的程度得到提高（即各个晶粒尺寸接近）时，整体晶粒的尺寸反而有所减小。

复合板的各层平均晶粒尺寸在不同保温时间的变化，如图 2-7-14 中所示，从图中可以观察出：

（1）在加热至1200℃的初期，各层晶粒的尺寸增大较快，但是随着保温时间的延长，覆层晶粒的尺寸下降得明显，在保温105min之后晶粒的尺寸相对稳定；

（2）芯层晶粒的尺寸变化没有覆层晶粒的尺寸变化明显，当晶粒的尺寸达到一定数值后，在整个加热过程中晶粒的尺寸保持比较稳定（即变化范围是很小的）。

复合板在1200℃不同保温时间下，Si元素沿着板厚方向扩散的分布结果，如图2-7-15中所示，从图中可以观察出：

（1）保温45min之后的复合板，Si元素含量大于6.5%的区域的厚度约为600μm，说明加热至1200℃保温较短的时间，可以促使Si元素发生很大程度的扩散；

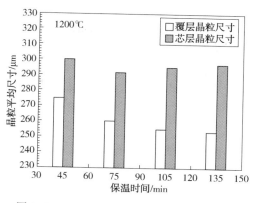

图2-7-14　1200℃不同保温时间的复合板覆层及芯层平均晶粒尺寸

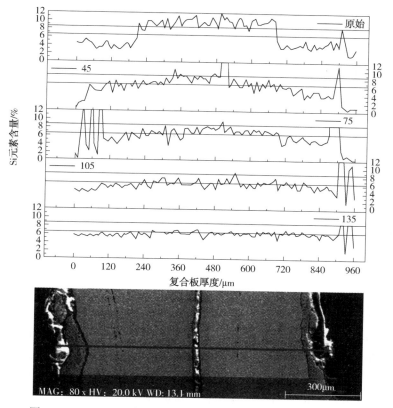

图2-7-15　0.8mm复合板在1200℃Si元素随时间的扩散分布

（2）保温75min之后的复合板，芯部的Si元素含量已经小于7.5%，随着保温时间的延长，芯层Si元素继续向覆层扩散，复合板沿着厚度方向的Si元素分布曲线，起伏已经不再明显，说明在此温度下加热保温一定时间后，各层的 Si 元素含量逐渐变得均匀；

（3）保温 105min 之后的复合板，整体 Si 元素含量在板厚方向上已经接近 6.5%，局部区域仍然存在 Si 元素扩散不均匀的现象；

（4）保温 135min 之后的复合板，Si 元素已经基本达到了扩散均匀，但是整体 Si 元素含量约为 6.41%（非常接近 6.5%）。在上述扩散过程中，覆层的表面生成了氧化铁皮（厚度约为 60μm），通过元素检测发现 Si 元素含量很高，主要以 SiO_2、Fe_2SiO_4 方式存在。

综上所述，从图 2-7-15 中可以观察出，0.8mm 复合板在 1200℃保温 135min 时的扩散效果最佳。为了提高扩散工艺后复合板的 Si 元素含量及整体的质量，在下一批次的复合板实施扩散过程中，采用两块耐高温的合金板材将复合板的上下面压紧，这样可以减少被氧化，同时也有助于板形的平直。

通过研究扩散温度对 0.8mm 复合板基体中 Si 元素的影响（沿着板厚的方向进行扩散），发现如下：

（1）加热至 1100℃较短时间保温后，复合板整体的 Si 元素扩散并不十分明显，说明加热的温度不够；

（2）加热至 1150℃较短时间保温后，复合板整体的 Si 元素已经发生扩散，但是扩散的速率缓慢，说明温度提供的扩散动力不足；

（3）加热至 1200℃之后，Si 元素的扩散速率明显得到增快，当保温 135min 之后的复合板，Si 元素沿着板厚已经基本扩散均匀，约为 6.41%；

根据菲克第二定律，在非稳态扩散过程中，溶质的浓度随着时间的变化符合式（2-7-1），即 $\frac{\partial C}{\partial t} = D\frac{\partial^2 C}{\partial x^2}$，而 $D = D_0 \exp(-Q/RT)$，当扩散温度 T 为 1200℃时，D 足够大，则扩散现象明显；当 D 为一定值时，Si 元素沿着板厚方向上的浓度变化，符合正弦曲线 $C = C_m \sin\left(\frac{\pi x}{t}\right)$，而 $\frac{C}{C_m} = e^{(-t/\tau)}$，当 t 趋近于无穷大时，$C/C_m$ 才可以达到完全均匀化。所以，扩散均匀只有相对的意义，通常认为扩散过程中溶质浓度衰减的程度达到自身的 1/10 时，则认为扩散已经达到均匀。对于 6.5% 高硅电工钢复合板而言，自身的板厚是影响扩散均匀程度的一个重要因素，由 $x \propto \sqrt{Dt}$ 可知，当复合板的厚度增加一倍时，所需要的扩散时间则会增加四倍。

4. 0.5mm 复合板 Si 元素在 1200℃下的扩散

研究 0.8mm 复合板的 Si 元素在不同加热温度、不同保温时间的扩散过程，通过对比发现，复合板加热至 1200℃扩散的效果最佳。由于 0.5mm 复合板的厚度及各层的比例与 0.8mm 复合板的存在着较大的差异，所以在扩散的保温时间方面作出适当的调整，拟定 0.5mm 复合板在 1200℃扩散的保温时间分别是 45min、60min、75min、90min。扩散退火之后不同的显微组织，如图 2-7-16 中所示，从图中可以观察出：

（1）保温 45min 之后的复合板，覆层及芯层的晶粒均呈现出等轴晶状，覆层晶粒的尺寸约为 80μm、芯层晶粒的尺寸约为 150μm，复合板在温轧变形过程中产生的裂纹得到了愈合；

（2）保温 60min 之后的复合板，覆层晶粒尺寸的均匀化程度得到提高，晶粒的尺寸约为130μm，芯层的晶粒长大迅速、尺寸约为210μm，结合界面处存在外迁的趋势，说明芯层的 Si 元素大量的发生了跃迁，扩散到了覆层中；

（3）保温 75min 之后的复合板，结合界面持续往外迁移，芯层晶粒的尺寸增大到芯层的厚度值（约为320μm），覆层的晶粒正在被结合界面吞噬，这说明扩散的效果良好；

（4）保温 90min 之后的复合板，已经变成单层的薄板（厚度约为 0.43mm），剩余的覆层已经被完全氧化，所以，导致复合板扩散之后的厚度有所降低（与温轧之后的厚度进行比较），复合板晶粒的平均尺寸约为 350μm。

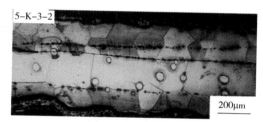

图 2-7-16　0.5mm 复合板温轧后显微组织及 1200℃ 条件下不同保温时间的显微组织

0.5mm 复合板加热至 1200℃ 进行扩散，经过不同的保温时间之后，各层晶粒尺寸变化的结果如图 2-7-17 中所示，从图中可以观察出：

（1）随着保温时间的延长，各层晶粒的长大趋势比较明显，在保温时间较短的阶段，覆层及芯层晶粒尺寸的差异较大；

（2）随着扩散进度的持续进行，覆层会逐渐被芯层吞噬掉，而剩余的覆层在高温下会被氧化，所以复合板由三层结构最终会变成单层薄板（即覆层消失）；

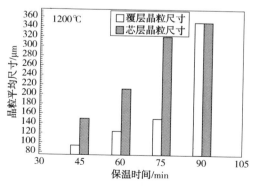

图 2-7-17　1200℃ 下不同保温时间的 0.5mm 复合板覆层及芯层平均晶粒尺寸

（3）芯层的晶粒尺寸持续增大，直到增大到板厚值的大小（晶粒的尺寸指出的是晶粒长度及宽度的平均值）。

0.5mm 复合板在 1200℃加热扩散，经过不同保温时间的 Si 元素沿着板厚方向扩散的分布结果，如图 2-7-18 中所示，从图中可以观察出：

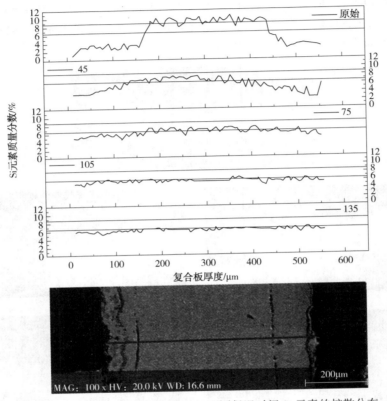

图 2-7-18　0.5mm 复合板在 1200℃不同保温时间 Si 元素的扩散分布

（1）复合板的扩散速率非常快，说明在该温度下，复合板中 Si 原子具有足够的扩散激活能克服能垒，使得自身跃迁频率增高；

（2）保温 45min 之后的复合板，沿着厚度方向 Si 元素的含量在 6.5%以上的扩散区域约为 280μm，在此阶段中结合界面的 Si 元素浓度梯度明显降低，且缓慢过度的趋势比较明显；

（3）保温 60min 之后的复合板，边部沿着厚度方向约有 70μm 的扩散区域中的 Si 元素含量约为 6.0%，其余部分的 Si 元素含量约为 6.7%，说明在 1200℃加热保温 60min 扩散效果已经很好，扩散梯度已经变得很小，在厚度方向上要达到扩散均匀，需要保温更长的时间；

（4）保温 75min 之后的复合板，Si 元素含量的均匀化得到进一步提高，沿着板厚的方向，复合板整体 Si 元素的含量约为 6.43%，由于在高温下存在一定程度的氧化，使得复合板的厚度有所减小；

（5）保温 90min 之后的复合板，Si 元素含量沿着板厚分布的情况与保温 75min 的相比，二者几乎没有变化，说明在1200℃保温75min之后，0.5mm复合板Si元素的含量沿着板厚方向基本达到了均匀状态，约为6.43%。

综上所述，经过温轧变形值后，厚度小于1mm的6.5%高硅电工钢复合板，在1200℃加热保温实施扩散，保温适当的时间之后，Si元素沿着板厚的方向可以达到均匀扩散且含量十分接近6.5%，说明复合技术结合传统轧制工艺，来制备6.5%高硅电工钢薄板是可行的。

2.8 6.5%高硅电工钢复合板磁性能研究

6.5%高硅电工钢具有优异的磁学性能（如低铁损、低矫顽力、高磁导率、磁致伸缩系数接近零等），本实验采用复合技术制备6.5%高硅电工钢复合板，利用传统的轧制加工方式对复合铸坯进行变形，并结合适当的热处理工艺，促使复合板转变成薄板。对于一种软磁合金而言，磁学性能是否合格达标，主要通过磁感强度和铁损两个重要指标来衡量。本节对复合技术制备的6.5%高硅电工钢薄板进行磁性能测试，并对测试结果进行分析，并为下一批次的制备提供参考。

2.8.1 6.5%高硅电工钢薄板磁性能测试与分析

根据上述的扩散退火工艺，0.8mm及0.5mm的1#-温轧复合板以及0.5mm的3#-温轧复合板进行扩散退火处理之后，对不同试样的磁学性能进行测试（试样制备成50mm×50mm的方片），采用NIM-2000E型交流磁性能铁损仪（如图2-8-1所示）来检测复合板的$P_{1.5/50}$，B_8及B_{50}值（分别对复合板的轧制方向、宽展方向进行测试，求二者的平均值）。对于电工钢片而言，磁感越高、铁损越低，则磁学性能越好。经过不同的扩散退火工艺处理之后，6.5%高硅电工钢薄板的磁学性能见表2-8-1、表2-8-2。

图2-8-1 NIM-2000E型交流磁性能铁损仪

根据表2-8-1中的测量结果，可以观察出：

（1）在相同的扩散温度之下，延长保温的时间，可以有效提高复合板芯层Si元素的扩散均匀性，促使复合板的磁学性能提升（即铁损值更小、磁感值更大）；

（2）复合板晶粒的尺寸随着扩散温度的升高而变大，同时，芯层Si元素向覆层扩散的速率及程度均变得更大，进而导致磁感升高、铁损降低；

（3）根据前述的扩散退火工艺可知，0.8mm复合板在1200℃保温135min之后，Si元素沿着板厚的方向能够扩散均匀（含量约为6.41%），此时磁感值最大、铁损值最小，说明对于6.5%高硅电工钢复合板而言，成分沿着厚度的方向分布越均匀，磁性能越佳。

根据表2-8-2中的测量结果，可以观察出：

（1）0.5mm 3#-复合板在1200℃保温75min之后，整体Si元素的含量约为6.43%，磁感值最大、铁损值最小，说明复合板的磁学性能随着厚度的减薄而提高，因为晶界引起的磁滞损耗会随着试样厚度的减小而降低，而经典的涡流损耗与厚度的二次方成正比，所以板材越薄、涡流损耗越小，即复合板的铁损值减小、磁感值增大；

表2-8-1　0.8mm复合板磁性能检测结果

试样名称	扩散工艺	厚度/mm	B_{50}/T	B_8/T	$P_{1.5/50}$/（W/kg）
0.8mm 1#-复合板	无	0.80	0.807	0.424	14.902
	1100℃-75min	0.77	1.376	1.153	6.415
	1100℃-135min	0.75	1.395	1.177	6.032
	1150℃-75min	0.75	1.412	1.195	6.011
	1150℃-135min	0.72	1.468	1.211	4.690
	1200℃-75min	0.71	1.564	1.268	4.393
	1200℃-135min	0.68	1.584	1.297	3.906

表2-8-2　0.5mm不同复合板磁性能检测结果对比

试样名称	扩散工艺	厚度/mm	B_{50}/T	B_8/T	$P_{1.5/50}$/（W/kg）
0.5mm 1#-复合板	无	0.50	0.991	0.671	11.861
	1200℃-60min	0.48	1.598	1.303	3.658
	1200℃-75min	0.46	1.609	1.332	3.327
0.5mm 3#-复合板	无	0.49	1.006	0.745	5.569
	1200℃-75min	0.45	1.628	1.371	2.833
0.34mm 高硅电工钢片	1200℃-30min	0.34	1.582	1.362	2.607

（2）0.5mm 1#-复合板与3#-复合板进行对比，不同的磁学性能指标测试结果有些降低，原因是复合板整体的Si元素含量较低，但是与0.8mm的同种复合板进行比较，磁学性能更佳，原因是复合板的厚度更薄，均匀化效果更优；

（3）表中涉及的0.34mm冷轧电工钢片，是采用逐步增塑法制备的Fe-6.5%Si薄板测试的铁损值及磁感值，通过对比可以观察出，本研究制备出的复合薄板的铁损值相对较大，但是磁感值相比较高，整体的磁性能相差不大，说明采用复合技术来制备6.5%高硅电工钢薄板是可行的；

（4）与日本NKK采用CVD法制备的6.5%电工钢片（$P_{1.5/50} \leqslant 1.8$W/kg，$B_{50} \geqslant 1.6$T）相比，存在一定的差距，说明复合技术制备的6.5%高硅电工钢薄板，在磁学性能方面还需要进一步提高。

2.8.2　下一批次6.5%高硅电工钢复合板的改善

复合技术制备的6.5%高硅电工钢复合板，经过扩散退火处理后进行了磁学性能指标的测试，对检测的结果进行深入分析，并对下一个批次的高硅电工钢复合板的制备，在原有方案的基础上做如下改善。

（1）磁学性能方面：

根据上个阶段的测试结果，提高复合板扩散退火之后的表面质量、板形平整度，以降低仪器测量的误差；

适当延长保温时间，提高复合板扩散退火之后的成分均匀性及增大晶粒尺寸，以减少磁畴运动的阻力；

提高复合板的成分纯净度、减少杂质及内部缺陷。

（2）扩散工艺方面：

提高加热炉的密封性、减少氧化；

采用耐火涂料对复合板表面进行处理，用两块耐高温钢材压紧复合板进行扩散，减少氧化的同时保证板形平直。

（3）塑性变形方面：

调整加热炉的加热温度及加热速率，减少加热时间降低氧化；

调整轧制道次、变形量及变形速率，减少板形缺陷。

（4）复合铸坯制备方面：

熔炼时采用杂质更少的原材料；

增加保温时间、提高成分均匀性及界面结合强度。

根据上阶段实验情况，调整芯层成分、各层尺寸比例，保持复合板三层结构前提下，芯层Si元素含量在9%~11%，覆层不变，厚度比例在4∶5~1∶1，以提高复合板的中低温塑性、降低硬度等。

2.9　主要结论

本实验采用层状复合技术来制备6.5%高硅电工钢复合板的铸坯，采用锻造工艺对复合铸坯进行锻打，并在传统轧机上进行大变量的轧制变形，加工变形完成之后并结合扩散退火工艺，成功制备出了Si元素含量约为6.5%的高硅电工钢薄板，对薄板进行磁学性能测试及分析，根据实验结果，说明层状复合材料制备技术结合传统轧制工艺，能够为6.5%高硅电工钢薄板的工业化生产提供一种参考方式。通过研究得到主要的结论如下。

（1）采用包覆浇铸的方式能够制备出芯层为Fe-Si合金（Si元素的含量为10%~12%），覆层为普通电工钢（Si元素的含量为3%）的三块复合板铸坯；前两块铸坯各层的厚度比例为5∶4∶5，第三块的为1∶1∶1。通过锻造加工之后，复合板各层的比例发生明显的变化，芯层及覆层的Si元素含量有些下降，说明在高温环境下Si元素氧化损失比较严重。

（2）对复合板的热轧变形进行理论分析，以此来制定热轧工艺，热轧之后的复合板的板厚约为 2.5mm，复合板板形良好、覆层及芯层的厚度比例约为 1∶1；热轧过程中复合板的芯层 Si 元素含量有所降低，原因是在复合界面处形成了氧化圆点、发生了内氧化。通过 XRD 分析，可知芯层除了 DO_3 有序相之外，还存在 Fe_2SiO_4、$FeSiO_3$、$Fe_{1.6}SiO_4$ 以及 SiO_2 等物相，说明 Si 元素以氧化物的形式丢失。

（3）热轧之后的复合板实施热处理工艺，发现复合板在 850℃ 退火保温 60min 之后，盐水（15wt%NaCl 水溶液）冷却复合板不开裂，芯层硬度从 556HV 下降到 482HV，通过显微组织分析及 XRD 物相分析，可知芯层的 DO_3 相向 B2 相转变导致复合板有序度得到降低，同时出现了 B20 相。

（4）热轧之后的复合板在 590~660℃ 实施中温轧制变形，复合板的芯层基体中出现了鼓泡、翘曲、横裂等缺陷，芯层的显微组织晶粒尺寸粗大，呈拉长状态且出现裂纹，结合界面处呈现出开裂状态；实施热处理之后有序度得到降低，复合板在温轧中变形相对容易，在 690℃ 进行恒温轧制，复合板的表面质量较好、各层厚度比例相对合理，芯层的显微组织呈现细小的纤维状；温轧之后的复合板板形良好，且厚度约为 0.5mm。

（5）温轧过程中的复合板进行 Si 元素跟踪扫描，发现在 750℃ 以下不存在 Si 元素的丢失，则 Si 元素的活泼性更多地体现在热变形过程中；消除复合板的加工硬化、同时不降低 Si 元素的含量，加热温度应不高于 Fe-Si 合金的再结晶温度。

（6）温轧之后的复合板不能直接实施冷轧，否则会产生裂纹、断层；后续温轧中对复合板进行中温回火处理可持续减薄至 0.2mm；经过热处理降低有序度之后，在冷轧机上可以持续减薄至 0.05mm（薄带）；在冷轧变形过程中，复合板的边部会出现开裂，完整性被破坏，但是芯层依然良好，切掉边裂后，复合板可以继续冷轧，厚度减薄至 0.035mm。

（7）对复合板进行显微组织观察及 Si 元素含量测试，复合板在冷轧变形的初期三层结构清晰可见（即可以观察到过渡层）；随着变形量的增大，过渡层变得模糊，覆层在冷轧的开始阶段主要承担复合板的变形，随着加工硬化的增大，芯层变形量也变大，冷轧后的复合板各层组织呈现拉长的纤维状且晶界平直，复合板在冷轧阶段 Si 元素含量保持不变。

（8）对 0.8mm 复合板进行扩散退火处理，加热至 1100℃ 保温时间较短的复合板芯层 Si 元素难以发生扩散，保温达到一定时间后才缓慢发生扩散；加热至 1150℃ 短时间保温后 Si 元素开始发生扩散，但扩散速率较慢，经过长时间保温后，复合板 Si 元素含量大于 6.5% 的厚度值约为 695μm；加热至 1200℃ 短时间保温后，Si 元素扩散明显，经过一定时间后，复合板整体 Si 元素含量在厚度方向基本达到均匀（约为 6.41%）；对 0.5mm 复合板在 1200℃ 保温 75min，复合板 Si 元素扩散均匀，整体 Si 元素含量约为 6.43%。

（9）复合板在加热至 1200℃ 并保温，扩散效果最好；对扩散后的复合板进行磁学性能测试，0.8mm 复合板的铁损 $P_{15/50}$ 为 3.906W/kg、B_8 为 1.297T、B_{50} 为 1.584T；对于 0.5mm 的 3#-复合板，铁损 $P_{15/50}$ 为 2.833W/kg、B_8 为 1.371T、B_{50} 为 1.628T；对于 0.5mm 的 1#-复合板铁损 $P_{15/50}$ 为 3.327W/kg，B_8 为 1.332T，B_{50} 为 1.609T。

第3章 层状复合技术制备高铬铸铁合金

3.1 高铬铸铁的国内外研究进展

铸铁材料由于自身的硬度较高、塑性较差等特殊的力学性能，在工业中使用广泛，在铸铁的基体中添加某些合金元素，能够呈现出其他方面优异的性能。例如，高铬铸铁（在铸铁的基体中加入一定比例的 Cr 元素）是一种性能优异的耐磨合金材料，具有极佳的抵耐磨损的性能；依旧能够体现出铸铁方面的强度，同时也兼有着一定的强度及韧性，在国防、煤炭、建材、交通、电力、冶金等行业得到了广泛的应用。

在高铬铸铁合金基体中，Cr 与 C 是两种不可或缺的合金元素、同时依据合金元素含量的不同，具有明显的改性作用，对其整体的耐磨性能起着主要的作用。一般而言，工程中所常用的高铬铸铁合金，其中 C 元素含量在 2.0%～3.5%、Cr 在 13%～36%。根据高铬铸铁的相图可知，其成分存在的范围相对较宽，目前用的最多的是亚共晶成分的高铬铸铁合金，Cr 元素的质量分数一般处于 13%～18%，只有在特殊的情况下（例如，耐热、耐蚀等铸件），才达到 25% 及以上。

高铬白口铸铁合金由于自身优异的耐磨性能，并且同时兼具着良好的韧性及耐蚀性能，倍受科研人员的关注。在西方的发达国家于二十多年前已经成功地应用于矿山大直径（直径 $D = 3700mm$）的球磨机衬板、大型粉磨机的锤头（直径 $D = 10700m$）、大型泥浆泵的内衬、高压（压强 $P = 3.5MPa$）输煤泵的内衬及水泥工业用大型粉碎机组的合板等方面。

在我国相关科研人员通过近些年来的研究积累，在高铬白口铸铁的探索及推广应用方面也取得了一定的进步，其成果可以用来指导生产及应用，例如，河北工学院研制的铸态屈氏体耐磨白口铸铁，其中合金元素 Cr 的含量（平均 Cr 含量约为 13%）低于 GB8263−88 中 KmTBCr15Mo2（平均 Cr 含量为 15%），而且不需要后续的淬火处理（缩短了制备加工的流程），应用于水泥球磨机上的研磨体后，效果依然良好。高铬白口铸铁的整体韧性虽然比起其他种类的白口铸铁的韧性更好，但是在实际应用的过程中依然容易发生破碎，而且材料的成本相对较高，这就限制了该合金的应用推广。该领域的研究发展至今，高铬铸铁的研究探索的主要方向依然是在不降低合金整体硬度及耐磨性能的前提下，如何经济、高效地提高其整体的韧性。

3.1.1 亚共晶高铬铸铁的显微组织

普通的白口铸铁合金的共晶组织，一般由莱氏体构成，其形态包含如下：（A）面心立方的奥氏体+（Fe_3C）密排六方的渗碳体；而渗碳体会在奥氏体区域的枝晶间的孔隙中析出及生长，逐渐形成了以渗碳体为基础、形貌上呈现蜂窝结构状的莱氏体组织。随着合金元素 Cr 含量的增加，在高铬铸铁的显微组织中，片层状的 $(Fe，Cr)_3C$ 会逐渐转变成三角形的 $(Cr，Fe)_7C_3$，导致了合金基体中的共晶团的形态发生了根本性的变化。共晶态的奥氏体在共晶区域 $(A+M_7C_3+L)$ 内以初生奥氏体的方式在结晶界面处发声形核并长大，以共晶碳化物 (M_7C_3) 的形式作为领先相，同时保存了碳化物晶体的锥体结构形状，最终该区域的显微组织为 Cr 的碳化物，且该碳化物以紧密的层状、纤维状的形态分布在奥氏体或奥氏体的转变产物之中，并以菊花型的放射状的共晶团构成其所呈现出的形貌。白口高铬铸铁的耐磨性与其特殊的显微组织构成密切相关。

3.1.2　高铬铸铁的断裂韧性及耐磨性能

众所周知，相同的合金材料会因为使用的方式或系统不同，进而呈现出来不同的效果。高铬白口铸铁合金的耐磨性能与其工作的磨损系统有着密切的关系，一般与磨料的软硬程度直接相关，具体如下：

（1）在磨料相对较软的环境下，基体中的奥氏体比马氏体的显微硬度要小且硬度较软，所以马氏体基体与奥氏体基体相比，前者的耐磨性能更佳，而且在其基体中会随着碳化物体积分数的增加，其耐磨性显著得到提升；

（2）而在磨料相对较硬的环境下，基体中的奥氏体的耐磨性反而优于马氏体，因为整体环境即摩擦系数所致，合金基体中随着碳化物体积分数的增加，其整体的耐磨性会出现基本保持不变或有所下降的现象。

高铬白口铸铁的断裂韧性，并不是随着基体中的碳化物体积分数的降低而呈现出线性的单调上升。基体中的碳化物过低的体积分数，并不能直接导致断裂韧性的升高，而是与基体中的显微组织结构密切相关，一般有以下情况。

（1）当碳化物的体积分数相对较低的情况下，影响高铬白口铸铁的断裂韧性的主要因素是合金的基体；

（2）在碳化物的体积分数相对较高的情况下，碳化物的形态、数量及分布状况对其断裂韧性起主要的作用。

高铬白口铸铁的疲劳裂纹的扩展速率与合金基体中的显微组织及碳化物的体积分数紧密相关。基体中的奥氏体与对应的马氏体相比，前者有相对较小的疲劳裂纹的扩展速率，而疲劳裂纹的扩展速率会随着碳化物的体积分数的增高而加快。以耐磨性能及断裂韧性的最优化角度对高铬白口铸铁进行设计思考，如果采用软磨料宜选用马氏体来作为合金的基体，如果采用硬磨料则宜选用奥氏体来作为合金的基体。有些相关的科研人员研究发现，当基体中的取向碳化物与自身的长轴垂直作用于零部件表面的磨损，则铸铁材料的耐磨性能会显著降低；而当上述碳化物的长轴线平行于零部件的磨损表面时，其耐磨性能则是显著提高的。这与基体中的显微组织的位置关系及作用载荷的状态分布有直接的关系。

有相关的科研人员通过对某些特定条件下的高铬铸铁的磨损行为进行了分析，可知磨损失效的主要原因是硬质的磨粒在压力的作用下进入试样的表面，并在切向应力的作用下对材料的表面进行犁削进而形成了深度较大的犁沟。基于上述思考，如果能够有效地提高材料的表面硬度，阻止硬质磨粒进入材料表面，进而能够有效地减少犁沟的形成，即降低了磨损方面的损失，提高了材料的耐磨性能。通过对亚临界热处理前后材料的显微组织分析，可知亚临界热处理能够使奥氏体向马氏体发生转变，而马氏体的显微硬度明显大于奥氏体的，同时马氏体也能够为碳化物提供更加强有力的支撑，进而能够有效地阻止碳化物在磨损的过程中发生断裂和剥落，从而能够直接改善材料的耐磨性能。有相关的科研人员指出，在合金基体中具有更高比例的（残余奥氏体+低碳马氏体）含量的高铬铸铁，则具有更高的硬度及更优良的（断裂韧性+抵耐磨损）的性能。

3.1.3 合金元素对高铬铸铁性能的影响

C 元素是影响高铬铸铁的整体硬度和韧性的主要元素之一。随着 C 含量的增加，一般会出现以下两种情况。

第一个方面，会导致碳化物的数量得到增多，进而有助于基体的硬度增高，耐磨性能提升；但是，碳化物更多分布在晶粒的晶界上，会明显导致基体整体的冲击韧度下降。

第二个方面，当含 C 量升高时，高铬铸铁的晶粒尺寸会得到显著细化。出现上述现象的主要原因，是当含 C 量增高时，形成碳化物有效阻碍了高温条件下的晶粒长大。此外，当含 C 量升高时，在高温条件下会发生铁素体向奥氏体的转变，而奥氏体的存在对于高温下的晶粒长大并不敏感（因为奥氏体本身稳定在高温区域），因此基体整体的韧性随着含 C 量的增加，会出现一个极大值。同时为了兼顾其耐磨性与韧性，将含 C 量控制在 1.8%~2.8%，C 含量过低则会导致硬度不足，而过高则会影响其整体的韧性。

Cr 和 C 一样，是决定铸铁性能的很重要的合金元素之一。Cr 与 Fe 在元素周期表中的位置相近，其原子的半径也与铁的差异较小，容易形成置换固溶体。而 Cr 元素是缩小奥氏体区的合金元素之一，在高铬铸铁中，当 Cr 的含量达到 35% 时，可使奥氏体逐渐消失，此时在熔点以下，则没有相变的发生，不能通过热处理的方式来进行强化。此外，当 Cr 的含量高、C 的含量低时，容易出现 M_4C 金属间化合物，且其能够使共晶点的含 C 量降低。因此，Cr 元素在基体中的含量并不是越高越好。

高铬铸铁的共晶含 C 量会随着 Cr 含量的提高而降低，如 Cr 的含量分别为 15%、20%、25%、28% 的铸铁合金，其共晶点的 C 含量分别为 3.6%、3.2%、3.0%、2.8%。所以当铸铁基体中的 C 含量保持不变，而将 Cr 的含量提高时，共晶点会发生向左偏移，则铸铁的显微组织当中可以获得更多量的碳化物，同时也不会因为 C 元素含量过高而降低整体的韧性。同时，当高铬铸铁的 Cr 元素含量从 13% 增加到 28% 时，碳化物硬质相的体积分数也会从 27.8% 增加到 34.8%，使合金整体的硬度及耐磨性得到提升。Cr 元素的含量越高，最佳的淬火温度也会越高，Cr15 最佳的淬火温度约为 980℃，而 Cr20 的最佳淬火温度约为 1020℃，Cr26、Cr28 二者的最佳淬火温度约为 1050℃。

随着 Cr 元素的增加，合金的回火出现二次硬化的温度也会得到升高，Cr15、Cr20、Cr24 三者基本不出现二次硬化现象，而 Cr26、Cr28 二者的回火二次硬化上升到 500℃，同时抗回火稳定性也随 Cr 元素的增加而增强。在冲击磨料耐磨损的过程中，合金整体的耐磨性也会随着 Cr 元素的增加而提高。

在高铬铸铁基体中，C 元素的含量主要决定着碳化物的数量，Cr 元素的含量则主要决定着碳化物的种类（或类型）。基于上述分析，高铬铸铁合金基体中必须达到一定的 Cr-C

配合，才能具有良好的耐磨及力学性能。随着 Cr-C 的增加，共晶结构的碳化物的形貌经历了连续网状-片状-杆状等连续程度减少的过程，共晶碳化物的类型也经历一个 M_3C-(M_7C_3+M_3C)-M_7C_3 的转变过程。上述显微结构的演变，有助于提高铸铁整体的韧性。此外，基体中的晶粒也会随着 Cr-C 的增加而逐渐变得更加细小。当 Cr-C>5 时，基体中就会出现大部分的 M_7C_3 型碳化物。同时当 Cr-C 的比例越高，铸铁整体的淬透性也会得到相应的增加。

为了进一步改善高铬铸铁的显微组织、加工工艺及力学性能，除了调整 Cr、C 元素的含量之外，在生产的过程中，仍然需要添加一些辅助的合金元素，如，钼、铜、镍、钒等，以此来提高其整体的综合性能。Si 及 Mn 元素在一定的条件下，也能起到辅助合金元素的作用。辅助元素合理地添加到合金基体中，能够与基体或其他合金元素形成耐磨组织，进而在提升基体整体的耐磨性能方面能起到不可低估的作用。上述元素中有些能够以碳化物的形式直接形成耐磨相（或耐磨组织），有些则可以改变奥氏体的相变性质，进而使基体组织的耐磨能力明显得到提高。高铬铸铁这种合金材料，在工业中能够成为应用最广泛的优质耐磨材料，其表现出来的优异性能是与辅助合金元素的作用密不可分的。

Mo 元素是能够明显提升合金材料的淬透性的元素之一。对于耐磨性的合金材料而言，淬透性是其重要的工艺性能之一。为了进一步改善自身的耐磨性能，高铬铸铁应该在避免产生疲劳裂纹的前提下，尽可能地充分硬化。因此，高铬铸铁材质的结构件（特别是厚壁零部件）往往在制备的过程中需要添加合金元素 Mo。在高铬铸铁中 Mo 元素通常呈现以下三种方式存在：①固溶于奥氏体及其转变产物之中；②溶入 Cr-C 金属间化合物之中；③与 C 形成 C-Mo 金属间化合物。Mo 元素在熔体凝固的过程中，其平均分配系数在 0.4~0.45。

在亚共晶合金基体中，Mo 元素含量约为合金总含量的 10%~25%，Mo 元素在基体组织中的分配比例，与合金基体中 C 元素及 Cr 元素的含量之比紧密相关。C 元素含量较高，Cr-C 比相对较低时，基体中 Mo 元素含量也相对较低。高铬铸铁的 Mo 元素含量，总是明显大于淬透性近似的合金钢。

在高铬铸铁中，Mo-C 金属间化合物有多种形式的结构，主要的碳化物有 MoC，Mo_2C，$(Mo,Fe)_{23}C_6$ 及 $(Mo,Fe)_6C$ 等。Mo-C 金属间化合物的硬度高，存在于高铬铸铁基体中能够有效地提高其耐磨性能。在凝固的过程中，Cr 元素含量（16%~32%）能够导致形成一个高体积分数的共晶 N_7C_3 碳化物，上述物相的出现有可能是相关的主要碳化物，形成的异构的奥氏体-马氏体树突状的结构。一般而言，在普通的白色高铬铸铁中，Mo 元素的含量小于 3%，以此来避免珠光体发生转变。根据相关科研人员的研究，当添加 Mo元素的数量超过 3%时，会形成新的碳化物（Mo_2C，Mo_6C），而这类碳化物出现在基体中，能够显著提高合金在高温环境下的耐磨性能。

Mn 元素是金属材料中常用作添加的合金元素之一，在 Mn 含量相对较低时，由于 Mn 是强化奥氏体相的形成元素之一，它既可溶于基体之中，具有提高合金淬透性的作用，也可以溶于碳化物之中，能够起到降低碳化物硬度的作用。在 Mn 元素含量较高时[例如，Mn 在 4%（原子分数）左右]，铸态的高铬铸铁在很大的断面上，能够得到全奥氏体的组织，合金基体中含有大量的该类显微组织，能使高铬铸铁在铸态下直接使用（具有优异的力学性能）。但是，由于 Mn 元素能够明显降低了马氏体转变起始温度（Ms 点温度），会一定程度上增加淬火之后残余奥氏体的含量，进而降低淬火之后基体的最大硬度。而且过量的 Mn 元素会溶于碳化物之中，导致碳化物整体变得更脆，容易产生疲劳裂纹且裂纹容易扩展，在工程应用的过程中，容易被折断。国内外大量科研人员的研究成果都指出：Mn 元素在高铬铸铁中的使用必须受到限制，最好将 Mn 含量控制在 1.0% 以内。

相关的研究表明，Mn 能够降低高铬铸铁的液相线及共晶点的温度，也能够缩小凝固相变的温度范围，有利于提高液相金属的流动性，减少缩松疏松等典型的铸造工艺缺陷。Mn 也能够降低奥氏体–珠光体的转变温度，使得奥氏体难以向珠光体发生转变。当转变的温度随着 Mn 元素含量的增加而下降过多时，奥氏体向珠光体的转变会因为扩散难以持续而难以进行，将成为残余奥氏体。

当 Mn 元素主要分布在高铬铸铁的基体之中时，能够扩大奥氏体的相区，增加 Cr、C 等合金元素的含量在奥氏体中的饱和溶解度，有利于提高奥氏体的稳定性，进而对奥氏体的转变特性产生强烈的影响。随着 Mn 元素含量的持续增加，高铬铸铁的铸态组织中残余奥氏体的含量也会明显增加，铸态组织的硬度相应地降低，整体的抗弯强度也呈现下降的趋势。但 Mn 元素不会对碳化物的稳定产生明显的影响。

Ni 元素不易溶于碳化物，可以完全溶于金属合金的基体中，因此可以充分发挥该元素提高合金淬透性的作用。但 Ni 元素在降低 Ms 点方面的作用明显大于 Mo 元素，而其会造成更多的残余奥氏体在基体中。Cu 元素的作用与 Ni 元素类似，但效果并没有 Ni 元素的作用明显。而且 Cu 在奥氏体中的溶解度也是十分有限的，在 2% 左右，所以在制备合金的过程中不能添加太多的量，一般情况下用量小于 1.5%。

Si 元素是能够降低淬透性的元素之一，一般含量控制在 0.3% ~ 0.8%。在大多数的情况下，金属材料的耐磨性不佳，可以归因于 Si 元素含量超过了上限，进而导致合金的淬透性不足。但是为了脱氧，在制备合金的过程中添加一定量的 Si 元素还是十分有必要的。对于高负载荷的过程中，合金的磨损取决于其显微组织+微观结构的作用，并与一个相对较厚的 Fe_2O_3、Fe_3O_4 氧化物膜及更大程序的深度变形紧密联系在一起。含量约为 2% 的 Si 表现出最佳的力学性能与磨损率，这与基体中精细的结构及后续形成的氧化膜的厚度有关。与此相反，含量为 5% 的 Si–Fe 合金表现出了糟糕的性能，这主要归因于珠光体的基体状态。

Ti 元素是一种十分活泼的金属元素，其与 O、S、N、C 等非金属元素均有很强的结合作用，添加到 Cr 系白口铸铁基体中必然会发生多种的反应，能够产生多重的效应。在高温的条件下，形成的碳化钛（TiC）金属间化合物不仅能够机械地阻碍初生奥氏体相的长大，而且也可以作为初生奥氏体相的异质晶核载体，进而达到细化晶粒的作用。此外，Ti 元素还有较好的脱氧及脱硫的效果。随着 Ti 元素含量的增加，高铬铸铁的冲击韧性会得到提高，而硬度的变化是先上升后下降的。因此，在不影响高铬铸铁整体的断裂韧性的前提下，Ti 元素可以作为一种合金元素添加到合金基体中，有助于提升整体的硬度及耐磨性。

稀土元素对高铬铸铁的各方面的性能也有着一定的影响。在白口高铬铸铁基体中加入适量的稀土元素之后，可使其整体的韧性得到显著提高，同时也能够使其硬度略有增大，稀土元素的加入量以 0.05%~0.10% 为合适。稀土变质处理可以使得白口高铬铸铁的基体得到显著的细化，能够让基体中淬火态的长条状的碳化物呈现出团块状，并且均匀分布在基体中。适量的稀土能够导致白口高铬铸铁的铸态、淬火态、淬火+回火态（类似调质处理）的残余奥氏体的数量增加，其中以淬火态的增加最为明显，这为复杂结构件实施淬火处理的操作提高了可行性。

其他合金元素方面：高铬铸铁中 P、S 二者的含量，一般分别控制在小于 0.10% 及 0.06%；加入 V、B、Cu、W 等元素能够起到细化晶粒的作用，可以进一步改善基体中碳化物的形态及分布情况，进而有助于提高整体的硬度及耐磨性。

3.1.4　热处理工艺对高铬铸铁性能的影响

以显微组织为切入点，在诸多工程应用的环境下，白口高铬铸铁表现出优异耐磨性能是因为基体中含有坚硬的马氏体组织，而合适的热处理工艺是能够使得高铬铸铁的基体转变为马氏体的必要手段。因此，对高铬铸铁合金实施合理的热处理工艺，在使该合金具有良好耐磨性的过程中起到关键的作用。

高铬铸铁在工程应用中需要强韧坚硬的基体组织，以此来提高该材质零部件的耐磨性能，而铸造工艺制备的合金显微组织，一般不能满足上述要求。同时，铸造工艺制备的高铬铸铁的显微组织也很难达到均匀一致、柱状晶的尺寸差异明显。在凝固的过程中，发生的溶质偏析也难使合金元素在基体中分布均匀，因此通过铸造之后，基体中的残余应力也会导致其铸件在使用的过程中发生变形甚至断裂。对上述状态的高铬铸铁合金实行消除内应力处理，可以使铸件的残余应力在很大程度上得到降低，进而改善其使用性能。因此，可以采取合理的热处理工艺来改善上述状况，进而充分发挥材料的耐磨性与力学性能，从而提高该零部件在工程服役过程中的可靠性。综合上述的诸多因素，实施合理的热处理工艺是生产高质量的高铬铸铁合金或相关复合板材的必备工序。

3.1.4.1　淬火工艺处理

一般情况下，高铬铸铁的淬火处理过程，包括以下三个步骤：①加热；②在奥氏体化温度下进行脱稳处理；③冷却。以此在合金基体中来获得马氏体组织。由于高铬铸铁合金的热导率较低、热膨胀系数较高，所以在快速加热的过程中，合金的表面及芯部会呈现出相对陡峭的温度梯度，进而在不同部位的温度差异的促使下，会导致在该铸件内产生较高的热应力及组织应力，高铬铸铁的连续冷却转变曲线，如图 3-1-1 所示。

过于集中的内应力会导致铸件出现变形、开裂，为了降低因温度梯度而产生的内应力状况，必须严格控制加热的速度，一般采取缓慢加热的方式。但是，即使采取缓慢加热的方式并及时进行保温，也难以促使基体组织中形成的过饱和的固溶体溶质达到完全均匀分布。在脱稳处理的过程中，为了促使二次碳化物能够充分且均匀地析出，可以对其实施预珠光体的处理。处理的方法是先把铸件加热至高于 Ac_1 的温度（大约在 750℃ 以上），保温一定时间后随炉冷却至 Ac_1 以下的温度，让合金的基体成为相对平衡的组织，后续对其再次加热至脱稳处理的温度。对其实施预珠光体处理，可以有助于二次碳化物的充分析出，同时也可以明显缩短上述处理的时间。

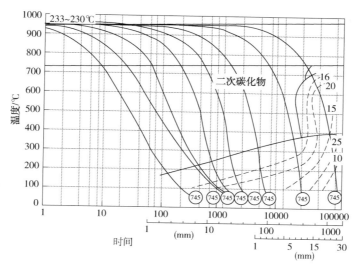

图 3-1-1　高铬铸铁的连续冷却转变曲线

高铬铸铁经过淬火处理后，在合金基体内会形成马氏体组织，但是此状态下的马氏体一般为片层状的，是高碳富铬奥氏体的一种，是通过切变机制而形成的过饱和间隙固溶体。在上述基体的显微组织中，存储了较大的弹性应变能(包含一些空位等点阵缺陷)，处于十分不稳定的状态。在室温条件下，一部分的 C 原子会向缺陷的位置发生偏聚，而另一部分则富集在某些晶面上，进而形成了 C 元素的富集区。

此外，高铬铸铁基体中的奥氏体含有大量的 C、Cr，而且成分分布十分不均匀，即使采取脱稳处理，该合金的 Mf 点一般也会处于室温以下。因此，在铸件经过淬火之后的组织中，总会存在一定的残余奥氏体，而残余奥氏体与新转变的马氏体之间，也会因为比容的不同及点阵的畸变，进而存在内应力，导致相界面处的结合相对薄弱。基体中的马氏体组织在相变的过程中体积会增大，进而在晶界处会产生较大的热应力。所以，马氏体组织经过回火之后，能够明显降低组织中的相变应力状况，说明合理的回火工艺可以消除淬火之后的残余应力，使得奥氏体组织的试样能够呈现出较好的断裂韧性。加热至 960℃后淬火的高铬铸铁合金，在 250℃实施回火时，其硬度基本不会发生变化，而其整体的韧性则会得到显著提高。

Cr 元素含量为 12%时，合金的最宜淬火温度在 930~950℃；当含量为 15%时，则淬火温度在 940~970℃；当含量为 20%时，则淬火温度在 960~1010℃。零部件的厚度尺寸越大，则所需的淬火温度越高，以此来保证高质量的淬透性。而保温时间的确定，应依据过饱和的奥氏体能够充分析出二次碳化物所需要的时间来衡量，并且使得显微组织分布均匀，一般定为 2~4h。经过足够的保温时间之后，可以从加热炉中取出并在静止的空气中进行冷却。在实施冷却的过程中，最佳的方式是使零部件处于架空的状态，以保证空气在零部件的四周能够自由循环，进而达到均匀冷却的目的。

高铬铸铁基体中的显微组织之间的内应力是很难完全被消除的，除非重新加热到红热的完全奥氏体的温度。但是，实施上述操作会导致合金基体中部分显微组织转变成为球状的铁素体+碳化物，以致合金整体的硬度会降低，进而导致其耐磨性降低。

3.1.4.2　亚临界工艺处理

一般情况下高铬铸铁合金可以在淬火的状态下进行使用，但是，淬火处理之后的组织中会有残余奥氏体的存在，会明显影响该合金的使用性能。通过一定的工程服役实践可知，在反复冲击的工况之下，残余奥氏体存在基体中，是导致该合金材料发生剥落的主要原因之一。依据合金材料在一定的热处理过程中，显微组织及微观结构会发生转变的理论，一般采用205℃的低温回火来改善整体的韧性。但是上述这种处理方式，对于残余奥氏体的消除很难起到作用。因此，当高铬铸铁合金服役于反复冲击的工况条件下，就要采用更高温度的回火工艺(加热至450~525℃)。这样的亚临界热处理工艺能够降低残余奥氏体在基体中的比例，在一定程度上也可以对其显微硬度有所提高。在600℃进行回火时，亦可以减少残余奥氏体的比例，但是，在此条件下的基体组织中，会出现球状的铁素体+碳化物显微组织，而导致合金整体的硬度急剧降低。亚临界的热处理工艺对合金的铸态组织也是十分有效的，实施处理的温度与之前经过热处理的材料类似，但是保温时间则需要更长。

3.1.4.3　退火工艺处理

对于需要经过机械加工的铸态零部件而言，在加工之前，一般要采取退火工艺处理，以此来消除基体中的残余应力。对于合金基体中不含Ni、Cu(或着Ni、Cu的含量很少)的高铬铸铁合金，可以采用相对较短的热处理周期。对合金进行奥氏体化之后，冷却至820℃，之后以一定的冷却速度(小于50℃/h)冷却至600℃以下，然后再缓慢冷却至室温。在700~750℃进行长期烧透，也能显著地软化合金的基体，但是，这样处理之后，基体内部生成的球状珠光体会非常细小，而此种状态下的显微硬度，要比切削性能最好的情况下的显微硬度略高一些。

淬透性高的高铬铸铁合金则需要一个较长的热处理周期。例如，在930~980℃进行奥氏体化，保温至少持续1h，后续以小于60℃/h的冷却速度，炉冷至820℃；然后再以10~15℃/h的速度，冷却至700~720℃，保温4~20h，最后采用炉冷的方式或在静止空气中冷却至室温。经过退火处理之后，其显微硬度约为HRC36-43。

高铬铸铁材质的零部件，在淬火处理前需要预先进行退火处理，以此来尽可能消除残余应力，以免在加工过程中导致裂纹的出现及开展，完成切削加工之后，再进行淬火处理。退火处理的目的就是要使基体中的显微组织全部转变成为粗大的珠光体。因此，合金的淬透性越高，则退火处理时就应冷却得越缓慢。对于部分牌号的高铬铸铁铸件，通常采用随炉缓慢升温至950℃左右，至少持续保温1h，然后再随炉冷却至820℃，后续就要以不超过50℃/h的冷却速度随炉冷却至600℃；当处于600℃以下时，可以采取炉冷或置于静止的空气中进行冷却至室温。

3.1.4.4　回火工艺处理

经过空冷至室温的高铬铸铁，合金基体中的显微组织仍然存在一定的残余应力，应该尽快采取合理的回火工艺进行处理。经过淬火之后的马氏体高铬铸铁合金，一般在200~260℃实施回火处理，这样可以一定程度上改善高铬铸铁整体的韧性，进而可以提高铸态的零部件在冲击载荷下服役的可靠性。相关的科研人员认为，高铬铸铁的试样在200~

450℃实施回火处理，合金整体的显微硬度变化并不明显，仍可以保持较高的显微硬度。而当回火温度超过550℃时，由于合金基体中的马氏体组织会发生分解，同时也会发生二次碳化物的聚集，进而导致整体的显微硬度出现急剧下降的趋势。

3.2　高铬铸铁的特性及应用

针对 Cr 元素的含量为 12%~30%、C 元素的含量为 2.4%~3.6% 的高铬铸铁合金而言，通过采用高合金化+热处理的方式，能够得到马氏体或奥氏体(或着二者兼有的混合型基体)以及 Cr 的特殊碳化物。而这种特殊的碳化物通常为六角晶系，其显微硬度可以达到 1200~1600HV，明显高于渗碳体型的碳化物及常见的矿物磨料的硬度。上述多种类型的碳化物存在于基体中，是高铬铸铁获得高耐磨性的主要原因。

高铬铸铁中的共晶结构与一般铸铁中的莱氏体结构明显不同。一般铸铁中的莱氏体呈现出连续的网状，而高铬铸铁的共晶碳化物则呈现出断开的块状+条状，相当于在基体上嵌入了高硬度的颗粒。上述显微组织及微观结构的出现导致高铬铸铁具有优异的耐磨性能，而且很大程度上也削弱了高硬度相的脆化作用，进而使得基体也具有一定的韧性。同时，高铬铸铁基体中的高硬度的马氏体组织，能够强有力地支承碳化物的颗粒，进而可以防止碳化物从合金的磨损表面上脱落，从而确保了合金优异的耐磨性。

高铬铸铁合金作为优异的耐磨材料之一，广泛地应用在建材、采矿、选矿、冶金、电力、农机、砖瓦、耐火材料、机械、工程与筑路机械等工农业领域中。该合金具体的用途(如球磨机的磨球、球磨机的衬板、风扇磨煤机的打击板、离心杂质泵、高铬铸铁喷焊粉末、抛丸机的叶片等)随着该领域科研成果的应用进一步扩大，该合金还广泛用于破碎机械、轧辊、制砖模具和铸造设备等方面。

3.3　制备低碳钢-高铬铸铁复合板材及力学性能

高铬铸铁是一种耐磨性能十分优越的合金材料。但是，由于自身硬度较大、塑性较差、韧性较差等独特的机械特性，在制备生产方面主要采取铸造工艺的方式来实现，而铸造工艺受到模具尺寸的限制，进而也极大地限制了高铬铸铁的尺寸规格及应用领域。本实验尝试采用低碳钢(Q235)包覆高铬铸铁共同变形的方法，制备出了低碳钢-高铬铸铁的复合板材。

通过本研究呈现出的结果，在第一个方面，有助于使得高铬铸铁耐磨材料的应用打破传统制备加工方式的限制；在第二个方面，基于覆层(低碳钢)的存在及保护，有助于使得复合板材的整体具有较好的韧性。同时，为了进一步探索低碳钢-高铬铸铁复合板材基体中各组元的性能，对该复合板材热变形过程中的显微组织演变规律，以及相应的热处理工艺也进行了研究。

3.3.1　实验材料及制备方法

本实验采用包覆浇铸制备铸坯的方式，制备出了低碳钢-高铬铸铁复合板的铸坯，后续再通过热轧塑性加工变形的方式，将复合铸坯加工成厚度为 5~10mm 的复合板材，加工成形过程如图 3-3-1 中所示。本研究所涉及的实验中采用的是白口高铬铸铁，该合金的主要成分见表 3-3-1，覆层采用 Q235 低碳钢。

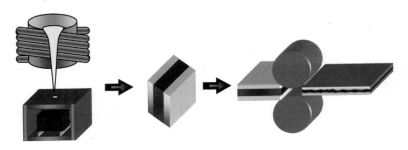

| 包覆浇铸 | 复合板的铸坯 | 热轧变形 |

图 3-3-1 低碳钢/高铬铸铁复合板材成形过程示意图

表 3-3-1 白口高铬铸铁的主要化学成分 %

C	Cr	Si	Mn	Ni	种类
2.41	12.76	0.78	1.01	0.98	亚共晶

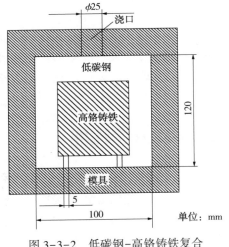

图 3-3-2 低碳钢-高铬铸铁复合
铸坯的浇铸

3.3.1.1 复合浇铸方法

把原材料(白口高铬铸铁)置于容量为 15kg 的真空感应电磁炉中，进行重熔+保温后冷却凝固成铸锭，冷至室温后取出，对铸坯进行机械加工，切割成尺寸为 41mm×62mm×83mm 的芯料，重新熔炼的加热温度约为 1470℃。将切割好之后的芯料放置于金属材质的浇铸模具腔内，将覆层的低碳钢放入真空感应电磁炉中进行重熔，然后浇铸到模具内，把放置的芯料进行包覆，浇铸温度在 1560℃ 左右，在真空条件下进行凝固，并冷却至约 450℃ 时，然后空冷至室温。浇铸的过程以及模具的主要尺寸，如图 3-3-2 中所示。

3.3.1.2 热轧变形工艺

通过浇铸后制备的铸坯，将其放在 50kW 箱式电阻炉中进行加热，升温至 1160℃ 并保温 2h 后，采用 400mm(轧辊直径)型可逆式实验轧机，对铸坯进行热轧加工变形，轧制温度控制在 880~1150℃(确保在奥氏体区域进行变形)。热轧的道次压下量控制在 10%~15%，具体的热轧道次压下量以及复合板铸坯的变形规程见表 3-3-2。

经过多个道次的热轧变形之后，复合板铸坯的整体厚度减薄为 5~10mm，对应的热轧总变形量可达 85%~90%。高铬铸铁的铸坯在热轧加工变形的过程中，其在界面处会受到覆层材料(低碳钢)的附加拉应力，可能会产生细微的裂纹或开裂；但是，由于在高温条件下，覆层(低碳钢)的流动性较好且强度较低，在轧制的过程中极易发生流动并填充到上述细微开裂的区域，进而能够保证复合铸坯的完整性，使得塑性加工变形得以持续进行。

表 3-3-2 低碳钢-高铬铸铁复合板的热轧道次压下量分配

道次	厚度/mm	压下量/%	道次	厚度/mm	压下量/%
0	83.0	0	9	20.0	16.7
1	71.0	14.5	10	17.0	15.0
2	60.0	15.5	11	14.0	17.6
3	51.0	15.0	返回炉中加热至1160℃、保温30min		
4	44.0	13.7	12	12.0	14.3
5	38.0	13.6	13	10.0	16.7
返回炉中加热至1160℃、保温45min			14	8.5	15.0
6	33.0	13.1	15	7.0	17.6
7	28.0	15.1	16	6.0	14.3
8	24.0	14.3	17	5.0	16.7

3.3.1.3 热压缩实验

为了研究低碳钢-高铬铸铁这种复合板材的热变形工艺，采用型号为 Gleeble3500 的热模拟实验机，对经过热轧之后 5mm 厚的样品进行实施热压缩物理模拟实验。实验样品的尺寸以及热压缩实验条件，详见图 3-3-3 中所示。

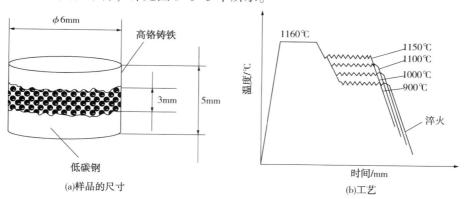

图 3-3-3 Gleeble 热压缩实验样品的尺寸以及工艺示意图

实验采用热轧变形后的低碳钢-高铬铸铁复合板材为实验材料，样品的尺寸如图 3-3-3(a) 中所示。将样品放在 Gleeble 实验机中，采用感应加热的方式加热至 1160℃并保温 5min，随后降温至 900~1150℃的几个不同温度段，然后分别进行热压缩变形实验。热压缩变形的速率为 10^{-1}/s，变形量分别为 10%、20%、30%、40%。等热压缩变形结束之后，将样品直接实施淬火处理，并冷却至室温，在试样的显微组织中以保留高温下原始的奥氏体晶界。

3.3.1.4 热处理工艺

将热轧之后的低碳钢-高铬铸铁复合板样品，采取机械加工的方式，制备成 10mm×10mm×5mm 的样品，在 50kW 箱式电阻炉中分别加热之 950℃、1000℃、1050℃后均保温 30min，完成后从炉中取出，并直接进行油淬冷却至室温，淬火介质选择矿物机油。对 1000℃下的淬火处理的样品，分别在 250℃、350℃、450℃、550℃、650℃进行加热并保温 1h，即进行不同温度下的回火处理。

对经过不同的热处理工艺处理后的样品进行抛光处理，在 4wt%的硝酸乙醇溶液中浸泡侵蚀 15~25s，并采用光学显微镜（OM）及扫面电子显微镜（SEM，LEO-1450 型），分别对样品在热处理过程中的显微组织演变进行观察分析。

采用 HV-1000 型维氏硬度测试计，对不同的热处理工艺处理后的样品的表面硬度进行测试。测量的方法如下：①从高铬铸铁的一侧开始，每间隔 0.2mm 测量一个位置的硬度值；②直至到达低碳钢的一侧，测量时的载荷为 300g，载荷的作用时间为 15s。

3.3.1.5 显微组织分析及轧制织构研究

采用 XRD(X 射线衍射技术)分析铸态及热轧变形后的高铬铸铁层中的碳化物种类及分布的情况，以及基体中的奥氏体组织在热轧变形过程中有可能出现的晶粒取向。

根据 XRD 分析的结果可知，高铬铸铁在经过热轧变形后，基体中也有可能存在一定的变形织构，因此，有必要对其进行宏观织构观察分析。采用 X 射线衍射仪（型号为西门子 D-5000)测试样品的宏观织构，测试的部位为样品的表面及中部，以测试沿着样品板的法线方向的织构梯度；样品的尺寸为：15mm(RD)×10mm(TD)。

3.3.2 高铬铸铁热轧变形的组织性能

3.3.2.1 热轧变形过程中的组织演变

如图 3-3-4 中所示，为低碳钢-高铬铸铁复合板铸态的样品的 SEM 显微组织（右侧为低碳钢，左侧为高铬铸铁）。如图 3-3-5 中所示，为热轧后的低碳钢-高铬铸铁复合板样品 SEM 显微组织（左侧为高铬铸铁，右侧为低碳钢）。

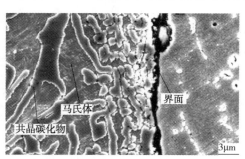

图 3-3-4 低碳钢-高铬铸铁复合板样品的铸态 SEM 显微组织

对图 3-3-4 及图 3-3-5 进行比较可以发现，针对铸态的复合坯料，由于在浇铸的过程中，高铬铸铁及覆层的低碳钢熔液之间的过冷度差异较大，在结合界面处，覆层熔液的凝固速率较快，导致在界面处的某些位置存在着一定宽度的缝隙。而经过热轧变形之后，复合铸坯在厚度方向上的大变量的压缩作用，以及合金元素在高温条件下的扩散作用，导致两种材料之间的界面已经结合得比较紧密了。

(a)热轧10mm厚的样品

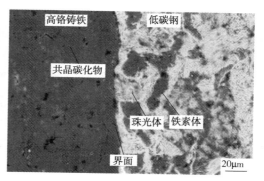

(b)热轧5mm厚的样品

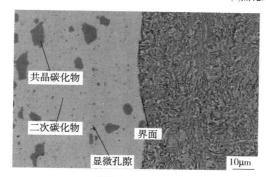

(c)热轧2.5mm厚的样品

图 3-3-5　低碳钢-高铬铸铁复合板样品的热轧后 SEM 显微组织

图 3-3-4 中所示的铸态低碳钢-高铬铸铁复合界面，从其附近的形貌及显微组织可以观察出，铸态的高铬铸铁基体中主要为马氏体及残余奥氏体，其中在基体中还分布着一些尺寸较小的碳化物，这是该合金在凝固的过程中从枝晶上析出的。除此之外，在枝晶的周围，存在着很多条状的共晶碳化物。从图 3-3-5(a)中可以测量出，当基体为铸态时，其中碳化物所占的体积比约为 12.7%；而经过塑性变形之后，高铬铸铁的基体组织及碳化物的形态均发生了明显的变化。热轧后的高铬铸铁的基体显微组织转变为残余奥氏体+马氏体，而低碳钢一侧的显微组织则为铁素体+珠光体混合组织。

采用 EDS 能谱分析，对热轧后的样品界面附近的 Cr、Ni 等合金元素的分布进行观察分析，其结果详见图 3-3-6 中所示。从该图中可知，Cr、Ni 等合金元素原子的含量在界面区域的附近是连续分布的，并且在界面处形成了一个过渡区域，该区域是由于基体中的成分快速降低而产生的。采用 Image-Tool 软件测量可发现，这个过渡区域的宽度在 20～

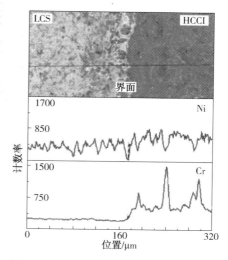

图 3-3-6　低碳钢-高铬铸铁复合板样品热轧后的 EDS 能谱分析

40μm。存在上述这种连续的过渡区域，说明二者金属之间的原子发生了明显的相互扩散，从而实现了两种不同材料之间的冶金结合。同时，由于过渡区域的宽度明显小于二者材料各自的厚度，也说明两种材料的基体依然保持着各自的成分及性能。

3.3.2.2　热轧变形后高铬铸铁基体中的碳化物变化

图3-3-7为不同状态下的高铬铸铁基体组织中的碳化物SEM显微组织。从图中可以观察出，经过热轧变形之后，碳化物得到有效的压缩、碎化，而且随着轧制压下量的增加，上述碳化物的尺寸会有一定程度的减小。根据高铬铸铁的平衡相图可知，在热轧变形的过程中，有部分共晶碳化物溶解到了奥氏体基体中，导致其尺寸进一步减小，进而促使奥氏体中的C元素含量升高。而随着合金基体中C元素的增多，在轧制变形及随后的冷却过程中，由于C元素的饱和度降低，奥氏体基体中将析出细小的二次碳化物。

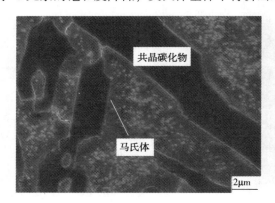
(a)铸态

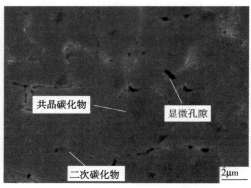
(b)热轧10mm厚的样品

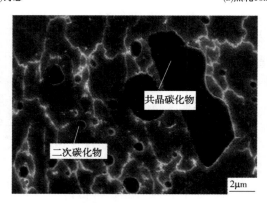
(c)热轧2.5mm厚的样品

图3-3-7　不同状态高铬铸铁的碳化物SEM显微组织

采用Image-Tool软件测量SEM图片中的共晶碳化物的尺寸可以发现，当轧制总压下量为85%时（样品的厚度为10mm），共晶碳化物的尺寸15~20μm；而当轧制总压下量为95%时（样品的厚度为2.5mm），共晶碳化物的尺寸明显降低，其尺寸在10~15μm；而其中形成的二次碳化物的尺寸，基本都在1~3μm。此外，由于碳化物的显微硬度及强度明显大于基体的，在塑性变形的过程中，碳化物与基体奥氏体晶粒的界面处，由于应力集中的原因，会产生一定数量的细微孔隙。通过比较图 3-3-7（a）及图 3-3-7（c），从中可以观察出，上述出现的孔隙在后续轧制的过程中，能够逐步被焊合。

表 3-3-3　铸态及热轧态下的高铬铸铁 XRD 中的谱峰

铸态		热轧态	
$2\theta/(°)$	D	$2\theta/(°)$	d
21.819	4.0700	21.407	4.1474
37.759	2.3805	24.191	3.6761
39.080	2.3030	34.537	2.5949
44.200	2.0474	39.315	2.2898
49.219	1.8497	42.969	2.1032
50.079	1.8199	44.341	2.0412
51.799	1.7958	49.622	1.8356
50.799	1.7578	73.592	1.2860
64.139	1.4508	73.939	1.2808
81.619	1.1786	82.799	1.1648
97.599	1.0237	88.959	1.0993
98.199	1.0191	94.261	1.0510

如图 3-3-8 中所示，为铸态及热轧变形量为 85% 的条件下，高铬铸铁的 XRD 图谱的分析结果。通过比较分析图 3-3-8（a）及图 3-3-8（b）可知，铸态的高铬铸铁基体中的共晶碳化物主要为 Cr_7C_3 型碳化物；同时根据 XRD 的分析结果可知，铸态的高铬铸铁中存在的相主要为 $(Cr,Fe)_7C_3$。而经过热轧之后，其基体中析出的碳化物仍是以 Cr_7C_3 型为主，但是，已经出现了比较明显的 Cr_2C 型，详见图 3-3-8（b）中所示。此外，通过对比图 3-3-8（a）及图 3-3-8（b）可知，热轧之后的 X 射线衍射峰值明显低于铸态样品的。导致这个现象出现的原因，可能是由于热轧变形或再结晶的过程中，样品中的晶粒演变发生了择优取向，进而形成了一定的织构。由图 3-3-5 中所示的显微组织可知，其与铸态的组织相比，热轧之后的高铬铸铁基体中的共晶碳化物会发生部分的溶解，并且能够析出细小的二次碳化物。通过分析上述情况可知，热轧之后的高铬铸铁基体中析出的二次碳化物主要是 Cr_2C 型的。

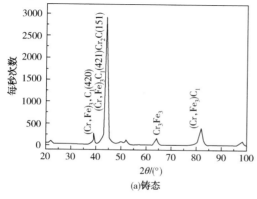
(a)铸态

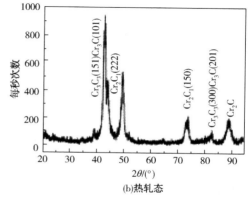
(b)热轧态

图 3-3-8　高铬铸铁的 XRD 分析结果

3.3.2.3 热轧变形后高铬铸铁基体中的宏观织构

为了进一步研究高铬铸铁基体中晶粒的取向规律，以及晶粒的取向与基体整体性能之间的关系，本研究采用 X 射线衍射的方式对热轧状态下的高铬铸铁进行织构观察分析。对高铬铸铁的样品采用 Cu 靶材、40kV 的加速电压、30mA 的工作电流，来测定 {110}、{200} 及 {112} 三个不完整的极图，并通过这三个极图，来计算取向分布函数 ODF。

图 3-3-9 为热轧态高铬铸铁的织构取向分布情况。由图 3-3-9(a) 中可以得到择优取向所对应的欧拉角 φ_1，φ，φ_2 的数值，则任意方向的取向函数 g 可以表示如下：

$$g = (\varphi_1, \varphi, \varphi_2) \tag{3-3-1}$$

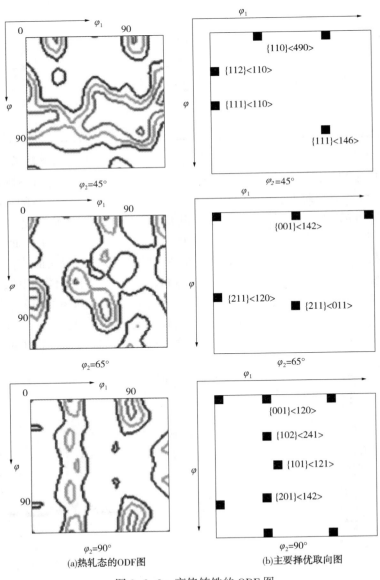

(a) 热轧态的 ODF 图   (b) 主要择优取向图

图 3-3-9　高铬铸铁的 ODF 图

并且对于起始取向，当 $e = (0, 0, 0,)$ 时，则存在如下的关系[91]：

$$g = \begin{bmatrix} \cos\varphi_1 \cdot \cos\varphi_2 - \sin\varphi_1 \cdot \sin\varphi_2 \cdot \cos\Phi & \sin\varphi_1 \cdot \cos\varphi_2 + \cos\varphi_1 \cdot \sin\varphi_2 \cdot \cos\Phi \\ -\cos\varphi_1 \cdot \sin\varphi_2 - \sin\varphi_1 \cdot \cos\varphi_2 \cdot \cos\Phi & \sin\varphi_1 \cdot \cos\varphi_2 + \cos\varphi_1 \cdot \sin\varphi_2 \cdot \cos\Phi \\ \sin\varphi_1 \cdot \sin\Phi & -\cos\varphi_1 \cdot \sin\Phi \end{bmatrix}$$

$$\begin{bmatrix} \sin\varphi_2 \cdot \sin\Phi \\ \cos\varphi_2 \cdot \sin\Phi \\ \cos\Phi \end{bmatrix} = \begin{bmatrix} u & r & h \\ v & s & k \\ w & t & l \end{bmatrix}$$

$$(3-3-2)$$

式中　u，v，w——晶向指数；

h，k，l——晶面指数。

参照任意方向的取向函数 g 的关系式(3-3-2)，可以反推出热轧状态下高铬铸铁基体中主要存在的择优取向的方向，如图3-3-9(b)中所示。可以观察出，在热轧态的高铬铸铁基体中，存在着相对较强的 {110}<490>、{111}<110>、{001}<142>三个不同方向上的织构，以及 Brass 织构{112}<110>。其中，立方织构{110}<490>及{111}<110>方向上织构的取向分布函数值 $f(g) \approx 10$，而其他两个主要织构的取向密度略低，约为 $f(g) \approx 5\sim7$。参考 Taylor's 的单晶体实验，材料的微观织构反映出了其宏观变形的特征。

上述的主要择优取向与常见的面心立方的材料相似，进而也证明了高铬铸铁在层状金属复合板材中具有一定的塑性变形能力。此外，在测试的过程中，还发现在{102}<241>及{111}<146>的位置上也具有相对较高的取向函数密度。上述这些方向与常见的轧制织构方向并不完全符合，原因是由于在塑性变形的过程中，基体中的奥氏体晶粒发生了多晶系的滑移或者晶粒的转动，同时受到了弥散分布的碳化物颗粒的阻碍，进而导致其取向方向发生了一定的偏移。

3.3.3　低碳钢-高铬铸铁复合板材的热变形工艺

板材在轧制变形的过程中，在剪切载荷的作用下会明显发生金属的流动，上述过程与平板的热压缩变形过程具有一定的相似性，所以可以采用板材的热压缩变形实验来对板材的轧制变形进行物理模拟。通过圆柱体的热压缩模拟实验可知：①试样某些区域存在难变形区，所以在轧制变形的过程中接近轧辊处的金属，也存在一定的难变形区；②圆柱体在被热压缩时，样品的中心部位的应力状态与板材在进行热轧变形的应力状态也比较接近。所以采用不同温度、不同变形量的热压缩实验，能够对板材在热轧变形过程中的显微组织演变进行物理模拟，从而有助于制定复合板材的热轧变形工艺参数。

3.3.3.1　高铬铸铁基体中的晶粒度变化

低碳钢-高铬铸铁复合板材经过热压缩+淬火冷却至室温后，其基体中的显微组织大部分为马氏体组织，同时也存在少量的残余奥氏体。众所周知，淬火采取介质冷却，冷却的速度相对较快，因此高温变形后的奥氏体晶界来不及发生晶格转变，进而得以保留下来。经过配好的溶液腐蚀之后，通过金相观察可以清晰地在光学显微镜(OM)下看到奥氏体的晶界。

如图 3-3-10~图 3-3-13 中所示，为不同的温度及压下量的条件下，高铬铸铁样品芯部的显微组织形貌。从该图中可以明显观察出，随着热压缩变形量的增加，基体中奥氏体组织逐渐得到细化。通过对比图 3-3-10~图 3-3-13 还可以发现，在 900℃ 条件下进行热压缩时，即使变形量高达 40%，依旧没有观察到基体组织发生明显的再结晶行为，如图 3-3-10(d) 中所示。在此状态下的基体中的奥氏体的晶粒会随着压下量的持续增加，晶粒的畸变及伸长明显得到增大，并且在局部出现了细小的等轴晶粒。当在 1100℃ 下进行热压缩且压下量定为 20% 时，基体中仍然是以加工硬化状态的晶粒为主，而当压下量到达 30% 或者更大时，则基体中明显出现了较多数量的等轴晶粒，如图 3-3-12(c)(d) 中所示。

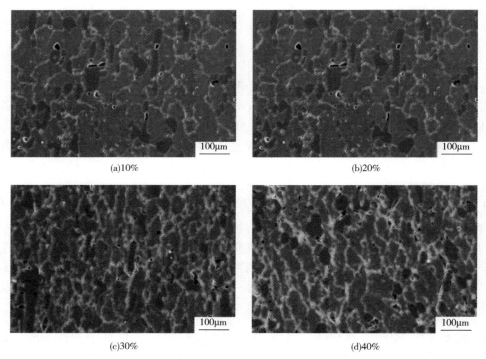

(a)10%　　　　　　　　　　　　　　　(b)20%

(c)30%　　　　　　　　　　　　　　　(d)40%

图 3-3-10　高铬铸铁在 900℃ 压缩不同压下量后的金相组织

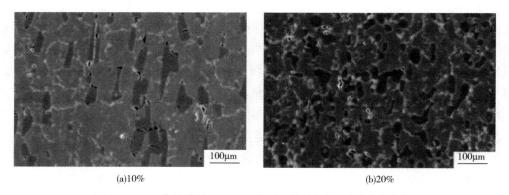

(a)10%　　　　　　　　　　　　　　　(b)20%

图 3-3-11　高铬铸铁在 1000℃ 压缩不同压下量后的金相组织

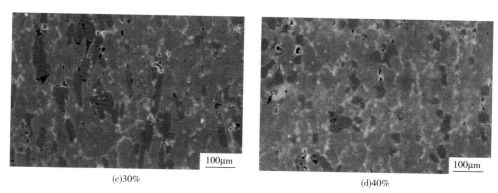

(c)30%   (d)40%

图 3-3-11 高铬铸铁在 1000℃ 压缩不同压下量后的金相组织(续图)

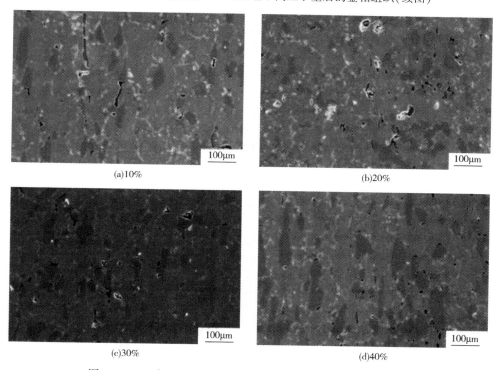

(a)10%   (b)20%

(c)30%   (d)40%

图 3-3-12 高铬铸铁在 1100℃ 压缩不同压下量后的金相组织

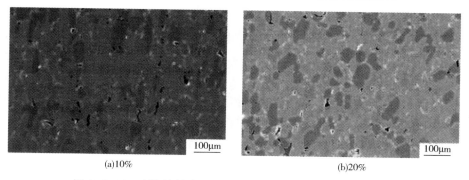

(a)10%   (b)20%

图 3-3-13 高铬铸铁在 1150℃ 压缩不同压下量后的金相组织

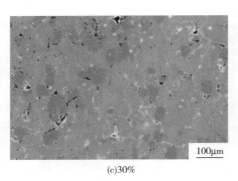 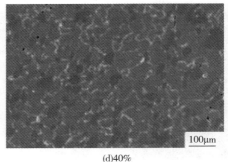

(c)30%　　　　　　　　　　(d)40%

图 3-3-13　高铬铸铁在 1150℃压缩不同压下量后的金相组织（续图）

依据 GB/T 6394—2017《金属平均晶粒度测定法》对基体中的奥氏体的晶粒尺寸进行测量，同时采用标准中的切线对基体中奥氏体组织的晶粒度进行测试，如图 3-3-14 及图 3-3-15 中所示。从这两幅图中可以观察出，在 1100～1150℃进行热变形后，基体中的奥氏体的晶粒会随着变形量的增加而呈现出不断减小的趋势。上述现象的出现充分说明了，动态再结晶或者其他的软化过程发生在了高铬铸铁的热塑性变形过程中，进而使得在塑性变形中发生畸变的那些晶粒能够转变成为等轴晶粒，同时释放出了畸变能。晶格的畸变能是上述这种软化过程的驱动力，所以，随着热变形压下量的持续增加，晶粒的细化将会变得更加明显。此外，随着基体中整体温度的升高，奥氏体的晶粒会发生再结晶之后的长大，进而在晶粒尺寸方面开始增大。

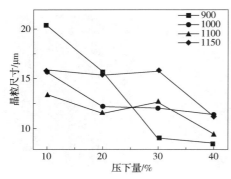 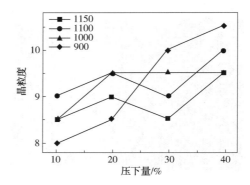

图 3-3-14　不同的温度及压下量下的　　　图 3-3-15　不同的温度及压下量下的
高铬铸铁基体的晶粒尺寸变化　　　　　　　高铬铸铁基体的晶粒度变化

3.3.3.2　高铬铸铁基体中孔隙的变化

高铬铸铁基体中的碳化物在压缩变形中在压应力的作用下，会进一步发生破裂、碎化，上述现象已经在热轧变形过程中充分得到了证实。由于碳化物的显微硬度明显大于基体组织的，在碳化物被碎化的过程中，在基体整体发生变形的过程中，会出现与基体的组织发生明显的不协调变形，进而导致碳化物与基体组织的界面上会产生显微孔隙或者微裂纹，而这些显微的缺陷会在持续的加工变形过程中得到扩展。

由于高铬铸铁基体中存在上述的这些孔隙，这会导致该合金的实际强度+硬度被降低；而在工程服役中，有可能在受到外界载荷的作用下，易从空隙处发生裂纹的扩展，进而导致合金材料的失效。所以，对热压缩过程中高铬铸铁基体中的孔隙的演变进行分析，是研究低碳钢-高铬铸铁复合板材热轧变形工艺的基础。如图 3-3-16 中所示，统计基体中的孔隙尺寸的平均值，对热压缩之后的样品的芯部取样，并进行金相组织观察，在试样的截面上随机选取视场即可得到孔隙的尺寸。从该图中可以观察出如下两个方面的变化：①随着加热温度的持续升高，在相同压下量的样品中孔隙尺寸会明显减小；②随着压下量的持续增加，孔隙的尺寸也是减小的。

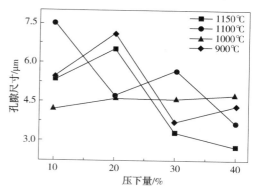

图 3-3-16　不同的温度及压下量下的高铬铸铁基体中的孔隙尺寸变化

上述情况说明，在高温变形的过程中，由于基体中奥氏体组织的强度明显低于碳化物的，而其自具有良好的金属流动性，在压缩变形过程中，可以填充到碳化物及基体组织之间的孔隙中，进而使得孔隙的尺寸得到有效减小。此外，根据之前的分析可知，在压缩过程中会发生软化行为，导致基体组织发生演变，因此在 1100~1150℃ 随着压缩量的持续增加，孔隙尺寸的减小十分明显。而加热至 900℃ 时，由于高铬铸铁基体中未发生明显的显微组织演变，孔隙的尺寸随着压下量的增加变化并不显著。同时结合金相组织的变化，通过分析可知，当热变形的加热温度越高、压下量越大，会导致孔隙的尺寸、数量均有明显的减小。

3.3.3.3　低碳钢-高铬铸铁复合板材的热轧工艺

总结分析热压缩后高铬铸铁的显微组织变化，以及基体中碳化物与基体组织之间的孔隙尺寸变化和分布情况，可知在实验所涉及的温度范围内，加热温度越高，变形压下量越大。虽然基体中的晶粒尺寸会略有增大，但是由于动态再结晶的发生，晶粒的尺寸大小均匀且均为等轴晶粒。此外，由于基体组织良好的金属流动性，会导致基体组织中碳化物周围的孔隙在尺寸及数量方面均减少，进而明显提高了高铬铸铁的硬度及韧性等力学性能。所以，基于本研究的制备思路以及轧制变形实验，可以提出一种适合制备加工低碳钢-高铬铸铁复合板材的新工艺思路。

通过分析轧制实验可知，相对合适的热轧温度在 900~1150℃，可以使高铬铸铁在低碳钢的包覆下实现相对平稳且规则的宏观变形。通过热压缩实验可以观察出，当加热至 900℃ 以下时，在基体组织中难以发生动态再结晶行为，因此在这种情况下，轧制时的压下量应当相对减小。而加热至 900℃ 以上时，随着加热温度持续升高，变形量继续增大，基体中的孔隙会明显减少；所以，加热温度越高，越有利于再结晶的发生，因此，在高温情况下可以适当提高变形的压下量。

在热轧变形的过程中，低碳钢-高铬铸铁复合板材的整体情况可以总结为以下几点。

（1）初轧时合适的变形量。初轧的第一、二个道次既要保证铸态组织（大的柱状晶）能够发生破碎，又要使得高铬铸铁基体中的组织开始平稳流动，因此初始轧制的道次压下量不宜过大，可以控制在 15%~20%，并且后续逐次增大，如图 3-3-17(a)(b) 中所示。

（2）轧制变形量较大的阶段。在开轧之后，后续的几个道次，板坯的温度仍然高于

900℃，此时可以加大变形量，使高铬铸铁发生较大的塑性加工变形，有助于基体中的碳化物被破碎。通过基体中奥氏体组织的协调变形以及动态再结晶行为，能够有效减少碳化物与基体组织之间的孔隙，并最终在后续持续的变形中得到消除，如图3-3-17(c)中所示。

（3）轧制变形的最后阶段。由于板坯的温度持续降低，以及板坯的厚度大幅减薄，进而导致降温速率更快，这种情况下应将道次变形量降低至15%以下，以防止过大的变形而导致板坯发生宏观开裂。

经过上述步骤之后，复合板材的温度已经明显低于900℃，应当将其回炉，重新加热至1150℃并完成保温，之后再重复上述的步骤，直至复合板材的厚度达到要求。

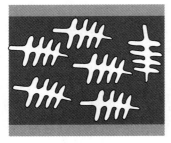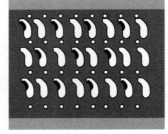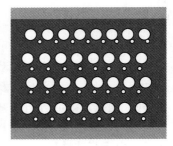

(a)铸态   (b)热轧第一阶段后   (c)热轧结束后

图3-3-17 低碳钢-高铬铸铁复合板材的热轧工艺示意图

3.3.4 高铬铸铁的高温变形行为

3.3.4.1 低碳钢-高铬铸铁复合板材压缩变形的数学模型

在复合板材中，由于上下覆层的低碳钢基体中合金元素含量较少，覆层在高温下的强度明显小于中间的高铬铸铁层的强度，这在热压缩实验过程中已经被充分证实。由于二者高温下的强度差异明显，这就导致热压缩之后的实验样品，其整体的形状并不是类似于单一金属被压缩之后的向外鼓形，而是覆层材料的半径略大，而中间层材料的半径略小的曲边圆柱体。此外，由于热压缩实验所用的样品整体尺寸相对较小，所以可以将其近似按照直径均匀的圆柱体来对待，其体积 V 可以表示如下：

$$V = \pi r^2 \cdot h \tag{3-3-3}$$

式中 r——圆柱体的半径；

h——圆柱体的高度。

根据金属材料的体积不变原理，则体积 V 是一个常数。对上式两侧进行求导后，可得如下：

$$2\frac{\mathrm{d}r}{r} = -\frac{\mathrm{d}h}{h} \tag{3-3-4}$$

通过变换后，即：

$$\mathrm{d}\varepsilon_z = -2 \cdot \mathrm{d}\varepsilon_r \tag{3-3-5}$$

再结合金属材料的体积不变原理，可得如下：

$$d\varepsilon_z + d\varepsilon_r + d\varepsilon_\theta = 0 \tag{3-3-6}$$

对上述两式进行结合，可得如下：

$$d\varepsilon_z = -\frac{dh}{h} \tag{3-3-7}$$

$$d\varepsilon_r = d\varepsilon_\theta = -\frac{1}{2} \cdot \varepsilon_z = \frac{dh}{2h} \tag{3-3-8}$$

根据等效应变的表达式，如下：

$$\varepsilon_\varepsilon = \sqrt{(\varepsilon_z - \varepsilon_\theta)^2 + (\varepsilon_z - \varepsilon_r)^2 + (\varepsilon_r - \varepsilon_\theta)^2} = \varepsilon_z \tag{3-3-9}$$

根据功平衡法，当模具压缩的位移为 Δh 时，外力做功及应变能的平衡方程如下：

$$F \cdot \Delta h = 2 \cdot \Delta W_f + 2 \cdot \Delta W_外 + \Delta W_内 \tag{3-3-10}$$

式中　F——压缩实验的载荷；

ΔW_f——覆层金属与模具之间的摩擦力消耗的功；

$\Delta W_外$——覆层金属的塑性变形能；

$\Delta W_内$——中间层金属的塑性变形能。

其中：

$$\Delta W_外 = \frac{1}{4}\pi D_外^2 \cdot \Delta h_外 \cdot \sigma_外 \tag{3-3-11}$$

$$\Delta W_内 = \frac{1}{4}\pi D_内^2 \cdot \Delta h_内 \cdot \sigma_内 \tag{3-3-12}$$

$$\Delta W_f = \int_0^外 \tau \cdot \varepsilon_r \cdot 2\pi r dr = \frac{1}{24}\pi \cdot D_外^3 \cdot \mu \cdot \sigma_外 \cdot \frac{\Delta h_外}{h_外} \tag{3-3-13}$$

式中　$\sigma_外$——覆层低碳钢的屈服强度；

$\sigma_内$——中间层高铬铸铁的屈服强度；

μ——摩擦系数。

将上述三式代入，可知此情况下的复合板材，在被热压缩时的强度 $\sigma_测$ 的表达式如下：

$$\sigma_测 = \frac{\Delta h_外}{\Delta h}\left(2 + \frac{1}{3} \cdot \frac{D_外}{h_外} \cdot \mu\right)\sigma_外 + \frac{\Delta h_内}{\Delta h} \cdot \frac{D_内^2}{D_外^2}\sigma_内 \tag{3-3-14}$$

此外，由于此情况下的复合板材的工程应变 $\varepsilon = 1 - \frac{h}{H_0}$，可将式(3-3-14)转变如下：

$$\sigma_测 = m \cdot \sigma_外 + n \cdot \sigma_内 \tag{3-3-15}$$

式中　m——覆层材料的强度对应的比例系数；

n——内层材料的强度对应的比例系数，具体表达式由以下两式列出。

$$m = \frac{d\kappa_外}{d\kappa} \cdot \frac{H_外}{H_0}\left(2 + \frac{1}{3} \cdot \frac{\sqrt{\frac{V_外}{\pi}}}{((1-\varepsilon_外) \cdot H_外)^{\frac{3}{2}}} \cdot \mu\right) \tag{3-3-16}$$

$$n = \frac{d\kappa_内}{d\kappa} \cdot \frac{(1-\varepsilon_内)}{(1-\varepsilon_外)} \cdot \frac{H_外}{H_内} \tag{3-3-17}$$

式中　$\varepsilon_{外}$——覆层低碳钢材料的工程应变；

　　　$\varepsilon_{内}$——中间层高铬铸铁合金的工程应变；

　　　ε——复合板材整体的工程应变；

　　　$\kappa_{外}$——低碳钢层的真实应变；

　　　$\kappa_{内}$——高铬铸铁层的真实应变；

　　　$H_{外}$——压缩前覆层材料的原始高度（常数）；

　　　$H_{内}$——中间层材料的原始高度（常数）；

　　　H_0——复合板材整体的原始高度（常数）。

3.3.4.2　复合板材热压缩的应力-应变曲线

对复合板材进行加热在 900~1150℃，同时实施 0~40% 的变形压下率，其真应力-应变曲线的结果，如图 3-3-18 中所示。从该图中可以观察出，在 900~1150℃，复合板材整体的应力会随着应变的增加而增大；而且随着应变的增加，应力增加的速率会逐渐减小。这说明复合板材的各层材料在热变形中发生了一定的软化。复合板材中的低碳钢在同样温度下的应力-应变曲线与复合板材整体的差异较大。低碳钢在 900℃ 条件下，进行压缩时已经发生了动态再结晶，并且在真应变约为 0.3 时，应力可以达到极值。

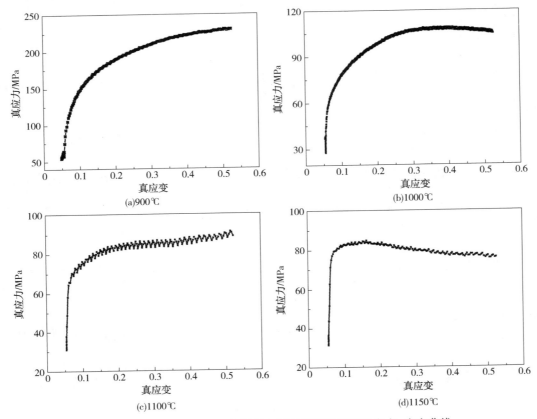

图 3-3-18　低碳钢-高铬铸铁复合板材等温热压缩的应力-应变曲线

随着加热温度的持续升高，低碳钢的压缩应力水平会急剧降低，应力极值对应的真应变也会逐渐降低。说明在复合板材被压缩的过程中，当应变达到一定值时，低碳钢则会通过动态再结晶的软化作用，使自身整体的强度降低，从而导致复合板材应力增加的速率也减小。此外，观察在1100℃及1150℃下进行压缩的应力-应变曲线，可以发现出现了明显的波动，但是这些应力波动的范围十分狭小，而且对应力的整体变化趋势并不产生影响。对比复合板材及低碳钢实施热压缩过程的应力水平，可以推断出上述的应力波动出现的原因，是在低碳钢基体中发生了多次的塑性变形积累，并且达到了临界值进而发生了动态再结晶的过程。

3.3.4.3　低碳钢及高铬铸铁的实际变形量

在图3-3-18中所示的应力-应变曲线，真实的应变值对应的是复合板材整体的应变值，所以不能用来表示各层的实际变形量。复合板材在变形开始的阶段，由于低碳钢层还没有发生动态再结晶，其强度会随着变形量的增加而增大。在这种情况下，低碳钢层相对于高铬铸铁层的变形量并不是很大。但是，随着变形量的持续增加，低碳钢的强度明显降低，使其塑性变形的程度得到提升。

在整个压缩变形过程中，覆层低碳钢的实际应变值 $\kappa_{外}$，始终大于内层高铬铸铁层的应变 $\kappa_{内}$。二者的比值会随着应变量的增加先发生较小的变化，随后其变化会有所增加。但是，由于热压缩实验采用的样品尺寸较小，而且高铬铸铁层的厚度也不均匀，导致上述现象并不明显。按照上述分析，将实验中测量的在不同压下量条件下的各层实际厚度取平均值，就可以绘出复合板材在不同压下量下的各层实际的压下量曲线，如图3-3-19中所示。

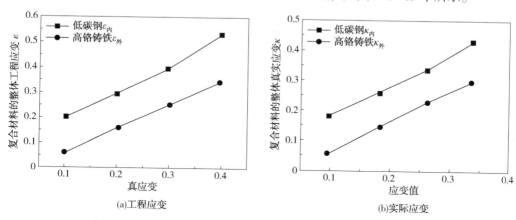

图3-3-19　复合板材不同变形量下各层的实际变形量变化曲线

对图3-3-19(a)中的四个数据进行均匀地连续插值，可以得到二者之间比较连续的变化关系曲线，如图3-3-20所示。从该图中可知，实际上两者之间的应变之比变化较小，因此进行差值处理后，带来的误差也相对较小。

此外，在式(3-3-16)及式(3-3-17)中，复合板材整体的应力大小及 $\dfrac{\mathrm{d}\kappa_{外}}{\mathrm{d}\kappa}$、$\dfrac{\mathrm{d}\kappa_{内}}{\mathrm{d}\kappa}$ 之间的关系紧密，所以可以采用数据差分的方式来代替微分，依据图3-3-20中所示，可以绘制出这两个导函数的曲线，如图3-3-21所示。

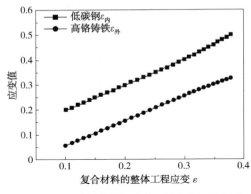

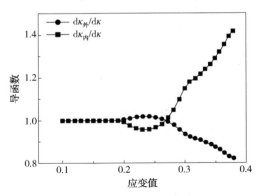

图 3-3-20　复合板材不同工程应变下各层的实际变形量变化曲线

图 3-3-21　内覆层材料相对于整体真实应变的导函数曲线

3.3.4.4　高铬铸铁的热压缩应力-应变曲线

从图 3-3-21 中可以观察出，实际上在中间层的高铬铸铁中测得的最大真应变约为 0.3，原因是在变形的过程中，覆层低碳钢的变形量明显大于中间层的。根据式(3-3-15)~式(3-3-17)，可以求出真实应变约在 0.05~0.3，这亦是高铬铸铁的应力值。同时，分析式(3-3-15)~式(3-3-17)中的 m、n 两个系数的组成，从中可以发现除了 $\varepsilon_{外}$、$\varepsilon_{内}$、ε、$\kappa_{外}$、$\kappa_{内}$、κ 之外，其余均为定值，都是与样品几何尺寸及复合板材结构相关的参数；而且在压缩的过程中，这六个应变值均为连续变化。

前三项在式(3-3-15)~式(3-3-17)中，是以一次系数的形式出现的，由于应变的变化值相对较小，所以这三项带来的数据波动也相对很小。从图 3-3-21 中可以观察出，$\dfrac{\mathrm{d}\kappa_{外}}{\mathrm{d}\kappa}$、$\dfrac{\mathrm{d}\kappa_{内}}{\mathrm{d}\kappa}$ 在应变值约为 0.2 以下时，基本为定值。上述情况说明，在小变形量的条件下，两种材料的变形量基本上是成一定比例的；而随着应变值的增加，上述导函数会发生剧烈的波动。上述现象可以归因于如下两个方面：第一个方面，低碳钢会随着变形量的增加而发生动态再结晶行为，导致其强度降低，进而流动性明显得到增加，其真实应变值也就会随之迅速变大；第二个方面，中间层(高铬铸铁)合金的厚度分布不均匀，也会带来应变值发生不规律的变化。

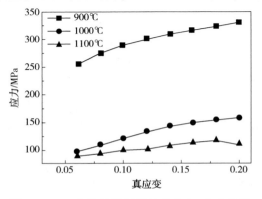

图 3-3-22　高铬铸铁材料的真应力-应变曲线

由于高铬铸铁层的边界并不是平直分布的，其厚度也不均匀，这就给测量各层的实际变形量带来了较大的误差。这些误差在各层真应变对整体应变的导函数中会被放大，从而引起式(3-3-15)~式(3-3-17)计算的高铬铸铁应力值出现较大的波动。所以可以近似给出真实应变在 0.05~0.2，高铬铸铁材料在 900~1100℃ 的真应力-应变曲线，如图 3-3-22 中所示。

从图 3-3-22 中可以观察出,高铬铸铁的强度在 900~1100℃,都是随着应变的逐渐增加而不断变大的。高铬铸铁自身具有优异的高温强度,特别是在 900℃ 以下,其强度接近于高碳马氏体不锈钢的数值。结合图 3-3-10 中的显微组织可知,高铬铸铁的强度较高主要是因为碳化物分布在基体中,而尺寸细小且分布均匀的碳化物自身的强度和硬度都很大,可以有效地阻止位错在合金基体中的运动,进而使得基体组织的滑移变得更加困难,所以在应用中呈现出优异的性能。

3.3.4.5 高铬铸铁基体的应变强化系数

观察到图 3-3-22 中高铬铸铁在 900~1100℃,其真实应力随着应变速率的增加反而变化较小,可以求出这种情况下的应变强化系数。

高温压缩时常用的应力-应变关系模型如下式:

$$\sigma = \sigma_0 \cdot \kappa^\upsilon \qquad (3-3-18)$$

式中 σ_0——某一初始温度下的应力初始值;

κ——真实应变;

υ——应变强化系数。

将图 3-3-22 中所示的应力、应变同时取对数,得到的曲线斜率即为应变强化系数 υ,如图 3-3-23 所示。

根据图 3-3-23 所示,可以得到高铬铸铁在不同温度下的应变强化系数 υ,分别为:900℃,-0.21;1000℃,-0.38;1100℃,-0.11。观察到式(3-3-18)中的应变<1,因此强化系数则为负值。

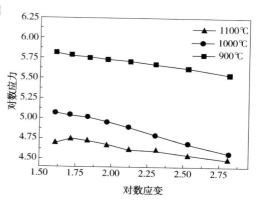

图 3-3-23 高铬铸铁材料的
对数应力-对数应变曲线

通过比较不同温度下的应变强化系数,可以发现:随着温度的持续升高,合金强度提高的速率是逐渐变慢的;而且在 900℃ 和 1000℃ 条件下,对数应力-对数应变曲线更加接近于直线,这种情况说明其应力-应变关系与图 3-3-18 能够较好地吻合,而在 1100℃ 条件下,则出现了明显的变化。通过对比图 3-3-22 及图 3-3-23 可以观察出,在 1100℃ 条件下,在合金基体中发生了较为明显的软化过程,进而导致高铬铸铁的强度增加速率变慢了。

3.3.4.6 热变形过程中高铬铸铁的软化行为

高铬铸铁在进行热变形的过程中,其基体会发生明显的显微组织演变,同时存在显微组织的动态软化及碳化物的二次析出行为,由之前所述的金相组织及热压缩时的应力-应变曲线可以得到证实。上述两种现象之间的相互作用关系比较复杂,而且明显会受到固溶的合金元素(如 Cr、C 等)的影响。

由于高铬铸铁的热变形是在奥氏体相区进行的,而通常认为面心立方结构的晶体塑性变形时层错能相对较低,面心立方结构的晶体滑移系较多,有助于发生塑性变形,但是位错的交滑移难以进行,因此不易发生动态回复过程。在合金基体的局部有可能累积足够的位错密度差,进而导致形成大角度晶界出现在基体中,更倾向于发生不连续的动态再结晶。

但是,比较图 3-3-10 中不同温度及变形量下的高铬铸铁的显微组织,并未发现低碳钢合金在热变形加工时发生类似的再结晶过程，这充分说明单质金属在复合材料体系中发生变形的过程明显不同于自身单独发生变形的过程。基体中的晶粒尺寸大小相对比较均匀，并且没有呈现出再结晶的形核+长大的过程。同时明显观察到，在变形量相对较小的情况下，晶粒呈现出明显的宏观拉伸形貌，该现象表明了在基体组织中存储着较高的畸变能，进而也说明了在高铬铸铁中发生动态再结晶是相对比较困难的，需要较高的温度、较大的变形量，以此来突破再结晶的能垒，才有可能发生再结晶现象。

影响再结晶的主要因素是加热温度、变形量及变形速度等。通常认为，加热温度越高、变形量越大、变形速率越快，发生动态再结晶的倾向也越大。针对热压缩变形实验中的样品（该样品对应着最高的加热温度、最大的加工变形量）进行分析，可以了解到基体中组织的晶界角度、畸变能分布的情况变化，进而可以验证样品是否发生了少量的动态再结晶行为。

采用背向散射电子衍射技术（EBSD）对高铬铸铁的组织晶粒进行分析，结果如图3-3-24中所示。其中，偏蓝色的晶粒代表着可能发生再结晶的晶粒，偏红色的则代表着加工硬化的晶粒，而绿色部分代表的是基体中的碳化物。由于碳化物的晶体结构与合金基体的晶体结构差异明显，所以没有标出碳化物的取向。对经过加热保温后的基体组织进行分析，可知基体组织中的不同晶粒的取向不同。因此，在塑性变形的过程中，彼此之间出现滑移的先后、滑移系开动的数量及次序、以及位错交互作用的程度均不相同。基于上述较为复杂的情况，可知各晶粒内部的应变水平及形变组织也是不相同的。

如图3-3-24(a)中所示，不同颜色的晶粒表示的是不同晶粒应变水平得到的可能发生再结晶的晶粒。从该图中可以观察出，只有一部分少量的晶粒通过再结晶的方式释放出了畸变能。如图3-3-24(b)中所示，显示出来的是可能发生再结晶的位置。发生再结晶的部分晶粒由于自身释放了畸变能，发生了形核及长大，进而该区域也消除了晶粒的畸变，会导致晶体缺陷的数量明显减少，使得基体的晶体结构呈现出的对称性，更加符合经典晶体点阵的规律。所以，通过电子背散射衍射技术，绘制出的灰度图中的衬度也显得较高，进而在图3-3-24(b)中呈现出明显的灰色。对上述区域内进行观察，发现只有少部分的尺寸相对细小的晶粒发生了再结晶行为；同时，上述中的灰色区域的位置也充分说明了，在此状态下发生再结晶的形核位置主要在晶界上。

(a)欧拉图　　　　　　　　　　　　(b)衬度图

图3-3-24　高铬铸铁的背向散射电子衍射组织图

通过对上述形变过程基体中显微组织的演变观察，可知动态再结晶晶粒的数量较少，但是，经过变形后的很多晶粒已经发生转变，呈现出了明显的大角度晶界。如图3-3-25中所示，显示出了在上述状态下，基体组织中的不同晶粒的晶界，黑色代表的是>15°的晶界，红色代表的是5°~15°的晶界，蓝色代表的是<5°的晶界。从图3-3-25中可以观察出，大部分的区域均是>15°的大角度晶界，而5°~10°的晶界数量相对较少，<5°的小角度晶界数量最少。

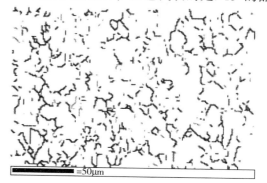

图3-3-25 高铬铸铁热压缩后的晶界角度分布图

依据奥氏体亚晶形核再结晶的理论，可知上述现象的出现与发生动态再结晶的早期行为类似。由于大量碳化物存在于基体中，阻碍了位错的运动，进而降低了晶界的迁移能力，导致高铬铸铁难以发生典型的动态再结晶行为。此外，塑性变形依然能够引起晶粒内部的位错密度的提升，位错会在晶内或者晶粒的突起部位发生缠结，随着缠结的发展，进而形成亚晶。上述的这些亚晶之间本身取向是比较相似的，因此，彼此之间形成了小角度晶界。

随着塑性变形量的持续增加，亚晶之间会发生相互的转动，彼此的晶体取向也会逐渐变大，上述的小角度晶界会随着变形而发生转动，会逐渐变成大角度晶界，并且小角度晶界在发生转动的过程中释放了畸变能。上述现象也说明了，虽然有一部分晶粒没有经过明显的再结晶行为改变晶粒的尺寸，但在热压缩变形后的基体中，其晶粒尺寸还是会通过亚晶的形成而减小，如图3-3-10及图3-3-25中所示。因此，在高铬铸铁的塑性变形过程中，主要是亚晶粒的形成过程引起的软化作用，从而导致基体的塑性变形程度增加的，而基体发生动态再结晶的行为，只有在温度较高、变形量较大的情况下才有可能发生，所以高铬铸铁的塑性加工变形机制，在不同的温度范围区间存在明显的差异。

3.3.5 低碳钢-高铬铸铁复合板材的热处理性能

3.3.5.1 热处理后低碳钢-高铬铸铁复合板材的显微组织变化

为了使得低碳钢-高铬铸铁复合板材具有良好的力学性能，从复合板材的整体进行思考，所实施的热处理工艺可以分成如下两个阶段：第一个阶段，是在高温条件下，使得复合板材的基体发生奥氏体化，然后淬火冷却至室温，让高铬铸铁中溶于奥氏体基体的Cr原子得到充分的析出，同时让基体发生奥氏体向马氏体的转变，进而能够形成硬度较高的金相组织；第二个阶段，是采用较高温度下的回火工艺，来消除淬火过程中由于冷却速率过快而产生的残余应力，进而提高复合板材的综合韧性；由于在高温条件下会发生珠光体向铁素体的转变，同时也能起到防止上述转变的作用。

如图3-3-26中所示，为低碳钢-高铬铸铁复合板材的样品在不同温度下，经过固溶淬火处理后的金相显微组织。从该图中可以观察出，样品经过淬火处理后，在高铬铸铁一侧的基体中，显微组织主要是马氏体及少量的残余奥氏体，而高铬铸铁一侧的共晶碳化物的平均尺寸分别为8μm、9μm、15μm。

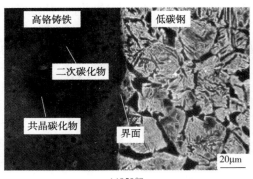

(a)950℃

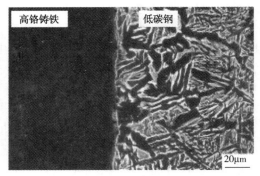

(b)1000℃

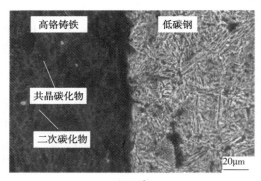

(c)1050℃

图 3-3-26　低碳钢-高铬铸铁复合板材的样品在不同温度淬火处理后的 SEM 显微组织

　　经过淬火处理之后，高铬铸铁基体中出现了较多的二次碳化物，且这些二次碳化物的尺寸相对均匀，析出的二次碳化物为 M_7C_3 及 $M_{23}C_6$ 两种类型。根据相关的相图可知，对于 Cr 含量为 15%~20% 的高铬铸铁合金而言，$M_{23}C_6$ 类型的碳化物在热力学上是不稳定的，而 M_7C_3 类型的碳化物则是相对稳定的相。所以，随着保温时间的延长，前者有可能向后者发生转变，进而导致后者的含量明显增多。上述这些二次碳化物的出现，会使得基体中奥氏体的固溶度趋近于饱和，进而会导致奥氏体中的合金元素（尤其是 C、Cr 等）的含量明显降低，会使得基体中的马氏体转变温度开始升高。

　　而对于 Cr 元素含量为 12%~20% 范围内的高铬铸铁合金而言，随着加热温度的升高，平衡状态下奥氏体中的 C 元素的平衡浓度仅有很少的增加。因此，对于这种成分的高铬铸铁合金，即使淬火时奥氏体化的温度明显不同，因为 C 元素整体含量的稳定，所以基体中的奥氏体及马氏体的含量不会发生很大的变化。

　　析出的二次碳化物按照形貌可以分为以下两种类型：第一种是球状的，直径约为 2μm 左右，主要分布在共晶碳化物之间的基体中，或者分布在几个基体晶粒之间的交界处，第二种是尺寸为 200~400nm 的颗粒状碳化物，比较均匀的分布在基体组织的晶界上。第一种类型的碳化物是由于基体发生奥氏体化时，共晶碳化物部分溶解于奥氏体基体中，进而导致奥氏体基体组织中的合金元素含量出现不均匀，所以在冷却的过程中会直接析出较大的碳化物。第二种类型的碳化物是由于在淬火过程中，合金元素的突然过饱和形成的。

　　总结上述分析可知，析出的二次碳化物的数量会随着固溶温度的升高而增多。导致上述现象出现的原因，是合金基体在发生奥氏体化时，基体中的共晶碳化物将部分的溶解于奥氏体中，进而导致了奥氏体基体中的 Cr 元素含量增多。根据相图可知，奥氏体化的温度越高，则基体中的共晶碳化物的溶解量也会越多，那么剩余的共晶碳化物的数量则会越少，基体中的 Cr 元素含量也就越高，进而在随后的淬火过程中，基体中析出的二次碳化物的数量也越多。但是，在固定的奥氏体化的温度下，随着保温时间的持续增长，共晶碳化物的溶解过程将会达到动态的平衡。倘若继续延长保温时间，则共晶碳化物有可能发生在小范围内的聚集并长大，进而导致共晶碳化物的尺寸随着奥氏体化温度的升高而略有增大。

通过对比图 3-3-26(a)~(c)还可以发现，分别在 950℃、1000℃、1050℃ 三种不同温度下实施固溶淬火处理之后，基体组织中的碳化物的总体积分数分别为 35%、43%、37%。在 950℃ 条件下进行固溶时，基体组织虽然转变成了奥氏体，但是，奥氏体的成分并不不均匀。在靠近原始共晶碳化物的区域，由于碳化物发生了局部的溶解，导致合金元素的含量明显高于其他的区域，进而处于热力学不稳定的状态，所以，在淬火过程中更加容易析出二次碳化物，造成了基体组织中二次碳化物的分布不均匀，以团状的相貌聚集出现，如图 3-3-27(a)中所示。

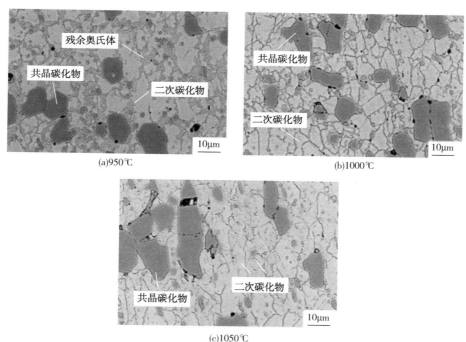

(a)950℃　　　　　　　　　　(b)1000℃

(c)1050℃

图 3-3-27　热轧高铬铸铁样品在不同温度淬火处理后的 SEM 显微组织

而在 1000℃ 以上的条件下进行固溶处理(该情况明显不同于 950℃ 条件下的)，由于温度较高，能够提供较大的扩散动力，使得奥氏体化之后的合金元素扩散得相对比较充分，因此，经过淬火处理之后，基体显微组织中的颗粒状二次碳化物及晶界上的球状二次碳化物，二者都分布得比较均匀。此外，有相关的文献表明，升高奥氏体区域的温度或者延长保温时间，均可以使得室温下组织中的奥氏体含量增加。这就造成了在 1050℃ 下实施固溶淬火处理，会出现室温组织中的奥氏体的含量增多及马氏体的含量减少。因此，淬火时产生的二次碳化物的数量也会相应减少。对于覆层的低碳钢而言，随着奥氏体化温度的不同，显示出了不同的显微组织，即在950℃下进行固溶处理，则显微组织为均匀的铁素体+珠光体组织；在1000℃及1050℃下进行固溶处理，显微组织为粗大的铁素体+珠光体组织，并且在铁素体及珠光体的边界处，存在少量的马氏体。

对于1000℃下固溶处理的样品，分别在250℃、350℃、450℃、550℃、650℃五种不同的温度下进行回火处理，对应的金相组织如图3-3-28中所示。通过对比可以发现，随着回火温度的升高，高铬铸铁一侧基体中的共晶碳化物的数量基本没有发生变化；而二次碳化物的数量，尤其是在晶界上析出的二次碳化物的数量明显增加。

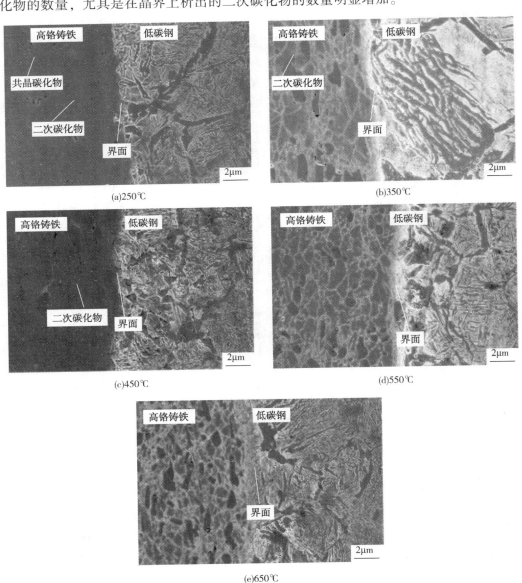

图3-3-28　低碳钢-高铬铸铁复合板材样品在不同温度下回火处理后的SEM显微组织

对试样在250~450℃之间实施回火处理时，高铬铸铁的基体组织呈现出相对均匀的细针状回火马氏体组织，如图3-3-29(a)~(c)中所示。当回火温度为550℃时，基体组织中已经明显地出现了铁素体区域，而当回火温度达到650℃时，基体中则有更多的铁素体组织出现。上述现象的变化与铸态的高铬铸铁经过回火处理后表现出的组织变化类似；当回火温度低于400℃时，基体主要发生的是回火马氏体转变。在400~550℃，基体中的残余奥氏体开始变得不稳定，并且在冷却的过程中会发生马氏体转变。当温度加热至550℃以上时，残余奥氏体会发生相变，转变成铁素体+碳化物。基体中出现过多的铁素体，则会降低基体整体的耐磨性，因为铁素体的硬度相对较低，为了使高铬铸铁层在复合板材中能够发挥出强韧性的作用，回火温度不宜超过550℃。本研究的结果与相关的文献报道基本一致。

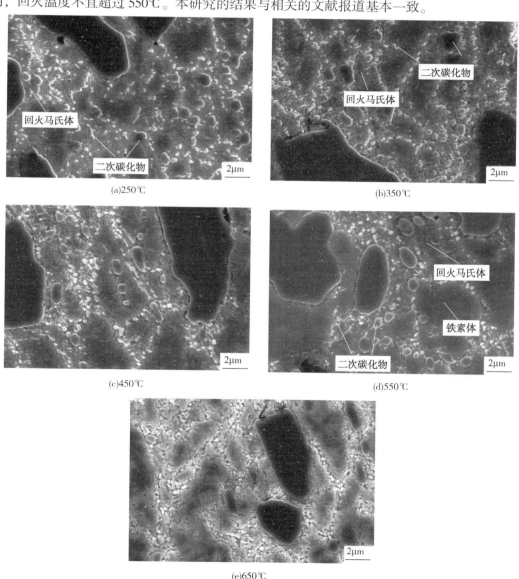

图3-3-29　热轧后高铬铸铁样品在不同温度回火处理后的SEM显微组织

3.3.5.2 高铬铸铁热处理后的硬度变化

如图3-3-30中所示，为不同的温度下经过固溶淬火处理后，低碳钢-高铬铸铁复合板材整体的硬度变化，以及高铬铸铁一侧的平均硬度变化。从图3-3-30(a)中可以观察出，复合板材的HV硬度从高铬铸铁到低碳钢是连续变化的，即从高到低的变化趋势，结合界面区域的HV硬度处于两种材料之间，界面附近的显微组织变化以及合金元素的分布决定着界面区域的显微硬度值，说明两种材料之间形成了良好的冶金结合。经过固溶淬火处理之后，高铬铸铁一侧的显微硬度可以升高至750~900HV，与合金的铸态组织的显微硬度比较接近。而对比不同固溶温度下高铬铸铁的显微硬度，可以发现在1000℃条件下，固溶处理后的显微硬度值最大。高铬铸铁经过固溶处理后的显微硬度明显得到提升，主要原因是基体中的碳化物及显微组织的演变，可以通过以下两个方面来详细说明：第一个方面，在淬火过程中，高铬铸铁基体中析出了大量的细小弥散的二次碳化物，而碳化物自身的硬度较高，这是导致合金整体硬度升高的主要原因；第二个方面，基体中的奥氏体在冷却的过程中，也会发生的马氏体转变，马氏体的硬度明显高于奥氏体的，所以也能促使基体的显微硬度明显提高，结合这两个方面显微组织的变化，进而可知整体的硬度明显增高。

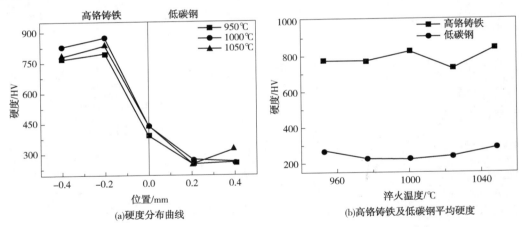

图3-3-30 低碳钢-高铬铸铁复合板材样品淬火处理后硬度分布

如图3-3-31中所示，是在不同回火温度下经过热处理之后，低碳钢-高铬铸铁复合板材整体的硬度变化，以及高铬铸铁一侧的平均硬度变化。通过硬度分布曲线可以观察出两个变化趋势相反的现象：第一个，是高铬铸铁一侧的显微硬度值会随着回火温度的升高而略有增大；第二个，是低碳钢一侧的显微硬度值则会随着回火温度的升高有所下降。

高铬铸铁一侧的显微硬度与经过固溶处理之后的进行对比，其数值明显降低，整体分布在600~750HV。其中，在650℃经过回火处理后的硬度值达到最大，为726.2HV，基本达到了某些文献中公开的半固态技术制备的高铬铸铁淬火后的硬度值。上述现象说明，经过热轧之后的高铬铸铁一侧的显微硬度，主要由基体中碳化物的数量决定。

大变量的热轧过程能够将基体中的碳化物充分破碎，并且在后续的淬火+回火工艺中

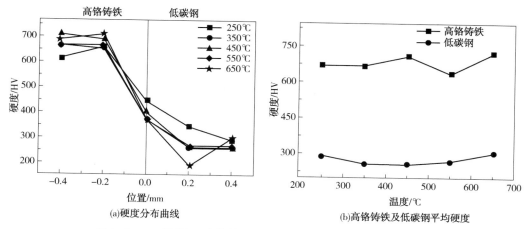

(a)硬度分布曲线　　　　　　　　(b)高铬铸铁及低碳钢平均硬度

图3-3-31　低碳钢-高铬铸铁复合板材样品回火处理后硬度分布

形成了大量的分布均匀的二次碳化物，有助于提升高铬铸铁基体的显微硬度。经过回火处理之后，高铬铸铁基体中的马氏体的含量会明显减少，而二次碳化物的数量却增加；同时，随着回火温度的升高，二次碳化物的数量会持续增加。上述现象充分说明，对回火之后的高铬铸铁的显微硬度产生主要影响的，还是基体中国碳化物的数量以及分布情况。而低碳钢一侧的显微硬度的降低，与回火过程中马氏体的溶解密切相关。

通过查阅相关的文献可知，显微硬度并不能精确地反映出高铬铸铁合金的客观的耐磨性，只能说明显微硬度与耐磨性之间有关系。而真正能够反应高铬铸铁合金的耐磨性的直接因素，是合金基体中的马氏体的 C 元素含量，C 元素含量越高，则其耐磨性能越好。同时，在合金基体中的奥氏体合理的含量，也有利于增强高铬铸铁合金的断裂韧性。所以，只有二者在合金基体中合理地匹配、分布时，才能提升高铬铸铁合金整理的综合性能。

经过固溶+高温回火热处理之后，在高铬铸铁一侧的基体中，由于析出了大量的二次碳化物，其显微硬度可以接近铸态时的数值；而低碳钢一侧可以得到铁素体+珠光体组织，可知在此情况下的低碳钢一侧，具有相对较好的韧性及塑性。综上所述，低碳钢-高铬铸铁复合板材中的不同组元金属自身的力学性能特点，可以使该复合板材整体呈现出优异的力学性能(即耐磨性+韧性)。

3.4　主要结论

本研究采用金属材料塑性加工领域内经典的滑移线理论，对层状金属复合板材在轧制变形过程中的滑移线场的变化进行了分析。研究结果表明：当芯层-覆层材料的强度 $k_{心}/k_{覆}>3$ 时，芯层材料在结合界面处的平均应力 $\sigma_{心/界}$ 基本为一个固定的值。当 $k_{心}/k_{覆}<3$ 时，层状复合板材芯层的金属中心位置的平均应力 $\sigma_{心/中}$ 大于单层金属轧制变形时的平均应力数值。随着芯层-覆层金属流动性差异的持续增加，在结合界面处芯层-覆层各自位置的平均应力以及芯层中心位置的平均应力均是呈现降低趋势的。整体而言，覆层的存在可以提高内层中的球应力分量，有助于复合板材整体的塑性变形。依据上述结论，本研究针对低碳钢-高铬铸铁金属复合板材的热变形行为、力学性能等方面进行了探索，研究结果

发现如下。

（1）高铬铸铁经过热轧之后的基体组织明显得到了细化，基体中的共晶碳化物的尺寸明显减小，同时析出了大量的 Cr_2C 型碳化物。经过热轧变形之后，高铬铸铁基体中存在着相对较强的择优取向，即 $\{110\}<490>$、$\{111\}<110>$、$\{001\}<142>$ 方向上的织构，以及 Brass 织构 $\{112\}<110>$。

（2）通过热压缩实验的探索，制定了高铬铸铁的热轧工艺，可分如下三个步骤：①适当变形量的初轧（有助于界面结合）；②板坯温度仍然高于 900℃ 的大变量的热轧（有助于冶金结合、厚度减薄）；③变形量降低到 15% 的终轧（有助于板形控制）。

（3）采用功平衡法，绘制出了高铬铸铁合金（在真应变为 0.05~0.2、加热温度在 900~1100℃）。通过分析发现，高铬铸铁的强度在 900~1100℃ 条件下均是随着应变的增加而不断增大的；高铬铸铁具有优良的高温强度，尤其是在 900℃ 以下，合金的强度接近于高碳马氏体不锈钢的数值。在 900℃ 及 1000℃ 条件下，对数应力-应变曲线更加接近于直线，而在 1100℃ 条件下则出现了明显的变化；高铬铸铁合金主要的软化作用，是由亚晶粒的形成过程激发的，基体中的动态再结晶行为只有在温度较高、变形量较大的情况下才有可能发生。

（4）热处理研究发现，经过固溶及高温回火热处理之后，高铬铸铁一侧由于大量二次碳化物的析出，其显微硬度基本接近铸态时的数值。

第 4 章 复合技术制备 Ti-钢、Ti-Al 复合板

4.1 Ti-钢、Ti-Al 连接特点及现状

4.1.1 Ti-钢连接

Ti 元素与铁元素的差异能够比较明显地体现在它们的物理性能及化学性能方面。例如，在物理性能方面，Fe 的热导率为 Ti 的 5 倍，对其进行焊接时，可导致两侧金属受热不均匀，进而使热输入量产生明显差异，金属的熔化量也存在明显不同，从而对焊缝金属的成分产生了较大影响，直接决定着焊缝的质量。Fe 的线膨胀系数是 Ti 的 1.5 倍左右，在焊接的过程中，接头处会产生较大的残余应力且分布不均匀，在焊缝区及热影响区易导致裂纹的产生，且裂纹开展的趋势较大，当情况严重时，会导致焊缝与母材的明显分离。另外，Ti 及 Fe 熔点相差 140℃，对其进行熔化焊时，二者不能同时熔化，已熔化的材料容易渗入过热区的晶界附近，会造成低熔点材料的流失、合金元素的烧损或蒸发，使得焊接接头的整体质量变差。

在化学性能方面，图 4-1-1 为 Ti 及 Fe 与元素周期表中的其他元素的固溶特性展示。从该图中可以观察出，除了一些相同或邻近周期的少许元素（IVA：Zr；VA：V，Nb，Ta；VIA：Mo，W），Ti 元素很容易与其他多数元素形成状态稳定且脆性明显的金属间化合物。而且从该图中仔细观察对比，可以发现没有任何一种元素能够与 Ti 及 Fe 同时充分地固溶，进而说明二者的化学性质具有明显的差异性。由 4-1-2 相图可知，Ti 与 Fe 自身的互溶度较低，Fe 在 α-Ti 中的固溶度很小，在室温下仅为 0.05wt%～0.1wt%，在共析温度下不超过 0.5wt%；相比而言，Fe 在 β-Ti 中的溶解度较高，在高温条件下，Ti 与 Fe 之间会形成 TiFe、$TiFe_2$ 金属间化合物，且 Ti 容易被氧化，并且吸氢、氧、氮倾向比较严重，容易破坏二者界面的结合强度，进而影响使用性能。

I A	II A	III A	IV A	V A	VI A	VII A	VIII A			I B	II B	III B	IV B	V B	VI B	VII B	VIII B
1	2	3	4	5	6	7	8	9	10	11	12	13	14	15	16	17	18
H																	He
Li	Be											B	C	N	O	F	Ne
Na	Mg											Al	Si	P	S	Cl	Ar
K	Ca	Sc	Ti	V	Cr	Mn	Fe	Co	Ni	Cu	Zn	Ga	Ge	As	Se	Br	Kr
Rb	Sr	Y	Zr	Nb	Mo	Tc	Ru	Rh	Pd	Ag	Cd	In	Sn	Sb	Te	I	Xe
Cs	Ba	La	Hf	Ta	W	Re	Os	Ir	Pt	Au	Hg	Tl	Pb	Bi	Po	At	Rn
Fr	Ra	Ac	Th	Pa													

图 4-1-1 Ti 及 Fe 与元素周期表中的其他元素的固溶特性
（考察的温度范围在 1200℃内）

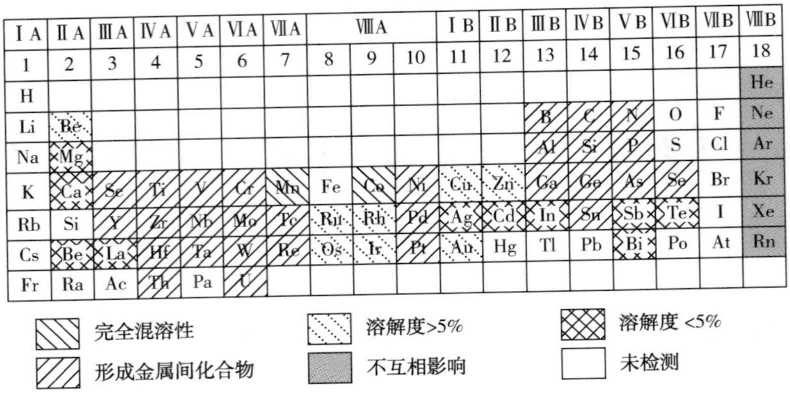

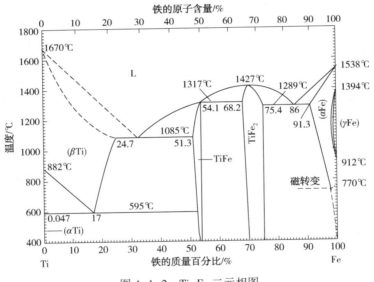

ⅠA ⅡA ⅢA ⅣA ⅤA ⅥA ⅦA ⅧA ⅠB ⅡB ⅢB ⅣB ⅤB ⅥB ⅦB ⅧB
1 2 3 4 5 6 7 8 9 10 11 12 13 14 15 16 17 18
H He
Li Be B C N O F Ne
Na Mg Al Si P S Cl Ar
K Ca Sc Ti V Cr Mn Fe Co Ni Cu Zn Ga Ge As Se Br Kr
Rb Si Y Zr Nb Mo Tc Ru Rh Pd Ag Cd In Sn Sb Te I Xe
Cs Be La Hf Ta W Re Os Ir Pt Au Hg Tl Pb Bi Po At Rn
Fr Ra Ac Th Pa U
完全混溶性
溶解度>5%
溶解度 <5%
形成金属间化合物
不互相影响
未检测

图 4-1-1 Ti 及 Fe 与元素周期表中的其他元素的固溶特性

（考察的温度范围在 1200℃内）（续图）

铁的原子含量/%
0 10 20 30 40 50 60 70 80 90 100
1800
1600
1400
1200
1000
800
600
400
温度/℃
1670℃
L
1317℃
1427℃
1289℃
1538℃
1394℃
54.1 68.2
75.4 86
91.3
(αFe)
(γFe)
TiFe₂
1085℃
24.7
51.3
(βTi)
TiFe
912℃
882℃
磁转变
770℃
595℃
0.047
17
(αTi)
0 10 20 30 40 50 60 70 80 90 100
Ti
铁的质量百分比/%
Fe

图 4-1-2 Ti-Fe 二元相图

综上可以得出，想要获得高质量的 Ti-钢连接接头，可以从两个方面进行思考设计：第一方面，如果在高温条件下进行连接时，需要对二者界面金属间化合物的大小、形态、分布进行有效控制，这可以通过工艺参数的调整及加钎料或中间层阻隔 Ti 及 Fe 之间的互扩散来实现，从而达到减少或消除界面处金属间化合物的目的；第二方面是合理地避开高温环境，在室温条件下进行连接，如冷轧复合能够使得异种金属之间进行有效的结合，但直接成形出成品的情况很少，在多数情况下，冷轧复合需要与后续工艺联合使用，才能得到结合性能优异的 Ti-钢复合板材。

4.1.2 Ti-Al 连接

Ti 合金及 Al 合金都属于轻质合金，二者在航空航天领域均有着十分广泛的应用，将 Ti 合金及 Al 合金有效地连接起来，并形成特殊功能的复合结构则具有良好的应用前景。

Ti 与 Al 构筑的异质金属复合结构具有明显的优势，如稳定性好、隔热、隔声、耐高温以及热强性优良等性能；也可以大幅度地提高两种轻合金的特性潜力，例如，诸多民航飞机的机翼就是由 Ti 合金蒙皮及 Al 合金蜂窝状夹层连接而成的异质复合结构。通过 Ti 与 Al 异质金属复合制备的结构件能够充分利用 Ti 合金及 Al 合金这两种金属在抗拉强度、比强度、经济性、耐腐蚀性及热强性等方面的各自优势，能够最大限度地发挥出两种轻金属材料的特性潜力。

虽然二者的结合优势明显，但是在 Ti 与 Al 的连接过程中也存在诸多的困难。第一，Ti 与 Al 在大气环境下都极易被氧化，对二者界面的结合极为不利、甚至阻止二者的结合，且在结合的过程中合金元素容易烧损蒸发，在二者复合材料的定量设计中难以精确控制。Ti 元素在 600℃ 开始氧化生成 TiO_2，在其界面处容易形成脆性显著的金属间化合物，进而降低其焊缝的塑性及韧性，导致复合材料的力学性能难以达标。而 Al 元素会与氧结合形成致密难熔的 Al_2O_3 氧化膜，阻碍二者的进一步结合，同时在焊缝附近容易产生夹杂，进而导致焊缝变脆，从而使得焊接难以持续进行。当二者的连接温度达到 Ti 的熔点时，Al 元素则会出现大量的烧损蒸发，从而使得焊缝处的化学成分不均匀，进而导致接头强度降低。第二，Ti 与 Al 会在不同温度下相互发生化学反应，与其他元素形成脆性显著的金属间化合物，由图 4-1-3 Ti-Al 二元相图可知，在 1460℃ 条件下，会形成 Al 含量为 36% 的 TiAl 型金属间化合物，进而导致接头的脆性明显提升；在 1340℃ 条件下，会形成 Al 含量为 60%~64% 的 Ti_3Al 型结构稳定的金属间化合物，并且 Ti 与 Al 之间的相互溶解小，在高温条件下，吸气性大；在 665℃ 条件下，Ti 在 Al 中的溶解度为 0.26%~0.28%，随着温度的降低，溶解度会变小，当温度降为 20℃ 时，Ti 在 Al 中的溶解度仅为 0.07%，而 Al 在 Ti 中溶解度更小。从上述条件可知，使得二者金属通过熔合形成固溶体

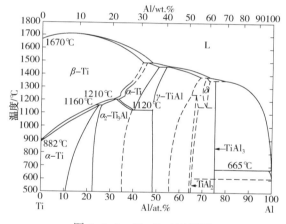

图 4-1-3 Ti-Al 二元相图

的焊缝是十分困难的。液态的 Al 可以溶解大量的氢元素，而固态时则几乎不溶解，在焊缝凝固的过程中由于较快的相变速率，会导致氢气来不及从基体中逸出而形成气孔等缺陷。第三，Al 的导热系数及线膨胀系数分别约为 Ti 的导热系数及线膨胀系数的 16 倍和 3 倍，在焊接加热及冷却的过程中，在焊接应力作用下极易产生裂纹，而此裂纹容易扩展，进而明显影响连接处的质量。

总结上述条件可以观察出，由于不能有效地避免 Ti 与 Al 在熔化焊的过程中生成的多种脆性显著的金属间化合物，进而采取熔化焊的方式来实现 Ti 与 Al 的连接是不理想的；而采用搅拌摩擦焊的方法来连接 Ti 合金及 Al 合金也会在界面处形成脆性显著的金属间化合物，所以，要想得到高质量的连接接头或复合界面，如何有效地控制界面反应，进而能够消除界面处脆性显著的金属间化合物是本领域研究需要重点关注的方面。

4.2 Ti-钢、Ti-Al 复合板材的制备方法

制备金属复合材料的方法有很多种，但是按照金属间组元的不同状态进行分类，一般层状金属复合材料的制备方法可以分为以下三类，即固-固复合、固-液复合及液-液复合。固-固复合是指在制备的过程中不同组元的金属均处于固相的状态，该类方法包括轧制复合、爆炸复合、爆炸-轧制复合、扩散复合等；固-液复合是指将熔化的组元金属与另一处于固态的组元金属直接复合的方法，该类方法包括铸造复合、反向凝固、喷射沉积、堆焊复合、铸轧复合等；液-液复合是指在制备的过程中不同组元的金属均处于液相的状态，该类方法包括电磁连铸等。

4.2.1 Ti-钢复合

1. 爆炸复合

金属爆炸焊接作为连接方式的一种，是一个特定的用于焊接的炸药+爆炸+金属系统中，炸药的化学能经过多次及多种形式的传递、吸收、转换及分配之后，在待结合的金属界面上形成一薄层具有塑性变形、熔化、扩散以及波形特征的焊接过渡区域，从而形成强固结合的一种金属焊接的工艺技术。换言之，金属爆炸焊接可以认为是以炸药为能源的压力焊、熔化焊及扩散焊"三位一体"的金属材料焊接的技术。

Kahraman 对 Ti-不锈钢（Ti-STS）爆炸焊接接头及二者结合界面进行了研究，在该研究中，不锈钢-Ti 合金在 5℃ 条件下的倾斜安装，研究了不同爆炸载荷条件下（比装药量）对二者结合界面的影响。在光学显微镜（OM）及扫描电子显微镜（SEM）下进行观察发现如下三种情况：①在低爆炸载荷作用的条件下，焊接界面相对比较平整；②当施加较高的爆炸载荷时，二者界面会出现相对清晰的波状形态；③随着爆炸载荷的持续增大，界面波的波长及幅值将会变得更大。在临近界面附近，晶粒沿爆炸方向会被拉长，从拉伸剪切试样上没有观察到界面存在明显的剪切带，并且断裂更多发生在低强度的材料基体中。通过弯曲实验表明，上述复合材料没有出现分层及撕裂，这说明爆炸复合的结合效果良好；其结合层的显微硬度值会随着爆炸载荷的增加而增大，并且在临近界面处显微硬度值达到最大。通过腐蚀实验结果可知，Ti-不锈钢复合板的整体质量会随着爆炸载荷及腐蚀时间的延长而增加，这进一步说明上述方法制备的复合材料结合强度优良，在工业中可以作为批量生产复合板材的制备工艺。

Mousavi 研究了采用爆炸焊将 Ti 与不锈钢板材复合在一起的可操作性工艺参数。在上述研究中，通过分析其他研究者给出的经验公式，发展了 Ti-不锈钢爆炸焊的焊接窗口；建立了焊接窗口的先决条件，即必须要明确初始条件（初始装配角 α 及炸药特性）及碰撞角 β 之间的关系，因为焊接窗口是由碰撞角 β、复板飞行速度 V_p 及爆轰速度 V_d 之间的关系建立而成的。如图 4-2-1 中所示，"aa'"线是产生射流的临界碰撞角 β_c，"bb'"线是碰撞速度的上限，不能大于声音在基材中传播的速度，"ff'"及"gg'"分别为动态碰撞角的下限及上限，V_{cr} 是平滑界面向波状界面转变的过程中，其雷诺系数对应的飞板速度通过换算得到的碰撞速度。进而作者通过焊接窗口确定了形成波状及平滑界面的分析条件，对出现的

各种界面形貌进行了讨论分析，同时深入研究了爆炸载荷的变化对界面显微组织产生的影响，分析了在不同爆炸载荷条件下，其界面中出现的多种不同类型的金属间化合物的组成相。该研究的结果表明，除了与Kahraman的研究得到相似的结果之外，还发现了在临近界面处的晶粒尺寸显得更加细小，在波的波峰以及前波段区域，爆炸复合的熔化区会伴随着爆炸载荷的增加而逐渐增大，并且在较大的爆炸载荷条件下，在其界面处出现了一些脆性明显的金属间化合物，如 Fe_2Ti、Fe_2Ti_4O 及 Cr_2Ti。

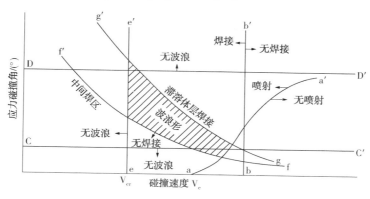

图4-2-1 通用焊接窗口

Manikandan 从控制能量条件的角度出发来研究爆炸复合，采用在纯 Ti 板材与不锈钢板材之间加入一层薄的不锈钢层的方式来实现纯 Ti 与不锈钢之间的爆炸焊合。提出采用中间层的方法是基于对界面结合强度方面的考虑，因为中间层的介入能减少动能损耗及界面金属间化合物的形成，而动能损耗被发现与漩涡有着紧密的关系，且漩涡的特征是存在 FeTi 及 Fe_2Ti 金属间化合物。作者研究了中间层的厚度、爆炸载荷大小及复板厚度，共计三个方面因素对爆炸结合的影响。研究结果表明，爆炸复合过程中的动能损耗是在界面处形成脆性金属间化合物的主要原因。采用厚度较大的中间层会在界面形成金属间化合物层，这主要归因于动能损耗造成的塑性流动。采用最小厚度的中间层会导致少的能量损耗，通过复合之后的界面可以得到比较高的结合强度。

Song 研究了不同尺度下的界面显微组织及微观结构，如图4-2-2所示。研究发现，在不同的尺度条件下，结合界面明显呈现出不同的层级结构，具体如下：①在宏观界面方面，表现出了孪晶变形、绝热剪切带及晶粒的拉长等显微组织形貌；②在细观尺度方面，界面表现出了高度塑性剪切波，其波长为$540\mu m$、波幅为$100\mu m$；③在微观尺度上来观察，金属间化合物主要在靠近钢材一侧的波峰下面形成，其尺寸在$100\sim200\mu m$，被认为是高速碰撞下金属部分熔化造成的，在能谱上显示为 FeTi 及 $Fe_{9.64}Ti_{0.36}$，其中伴随有明显的显微裂纹；④在纳米尺度方面，沿着整个结合界面能够观察到由纳米晶组成的$100\sim300nm$ 厚度的反应层。该研究建立了界面冶金形成过程及力学性能之间的紧密关系，清晰指出了金属间化合物的类型，说明脆性特征及显微组织对复合板的整体力学性能起着主要的影响作用。

由于在爆炸复合强度大、时间短，在其开展的过程中会存在较大的残余应力，会明显对 Ti-钢复合板材材后续使用性能产生负面的影响，因此必须在使用之前进行消除。Ti 及

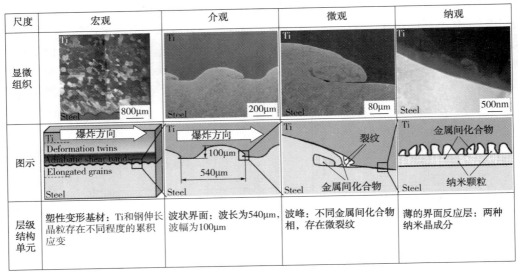

尺度	宏观	介观	微观	纳观
显微组织	Ti Steel 800μm	Ti Steel 200μm	Ti Steel 80μm	Ti Steel 500nm
图示	爆炸方向 Ti Deformation twins Adiabatic shear bands Elongated grains Steel	爆炸方向 Ti 100μm 540μm	Ti 裂纹 金属间化合物 Steel	Ti 金属间化合物 纳米颗粒 Steel
层级结构单元	塑性变形基材：Ti和钢伸长晶粒存在不同程度的累积应变	波状界面：波长为540μm，波幅为100μm	波峰：不同金属间化合物相，存在微裂纹	薄的界面反应层：两种纳米晶成分

图 4-2-2 Ti-钢爆炸焊界面层级结构

普碳钢分别在约 500℃ 及 600~650℃ 的条件下会发生再结晶，采取热处理工艺来消除 Ti-钢复合板材的残余应力时，需要注意高温条件对复合板整体的影响，在高温条件下，其力学性能会因为在复合板的界面处形成脆性的金属间化合物而明显降低，而且也会由于线膨胀系数的不同而产生附加的残余应力。Mousavi 研究了在不同的热处理温度条件下，CP-Ti-304STS 爆炸复合板材结合界面显微组织的演变过程。研究发现 Ti、Fe、Cr、Ni 的相互扩散能够促进结合界面处脆性金属间化合物的形成，且脆性金属间化合物的宽度取决于材料中产生的激活能的大小。科研人员颜学柏研究发现，在 700~850℃ 的条件下，Ti、Fe 元素扩散程度相对较小，二者的结合界面被破坏发生在 TiC 层与钢层之间，在 900~950℃ 的条件下，Ti、Fe 元素扩散程度相对较大，二者的结合界面被破坏主要发生在 FeTi 及 Fe_2Ti 之间，在高温条件下，脆性金属间化合物 FeTi 及 Fe_2Ti 的存在以及 TiC 的消失，可以从一个侧面反映出 TiC 对 Ti 及 Fe 元素的互扩散存在明显的阻碍作用，这与 Chiba 及 Momono 等日本籍学者的研究发现是类似的。

在实施操作方面，爆炸复合的工艺相对简单，能够制备出结合强度较高的复合板材，正因为上述优势，该方法能够将物理及化学性能差异明显的金属材料结合在一起，能够减少采用其他焊接方式所造成的结合界面缺陷。但爆炸复合也存在着诸多问题，归纳之后可以从以下两个方面来呈现：第一，是在制备加工的环境方面，需要在远离城市的郊区作业，由于会产生大量的噪声，并且效率相对较低，制备加工的复合板的板幅相对较小，在后续需要与轧制工艺进行结合才能制备出大面积的复合板材；第二，是产品的质量方面，采取爆炸复合来制备复合板材的工艺影响因素众多，如炸药的种类、爆炸的密度、装药量、起爆位置、爆轰速度、初始安装角以及基复材的间距等，如果不能合理地优化上述这些工艺参数，就会直接产生诸多缺陷，如尺寸较大的裂缝等宏观缺陷及尺寸较小的裂纹等微观缺陷。造成宏观缺陷的主要因素众多，进而会出现种类不一的加工现象，如爆炸不复、鼓包、表面烧伤、大面积熔化、结合强度低、表面及底面波形、爆炸变形、爆炸脆裂、爆炸断裂、结合率低、爆炸打伤等。造成微观缺陷的主要因素相对较少，但依然会出现较多的加工现象，如组织性能不均匀、熔化层结合、乱波结合、波形错乱、大熔化块、爆炸硬化、爆炸强化、残余应力、飞线等。综上所述，爆炸复合制备工艺存在的这两个方面的问题限制了其在制备复合板材方面的应用。

2. 扩散复合

扩散焊是在固态材料的状态下实现焊接连接的方法，在连接的过程中需要施加一定的压力载荷，该方法能够实现同种或异种固态材料的结合，特别是对那些性能差异明显、相互之间易形成金属间化合物的异种材料，具有更加突出的优势。采取扩散焊的方式制备的焊接接头的显微组织及性能与母材比较接近，实施该方法后，则不存在各种熔化焊缺陷，同时也不存在具有过热组织的热影响区，不同的工件在连接的过程中均不会发生变形，是一种高精密、高质量的连接方法。扩散焊的方式种类较多，根据中间层的存在与否，主要分为两大类：一是不加中间层的同种材料扩散焊、异种材料扩散焊、过渡液相扩散焊；二是加中间层的扩散焊、超塑性扩散焊及等静压扩散焊。表4-2-1为Ti及Ti合金与钢间的扩散焊工艺。

表 4-2-1　Ti 及 Ti 合金与钢间的扩散焊工艺

连接材料	中间层	最大剪切强度/MPa
纯 Ti 及 304 不锈钢	无	217
纯 Ti 及 304 不锈钢	无	242
纯 Ti 及 304 不锈钢	无	222
纯 Ti 及 304 不锈钢	无	225
纯 Ti 及 304 不锈钢	无	242
纯 Ti 及双相不锈钢	无	233
纯 Ti 及 17-4 沉淀硬化不锈钢	无	241
纯 Ti 及 17-4 沉淀硬化不锈钢	无	260.3
Ti-6Al-4V 及双相不锈钢	无	405.5
Ti-6Al-4V 及铁素体不锈钢	无	187
Ti-6Al-4V 及双相不锈钢	纯 Cu	107
纯 Ti 及 304 不锈钢	纯 Cu	318
Ti-6Al-4V 及 304 不锈钢	纯 Cu	118
纯 Ti 及 304 不锈钢	纯 Ag	414
纯 Ti 及低碳钢	Ag-Cu 合金	32.2
纯 Ti 及 UNS31254	Ag-28Cu	410
纯 Ti 及低碳钢	Cu-12Mn-2Ni	105.2
纯 Ti 及 321 奥氏体不锈钢	Nb-Cu-Ni	300
纯 Ti 及 UNS S31254	V-Cr-Ni	>480

进入 21 世纪以来，许多学者在 Ti 及 Ti 合金与各种结构钢的扩散焊方面尝试了大量的研究探索工作，研究重点主要集中在焊接工艺(焊接温度、保温时间及施加压力)、中间层的选择、结合界面的显微组织演变及力学性能等方面，最近，诸多学者正在探索各种先进扩散焊工艺的研发。

Ghosh 及 Kundu 对纯 Ti 及 Ti-6Al-4V 与各种不锈钢之间的扩散焊工艺进行了比较系统的研究。对纯 Ti 及 304 不锈钢进行了连接，研究了在不同温度（800~950℃）及不同保温时间（0.5~2.5h）条件下，对结合界面显微组织的演变及结合性能的影响。在连接的过程中，当焊接压力保持在 3MPa 的条件下，采用 SEM、EPMA 及 XRD 确定了结合界面的显微形貌、结构组织及元素构成。通过实验表明，在不同的保温时间条件下，焊接接头的结合强度均在 850℃时达到最大，Ti 元素在 304 不锈钢基体中扩散的距离相对较短，而 Fe、Cr 及 Ni 三种元素在 Ti 基体一侧的扩散距离相对较大，并且观察到扩散区是由不锈钢一侧的 σ 相及 Ti 一侧的 β-Ti 固溶体决定的。随着焊接温度的不断升高，结合界面的脆性金属间化合物的体积分数会逐渐增大，当加热温度在 900℃ 及 950℃时，这些脆性显著的金属间化合物对界面的结合性能产生了巨大的破坏。在 950℃进行焊接时，随着保温时间的延长，在结合界面的区域会增加孔洞的形成及脆性金属间化合物的生长，结合界面存在 σ、λ、FeTi、β-Ti 及 Fe_2Ti_4O 等不同的相，如图 4-2-3 所示。从该图中可知，界面的结合强度当保温时间为 30min 时达到最大，因为此时在界面处形成的脆性金属间化合物在尺寸上较细小，对界面整体的力学性能的影响暂时起不到主要的作用，但随着后续的变化，将会成为影响界面力学性能的重要因素。当焊接工艺在 850℃条件下进行实施时，结合界面的区域

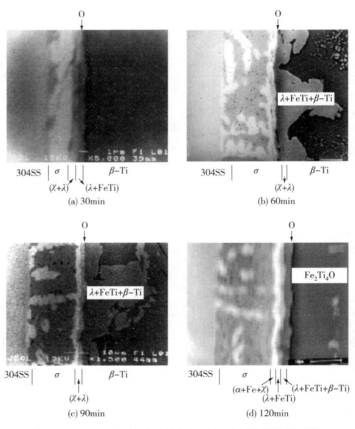

图 4-2-3　950℃扩散焊结合界面扫描电镜背散射图像

会有多种相生成，如 σ、α-Fe+χ、χ+λ、λ+FeTi+β-Ti 及 β-Ti，如图 4-2-4 所示。当焊接的保温时间为 90min 时，脆性显著的金属间化合物的宽度将达到最大，伴随着保温时间的延长，其宽度会逐渐减小，并在保温 150min 时达到最小。尽管保温时间在 90min 时结合界面的脆性金属间化合物的宽度达到最大，但由于此时结合界面具有更好的接合状态，其结合强度也达到最大。

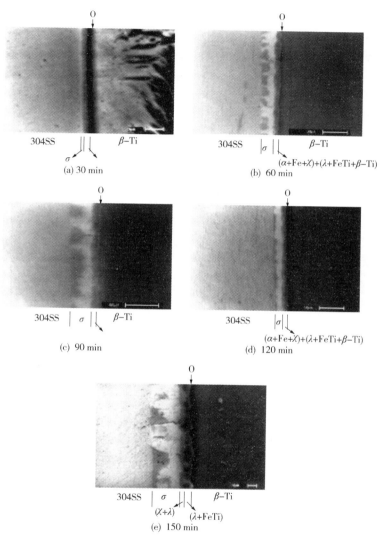

图 4-2-4　850℃扩散焊结合界面扫描电镜背散射图像

对纯 Ti 及双相不锈钢进行连接时，当焊接温度处于 800~950℃、保温时间为 1.5h 的条件下，则焊接压力约为 3MPa。在焊接温度达到 850℃ 的条件下，结合界面的剪切强度将达到最大，约为 Ti 基体强度的 81%，在显微组织方面，界面区域会存在 α+Fe+χ 及 λ+FeTi 的混合相。

对纯 Ti 及 17-4 沉淀硬化不锈钢进行连接时，研究了焊接温度及保温时间对界面结合质量的影响。通过研究发现，当焊接温度及保温时间分别达到850℃及60min时，在结合界面处才出现FeTi相。在焊接温度为850℃且保温时间长于60min的条件下，焊接温度为900℃以及各种不同的保温时间下，结合界面区域则会出现多种混合相，如图4-2-5所示。从图中可知，结合界面不同反应相的厚度对焊接接头的力学性能的破坏，将起到十分重要的作用，且结合界面的残余应力会随着焊接温度及保温时间的增加而逐渐增加。

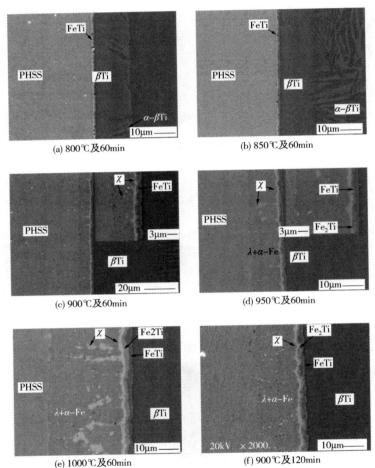

(a) 800℃及60min　　　　　　　　　(b) 850℃及60min

(c) 900℃及60min　　　　　　　　　(d) 950℃及60min

(e) 1000℃及60min　　　　　　　　　(f) 900℃及120min

图4-2-5　扩散焊结合界面扫描电镜背散射图像

对Ti-6Al-4V及双相不锈钢进行扩散焊时，研究了连接温度对结合区显微组织演变、显微硬度变化及结合强度变化的影响。当连接温度在900℃及以上的条件下，在结合界面的区域会存在σ、λ+FeTi及λ+FeTi+β-Ti等多种不同的混合相。连接温度为900℃时，结合界面的剪切强度将达到最大，约为405.5MPa，而出现的裂纹则会沿着λ+FeTi相进行扩展。当连接温度为950℃及以上时，则裂纹会沿着σ相进行扩展，即焊接的温度是造成裂纹出现及进行扩展的主要原因。

Kurt对Ti-6Al-4V及铁素体不锈钢进行了扩散焊连接，通过研究后观察发现，焊接的温度强烈影响着 Ti 及 Fe 的互扩散行为，进而影响着二者界面区域的显微组织演变。同时还发现，随着连接温度的不断升高，FeTi 相的宽度会减小，Fe$_2$Ti 相的宽度会逐渐增加，结合强度会持续增加，说明 FeTi 相较于 Fe$_2$Ti 相对二者界面的结合性能危害更大，所以在工艺实施的过程中，要采取措施进行针对性避免。

Ti 及 Ti 合金与各种结构钢之间为了能够形成良好的连接，必然涉及各种元素之间的相互扩散，而扩散的结果则必然会在结合界面区域形成各种反应相，脆性的反应相会严重破坏界面的结合性能，直接降低界面的结合强度。综上所示，为了能够协调良好连接及元素扩散造成的界面破坏之间的矛盾，可采取如下措施：第一，可以在结合界面的区域加入能够减少元素扩散形成脆性显著的金属间化合物的中间层；第二，尽可能提高材料的塑性加工性能，使材料在较小的应力条件下，能够实现高质量的连接；第三，可以对连接件的表面进行特殊的处理，如采取适当的表面机械研磨（SMAT）。

Eroglu 采用纯铜对 Ti-6Al-4V 及双相不锈钢进行了连接，研究了加热速率及保温时间对界面显微组织演变的影响。研究表明，加热速率及保温时间这两个参数，直接影响着接头显微组织演变，尤其是 TiFe 金属间化合物的形成。加热速率为 100K/min 且保温时间为 5min 时，二者获得了最佳的结合性能。随加热速率的降低及保温时间的延长，TiFe 金属间化合物的数量将会增大，进而界面的结合强度会降低。较高的加热速率以及较短的保温时间均对界面的结合是有利的。值得指出的是，Özdemir 采用 Cu 进行连接 Ti-6Al-4V 及 304 不锈钢时，结合界面的最大剪切强度是在加热至 870℃ 并保温 90min 的条件下得到的。

Kundu 使用 Cu 来作为中间层，对纯 Ti 及 304 不锈钢进行扩散焊连接，焊接温度选择在 850~950℃、保温时间为 90min 的条件下，压力约为 3MPa；通过观察发现，结合界面的区域存在多种类型的金属间化合物，例如，CuTi$_2$、CuTi、Cu$_3$Ti$_2$、Cu$_4$Ti$_3$、FeTi、Fe$_2$Ti、Cr$_2$Ti、T$_2$、T$_3$ 及 T$_5$，具体如图 4-2-6 所示；这说明 300μm 厚的 Cu 作为中间层不能完全阻止 Fe-Ti 金属间化合物的生成。研究表明，最佳的连接温度在 900℃，结合界面的效果最优；当连接温度为 850℃ 时，中间层 Cu 的流动能力相对比较充分，但是基材的强度依旧比较高，这会导致 Cu 与基材间不能完全接合；而连接温度为 950℃ 时，在结合界面区域会出现大量的脆性金属间化合物的生成，这会导致界面的明显弱化。

作为中间层的选用材料，除了采用铜，研究者还尝试采用了铜合金、银及银合金，特别是使用纯 Ag 及 Ag72Cu-Ag 作为中间层后，界面的拉伸结合强度都明显超过了 400MPa，且结合界面的区域没有脆性的 Ti-Fe 金属间化合物的生成。

研究者考虑到采用一定厚度的 Cu 及 Ni 来作为中间层，能够阻止 Ti 及 Fe 之间的扩散，并且 Cu 能起到松弛应力集中的作用，另外 Nb 与 Ti 作为中间层的材料只形成固溶体。基于上述原因，有学者认为采用 Nb-Cu-Ni 来作为多层中间层对纯 Ti 及 321 不锈钢进行扩散焊，结合界面的拉伸结合强度可以达到 300MPa。由于 V 与 Ti 之间具有较高的相容性，且热膨胀系数之比约为 Ti：V=8.5：8.3；而 Cr 在 V 中可以达到无限固溶，并且与不锈钢在结构上兼容性良好；Ni 与 Cr 能够高度固溶，且与不锈钢也能够高度兼容，不会形成脆性

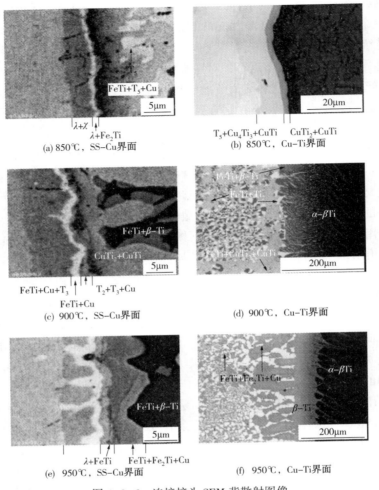

(a) 850℃，SS-Cu界面

(b) 850℃，Cu-Ti界面

(c) 900℃，SS-Cu界面

(d) 900℃，Cu-Ti界面

(e) 950℃，SS-Cu界面

(f) 950℃，Cu-Ti界面

图 4-2-6　连接接头 SEM 背散射图像

显著的 σ 相。基于上述思考，Lee 采用 V-Cr-Ni 来作为中间层连接纯 Ti 及不锈钢，界面的拉伸结合强度明显超过了 Ti 基体的强度，如图 4-2-7 所示。这充分说明采用多层中间层设计能够达到很好的结合效果。表 4-2-1 给出了直接扩散焊或采用各种中间层连接 Ti 及钢所得到的结合强度。

在该领域的研究探索，除了直接扩散连接及加中间层的扩散连接之外，相变超塑性扩散焊在连接 Ti 及 Ti 合金与不锈钢方面也取得了一定的进展，且在一定程度上效果良好。相变超塑性是基于如下原理来实现的，即材料持续在相变温度上下加热冷却，变形就会加快速率，进而能够处于超塑性状态，从而显著增加界面的接触，能够促进原子的扩散，缩短焊接的时间。秦斌采用相变超塑性扩散焊法实现了 Ti 合金 TA17 与不锈钢 0Cr18Ni9Ti 之间的连接，并研究了哪些工艺参数对焊接接头的强度能产生直接的影响。通过多次实验后，得到优化工艺参数，即循环上限温度为 890℃、循环下限温度为 800℃、循环次数为 10 次，焊接压力约为 5MPa，循环加热速度为 30℃/s，接头强度能够达到 307MPa，焊接时间仅为 160s。研究发现，界面区域出现的断裂沿 FeTi 及 β-Ti 层之间的某一个位置发生且该位置相对固定，而 FeTi 金属间化合物层则是焊接接头区域最薄弱的环节。

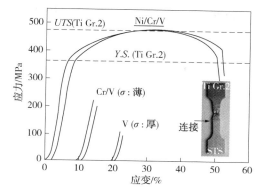

图 4-2-7　900℃、10min 焊接条件下，分别使用 V 中间层、Cr-V 中间层、Ni-Cr-V 中间层的样品室温拉伸应力-应变曲线；图中的插图表明采用 Ni-Cr-V 中间层的样品拉伸时断在基材 Ti 上

相比于相变超塑性扩散焊方法，另外一个有效的扩散焊连接方法是表面自纳米化技术。众所周知，纳米材料由于自身晶粒细小，具有十分明显的高体积分数的晶界，能够为原子的高效率扩散提供大量的通道、同时能够显著提高原子的扩散系数。通过表面自纳米化法制备的纳米显微组织，存在位错、空位、亚晶界等非平衡缺陷及过剩的能量，这些因素均有利于原子的化学反应。基于上述思考，为了进一步提高 Ti 合金与不锈钢扩散焊过程中的原子扩散系数，同时有效抑制焊接结合界面处脆性金属间化合物的生长、能够明显改善接头组织中金属间化合物的分布及提高焊接接头的综合性能，一些学者[33]将表面自纳米化技术应用到 Ti-4Al-2V 及 0Cr18Ni9Ti 的扩散连接领域。研究结果表明，在焊接温度达到 850℃时，焊接压力约为 8MPa，焊接时间为 20min 时，界面的结合强度能够达到最大为 327MPa，Fe 原子发生扩散所需的激活能远低于在粗晶样品中的扩散激活能，进而能够实现优异的界面结合。

综上所述，对 Ti 与钢直接进行扩散焊接，在结合界面区域容易形成脆性相，从而导致焊接接头强度较低，采用加中间层及超塑性连接方式在一定程度上能够抑制脆性的金属间化合物的生成，提高焊接接头的强度。而表面纳米化技术是一种有效抑制脆性的金属间化合物生成、改善接头组织、提高焊接接头强度的方法。

3. 轧制复合

轧制复合就是采用轧制这一相对传统的塑性变形的方式使同种或异种金属达到冶金结合的焊接技术，相较于上述所提的固相扩散复合工艺，其显著的特点是能够实现工业化生产，能够制备大板幅的复合板材且经济实用，产品质量比较稳定。日本钢管公司（NKK）的 Fukai 等研究人员指出，能够实现批量生产 Ti-钢轧制复合板材的关键工艺可列为如下三点：第一，在高真空环境下将 Ti-钢板坯复合在一起；第二，重新加热板坯及控制与调节轧制终结温度等加工条件；第三，选择低速高形变的轧制技术来实现加工变形。

基于利用加热过程中由共晶反应生成的液相在开始轧制时将液相挤出得到新鲜金属接口，从而获得良好结合质量的认识，Yamamoto 在 Ti 与钢之间加入 Cu 片来作为中间层，实现了 Ti 与钢在大气环境下低成本的结合，且结合界面质量良好；上述工艺的最佳加热温度及时间分别为 850～900℃ 和 300～1800s，界面的结合强度可以达到 180MPa。王敬忠的研究表明，采用 Cu 作为中间层的液相挤出工艺，仍有部分的铜残留在复合板的中间，铜及 Ti 之间并没有直接接触形成冶金结合，即没有出现过渡层，在界面的不同位置，残余铜的量差别较大，并且操作环境相对恶劣。

Mohsen 采用中间加入 Cu 的方式直接轧制复合，通过研究发现，铜作为中间层能，够明显阻止 Ti 合金及不锈钢在高温条件下进行热轧时的相互扩散行为。在 Fe-Cu 结合界面没有发现扩散层出现，而 Cu-Ti 结合界面的扩散层有 $TiCu_4$、Ti_2Cu_3、Ti_3Cu_4、$TiCu$、Ti_2Cu 以及它们的混合物构成的金属间化合物，这些金属间化合物会对剥离强度产生负面影响。

考虑到 Ti 合金在高温下会吸氧，轧制过程中结合界面会发生氧化，赵东升等采用真空轧制实现了 Ti 合金及不锈钢的连接。直接真空轧制连接时，在焊接温度 850℃，压缩率 20%，连接强度达到最大值 77.33MPa。采用 Cu、Ni 及 Nb 作中间层时，连接强度有较大提高，最大连接强度为使用 Ni 作中间层焊接时，为 440.1MPa。

Dziallach 研究了 Ti-STS 冷轧复合后界面扩散的行为、结合界面区域中相的形成、热处理后 Ti-STS 复合板材在拉伸、拉形及深冲实验过程中的力学行为，以及界面结合性能。通过研究表明，热处理工艺不仅对界面生成相有直接的影响，而且对奥氏体不锈钢的各方面性能也有明显的影响。在较高的退火温度及较长保温时间下，碳化铬会在基体中沉淀析出，进而会导致局部的贫铬，能够直接造成奥氏体不锈钢耐腐蚀性能的下降，影响复合板材的整体性能。同时观察发现，除了 σ 相及 FeTi 相之外，β-Ti 也会对结合界面产生负面的作用。通过观察结合界面的扩散行为及各种力学实验(拉伸、拉形及深冲等)，得出要使 Ti-STS 复合板材可以得到应用，需要必备以下几个条件，即复合板材需要具有充分的变形潜力，具有完全的再结晶组织，界面需要充分高的结合强度，以保证复层及基层不会因为脆性界面层的出现而分开。再者，尽可能减少奥氏体不锈钢基体中碳化铬相的析出，以此来保证复合板材的耐腐蚀性能。

Bae 研究了不同的热处理工艺，对冷轧 Ti-MS-Ti 复合板材结合界面的影响。该研究指出，低碳钢的努氏硬度会随着热处理温度的增加而逐渐减小，但是加热在 500～600℃，Ti 的努氏硬度减小，随后逐渐会趋于稳定。当热处理温度在 500～800℃，其界面的结合强度会降低，当热处理温度高于 800℃时，界面的结合强度会略有增加。

4.2.2 Ti-Al 复合

在 Ti 系复合板材研究的现阶段，制备加工 Ti-Al 复合板材的主要方法表现在爆炸复合、爆炸+轧制复合以及轧制复合这三类。在爆炸复合方式中，由于爆炸产生的冲击波及动能会在结合界面处引起不同程度的塑性变形，金属基材在瞬间的塑性变形会产生大量的热能释放，进而会导致结合界面处的原子发生相互扩散，甚至会导致局部金属或合金相熔化，从而形成冶金结合的界面。基于上述思考，爆炸复合对于熔点相差十分明显的 Ti 及 Al 是个较好的方法选择。Xia 利用爆炸法成功实现了 TA2-2A12 复合板材的高质量结合，同时研究了结合界面的显微组织及力学性能，发现了在界面区域的附近 TA2 基材一侧发生了剧烈的塑性变形，并且快速熔化，在其波峰处未见到金属间化合物的出现，在界面区域的原子间发生了短程扩散行为，同时在界面处发生了明显的再结晶及孪晶行为，对试样进行180°的弯折，未见到分层及断裂，说明复合板材的界面结合性能良好。为了进一步改善基体的综合性能以及促进界面的扩散结合，Fronczek 对爆炸复合后的 Ti-Al 复合板材，在825K 条件下实施不同时间的退火，探究了结合界面的显微组织演变。通过研究发现，爆炸复合后界面处存在四种金属间化合物，分别是 $TiAl_3$、$TiAl_2$、$TiAl$ 及 Ti_3Al；而通过退火后，只有 $TiAl_3$ 相沿着界面发生了连续性的生长。通过对界面金属间化合物生长动力学的研究，发现了金属间化合物的生长存在四个不同的阶段，即①孕育期（0~1.5h）；②化学反应控制生长期（1.5~5h）；③化学反应及体积扩散混合控制生长期；④体积扩散生长期（36~100h）。直接爆炸复合后，Al 基材一侧具有典型的轧制织构，而 Ti 基材一侧则有密集孪晶出现；通过退火之后，由于二次再结晶的作用，Al 基材一侧能够观察到不规则的晶粒生长，而 Ti 基材一侧则明显发生了孪晶湮灭。

马志新采用爆炸轧制法制备了表面质量良好、厚度尺寸精确的 1.5mm 厚的 Ti-Al 复合板材，确定了爆炸及轧制的工艺参数。其研究指出，合理地选择爆炸复合工艺参数对于后续轧制复合能否顺利进行下去至关重要；对称布局、铆钉铆接以及合适的道次压下率是制备加工出合格 Ti-Al 复合板材的关键因素。

诸多科研工作者对 Ti-Al 复合板材的轧制工艺进行了更加深入的研究。陈泽军开发了 Ti-Al 复合板材的热轧复合工艺，成功制备出了 Al（1100）-Ti（TA2）-Al（1100）三层结构的复合板材，其研究结果表明，热轧温度为 490℃ 时，热轧第一道次临界压下率应不低于 30%，第一道次压下率越大，则越有利于不同基材的结合。只有控制好板材的表面处理、轧前加热温度、加热时间、第一道次临界压下率及轧后退火工艺等参数，才能得到高结合界面强度的复合板材。Ma 研究了轧制温度及压下率对 Al 6061-Ti-6Al-4V-Al 6061 复合板材的显微组织及力学性能的影响；其研究结果表明，Ti 与 Al 的压下率之比是随着轧制温度及压下率的增大而逐渐减小的，沿 Al 基材法线方向变形是不均匀的，越靠近 Al 基材的表面，大角度晶界则会越多，以及取向差会越大，这种不均匀的变形是由板料与轧辊之间的摩擦效应以及 Ti 及 Al 两种基材之间的不协调变形造成的。Lee 研究了退火工艺对温轧的 Ti-Al 复合板材的显微组织演变及后续结合性能的影响，找到了最佳的退火工艺参数，即在 550℃-6h 与 600℃-3h 之间，结合界面的综合性能达到最佳。为了进一步能够改善 Ti-Al 复合板材变形协调性及结合性能，肖宏采用了控温轧制的方法制备出了 Ti-Al 复合板材，只对 Ti 基材一侧加热，获得了相对良好的塑性，与 Al 基材一侧在室温的塑性变形能力相近，以此来减少二者的加工差异；其研究结果表明，当 Ti 基材一侧加热到 800℃ 以及轧制压下率为 50% 时，界面的剪切强度能够达到 108MPa；随着 Ti 基材一侧加热温度以及轧制压下率的增加，Ti 层及 Al 层之间的压下率之差明显减小，进而整体的变形协调性变好。

总结上述文献可以得到，制备 Ti-Al 复合板材的研究重点主要集中在复合工艺对 Ti-Al 结合界面整体性能的影响方面。选择合适的复合工艺参数及后续热处理工艺参数是决定 Ti-Al 复合板材高质量结合的关键，前者工艺参数控制塑性加工变形，后者工艺参数对界面的结合进行调控，将界面的生成相有效地控制在一定的厚度范围内。同时，也应该认识到，Ti 基材与 Al 基材之间的变形能力差异十分明显，建立复合板材整体的变形协调性与结合性能的内在联系能够为改善其变形显微组织的均匀性以及增强界面的结合性能提供理论参考。

4.3 金属层状复合板材结合机理及结合强度测定方法

4.3.1 金属层状复合板材的结合机理

结合强度是层状金属复合材料整体性能最重要的一个方面，因为它关乎复合板材的后续使用状况，如果复合板材在工程服役过程中发生了结合界面破坏或分层，将会产生不可估量的损失。因此，对轧制复合过程结合机理的深入研究、揭示其关键因素，能够为提高结合强度提供理论支撑。

从微观角度而言，当两个相对的经过机械或化学处理的干净表面进行紧密贴合时，只有在二者的相对距离小于几纳米的情况下，才会在两层材料间形成金属键，而在复合材料的结合界面区域形成金属键是良好结合的必要条件。当上述的相对距离大于几纳米时，复合材料中的焊接金属对通过范德华力将结合界面吸引在一起，而次价键能要明显低于主价键能。这亦揭示了结合界面强度的关键原因，即只有两层材料之间的距离达到一定的紧密程度才会发生冶金结合。依据 Wagener 所呈现的研究可知，以塑性加工变形的方式进行实现固相焊接的结合机理，可以描述为黏结及扩散两种机理的结合。在过去的几十年里，有许多的相关科研人员建立了不同的结合强度模型。Vaidyanath 研究了 Al、Cu、Pb、Sn 及 Zn 的轧制复合方法，提出了得到最大强度的理论模型，该理论假定氧化膜的存在阻碍了结合界面的生成，初始氧化膜总是以这样的方式变形的，即两层金属表面的氧化膜是以整体并且完全脆性的形式进行破裂的，这样便可以计算出潜在发生结合的新鲜金属的面积，根据平面应变假设及体积不变原理，显露的底层金属的表面积与焊接结合界面的面积之比为压下率 R。考虑到焊接接头在承受拉伸的过程中，沿界面的金属键桥由于受到基体金属两侧的限制效应，在例如纯拉伸时所受相同应力下不会屈服，进而引入限制因子 C，如图 4-3-1 所示。以 Pb、加工硬化的 Cu 及 Al 为例子，测得平均限制因子与圆棒颈部的面积-总的面积成线性比例，如图 4-3-2 所示。所以，$C = 2 - A_n / A_u$，其中 A_n 为圆棒的颈部面积，A_u 为圆棒的总体直径。考虑到焊接界面存在结合及未结合的区域，而这些未结合的区域扮演了一系列的约束切口，阻碍了焊接处界面结合区域的金属流动，对比这些变形区尺寸及切口试样拉伸实验，可以得到 $R = A_n / A_u$，因此，$\tau_B / \tau_m = R(2 - R)$。

然而，Vaidyanath 模型在轧制变形小于 60% 时，实验得到的数据与理论计算的数据相差较大，针对上述问题，Wright 对 Vaidyanath 的模型进行了一定程度的改进。研究者也认为两层相对的氧化膜层是以一个整体的形式而破裂的，但同时研究者也认为在临界变形前显露的基体金属会受到污染，并且考虑进了临界变形效应等因素。通过金相显微组织观察，证实了结合界面处存在三个区域：①破裂后的滚刷块体区域，其面积大约等于原始复合板材的表面面积；②在低于临界变形的条件下，显露出的基体金属受到污染区域；③高于临界变形的条件下，未受污染的显露金属形成结合的区域。

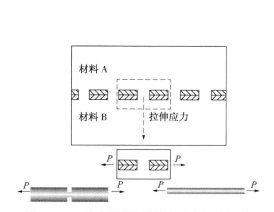

图4-3-1　约束条件下测得的抗拉强度以及
纯拉伸条件下测得的抗拉强度示意图

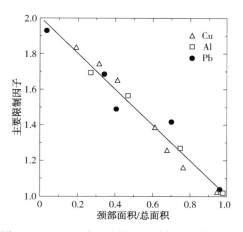

图4-3-2　Pb、加工硬化Cu及加工硬化Al的
限制因子与限制程度之间的关系

Wright认为在临界变形条件以下，显露的基材金属不能通过焊接进行结合。在临界变形条件下，单位面积显露的基材金属为$(l_t-l_0)/l_t=R_t$，当超过临界变形时，单位面积已经完成焊接的基材面积为$(l_f-l_t)/l_f$。由$R_t=(l_t-l_0)/l_t$，以及$R_f=(l_f-l_0)/l_f$，可以得到$l_t=l_0/(1-R_t)$，以及$l_f=l_0/(1-R_f)$。因此，单位面积已经完成焊接并有效结合的基材面积为$1-[(1-R_f)/(1-R_t)]$。对Vaidyanath模型进行更进一步的改进，如下：$\tau_w/\tau_s=1-[(1-R_f)^2/(1-R_t)^2]$，考虑到焊接结合的强度可能大于基材的整体强度，所以引入系数H，得到$\tau_w/\tau_s=H(1-[(1-R_f)^2/(1-R_t)^2])$。

Bay根据断裂后的结合界面所做的扫描电子显微镜（SEM）图片，得出两个基本的结合界面机理：第一个机理是，由滚刷形成的脆性覆盖层，底层新鲜金属通过裂缝挤出，并建立真实的接触及结合；第二个机理是，结合是通过污染膜及水汽的破裂来实现的。基于上述第一个机理，Bay认为表面法向压力及表面扩展是控制结合强度的关键基本参数，并设计了一个特别的装置，可以单独变化法向压力及表面进行扩展，将结合界面的强度表达为二者之间的函数。同时，作者认为Vaidyanath模型中通过切口圆棒的拉伸实验计算得出的限制因子过于简单，有些偏离实际，没有考虑到界面孔洞产生的影响，进而导致准确性略低。根据结合界面区域的几何样式，考虑平衡方程，给出了结合界面强度的两个表达公式：

$$\frac{\sigma_{B1}}{\sigma_t}=\frac{2}{\sqrt{3}}\frac{X}{1+X}\left(\frac{p}{2k}-\frac{p_e}{2k}\right) \tag{4-3-1}$$

$$\frac{\sigma_{B2}}{\sigma_t}=\frac{2}{\sqrt{3}}\frac{q(\alpha_B)}{2k} \tag{4-3-2}$$

模型1中结合界面强度的上限是通过结合桥的变形并在结合面外断裂

$$\left(\frac{\sigma_{B1}}{\sigma_t}\right)=\frac{2}{\sqrt{3}}\frac{X}{1+X} \tag{4-3-3}$$

模型2中结合界面强度的上限是基体金属变形，即

$$\left(\frac{\sigma_{B2}}{\sigma_t}\right) = 1 \tag{4-3-4}$$

根据氧化膜及硬化层破裂这两个机理，Bay 提出了一个计算结合界面强度的理论模型：

$$\frac{\sigma_B}{\sigma_m} = (1-\psi_F^2)Y\frac{p-p_E}{\sigma_m} + \psi_F^2\frac{Y-Y'}{1-Y'}\frac{p}{\sigma_m} \tag{4-3-5}$$

式中，ψ_F 是氧化膜层与总面积的比率；Y 是结合界面表面显露；Y' 是污染层的表面临界显露；p 是基材金属法向压力；P_E 为需要从氧化物裂缝挤出金属的挤压力。式（4-3-5）右端第一项是脆性覆盖层的贡献，第二项是表面污染膜的贡献。

Bay 采用工程法计算了复合板材在辊缝中的压力分布，在这个模型中，作者考虑了应变硬化及复合板之间的摩擦情况。Zhang 进行了金属显露的挤压分析，并且计算出了挤压力的大小，同时，研究者用工程法分析了不同金属在辊缝中的压力分布情况，提出了新的计算模型可以模拟整个冷轧加工过程，包括基体金属的各阶段变形，以及不同金属基材之间结合的形成。

Yan 研究了 6111Al 合金的温轧及冷轧复合，以轧制温度、退火温度、压下率及轧制速度等工程参数作为轧制复合的重要参数。通过实验，研究者发现了温度是影响复合质量的最重要的因素，剪切强度会随着温度及界面压力的增加而逐渐增加。考虑到温度的重要性，研究者认为形成结合需要激活能，界面结合强度依赖于轧制温度，遵循阿累尼乌斯关系，如下所示：

$$\tau_{bond} = \tau_0 \exp\left(-\frac{Q_b}{RT}\right) \tag{4-3-6}$$

式中，基体金属剪切强度 $\tau_0 = \sigma/\sqrt{3}$；Q_b 为形成结合所需的激活能；R 是通用气体常数；T 是轧制温度，单位为 K。

最近，Cooper 比较了多种固相的结合强度模型，提出了一种新的模型建设思路，在这个模型中考虑了结合界面法向接触应力、温度、结合界面的纵向应变、应变速率及剪切，名义室温剪切结合强度，如式（4-3-1）所示：

$$\tau_b = \frac{1}{\sqrt{3}}\left(\frac{0.8}{Y}\sqrt{\sigma_n^2+3(\tau_{app})^2}\right)_{\leqslant 1} \times v_{\geqslant 0} \times \left(0.8\frac{\sigma_n-p_{ex}}{Y}\right)_{\leqslant 1} \times \sigma_0 \tag{4-3-7}$$

通过实验对比了新模型与 Bay 模型之间的差异，如图 4-3-3 所示，是在 373K 条件下的结合实验。从该图中可以观察出，新模型在预测固相结合界面的强度方面比 Bay 模型更加精确，因为 Bay 模型用于预测轧制复合结合界面的强度，其中应变及法向接触应力是高度耦合的。因此，对于任意的法向接触应力及应变组合就显得不那么准确了，直接体现在预测值方面。而且，这里结合界面强度相对很低，而 Bay 模型是用来预测相对较高的结合界面强度的。同时，两个模型不同的假设前提条件也会影响预测的准确与否。Bay 模型假定在结合发生之前会有一个恒定的临界应变，而新模型临界应变是温度及法向接触应力的函数，导致临界应变是变化的。

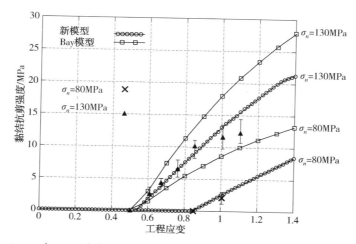

图 4-3-3　在 373K 条件下的结合实验，新模型与 Bay 模型的比较(无剪切)

4.3.2　界面结合强度的测定

界面结合强度的测定可以采用破坏性实验及非破坏性实验两种方式来实现。破坏性实验，顾名思义为对试样产生完整性破坏的实验，其包括拉剪、压剪、剥离、拉伸、多次交替弯折等实验；非破坏性实验，即为试样的完整性不被破坏的实验，其包括纳米压痕、界面超声波检测等。

如图 4-3-4 及图 4-3-5 所示，对试样进行的拉压剪实验是针对于厚板的测试；当复合板材的总厚度大于 10mm 时，可以采用压剪实验，计算公式为 $\tau = F/A$，其中 τ 为抗剪强度(MPa)，F 为剪切切断载荷(N)，A 为剪切面积(mm^2)。该压剪实验主要针对于锅炉及压力容器用复合板材结合性能的评价，同时也用于测定复合棒材及复合管材的整体结合强度。当复合板材的总体厚度小于 10mm 并大于 1.9mm 时，如果用压剪实验，复合材料的基体会在压力作用下发生明显的弯曲变形，进而严重影响到测定结果的准确性。所以应该采用拉剪实验来进行测试，其计算公式与压剪实验相同，但拉剪实验会存在一定的边缘效应，同时，当复层的厚度相对较薄时，出现 $\sigma_b t < \tau_s L$(其中，σ_b 及 t 分别为弱层拉伸强度及厚度，τ_s 及 L 分别为剪切强度及剪切面积)时，复层则会出现明显弯曲、分层及断裂。基于上述思考，采用拉剪实验则不能较好地测量出薄规格复合板材的剪切强度。

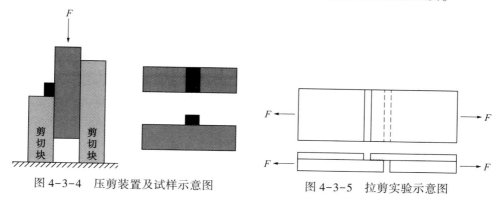

图 4-3-4　压剪装置及试样示意图　　　　图 4-3-5　拉剪实验示意图

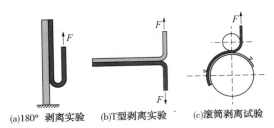

(a)180° 剥离实验   (b)T型剥离实验   (c)滚筒剥离试验

图 4-3-6   典型的剥离实验示意图

剥离实验是一种广泛用于定量测定薄规格复合板材结合强度的方法，该实验包含两个分开的端面，在拉伸装置上测量得到，典型的三种剥离实验如图 4-3-6 所示。标准 ASTM 1876-08 指出，上述方法来源于胶黏黏结强度的测定实验。180°剥离实验是用于测定不同金属之间的结合强度，其中有一层应为硬质金属；而 T 型剥离实验通常用于测定高弹性的同种材料之间的结合强度。卷筒型剥离装置是为了更准确测定层间剥离力，这类似于标准 ASTM D1781 中提供的测试方法。由于剥离的应力并不均匀，会沿着结合样品长度的方向发生变化，而实验得到的结果是平均剥离强度，不能与实际当中某个特定的结合性能相关，这个实验可以定性地判断发生结合的临界压下率。同时，剥离实验也存在与剪切实验相同的问题，即在结合界面剥离开前基材会发生断裂。另外一个问题是，由于剥离实验原先设计的目的是用来测定黏结强度的，剥离层被认为具有充分的弹性性能并且在厚度方面足够的薄，因此，剥离层的变形耗散可以忽略，当剥离实验用于金属间结合性能的测定时，塑性耗散将在整个剥离实验过程中扮演重要的角色。因此，通过剥离实验测出的纯粹的剥离强度，不能准确地确定真实剥离强度。基于上述思考，Yang 分析了轧制复合金属板的剥离机理，得到了剥离表面能量释放率 G：

$$G = \begin{cases} \dfrac{P}{b}, & \text{当 } \dfrac{h}{2R} \leqslant \dfrac{\sigma_Y}{C} \\[2ex] \dfrac{P}{b} - \dfrac{1}{2}\sigma_Y(\dfrac{h^2}{4R} + R\varepsilon_Y^2 - h\varepsilon_Y), & \text{当 } \dfrac{\sigma_Y}{C} \leqslant \dfrac{h}{2R} \leqslant 2\dfrac{\sigma_Y}{C} \\[2ex] \dfrac{P}{b} - \dfrac{1}{2}\sigma_Y(\dfrac{h^2}{2R} + 5R\varepsilon_Y^2 - 3h\varepsilon_Y), & \text{当 } \dfrac{h}{2R} > 2\dfrac{\sigma_Y}{C} \end{cases} \qquad (4-3-8)$$

由于塑性耗散对剥离强度有很大的影响，所以测得的剥离强度在该领域被认为"名义剥离强度"。

鉴于剪切强度及剥离强度在表征结合性能时有各自的不足，所以 Govindaraj 采用拉伸实验测定界面法向结合强度，如图 4-3-7 所示。该实验唯一的缺点是不能测定大的结合强度。于是 Zhang 提出了一个新颖的测试厚度较薄的层状金属复合板材界面结合强度的方法，即四点弯曲法。研究者通过实验观察到在单向拉伸的过程中，断裂的黏结剂表面中心区域会随机分布着许多显微孔洞，而远离边部的区域却相对平整、没有孔洞，当进行单向拉伸时，这些孔洞的存在不仅减小了结合面积，而且在加载的过程中扮演着微型裂纹，导致更低的结合强度，所以测得黏结剂的法向结合强度要远低于实际的强度。而在四点弯曲实验的过程中，由于边部能够承受更大的法向应力，使得黏结剂断

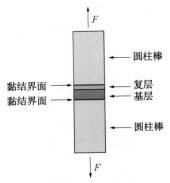

圆柱棒

黏结界面 —— 复层
黏结界面 —— 基层

圆柱棒

图 4-3-7   测量拉伸结合
强度示意图

裂强度可以接近达到实际的强度，是采用单轴拉伸测得强度的4.176倍，所测得的界面结合强度的上限提高至单轴拉伸所测得的结合强度上限的1.5倍，进而能够相对真实地体现出复合板材的结合强度。

　　同时，也有不少研究人员通过多种手段在定量测定界面结合强度方面做了诸多的研究工作。Wang采用超声波辅助钎焊将Al薄膜-纯铁与Al合金板材进行了钎焊，用以测定Al薄膜-纯铁界面的结合强度。需要注意的是Al薄膜及Al合金板结合的强度明显高于Al薄膜-纯铁的结合强度，并且钎焊不能对复合板材界面以及Al薄膜本身产生影响。通过实验可知，作者成功实现了界面结合强度的测定。Akramifard建立了界面结合强度及拉伸实验之间的关系，复合板拉伸应力-应变曲线上的两个下降段对应于界面的分层，应力从极限抗拉强度降低到二次水平段的差值与双面结合强度的总和密切相关。Lee考虑到在最大载荷处测得的应力及应变值不能代表界面分层或裂纹开启的准确点，因为由于基体应变后出现的加工硬化，总载荷即使是在分层开始后也会适当增加，而由于基体在变形过程中会发生颈缩，即使是在分层开始前，总载荷也会降低。基于上述思考，研究者提出了一种在拉伸实验过程中运用数字图像相关技术，用其来准确测定金属复合板界面结合强度的新方法。如果两层的复合材料的界面结合强度足够大，而能承受在拉伸的过程中发声的宽展方向变形，则层状复合板材可以当作一个整体，横跨界面的两点距离应该减小，即 $D_i < D_{i-1}$（D_i为横跨界面两点当前距离，D_{i-1}为当前变形步前一步的距离）；如果两层的复合材料在起初未能发生结合，每一层单独伸长并且距离 D_i 应该增加，即 $D_i > D_{i-1}$。因此，这解释了测量界面结合条件的方法，通过准确测定横跨界面两点之间的距离，就可以检测到发生分层的时刻，并且可以确定在拉伸的过程中发生的应力-应变变化。作者定义"弱结合"及"分层"状态为界面宽展方向应变与纵向应变曲线斜率P值（等于"负的"塑性泊松比）为-0.5<P<0及0≤P。如图4-3-8所示，可知从3点开始，D2应变曲线斜率开始变为正的，表明界面I2处两层开始分离（分层），这可以从图4-3-9中清晰地观察出。综上所述，采用该方法对复合材料的结合界面进行测试，可以精确地确定界面发生分层的开始时刻。

　　Buchner通过反复弯曲实验定性评价了复合材料界面的结合强度，如图4-3-10所示。可知样品交替弯曲90°直到界面出现分层或断裂，由于这种方法是定性的，不如以上所采用的定量测试方法准确。

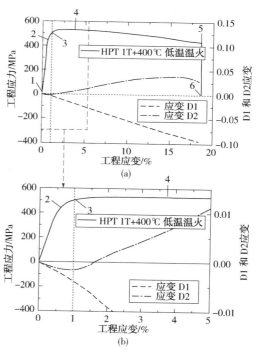

图4-3-8　复合板材工程拉伸应力（S）-应变（e）以及线D1及D2的宽展方向应变及纵向拉伸应变的关系曲线

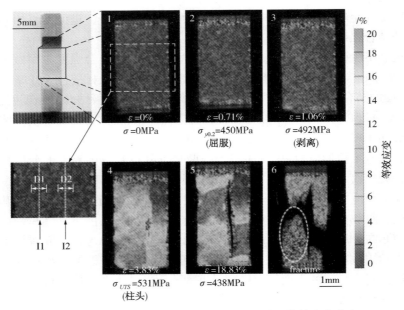

图 4-3-9　采用数字图像相关技术测定的端面等效应变演变

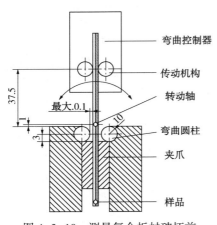

图 4-3-10　测量复合板材破坏前
弯曲次数的实验装置

依据前述的内容可知，拉剪、剥离这类破坏性的实验会存在额外的载荷聚集的情况，对实验结果的准确性会产生较大的影响。所以，一些研究人员便采用非破坏性的实验来评价界面的结合强度，以微观角度为切入点，观察结合界面的力学性能，该类方法包括纳米压痕及回波脉冲超声检测等。纳米压痕实验是通过压痕的施加及卸载监测压头的连续响应，以此提供显微硬度值，进而换算模量及压入功。对于工程应用的金属复合板材而言，简单地通过显微硬度则不能充分地评价界面的结合性能；而且，复合板材结合界面的厚度可能较薄，例如微米级，考虑到压头附近应变场的尺寸要大于压头尺寸，采用纳米尺度的压头才能精确地评价结合界面

的综合性能，如图 4-3-11 所示。Liu 研究了不同宏观表面处理及微观表面处理对界面结合质量的影响，如图 4-3-12 所示。采用回波脉冲超声检测测定复合界面接触面积，如果接收器接收到从背面反射回的信号达到最大值时，说明界面结合的情况良好，反之，则说明复合界面存在孔洞或出现分层。这种方法是一种宏观平均结合强度的表征，需要与其他测试方法联合使用才能更加准确地反映出界面的实际结合强度情况。

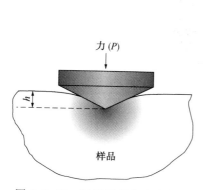

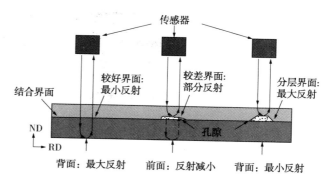

图4-3-11　纳米压痕实验示意图　　图4-3-12　回波脉冲超声波测试复合板结合强度示意图

4.4　Ti-钢复合板材钎焊轧制工艺及界面性能研究

　　Ti-钢复合板材领域研究至今，能够有效制备Ti-钢复合板材的方法主要包含爆炸复合、爆炸-轧制复合、扩散复合以及轧制复合等。轧制复合作为制备层状金属复合材料最经济、最直接、最高效以及最广泛使用的方法，越来越多的学者将其应用于Ti-钢复合板材的制备之中。国内外研究者在这方面做了许多的工作，其中尤其是日本学者的成果较为突出，例如组坯方式、表面处理、轧制工艺以及热处理工艺等，在重要的参数制定方面贡献较多。需要指出的是，采用轧制法制备加工Ti-钢复合板材最重要环节的是对结合界面的控制，因为在高温条件下，结合界面区域会出现脆性显著的金属间化合物（如Ti-Fe）及界面的氧化，均对界面结合的质量构成了严重的危害；而在室温下，Ti与铁二者的互溶度较低，采用轧制法不如采取爆炸复合的方式能够在界面处产生巨大的冲击力，以此实现界面的波状形态，单纯轧制方式下的Ti-钢界面很难达到冶金结合的效果。所以，针对上述问题，许多相关的科研人员提出了不同的方法进行解决。赵东升采用真空轧制法，在Ti与钢之间加入了中间层，使得该复合板材获得了最大结合强度为342MPa。同时有的学者采用两阶段法成功制备出了层状金属复合材料，该制备工艺的成功经验也值得参考，如扩散-轧制法。杨益航采用扩散-轧制法成功制备了铜-Al复合板材，且该复合板材能够获得剪切拉伸强度为Al层的强度的90%。基于上述研究成果，证明钎焊工艺是能够实现难熔金属连接的有效方法，将该方法与轧制法相结合，进而形成先采取钎焊工艺得到预先复合，后续再通过轧制工艺实现最终复合，并通过合理的热处理工艺来改善结合界面及力学性能的钎焊-轧制法，以此来实现Ti-钢复合板材的高质量结合。

4.4.1　实验流程

4.4.1.1　实验材料

　　本研究所涉及的实验中使用的原材料是退火态的纯Ti（TA1）及低碳钢（Q235），二者的化学成分及力学性能见表4-4-1。TA1及Q235的具体尺寸分别为100mm（长-L）×50mm（宽-W）×1.5mm（厚-H），100mm（长-L）×50mm（宽-W）×4.5mm（厚-H）。紫铜T2及银铜合金BAg-8作为钎焊料的金属，二者的初始尺寸为100mm（L）×50mm（W）×0.05mm（H）。

表 4-4-1　所使用的原材料即 **TA1** 及 **Q235** 的化学成分及力学性能

材料	化学成分/%										YS/MPa	UTS/MPa	El/%
	C	Mn	Si	S	P	Fe	Ti	O	N	H			
TA1	0.024	—	—	—	—	0.023	Bal.	0.062	0.0076	0.002	241	314	49
Q235	0.18	0.17	0.13	0.017	0.018	Bal.	—	—	—	—	308	466	36

4.4.1.2　钎焊预复合工艺

为了能够获得复合板界面良好的结合质量，需要去除待后续复合金属层表面的污染物、杂质及锈层。采取的表面处理过程如下：①对 TA1 及 Q235 的表面采取在超声波清洗仪里进行脱脂；②进行钢刷处理。而对于紫铜 T2 及银铜合金 BAg-8，采取的表面处理过程如下：①采取超声波清洗；②采用 500# 的砂纸进行打磨。

上述过程处理完之后，对各层进行叠放，叠放的顺序为 TA1-T2-steel-T2-TA1（简化为 Ti-T2-steel）及 TA1-BAg-8-steel-BAg-8-TA1（简化为 Ti-Ag-steel）。为了有助于研究不加钎焊材料的 Ti-钢复合板材的界面结构及整体的力学性能，特意加入一组对比实验，即叠放顺序为 TA1-steel-TA1（简化为 Ti-steel）的 Ti-钢复合板材。Ti-T2-steel 及 Ti-Ag-steel 这两种复合板在 CZL-200 型真空退火炉中进行钎焊实施（准确地讲，对于 Ti-T2-steel 复合板材而言，实施钎焊的过程应该称为接触反应钎焊，因为紫铜 T2 钎料在钎焊过程中并没有熔化，依旧保持着固态，而是与基体反应形成了共晶相）。对于 Ti-Ag-steel 复合板材而言，实施的钎焊工艺如下：①将其以 5℃/min 的速度加热至 750℃ 并保温 10min，②加热至 850℃ 并保温 5min。需要注意的是并没有持续加热至 850℃，而采取了在 750℃ 下保温 10min，目的是保证样品整体的温度均匀，并且达到一个热平衡，这样有利于复合板的有效结合。对于 Ti-T2-steel 复合板材而言，采取的钎焊工艺为，以 5℃/min 的加热速度将样品加热至 950℃ 并保温 10min。需要特别指出的是，为了防止由于生成液相而造成的 TA1 层及 Q235 层之间的位置错动，设计了一个固定装置，如图 4-4-1 所示。在实验实施的过程中，操作工会在复合板材及垫板之间需要放置一些陶瓷片，防止在钎焊的过程中复合板材与垫板之间的黏结。对于 Ti-steel 复合板材而言，在轧制变形之前需要将各层的四边进行氩弧焊。

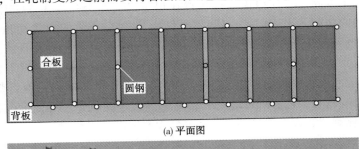

(a) 平面图

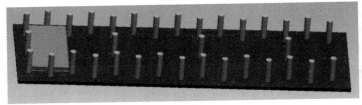

(b) 立体图

图 4-4-1　Ti-钢复合板材钎焊固定装置示意图

4.4.1.3　轧制终复合工艺

对上述三种的Ti-钢复合板材（Ti-steel、Ti-T2-steel、Ti-Ag-steel）分别在40%、55%及65%的压下率下进行轧制加工成型，具体的轧制工艺如表4-4-2所示。本研究涉及的轧制实验在50t的二辊轧机上进行，轧辊直径为270mm，轧制速度为25r/min。

表4-4-2　Ti-钢复合板材轧制工艺

钎料类型	轧制温度/℃	一道次轧制压下率/%	二道次轧制压下率/%	总轧制压下率/%
无	800	—	—	41.2
	800	—	—	52.3
	800	39.9	38.8	63.3
T2	800	—	—	39.0
	800	—	—	52.0
	800	41.3	37.6	63.4
BAg-8	800	—	—	38.3
	800	—	—	55.6
	800	45.7	37.5	66.0

4.4.1.4　轧后热处理工艺

对65%压下率下的三种Ti-钢复合板材在不同的下进行温度退火均为30min（500℃、600℃、700℃、800℃），以此来研究不同的热处理温度对Ti-钢复合板材结合界面处的显微组织结构演变及拉伸性能的影响。

4.4.1.5　拉伸剪切试验

本研究采取拉伸剪切试验来测定钎焊及轧制后复合板材的结合界面处的剪切强度，图4-4-2为拉剪试样的示意图。拉剪试验在万能拉伸试验机上进行实施，拉伸速度为1×10^{-3} m/min。剪切强度可以通过公式（4-4-1）计算得到。

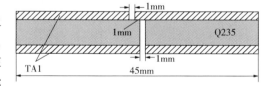

图4-4-2　拉伸剪切试样示意图

$$\tau=\frac{F}{bd} \tag{4-4-1}$$

其中，F为拉剪试验过程中所施加的最大载荷，b及d为两个切槽之间的宽度以及试样的宽度。对相同条件下的拉剪试验重复实施3次，以此来确保所测得结果的可靠性及客观性。

4.4.1.6　复合板材的力学性能研究及结合界面的微观组织表征

为了研究经过在不同的热处理温度下处理后的复合板材的力学性能，需要在万能拉伸试验机上进行拉伸实验操作。拉伸试样的标距及宽度分别为15mm及3mm，引伸计速度为1mm/min。为了能够研究复合板材的整体强度、延伸率及各层金属的强度、延伸率之间的关系，需要对Ti-钢复合板材各层金属的力学性能进行测量。本研究采用线切割的方式沿着复合板材的结合界面进行切割，进而得到 TA1，并采取手工磨削切割的方式，对其表面层以排除 Q235 层及金属间化合物层的存在，而 Q235 层硬度相对较软，可以通过直接手工磨削得到。通过对磨削后各层金属的表面采取光学显微镜的方式进行初步的观察，各层通过处理后的表面，相对较干净且未有可见的明显缺陷出现。

本实验首先采用光学电子显微镜（MV5000）观察钎焊后复合板结合界面的微观组织，并采用配备能谱（EDS）的扫描电子显微镜（SEM，ZEISS EVO 18 及 JSM-6480LV）对通过钎焊+轧制+热处理工艺后的结合界面形态及显微组织进行观测，并采用 SEM（JSM 6010，JEOL）观察轧制+热处理工艺后的复合板材拉伸断裂形貌。钎焊之后的结合界面物相分析采用日本力学 X 射线衍射仪（Dmax-RB 12KW 旋转阳极衍射仪）进行测试。

4.4.2　钎焊及轧制后界面剪切强度变化规律

剪切强度是用来评价复合板材界面结合质量的重要指标之一。如图 4-4-3 所示，给出了样品 Ti-steel、Ti-T2-steel 及 Ti-Ag-steel 在钎焊之后及不同轧制压下率变形加工后的结

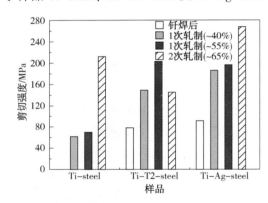

图 4-4-3　样品 Ti-steel、Ti-T2-steel 及 Ti-Ag-steel 在钎焊后及不同轧制压下率下的界面剪切强度（由于样品 Ti-steel 没有钎焊过程，所以其剪切强度认为是 0）

合界面剪切强度。采用紫铜 T2 及银铜合金 BAg - 8 钎焊所获得的剪切强度分别为 78.5MPa 及 91.5MPa。通过热轧之后，随着轧制压下率的增加，复合板材的结合界面处的剪切强度显著提高，当总的压下率达到 65% 时，采用 BAg-8 钎料候，其剪切强度达到最大值 268MPa。

值得注意的是，界面的剪切强度随着压下率的变化相应着有两种变化趋势。对于 Ti-steel 及 Ti-Ag-steel 两种不同复合板材的样品，二者的剪切强度均随着压下率的增加而增加，出现上述现象可以归因于两个方面：第一个方面是 Ti 及钢基体中主要元素的相互扩散；第二个方面是在强大的轧制压力作用下各层金属的塑性流动有助于形成相互的嵌入。然而，对于样品 Ti-T2-steel 而言，当压下率为 65% 时，其剪切强度却显著下降，为什么会出现上述现象？对于这一现象将在后续中以理论计算的形式进行阐述。

4.4.3　Ti-钢复合板材界面微观组织变化

4.4.3.1　钎焊后界面微观组织特点

如图 4-4-4 所示，呈现的是经过钎焊之后复合板材结合界面处的显微组织形貌。从图 4-4-4(a) 中可以观察到，在钢层的一侧有垂直于结合界面的柱状晶结构，这很有可能是因为铁素体稳定化元素 Ti 通过扩散进入钢层一侧，造成在钢层一侧临近界面处铁素体相的形成。通常情况下，铁素体相的出现对于柱状晶结构的产生具有十分重要的作用；而与柱状晶结构相邻的黑色侵蚀带区域则是由金属间化合物构成的。从图 4-4-4(b)(c) 中

可以观察出，在 Ti 基体及 BAg-8 钎料之间明显出现了一个连续的反应层，而 BAg-8-钢一侧的结合界面只有少量的相互作用层，并且在临近 BAg-8 钎料的区域中出现了一定数量的等轴状的晶粒结构。

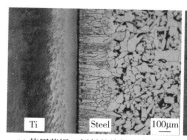 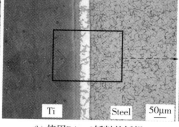 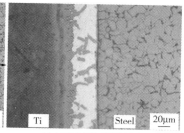

(a) 使用紫铜T2钎料的接触反应钎焊　　(b) 使用BAg-8钎料的钎焊　　(c) 红色方框区域的放大

图 4-4-4　钎焊后复合板材的结合界面光学显微图片

观察图 4-4-5 中可知，呈现出了采用 T2 及 BAg-8 钎料对 TA1 及 Q235 低碳钢钎焊得到的结合界面的 SEM 显微图片；同时采用 EDS 确定了相应的不同元素组成的相，具体如表 4-4-3 所示。可以清晰地观察到，紫铜 T2 与 Ti 之间完全发生了反应，并且在结合界面区域存在许多的相，如图 4-4-5(a)(b) 所示，其中分别用 A、B、C、D、E 及 F 表示。根据上述 EDS 的结果，由 A 所表示的根茎状的结构可以推断为魏氏体 $\alpha-\beta$Ti，该组织是由片层状的 $\alpha-$Ti 位于细针状的 $\beta-$Ti 之间所形成的混合组织，铜元素作为强 Ti 稳定化之一的元素通过扩散进入 Ti 基体之中，起到了降低 Ti 的共析转变温度的作用，而基体中的 $\alpha-\beta$Ti 相在冷却的过程中可由 $\beta-$Ti 通过分解得到。由 B 所表示的黑灰色区域中，包含了大量的 Ti，同时也主要包含了 β 稳定化元素 Fe 及 Cu，可以推断 B 区域为 $\beta-$Ti。由 C 所表示的区域中，可知 Ti ： Cu 为 2:1，推断为 Ti_2Cu，该金属间化合物有两种存在的状态。第一种呈现的是形状不规则的块状，分散在 $\beta-$Ti 中，而第二种呈现的是沿着轧制的方向连续分布在结合界面处，上述可以通过图 4-4-5(c) 中的线性扫描结果来证实。根据上述线扫的结果可知，Ti、Cu 及 Fe 成分均发生了明显的变化。根据表 4-4-3 中的能谱信息以及 Ti-Fe-Cu 三元相图可知，在 C 区域及 F 区域之间的灰白色区域中，包含了两个混合相，可以推断为 $TiFe+\beta-Ti+Ti_2Cu$ 混合结构及 TiFeCu 相。其 XRD 的结果如图 4-4-6 所示，对其 XRD 的结果进行分析可知，有一个三元相，可称为 $Cu_{0.5}Fe_{0.5}Ti$ 的出现在了结合界面区域，从各元素的比例来观察，可认为基本上接近于 $T_3(Ti_{43}Cu_{57-x}Fe_x：21<x<27)$。由上述可知，F 所表示的黑色区域为 $TiFe_2$。

由 BAg-8 作为钎料进行钎焊，可以得到复合板材的结合界面处的显微组织与由 T2 钎焊得到的结合界面显微组织明显不同。BAg-8-钢一侧的结合界面比较平直，然而，在 Ti-BAg-8 一侧的结合界面区域却存在许多反应产物，说明在钎焊的过程中，Ti 元素与 Fe 元素相比，前者更容易地溶解到熔化钎料之中。针对采用不同钎料进行的钎焊连接工艺，通常而言，钎焊过程主要包含以下三个阶段：①当焊接温度升高时，钎料熔化；②基体熔入熔化的钎料；③随着整体温度的降低，熔化的金属钎料开始凝固，逐渐形成连接。Ti 元素通过扩散能够进入熔化的 BAg-8 钎料之中，能够与 Cu 元素反应并形成多种物相，如 Ti_2Cu、TiCu、Cu_4Ti_3 及 $TiCu_2$(分别用 I~K、M 来表示)。对上述过程进行分析，值得特别注意的是，根据能谱测试及 XRD 的结果分析可知，Ti-Fe 金属间化合的物相并没有出现在

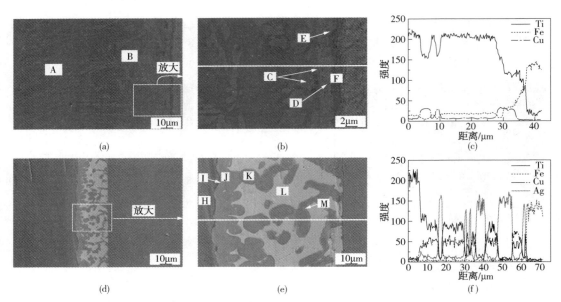

图 4-4-5　分别采用 T2 及 BAg-8 对 TA1 及 Q235 钎焊的界面反应层 SEM 分析

(a)采用紫铜 T2 的反应区界面显微结构(b)图 4-4-5(a)中方框区域的放大

(c)沿图 4-4-5(b)中实线的 EDS 线扫结果(d)采用 BAg-8 钎料的反应区界面显微结构

(e)图 4-4-5(e)中方框区域的放大(f)沿图 4-4-5(e)中实线的 EDS 线扫结果

BAg-8-钢的结合界面区域，出现这种特殊现象的原因尚不明确，这可能归因于在该钎焊工艺的温度条件下，较低的扩散率以及 Fe 元素同时被 BAg-8 钎料所阻挡，进而阻止了 Fe 元素与 Ti 元素的结合反应。同时还观察出大量的富 Ag 相存在于钎缝的中间位置区域。为了解释上述物相的形成原因，以下列出了一些不变的平衡反应：

$$L+TiCu \Longleftrightarrow Cu_4Ti_3+(Ag) \quad\quad\quad\quad (4\text{-}4\text{-}2)$$

$$L+Cu_4Ti_3 \Longleftrightarrow Ti_2Cu_3+(Ag)(843℃) \quad\quad (4\text{-}4\text{-}3)$$

$$L+Ti_2Cu_3 \Longleftrightarrow TiCu_4+(Ag)(808℃) \quad\quad\quad (4\text{-}4\text{-}4)$$

表 4-4-3　图 4-5-5 中各区域相的确定

序号	区域	平均成分/%(原子分数)				可能的物相
		Ti	Fe	Cu	Ag	
图 4-4-5(a)(b)	A	87.98	1.79	10.23	—	$\alpha\text{-}\beta Ti$
	B	85.24	10.14	4.62	—	$\beta\text{-}Ti$
	C	68.03	1.56	30.42	—	Ti_2Cu
	D	54.57	18.78	26.52	—	$TiFe+\beta\text{-}Ti+Ti_2Cu$
	E	46.93	21.25	31.82	—	T_3
	F	33.31	66.58	0.12	—	$TiFe_2$
图 4-4-5(e)	H	94.02	—	1.12	4.86	Ti-rich
	I	65.21	—	31.89	2.90	Ti_2Cu
	J	44.92	—	52.67	2.41	$TiCu$
	K	43.56	—	54.65	1.79	Cu_4Ti_3
	L	—	—	5.86	94.14	(Ag)
	M	32.10	0.79	64.92	2.19	$TiCu_2$

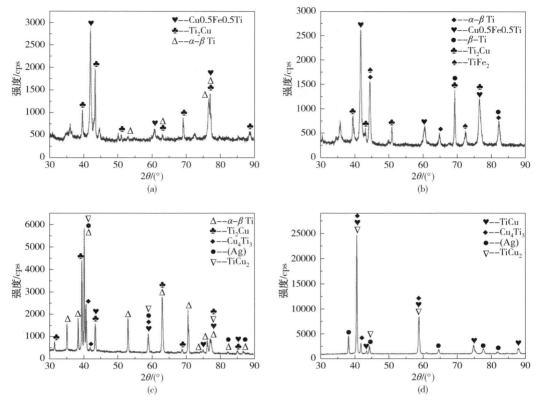

图 4-4-6　断裂结合界面 Ti 侧（a、c）及钢侧（b、d）的 XRD 分析结果

（a、b）和（c、d）分别代表使用 T2 及 BAg-8 钎料的样品 Ti-T2-steel 及 Ti-Ag-steel

通过钎焊工艺，Ti 元素能够从 Ti 基体中通过扩散进入熔化的钎料之中，进而导致在 Ti-BAg-8 的结合界面区域形成了 Ti 成分梯度。Ti 元素的扩散效率明显要高于 Cu 元素，这是因为液相的金属元素进行扩散比固相扩散具有更强的竞争性。熔化钎料中 Ti 元素数量的增加逐渐导致了 Ti 元素的过饱和，因此在 Ti-BAg-8 的结合界面区域形成了初始相 TiCu。在上述过程中，不同物相形成的先后顺序可以用"有效热生成模型"来解释。Ti 元素会沿着 TiCu 物相形成的模式，进一步地通过扩散导致了 Ti_2Cu 的形成，根据 Ti-Cu 二元相图可知，Ti 及 TiCu 之间是非平衡状态，进而 Ti 元素可以与 TiCu 金属间化合物再发生反应。在钎焊的过程中，随着钎料的逐渐凝固，由公式（4-4-2）可知，Cu_4Ti_3 金属间化合物的出现是紧挨着 TiCu 形成的。Cu_4Ti_3 金属间化合物呈现出齿状的显微结构，说明该物相是在钎料凝固的过程中形成的，进而会随着温度场的变化而发生形状的演变，亦说明 Cu_4Ti_3 金属间化合物的形成过程不是均匀的。当温度进一步降低时，根据公式（4-4-3）及（4-4-4）可知，相应的反应物相已经形成，因此在 Ti-BAg-8 的结合界面区域出现了 $TiCu_4$ 及富 Ag 相（Ag）。

4.4.3.2　轧制后界面显微组织结构演变

如图 4-4-7 所示，为 Ti-steel、Ti-T2-steel 及 Ti-Ag-steel 三种不同的样品在不同压下率条件下的界面微观形貌，并且相应的 EDS 线扫结果如图 4-4-8 所示。Ti-steel 样品的结合界面区域没有明显的反应生成相，但扩散路径呈现出了典型的"X"形状。出现了上述现象，说明在结合界面处的原子之间发生了相互扩散，形成的扩散层厚度约为 3.5μm。在 Ti-T2-steel 的结合界面区域，之前在钎焊工艺中沿着轧制方向上形成的连续分布的金属间化合物(IMCs)已经变成了破碎段，这充分说明脆性显著的 IMCs 金属间化合物不能与基体 Ti 层及钢层一样产生延伸。参考图 4-4-7(f)中 EDS 结果以及图 4-4-8(b)中的线扫结果，可知结合界面生成的反应相包含 β-Ti、α-βTi 及四种不同的金属间化合物相(本研究分别用Ⅰ、Ⅱ、Ⅲ及Ⅳ来表示)。可以观察到 β-Ti 及部分 Ti₂Cu 金属间化合物沿着轧制的方向延伸，并且挤入脆性的 IMCs 之间的空白区域进行了填充(如图 4-4-7 所示，即为椭圆形区域)。上述现象的出现，会随着压下率的增加，嵌入 β-Ti 中的 Ti₂Cu 金属间化合物会从延伸状态逐渐变成破碎的状态。因此，分析上述的钎焊过程，可以获得三种结合界面的形态：第一种是(Ti₂Cu+脆性 IMCs)-steel(如图 4-4-7 中所示的黑色椭圆形区域)，第二种是 Ti₂Cu-steel(如图 4-4-7 中所示的蓝色椭圆形区域)；第三种是 β-Ti-steel(如图 4-4-7 中所示的椭圆形区域)。

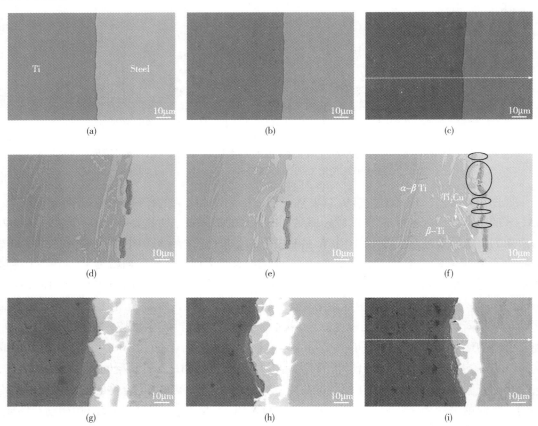

图 4-4-7　样品 Ti-steel、Ti-T2-steel 及 Ti-Ag-steel 在不同压下率下的界面形貌
(a)41.2%(b)52.3%(c)63.3%[(a~c)为样品 Ti-steel](d)39%(e)52%(f)63.4%
[(d)~(f)为样品 Ti-T2-steel](g)38.3%(h)55.6%(i)66.0%[(g)~(i)为样品 Ti-Ag-steel]

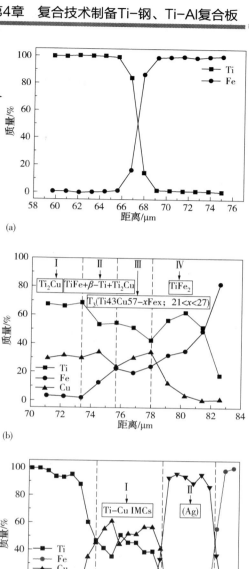

图4-4-8　图4-4-7(c)(f)(i)中沿箭头的 EDS 线扫结果

其界面结合强度可以由式(4-4-5)来表达：

$$\sigma_{clad} = \sigma_b F_b + \sigma_c F_c + \sigma_T F_T \qquad (4-4-5)$$

式中，σ_{clad} 为总的结合强度；σ_b、σ_c 及 σ_T 分别为(Ti_2Cu+脆性 IMCs)-steel、Ti_2Cu-steel 及 β-Ti-steel 三种不同界面的结合强度；F_b、F_c 及 F_T 分别为(Ti_2Cu+脆性 IMCs)-steel、Ti_2Cu-steel 及 β-Ti-steel 三种不同界面的面积比率。可以用以下三种不同的公式表示：

$$F_b = A_b/A \qquad (4-4-6)$$

$$F_c = A_c/A \qquad (4-4-7)$$

$$F_T = A_T/A \tag{4-4-8}$$

式中，A_b、A_c 及 A_T 分别为（Ti_2Cu+脆性 IMCs）-steel、Ti_2Cu-steel 及 β-Ti-steel 三种不同界面的结合面积。在这里，可以作一个充分的假设，即宽展方向面积对整体面积的贡献可以忽略不计，所以，F_b、F_c 及 F_T 可以改写为如下三种公式，即：

$$F_b = l_b/l \tag{4-4-9}$$
$$F_c = l_c/l \tag{4-4-10}$$
$$F_T = l_T/l \tag{4-4-11}$$

式中，l_b、l_c 及 l_T 分别为（Ti_2Cu+脆性 IMCs）-steel、Ti_2Cu-steel 及 β-Ti-steel 三种不同界面的纵向长度；l 为总体结合界面的纵向长度。因此，式（4-4-5）可以写为：

$$\sigma_{clad} = (\sigma_c - \sigma_b)F_c + (\sigma_T - \sigma_b)F_T + \sigma_b \tag{4-4-12}$$

在脆性的 IMCs 金属间化合物中很容易观察到裂纹的形成及扩展。对比 σ_c 及 σ_T，σ_b 较小。从这个角度来观察，复合板材的整体结合强度 σ_{clad} 将随着 F_c 及 F_T 的增加而逐渐增强。$(\sigma_c - \sigma_b)$、$(\sigma_T - \sigma_b)$ 及 σ_b 的具体大小可以通过求解一组线性方程组而获得。因此，通过上述计算，可以得到 σ_b、σ_c 及 σ_T 三者的数值分别为 15.3MPa、260.1MPa 及 277MPa。Ti_2Cu-steel 及 β-Ti-steel 界面是（Ti_2Cu+脆性 IMCs）-steel 结合界面强度的 17~18 倍。复合板材的整体结合强度取决于 F_c 及 F_T 之间的竞争关系。为了能够进一步获得最优的界面结合强度，结合界面处反应生成相的比率及分布需要通过轧制工艺的调节而改善。结合之前所述，在 65%压下率的条件下，Ti-T2-steel 剪切强度的降低主要归因于较差的界面成分，即 48.4%的（Ti_2Cu+脆性 IMCs）-steel 结合界面，26.3%的 β-Ti-steel 结合界面，以及 25.3%的 Ti_2Cu-steel 结合界面。

对于 Ti-Ag-steel 复合板材而言，随着压下率的逐渐增加，钎料会逐渐变窄，直至减低幅度达 57%，出现上述现象，主要是因为在轧制压力的持续作用下导致金属从界面区域溢出，以及在热效应的作用下钎料与复合板基体中各层金属之间原子的相互扩散。同时，钎料在轧制变形的过程中会变得很不规则（即呈现出锯齿状的形态），这是由于其具有比较好的塑性，并且承受了较大量的变形造成的。一方面，钎料不规则的变形能够改善邻近界面处基体材料的变形状态，而这样有助于促进二者紧密的接触，平衡界面两侧的变形，进而能够显著增强界面的结合强度。另一方面，在富银相（Ag）的区域中，会发生颈缩现象，而颈缩现象的出现对界面结合质量的提高是不利的。界面结合质量的好坏主要取决于钎料发生的颈缩及基体金属在钎料的作用下协调变形的程度。在平面应变条件下，较硬的金属在拉伸应力的作用下容易出现颈缩并导致断裂，尤其是硬质金属的厚度比率低以及高硬度比率的情况。Ti-Ag-steel 的结合界面包含 Ti-Cu 金属间化合物，以及具有一定延伸性能的富银相（Ag）。钎料的厚度要明显小于基体 Ti 层及钢层的厚度，更容易导致在（Ag）处发生减薄及颈缩。在轧制变形的过程中，由于轧制压力的持续作用，和 Ti、钢及钎料的热膨胀系数的明显差异，会造成在界面处存在剪切应力，富银相（Ag）会沿着轧制的方向进行延伸，在其周围会存在大量的 Ti-Cu 金属间化合物，进而会造成（Ag）的流动受阻。同时，在剪切应力的作用下，会促使临近结合界面的金属基体以剪切变形带的方式发生变形，这部分金属会被困在谷底，这些综合的作用会导致产生很严重的内应力，这种内应力的累积会产生结合界面厚度的减薄，上述现象可以在图 4-4-9 中被观察到。

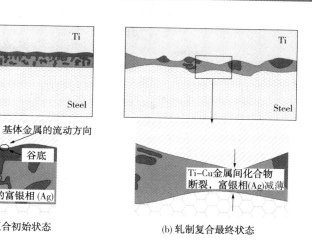

图 4-4-9　65%压下率下样品 Ti-Ag-steel 界面结构演变

4.4.3.3　热处理后界面的微观组织特征

如图 4-4-10 所示为 Ti-steel、Ti-T2-steel 及 Ti-Ag-steel 三种复合板材在不同热处理温度条件下，不同的结合界面的 SEM 图片。图 4-4-11，为 Ti-steel 结合界面处的扩散层宽度-热处理温度变化曲线。扩散层的厚度从 500℃ 热处理时的 4.7μm 增加到 800℃ 时的5.3μm，并且该扩散层的厚度要明显大于文献中的厚度，这是由于本实验是在热轧条件下进行的，同时选择的热处理时间相对较长。对比图 4-4-7(f) 及图 4-4-10(b) 可知，结合界面处的反应层会随着热处理温度的升高而发生明显的变化，Ti-T2-steel 的结合界面区域发生反应，生成的金属间化合物随温度变化的演变规律将在后续中进行具体的阐述。对于

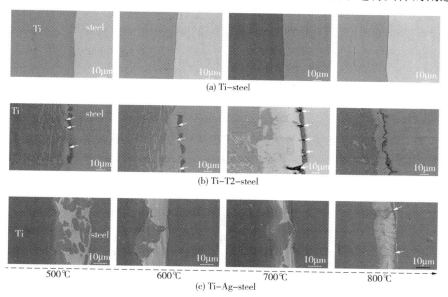

图 4-4-10　不同热处理温度结合界面 SEM 图

样品 Ti-Ag-steel 而言，在低于 700℃ 时结合界面区域未出现新的物相。但在 800℃ 的条件

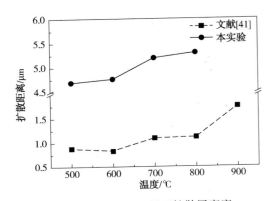

图 4-4-11　Ti-steel 界面扩散层宽度-
热处理温度变化曲线
（实线表示本实验结果，
虚线表示文献的研究结果）

下，新物相出现在了靠近钢层基体的一侧，该物相的化学成分（%，原子分数）为 Ti（38.7%）、Fe（56.3%）以及少量的 Ag（5%），从上述情况可以推断为 Ti-Fe 结合的金属间化合物，该类金属间化合物会对 Ti-Ag-steel 整体的拉伸性能产生很大的影响。

4.4.4　界面反应生成相对 Ti-T2-steel 界面失效的影响机理

对于金属复合材料而言，在结合界面的区域存在一定数量的脆性显著的金属间化合物，并且厚度超过一个特定值时，那么结合界面就会受到严重的破坏，很多文献都对上述情况有所报道。结合界面的失效是与界面处裂纹的形成有紧密关系的，而这种紧密的关系可以通过拉伸实验过程中的裂纹扩展反映。

如图 4-4-7(f) 中所示，在结合界面的区域内没有明显的裂纹形成，这可能是由于轧制载荷的压实作用引起的，也与试样的选择面有关。然而，如图 4-4-10(b) 中所示，样品 Ti-T2-steel 在 500℃ 的条件下实施热处理工艺时，裂纹已经开始出现在 Ti-Fe 金属间化合物存在的区域内，如该图中的箭头所示。伴随着热处理温度的持续升高，在结合界面处会出现较复杂的多重裂纹，并且该类裂纹的宽度会逐渐变宽。在实施热处理工艺的过程中，当加热至 700℃ 时，上述裂纹甚至会沿着垂直于轧制的方向扩展，可以扩展到 Ti_2Cu 区域内。上述现象的出现，充分验证了 Ti-Fe 金属间化合物的脆性要比 Ti-Cu 金属间化合物严重，并且能够提供更多的裂纹形核点，进而会让结合界面的强度大幅度降低。可以观察出，在加热至 800℃ 的条件下，该类裂纹会沿着结合界面发展，进而能够贯穿整个 Ti-Fe 金属间化合物所在的区域。对于 Ti-钢复合板材而言，相关的科研人员通过研究发现，除了金属间化合物这个因素之外，结合界面处存在其他种类的物相也会导致界面的失效，例如，β-Ti 及魏氏体结构的 α-βTi 等。Dziallach 阐明了一个导致界面结合强度降低的新机理，即界面结合强度的降低是由脆性显著的金属间化合物及 β-Ti 的相互作用造成的。通过一定量的退火实验，研究者证实了 β-Ti 对界面的结合质量有很大的影响。

为了阐明界面区域内生成的物相与界面失效之间的紧密关系，有必要深入探讨界面生成的物相随着热处理温度的变化以及拉伸实验过程中裂纹得以扩展的路径。图 4-4-12 给出了 Ti-T2-steel 样品的界面 β-Ti 层，金属间化合物层（IMCs）以及 α-βTi 层随着热处理温度的变化而发生变化。当热处理的温度高于 600℃ 时，金属间化合物的宽度变化相对较小。金属间化合物的宽度变化是由以下因素来控制的，即基体金属组元的扩散效率、基体金属的晶粒生长速率和残余应力的消除效果。Mousavi 指出 β-Ti 宽度-热处理温度关系呈现出"S"形关系，然而，Dziallach 的研究却呈现出了抛物线的形状，这说明实验条件及实验操作人员的水平对该类实验结果的影响很大。

在本研究所涉及的实验中，当加热温度在700℃以下时，β-Ti层的厚度会保持恒定；但是，当加热温度高于700℃时，β-Ti层的厚度会迅速下降，当加热温度为800℃时，β-Ti层几乎从结合界面区域消失。上述现象的差别十分明显，可以从以下两个方面来进行说明。一方面，是基体金属中组成元素的相互扩散。本研究所涉及的实验中使用的原材料是低碳钢Q235，没有足够的β-Ti稳定元素（例如像不锈钢中的Cr、Ni等元素）将β-Ti保持到室温。另一方面，是β-Ti会发生转变，当Cu元素扩散进入Ti层基体后，会明显降低Ti的共析转变温度，进而导致

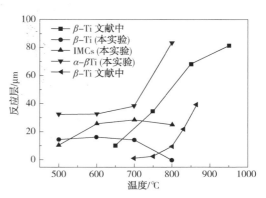

图4-4-12　Ti-T2-steel样品的结合界面β-Ti层、金属间化合物层（IMCs）以及α-β-Ti层随热处理温度的变化曲线

β-Ti在冷却的过程中发生了分解。上述过程与β-Ti宽度的变化进行联系，可以形成鲜明的对比，即当热处理的温度高于700℃时，α-βTi的宽度会迅速增加，这是由于β-Ti分解的结果。大量的魏氏体结构α-βTi的存在是界面失效的潜在因素，在实施的拉伸实验中，上述裂纹的扩展路径可以清晰地反映出界面失效的机理。如图4-4-13（a）~（c）中所示，对于样品Ti-T2-steel而言，可以清晰地观察到裂纹扩展的两种不同路径：第一种是主裂纹会沿着Ti-Fe金属间化合物进行扩展；第二种是二次裂纹会沿着垂直于轧制方向进行扩展。

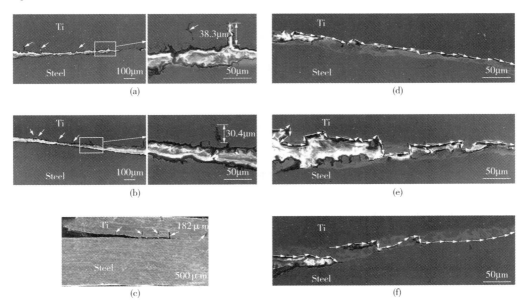

图4-4-13　拉伸实验后界面SEM图

（a）~（c）对应样品Ti-T2-steel的轧制态、600℃及800℃热处理态；
（d）~（f）对应样品Ti-Ag-steel的轧制态、600℃及800℃热处理态

当加热过程在700℃以下时，由于β-Ti存在于金属间化合物的临近区域，并且在800℃时界面存在大量α-βTi，所以二次裂纹分别会向β-Ti及α-βTi进行扩展，并能延伸到一定的深度。在实施600℃热处理时，二次裂纹通过扩展能够进入β-Ti的深度达到38.3μm，明显大于未实施热处理的情况(深度约为30.4μm)，上述现象表明经过热处理工艺之后，界面的结合质量明显得到了提高。但是，但加热至800℃时，二次裂纹通过扩展后，其深度能够达到182μm，上述现象的出现充分证明了α-βTi对界面的结合质量具有明显的破坏作用。如图4-4-13(d)~(f)中所示，可知对于样品Ti-Ag-steel而言，仅只有主裂纹存在于结合界面处。对于未经过实施热处理工艺以及或在600℃热处理的情况下，裂纹主要是沿着Ti-Cu金属间化合物进行扩展的，然而，当加热至800℃时，主裂纹主要是沿着Ti-Fe金属间化合物进行扩展。

4.4.5 热处理工艺对力学性能的影响

图4-4-14所示为Ti-steel、Ti-T2-steel及Ti-Ag-steel三种不同的样品在不同的热处理温度下的工程应力-应变曲线，相应的力学性能详见表4-4-4。经过实施热处理工艺之后，样品Ti-steel的均匀延伸段变宽，当加热至700℃时，其工程应力达到了最大值，随后逐渐降低。在工程应力-应变曲线的非均匀变形阶段(即软化阶段)，出现了一些锯齿状的形态结构，出现该类现象的原因，可能是与拉伸实验中结合界面处微裂纹不连续的形成过程有关。Lee及Kim在对Mg-Al结合界面进行实施纳米压痕实验时，也观察到上述现象。

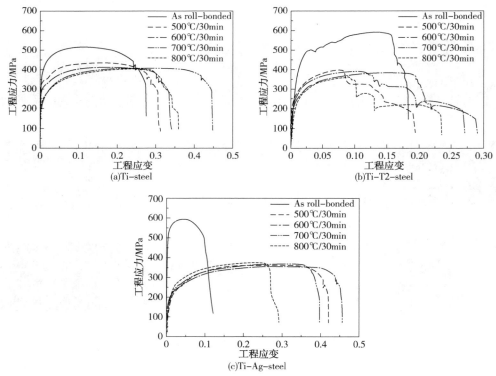

图4-4-14 不同热处理温度下的工程应力-应变曲线

当加热至800℃实施热处理工艺时，达到极限抗拉强度后，其工程应力急速下降，该现象是与结合界面的分层有密切的关系。有些研究成果表明，结合界面的分层是与界面区域中的脆性金属间化合物的形成有紧密的联系。但是，在Ti-steel的结合界面区域中没有明显的脆性金属间化合物的存在，只是Ti及Fe元素随着温度的升高而发生的相互扩散。在拉伸实验过程中，微裂纹的形核及扩展是结合界面分层的主要原因，而微裂纹的出现是因为Ti层及钢层之间的热膨胀系数十分不匹配导致的，即Ti层的热膨胀系数为$8.2 \times 10^{-6} K^{-1}$，而钢层的热膨胀系数为$11.8 \times 10^{-6} K^{-1}$。

表4-4-4　不同工艺条件下Ti-钢复合板材的拉伸性能

钎料	轧制的温度/℃	拉伸性能	轧制的状态	热处理的温度/℃			
				500	600	700	800
无	800	YS/MPa	368.1	328.0	286.7	197.4	229.5
	800	UTS/MPa	512.8	433.7	410.0	407.1	404.5
	800	El/%	28.7	31.3	36.1	48.0	35.5
T2	800	YS/MPa	419.1	204.0	183.4	193.9	206.2
	800	UTS/MPa	589.7	395.6	381.6	389.5	370.0
	800	El/%	18.3	19.5	29.1	27.1	23.5
BAg-8	800	YS/MPa	472.7	175.8	201.3	211.2	189.4
	800	UTS/MPa	591.9	363.7	356.1	369.1	373.5
	800	El/%	18.0	43.3	48.7	40.7	28.0

样品Ti-T2-steel的工程应力-应变曲线与Liu在研究Mg-Al复合板三点弯曲的载荷-位移曲线比较相像，通过对图形进行分析，研究者认为曲线中的"平坦区域"数是与断裂的Mg层数相等的。如图4-4-14(b)中所示，轧制态及热处理状态的应力-应变曲线明显具有不同的特征，即不同的"平坦区域"数。轧制状态具有两个"平坦区域"，第一个"平坦区域"表示Ti-钢复合板材整体的塑性变形，随后流动应力会发生急剧下降，出现上述现象说明其中一个Ti层已经发生了严重的断裂，剩余的材料同时进行变形，直至最后的全部断裂，这对应于第二个"平坦区域"。值得特别说明的是，Ti层断裂的同时会伴随着结合界面分层的发生。而热处理状态具有三个比较明显的"平坦区域"，从图中可以观察出，曲线中前两次应力的剧烈下降对应的是两个Ti层发生的断裂，而最后一个"平坦区域"对应的是钢层单独发生的变形。

如图4-4-14(c)中所示，轧制态Ti-Ag-steel的工程应力-应变曲线与轧制态Ti-steel及Ti-T2-steel的明显不同，具体表现在其具有较短的应变-硬化阶段。当达到最大的应力之后，会出现应变软化的现象，而此时的韧性也相对较低。经过热处理之后，样品Ti-Ag-steel的强度明显降低，降低的幅度已经超过了38%，延伸率会显著增加；当加热至600℃时，延伸率可以达到最大值0.45，当加热的温度处于600~800℃，延伸率又是降低的；当温度加热至800℃且同时达到极限抗拉强度的情况下，应力反而会迅速减小。而且锯齿状的形态很少会出现在应力-应变曲线的应变软化阶段，上述现象说明局部化的结合点在拉伸实验过程中较少出现断裂。

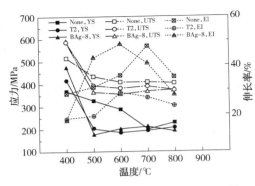

图 4-4-15 样品 Ti-steel、Ti-T2-steel 及
Ti-Ag-steel 拉伸性能随温度的变化

对于 Ti-steel、Ti-T2-steel 及 Ti-Ag-steel 三种不同的样品，经过热处理之后的极限抗拉强度均变化较小，一般在 30MPa 上下波动，如图 4-4-15 所示，其具体数值详见表 4-4-4。但复合板材 Ti-T2-steel 及 Ti-Ag-steel 二者的样品下降幅度要比 Ti-steel 的较大。另外，复合板材 Ti-steel 的样品的屈服强度会连续线性下降到 700℃ 条件下的数值，当温度高于 700℃ 时则变化不大。而对于 Ti-T2-steel 及 Ti-Ag-steel 二者的样品，加热至 500℃ 时，热处理屈服强度会出现急剧下降，伴随着温度的逐渐升高，复合板材的屈服强度几乎没有什么变化，这与抗拉强度随着热处理温度变化的趋势是相似的。众所周知，金属材料的拉伸强度受到多种因素的影响，其中包含基体材料的回复-再结晶的过程演变，如位错、空位及孔洞等缺陷的湮灭、残余应力的消除以及结合界面区域中金属间化合物的生成等。因此，Ti-钢复合板材的拉伸强度的降低是一个相对复杂的过程，需要根据单层的 Ti 及钢的拉伸强度来进行全面的阐述，同时考虑上述不同的因素。

图 4-4-16 所示为单层的 Ti 及钢的拉伸工程应力-应变曲线。观察图 4-4-16(a)中可知，从复合板材 Ti-steel 中得到分离的单层 Ti，其轧制后的状态及 500℃ 条件下热处理时的应力-应变曲线差别并不明显，尽管 Ti 层的延伸率增加了 0.027。当加热温度高于 600℃ 时，单层 Ti 的拉伸强度会降低，并且其延伸率会增加，当加热温度为 600℃ 时，延伸率能够达到最大值为 33.7%。

图 4-4-16(b)中所示，当加热温度为 500℃ 时，对试样进行热处理之后，单层钢的应力-应变曲线并未得到明显的改善。当加热温度高于 600℃ 时，其拉伸强度反而会明显下降，延伸率会提升，约增加了 0.05。如图 4-4-16(c)及(d)中所示，从 Ti-T2-steel 复合板材中分离得到的单层 Ti 及钢的工程应力-应变曲线与从 Ti-steel 复合板材中分离得到的基体应力-应变曲线有着显著的不同，主要表现在以下两个方面：第一个方面，当加热至 500℃ 时对其实施热处理之后，单层 Ti 的拉伸强度提高，这是与氧原子与位错相互作用所造成的静态应变时效有着密切联系；第二个方面，试样的延伸率表现得非常小，最大的延伸率出现在加热温度为 600℃ 时，延伸率约为 7.7%，当在 600℃ 条件下实施热处理之后，Ti-T2-steel 复合板材的应力-应变曲线中首次出现了应力剧烈降低，此时的应变值为 17.7%。而单层 Ti 在相同的条件下的应变值为 7.7%，当单层 Ti 的应变值变为 17.7% 而不是停留在 7.7% 时，才能够出现颈缩断裂现象，这充分地说明通过与钢层的结合之后，Ti 层受到了钢层的严重限制作用，并且自身的均匀变形得到了增强。Ti 层的局部化颈缩，可以通过结合界面传递到钢层一侧，并且能够起到延缓 Ti 层断裂的作用。

从图 4-4-16(e)及(f)中可以观察到，从轧制态的 Ti-Ag-steel 复合板材中分离得到的 Ti 层，其发生屈服之后经历了一定程度的应变软化阶段，当热处理温度高于 500℃ 时，Ti 层的延伸率会显著增加。另外，经过热处理之后，单层钢的拉伸强度会明显得到降低，下降的幅度达到了 50%。对比图 4-4-14 及图 4-4-16，可以观察出多种因素直接影响着 Ti-

钢复合板材的拉伸强度。与之前分析的情况类似，在500℃条件下实施热处理工艺之后，Ti层及钢层发生了一定程度的回复及再结晶，这种显微组织的变化是复合板材Ti-Ag-steel的样品的拉伸强度降低的主要因素，因为Ti层及钢层的应力状态急剧下降。然而，从Ti-steel及Ti-T2-steel二种复合板材经过分离得到的Ti层及钢层均在加热至500℃时实施热处理之后，二者的应力下降不是很明显，相反地，从Ti-T2-steel复合板材中分离得到的Ti层的应力反而增加。

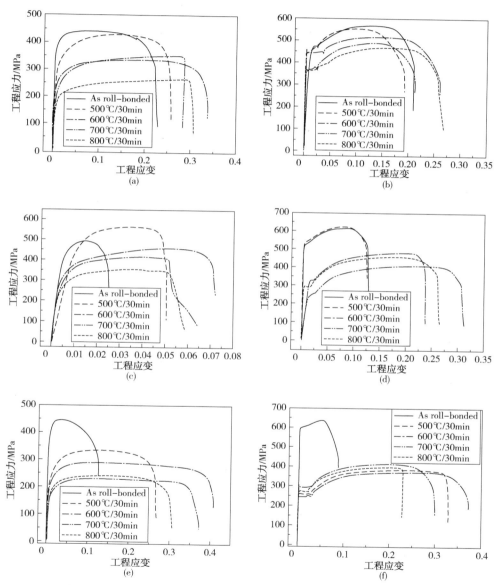

图4-4-16 单层Ti(a)(c)(e)及单层钢(b)(d)(f)工程应力-应变曲线

(a)(b)从样品Ti-steel中分离得到；(c)(d)从样品Ti-T2-steel中分离得到；(e)(f)从样品Ti-Ag-steel中分离得到

由于实施的热处理的温度相对较低，导致元素的扩散速率也不高，并且基体中的缺陷的湮灭以及残余应力的消除也不充分，这些因素的综合作用导致 Ti-steel 复合板材的整体拉伸强度明显降低。而 Ti-T2-steel 复合板材的拉伸强度的下降主要归因于结合界面区域生成的物相。当加热温度高于 500℃时，从 Ti-steel，Ti-T2-steel 及 Ti-Ag-steel 三种复合板中分离得到的单层 Ti 及钢的拉伸强度均会降低到一定的程度，而相应复合板的拉伸强度则变化不大。复合板拉伸强度的这种变化是正面因素（因为热处理之后，基体中的缺陷湮灭及残余应力的消除）及负面因素（实施热处理之后，Ti 层及钢层会发生一定程度的回复-再结晶，以及新反应生成的物相的出现）的综合结果。

图 4-4-17 所示为单层 Ti、单层钢、Ti-steel、Ti-T2-steel 及 Ti-Ag-steel 三种不同复合板材的屈服强度 YS、抗拉强度 UTS 及延伸率 El 随着热处理温度的变化。同时也呈现出了采用混合法则（ROM）计算的 YS、UTS 及 El 的值。Ti-steel 及 Ti-Ag-steel 两种复合板的拉伸强度的变化规律与单层钢有些相似，出现这种现象，主要原因是钢层一侧具有较高的体积分数。然而，对于 Ti-T2-steel 复合板材而言，加热至 500℃的条件下，其屈服强度及抗拉强度相较于 ROM 值显著降低，而且二者之间的差距会随着热处理温度的升高而减小。一个相对新奇的发现就是 Ti-Ag-steel 复合板材的屈服强度低于 ROM 值，但是其抗拉强度高于 ROM 值。众所周知，金属的成型性能取决于屈强比，而相较于 ROM 值具有较低的屈强比则有利于 Ti-钢复合板材的后续加工成型。

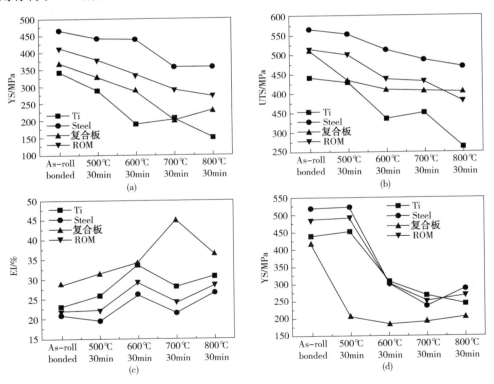

图 4-4-17　单层 Ti、单层钢、Ti-steel（a）（b）（c）、Ti-T2-steel（d）（e）（f）及 Ti-Ag-steel（g）（h）（i）
复合板的屈服强度 YS（a）（d）（g）、抗拉强度 UTS（b）（e）（h）及延伸率 El（c）（f）（i）随热处理温度的变化，
同时也给出了采用混合法则计算的 YS、UTS 及 El

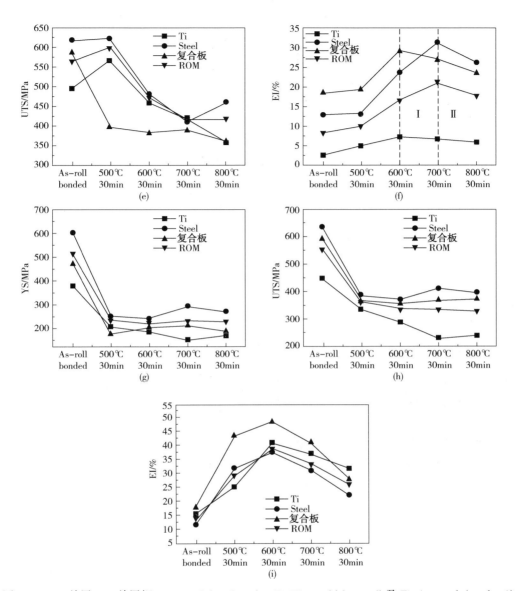

图 4-4-17　单层 Ti、单层钢、Ti-steel（a、b、c）、Ti-T2-steel（d、e、f）及 Ti-Ag-steel（g、h、i）
复合板的屈服强度 YS(a、d、g)、抗拉强度 UTS(b、e、h)及延伸率 El(c、f、i)随热处理温度的变化，
同时也给出了采用混合法则计算的 YS、UTS 及 El(续图)

　　如图 4-4-17(c)中所示，在所有的热处理温度下，Ti-steel 复合板材的延伸率高于
ROM 值。特别是加热至 700℃时，相对于 ROM 值(约为 24.2%)，单层 Ti(约为 28.3%)及
单层钢(约为 21.2%)，Ti-steel 复合板材的延伸率达到了 44.8%。从图 4-4-17(f)及(i)中
可以观察出，Ti-T2-steel 及 Ti-Ag-steel 两种复合板材的延伸率与 ROM 值之间的差值会随
着退火温度的逐渐增加，一直上升到 600℃，随后降低。当加热温度高于 600℃时，Ti-
T2-steel 复合板材的延伸率明显下降。上述现象的出现，可以从以下两个方面来解释：第
一个方面，在区域 I [图 4-4-17(f)]中，尽管钢层一侧的延伸率增加了，但是 Ti 层一侧

的延伸率却从 7.2%（600℃条件下）降低到 6.7%（700℃条件下）；第二个方面，α-βTi 的厚度在加热至 600℃后开始显著增加。上述两种因素的叠加则会导致 Ti-T2-steel 复合板材整体的延伸率降低。而 Ti-Ag-steel 复合板材的延伸率与 ROM 值的差值会伴随着加热温度的变化与 Ti-T2-steel 的情况相似。当加热至 800℃时，Ti-Ag-steel 复合板材的延伸率几乎与 ROM 值相同，上述现象的出现，说明在该温度下结合界面发生了明显的分层，而界面分层的原因是裂纹沿着 Ti-Fe 金属间化合物进行扩展，如图 4-4-13（f）中所示。

图 4-4-18 所示为 Ti-steel、Ti-T2-steel 及 Ti-Ag-steel 三种不同的复合板材的断裂实物图。在图 4-5-18（a）可知，复合板的三层同时发生了断裂，并同时伴随着分层，上述出现的现象，与拉伸实验中裂纹在 Ti-steel 的结合界面区域形核及扩展的分析是一致的。结合上述的分析，值得注意的是，当加热至 800℃时，Ti-steel 一侧的结合界面会在余下金属断裂前先发生分层。仔细观察图 4-4-18（b）中所示的断裂图，可以发现 Ti-T2-steel 应力-应变曲线中应力的急剧下降与 Ti 层的断裂有着直接的关系。对于轧制态 Ti-T2-steel 复合板材而言，其中一个 Ti 层的长度明显要短于另外一个 Ti 层及钢层，出现上述现象，说明这个 Ti 层是在其余两层断裂前发生的断裂。当加热温度高于 500℃时，两个 Ti 层要短于钢层，表明两个 Ti 层是在钢层之前发生断裂的，这三层的断裂对应于 Ti-T2-steel 应力-应变曲线上的三个应力急剧下降的阶段。如图 4-4-18（c）中所示，Ti-Ag-steel 复合板的断裂特征与 Ti-steel 的情况相类似，即三层同时发生断裂以及 Ti-steel 结合界面的分层。而分层局限在临近断裂面处，说明临近层之间有着很强的相互限制作用。

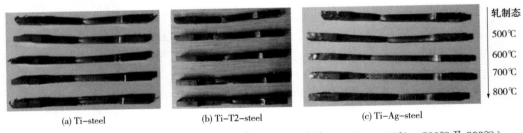

轧制态

500℃

600℃

700℃

800℃

(a) Ti-steel   (b) Ti-T2-steel   (c) Ti-Ag-steel

图 4-4-18　复合板断裂实物图（从上到下分别对应轧制态、500℃、600℃、700℃及 800℃）

4.4.6　小结

本实验部分采用钎焊轧制工艺成功制备了 Ti-钢复合板材，对热轧及热处理后的复合板材整体的结合性能、结合界面处的显微组织及力学性能进行了探索分析，并探讨了复合板材的界面结构演变及拉伸裂纹的扩展路径，得到如下结论。

（1）采用紫铜 T2 接触反应钎焊后，在结合界面区域中形成了 Ti_2Cu、$TiFe+\beta$-$Ti+Ti_2Cu$、T_3 及 $TiFe_2$ 等多种类型的金属间化合物，而采用 BAg-8 钎料进行钎焊后，在结合界面区域中形成了 Ti_2Cu、$TiCu$、Cu_4Ti_3 及 $TiCu_2$ 四种不同类型的金属间化合物以及富银相（Ag）。

（2）经过钎焊之后，Ti-T2-steel 及 Ti-Ag-steel 两种不同复合板材样品的剪切强度分别为 78.5MPa 及 91.5MPa。对于 Ti-steel 及 Ti-Ag-steel 二者而言，经过热轧之后，其剪切强度随轧制压下率的增加会逐渐增加，最大的剪切强度为 268MPa。但对于 Ti-T2-steel 复合板材而言，当压下率达到 65%时，其剪切强度会迅速降低到 146.1MPa，出现上述现象的原因主要归因于该压下率之下的结合界面的组成形态，即在65%压下率之下，结合界面是由大量的（Ti_2Cu+脆性IMCs）-steel界面（48.4%），少量的β-Ti-steel界面（26.3%），以及一定量的Ti_2Cu-steel界面（25.3%）组成的。

（3）经过热处理之后，对于Ti-steel复合板材而言，其扩散层从4.7μm增加到5.4μm。伴随着温度的持续升高，Ti-T2-steel样品的结合界面区域中会存在脆性显著的金属间化合物以及快速增加的α-βTi，二者是导致结合界面被破坏的主要因素。当加热至800℃时，Ti-Ag-steel样品的结合界面区域中会存在$TiFe_2$相，其能够为拉伸过程中界面裂纹的形核及扩展提供主要位置，最终导致结合界面的分层。

（4）对于Ti-steel、Ti-T2-steel及Ti-Ag-steel这三种不同的复合板材而言，与采用ROM方法所计算得到的延伸率值逐一相比，实验得到的延伸率值在所有热处理温度下都要显著增大。在另一方面，对于Ti-Ag-steel复合板材而言，与相应采用ROM方法计算出的屈服强度相比，实验得到的屈服强度值小一些，而抗拉强度却高一些，出现了上述现象，说明实验所得到的Ti-Ag-steel复合板材的屈强比较低，因此，通过复合之后具有相对较好的加工成型性能。

4.5　Ti-Al复合板材冷轧变形理论研究

一般而言，复合板材各层的力学性能及塑性变形能力差异相对较大，在复合板材的塑性加工变形过程中，各层之间相互制约的作用使得复合板材在整体上表现出与单层金属明显不一样的变形行为，复合板材的这种变形特点使得塑性变形过程中的应力场发生了明显的变化，同时也会严重影响复合板材在整个塑性加工变形区中的结合状态。尤其是对于强度差距大、变形差异明显的Ti及Al两种材料，调控二者之间的相互变形协调性，是能够制备出高质量的复合板材尤为关键的因素。Ti-Al复合板材在航天、建筑、生物医用、制造业等方面有着十分广泛的应用，制造出高质量高性能的Ti-Al复合板材有助于推动其进一步的产业化生产及应用。本实验分以Ti-Al复合板材为研究对象，尝试采用切块法初步建立Ti-Al冷轧形变加工的模型，将双层的Ti-Al复合板材的冷轧变形观察视为平面应变的问题来进行研究，深入分析讨论了轧制变形的压下率、不同初始条件下的Al层的强度、Ti层与Al层二者之间的摩擦系数以及Al层初始状态的厚度参数等，以及Ti-Al复合板材冷轧变形加工的应力场分布及复合状态的影响情况，有助于更好地解决Ti-Al复合板材冷轧复合过程的变形协调性及结合性能欠佳的问题，本实验能够为该领域的工业化生产及应用提供一种理论依据及相关的工艺参考。

4.5.1　复合板材的冷轧变形特点

金属复合板材在轧制变形加工时，各层金属表现出了各自不同的特点，在本研究部分中所讨论的是双层结构的Ti-Al复合板材，其冷轧变形加工的主要特点如下。

（1）与热轧变形加工相比较，冷轧变形加工更多是在室温下进行的，复合板材的基层-复层变形加工的温度场是一致的，不会出现热轧过程中外冷内热、明显温度不均匀的变形状态。

（2）复合板材的基层-复层的流动性差异明显。单层的金属在实施轧制的过程中，当板料与轧辊紧密接触时，外表面层的压缩变形要比中心部位更加显著，而随着轧制变形持续进入稳定的阶段，外表面层的压缩变形会在一定程度上保持不变，而中心部位的压缩变形程度会持续增大，其总的压缩变形量要超过外表面层的金属。当复合板材进入辊缝时，由于基层-复层二者的变形能力差异相对较大，会导致基层-复层本身沿着法线方向压缩变形呈现出梯度分布的状态，在整个变形区域内沿着复合板厚度的方向会存在不同的 Ti-Al 变形组合。

（3）除了基层-复层本身变形能力的差异之外，影响复合板材整体轧制变形的因素还包括轧制的压下率、轧辊的尺寸、各层的初始厚度、各层的强度差异，以及复合板各层与轧辊之间的摩擦情况等。通过计算可以明确得到从复合板材表层到深入芯部四分之一处受到剪切变形的影响，基层-复层本身厚度的差异使得剪切变形有可能贯穿复层整体的厚度，而只深入基层一定的深度，即不贯穿基层，结合基层-复层与轧辊之间摩擦状态的不同，两种因素的叠加共同影响着复合板材基层-复层的变形状况。

4.5.2 塑性加工形变模型分析

轧制变形区中复合板材各层的变形行为是其整体轧制过程中结合形成的关键。因此，许多相关的科研人员充分利用数学模型来全面地分析轧制复合过程中各层的变形行为，这些数学模型包括工程法、上限法、流函数法、切块法及滑移线法等。但上述模型却有着明显的不足，即极少地考虑到材料的各向异性效应，其中仅有 Chaudhari 在分析多层结构的 Ti-Al 复合材料时，在实施冷轧加工变形环节考虑到了 Ti 层的各向异性。另外，也存在其他不足，例如，多数模型将摩擦定义为固定的数值，但是结合实际的情况，应该考虑到相结合的两个表面底层新鲜金属受挤压而呈现的结合过程，可以明确各层的材料与轧辊之间以及基层-复层之间的摩擦情况是与变形区中不同的位置密切相关的，即不同材料之间以及其与加工设备之间的摩擦是变化的。

基于上述思考，本实验在对 Ti-Al 复合板材冷轧加工变形的过程进行分析时，引入了 Ti 层及 Al 层的变形各向异性效应，同时也考虑了底层金属受挤压结合过程中所造成的摩擦与其发生位置之间的相关性。因此，为了更加系统地研究复合板材的塑性加工过程，可以根据加工的先后顺序将轧制变形区分为四个不同的区域。

（1）区域 I 表示复合板材在该区域中硬质的金属层没有发生屈服现象，而相对较软的金属层发生了屈服，这段变形区域位于 $x_a \leqslant x \leqslant L$（其中，$L$ 为变形区域的长度）；

（2）区域 II 表示复合板材在该区域中硬质的金属层也开始发生屈服，这段区域位于 $x_b \leqslant x \leqslant x_a$；

区域 III 表示复合板材的底层金属从结合间隙中被挤出而发生连接，这段区域位于 $x_n \leqslant x \leqslant x_b$；

（4）区域 IV 表示复合板材的整体位于前滑区域，这段区域位于 $0 \leqslant x \leqslant x_n$。

同时，为了进一步简化模型，本实验中也做了一些相对简化性的假设，具体如下：

（1）整个轧制加工变形的过程可视为平面应变；

（2）轧辊在工作的过程中视为刚体；

（3）在加工变形的过程中，垂直方向的应力和水平方向的应力作为主应力；

（4）Ti 层与轧辊、Al 层与轧辊以及 Ti 层及 Al 层之间的摩擦系数会伴随着位置的变化而发生变化；

（5）Ti 层和 Al 层都遵从引入各向异性的 Mises 准则，即 $\sigma_1 - \sigma_3 = S$（S 为应力因子）。

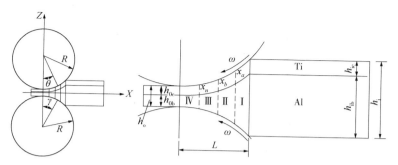

图 4-5-1　Ti-Al 复合板材的冷轧变形区域示意图

4.5.2.1　区域 I（$x_a \leqslant x \leqslant L$）塑性加工变形分析

在区域 I（$x_a \leqslant x \leqslant L$）中，复合板材中的 Ti 层没有发生屈服，而 Al 层出现了屈服，并且 Ti 层及 Al 层之间有着明显的相对滑动，产生了一定的错位差，Al 层能够满足 Mises 屈服准则，即 $P + \sigma_b = S_b$，对于 Ti 层而言，$P + \sigma_c < S_c$，具体过程如图 4-5-2 所示。

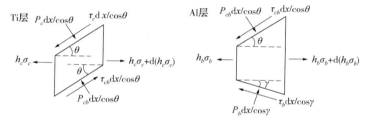

图 4-5-2　微元体在区域 I 中的受力分析

Ti 层在 x 方向上的平衡方程如下：

$$h_c \sigma_c + \mathrm{d}(h_c \sigma_c) - h_c \sigma_c - \tau_c \mathrm{d}x + P_c \tan\theta \mathrm{d}x + \tau_{cb}\mathrm{d}x - P_{cb}\tan\theta \mathrm{d}x = 0 \qquad (4\text{-}5\text{-}1)$$

整理式（4-5-1）可得：

$$\frac{\mathrm{d}(h_c \sigma_c)}{\mathrm{d}x} + P_c \tan\theta - P_{cb}\tan\theta - \tau_c + \tau_{cb} = 0 \qquad (4\text{-}5\text{-}2)$$

由几何关系式：
$$\begin{cases} h_c = h_{ic} \\ R(1-\cos\theta) \approx \dfrac{x^2}{2R} \\ R(1-\cos\gamma) \approx \dfrac{x^2}{2R} \\ h_b = h - h_c = h_0 + \dfrac{x^2}{R} - h_c = h_0 + \dfrac{x^2}{R} - h_{ic} \end{cases}，$$

以及 $\dfrac{\mathrm{d}h_c}{\mathrm{d}x} = 0$，$\tan\theta \approx \dfrac{x}{R}$，可得：

$$\frac{\mathrm{d}\sigma_c}{\mathrm{d}x} = \frac{P_{cb} - P_c}{h_{ic}} \frac{x}{R} - \frac{\tau_c - \tau_{cb}}{h_{ic}} \qquad (4\text{-}5\text{-}3)$$

Ti 层在 z 方向上的平衡方程如下：

$$-P_c dx - \tau_c \tan\theta dx + P_{cb} dx + \tau_{cb} \tan\theta dx = 0 \qquad (4-5-4)$$

整理式（4-5-4）可得：$P = P_c + \tau_c \tan\theta = P_{cb} + \tau_{cb} \tan\theta$，并将其代入式（4-5-3）中，得到：

$$\frac{d\sigma_c}{dx} = \frac{\tau_c - \tau_{cb}}{h_{ic}} \left(\frac{x^2}{R^2} + 1 \right) \qquad (4-5-5)$$

Al 层在 x 方向上的平衡方程如下：

$$h_b \sigma_b + d(h_b \sigma_b) - h_b \sigma_b + P_{cb} \tan\theta dx - \tau_{cb} dx + P_b \tan\gamma dx - \tau_b dx = 0 \qquad (4-5-6)$$

整理式（4-5-6）可得：

$$\frac{d(h_b \sigma_b)}{dx} = \tau_{cb} + \tau_b - P_{cb} \tan\theta - P_b \tan\gamma \qquad (4-5-7)$$

由几何关系式：$\dfrac{dh_b}{dx} = \dfrac{dh}{dx} = \tan\theta + \tan\gamma = \dfrac{2x}{R}$，式（4-5-7）可以改写如下：

$$\left(h_0 + \frac{x^2}{R} - h_{ic} \right) \frac{d\sigma_b}{dx} = -\sigma_b \frac{2x}{R} + \tau_{cb} + \tau_b - (P_{cb} + P_b) \frac{x}{R} \qquad (4-5-8)$$

Al 层在 z 方向上的平衡方程为：

$$-P_{cb} dx - \tau_{cb} \tan\theta dx + P_b dx + \tau_b \tan\gamma = 0 \qquad (4-5-9)$$

整理式（4-5-9）可得：$P = P_{cb} + \tau_{cb} \tan\theta = P_b + \tau_b \tan\gamma$，代入式（4-5-8）中，得到：

$$\frac{dP}{dx} = \frac{2 S_b x}{(h_0 - h_{ic}) R + x^2} - (\tau_{cb} + \tau_b) \frac{R^2 + x^2}{(h_0 - h_{ic}) R^2 + R x^2} \qquad (4-5-10)$$

4.5.2.2 区域Ⅱ（$x_b \leqslant x \leqslant x_a$）塑性加工变形分析

在区域Ⅱ（$x_b \leqslant x \leqslant x_a$）中，复合板材的 Ti 层及 Al 层都发生了屈服现象，满足关系式 $P + \sigma_b = S_b$ 及 $P + \sigma_c = S_c$。在 $x = x_b$ 处，从复合板材的底层挤出的金属能够相互接触，在整个区域Ⅱ之中，Ti 层及 Al 层却没有发生连接，并且 Ti—Al 各层厚度的比率没有发生变化，出现上述现象的原因是在区域Ⅱ（$x_b \leqslant x \leqslant x_a$）中发生的变形，是各层独立发生的均匀变形，如图 4-5-3 所示。

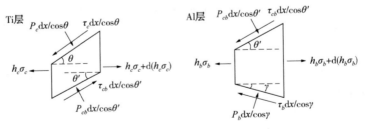

图 4-5-3 微元体在区域Ⅱ中的受力分析

Ti 层在 x 方向上的平衡方程如下：

$$h_c \sigma_c + d(h_c \sigma_c) - h_c \sigma_c - \tau_c dx + P_c \tan\theta dx - P_{cb} \tan\theta' + \tau_{cb} dx = 0 \qquad (4-5-11)$$

整理式（4-5-11）可得：

$$\frac{d(h_c \sigma_c)}{dx} + P_c \tan\theta - P_{cb} \tan\theta' - \tau_c + \tau_{cb} = 0 \qquad (4-5-12)$$

由几何关系 $dh_c = dx\tan\theta - dx\tan\theta'$，得出 $\dfrac{dh_c}{dx} = \tan\theta - \tan\theta'$，同时由

$$\frac{dh_c}{dx} = \frac{h_c}{h}\frac{dh}{dx} = \eta(\tan\theta + \tan\gamma) \tag{4-5-13}$$

综合得到：

$$\tan\theta' = (1-\eta)\tan\theta - \eta\tan\gamma = (1-2\eta)\frac{x}{R} = \left(1 - \frac{2h_{ic}}{h_0 + \dfrac{x_a^2}{R}}\right)\frac{x}{R} \tag{4-5-14}$$

Ti 层在 z 方向上的平衡方程如下：

$$-P_c dx - \tau_c\tan\theta dx + P_{cb} dx + \tau_{cb}\tan\theta' dx = 0 \tag{4-5-15}$$

整理式（4-5-15）可得：$P = P_c + \tau_c\tan\theta = P_{cb} + \tau_{cb}\tan\theta'$，将该式及式（4-5-14）代入式（4-5-12），可以得到：

$$\frac{dP}{dx} = \frac{2S_c x}{R\left(h_0 + \dfrac{x^2}{R}\right)} - \frac{\tau_c\left(\dfrac{x^2}{R^2}+1\right)}{\eta\left(h_0 + \dfrac{x^2}{R}\right)} + \frac{\tau_{cb}\left[(1-2\eta)^2\dfrac{x^2}{R^2}+1\right]}{\eta\left(h_0 + \dfrac{x^2}{R}\right)} \tag{4-5-16}$$

Al 层在 x 方向上的平衡方程如下：

$$h_b\sigma_b + d(h_b\sigma_b) - h_b\sigma_b + P_{cb}\tan\theta' dx - \tau_{cb} dx + P_b\tan\gamma dx - \tau_b dx = 0 \tag{4-5-17}$$

整理式（4-5-17）可得：

$$\frac{d(h_b\sigma_b)}{dx} + P_{cb}\tan\theta' + P_b\tan\gamma - \tau_{cb} - \tau_b = 0 \tag{4-5-18}$$

由几何关系 $h_b = (1-\eta)h$，得到：

$$\frac{dh_b}{dx} = (1-\eta)\frac{dh}{dx} = (1-\eta)(\tan\theta + \tan\gamma) \tag{4-5-19}$$

Al 层在 z 方向上的平衡方程如下：

$$-P_{cb} dx - \tau_{cb}\tan\theta' dx + P_b dx + \tau_b\tan\gamma dx = 0 \tag{4-5-20}$$

整理式（4-5-20）得：$P = P_{cb} + \tau_{cb}\tan\theta' = P_b + \tau_b\tan\gamma$，将该式及式（4-5-19）代入式（4-5-18），可以得到：

$$\frac{dP}{dx} = \frac{2S_b x}{R\left(h_0 + \dfrac{x^2}{R}\right)} - \frac{\tau_{cb}\left[1+(1-2\eta)^2\dfrac{x^2}{R^2}\right]}{(1-\eta)\left(h_0 + \dfrac{x^2}{R}\right)} - \frac{\tau_b\left(1+\dfrac{x^2}{R^2}\right)}{(1-\eta)\left(h_0 + \dfrac{x^2}{R}\right)} \tag{4-5-21}$$

4.5.2.3 区域Ⅲ（$x_n \leqslant x \leqslant x_b$）塑性加工变形分析

在区域Ⅲ（$x_n \leqslant x \leqslant x_b$）中，当 $x = x_b$ 时，复合板材底层的金属从裂缝中被挤出来能否发生连接，随后，Ti 层及 Al 层以一个整体的形式发生变形，$P + \sigma = \eta S_c + (1-\eta)S_b$；如图 4-5-4 所示。

复合板材的整体在 x 方向上的平衡方程如下：

$$h\sigma + d(h\sigma) - h\sigma + P_c\tan\theta dx - \tau_c dx + P_b\tan\gamma dx - \tau_b dx = 0 \tag{4-5-22}$$

整理式(4-5-22)可得:

$$\left(h_0+\frac{x^2}{R}\right)\frac{d\sigma}{dx}+\frac{2\sigma x}{R}+(P_c+P_b)\frac{x}{R}-(\tau_c+\tau_b)=0 \quad(4-5-23)$$

复合板材的整体在 z 方向上的平衡方程如下:

$$-P_c dx-\tau_c\tan\theta dx+P_b dx+\tau_b\tan\gamma dx=0 \quad(4-5-24)$$

整理式(4-5-24)可得: $P=P_c+\tau_c\tan\theta=P_b+\tau_b\tan\gamma$,将其代入式(4-5-23),得到:

$$\frac{dP}{dx}=\frac{2[\eta S_c+(1-\eta)S_b]x}{Rh_0+x^2}-\frac{\left(1+\frac{x^2}{R^2}\right)(\tau_c+\tau_b)}{h_0+\frac{x^2}{R}} \quad(4-5-25)$$

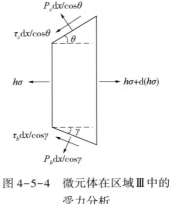

图 4-5-4 微元体在区域Ⅲ中的受力分析

4.5.2.4 区域Ⅳ ($0\leqslant x\leqslant x_n$)塑性加工变形分析

在区域Ⅳ($0\leqslant x\leqslant x_n$)中,复合板材与上下轧辊之间的摩擦力是反向的,二者相互制约,复合板材整体进入了前滑区,具体如图4-5-5所示。

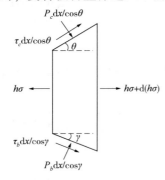

图 4-5-5 微元体在区域Ⅳ中的受力分析

复合板材整体在 x 方向上的平衡方程如下:

$$h\sigma+d(h\sigma)-h\sigma+P_c\tan\theta dx+\tau_c dx+P_b\tan\gamma dx+\tau_b dx=0 \quad(4-5-26)$$

整理式(4-5-26)可得:

$$\left(h_0+\frac{x^2}{R}\right)\frac{d\sigma}{dx}+\frac{2\sigma x}{R}+(P_c+P_b)\frac{x}{R}+(\tau_c+\tau_b)=0 \quad(4-5-27)$$

复合板材整体在 z 方向上的平衡方程如下:

$$-P_c dx+\tau_c\tan\theta dx+P_b dx-\tau_b\tan\gamma dx=0 \quad(4-5-28)$$

整理式(4-5-28)可得: $P=P_c-\tau_c\tan\theta=P_b-\tau_b\tan\gamma$,将其代入式(4-5-27),得到:

$$\frac{dP}{dx}=\frac{2[\eta S_c+(1-\eta)S_b]x}{Rh_0+x^2}+\frac{\left(1+\frac{x^2}{R^2}\right)(\tau_c+\tau_b)}{h_0+\frac{x^2}{R}} \quad(4-5-29)$$

4.5.3 摩擦系数的定义

基于复合板材在塑性加工变形过程中的复杂性,轧辊与 Ti 层、Ti 层与 Al 层以及轧辊及 Al 层之间三种不同的平均摩擦系数 $\bar{\mu}_c$、$\bar{\mu}_{cb}$ 及 $\bar{\mu}_b$ 可以定义如下:

$$\begin{cases}\bar{\mu}_c=\mu_c(1-h_{t,J})+\mu'_c h_{t,J}=\mu_c+(\mu'_c-\mu_c)h_{t,J}\\\bar{\mu}_{cb}=\mu_{cb}(1-h_{t,J})+\mu'_{cb}h_{t,J}=\mu_{cb}+(\mu'_{cb}-\mu_{cb})h_{t,J}\\\bar{\mu}_b=\mu_b(1-h_{t,J})+\mu'_b h_{t,J}=\mu_b+(\mu'_b-\mu_b)h_{t,J}\end{cases} \quad(4-5-30)$$

μ_c、μ_{cb}、μ_b 分别为轧辊表面与 Ti 层表面氧化膜、硬化层之间的摩擦系数,Ti 层表面氧化膜、硬化层与 Al 层氧化膜、硬化层之间的摩擦系数,轧辊表面与 Al 层表面氧化膜、硬化层之间的摩擦系数。μ'_c、μ'_{cb}、μ'_b 分别为轧辊表面与 Ti 层表面裂缝中新鲜金属之间的摩擦系数、Ti 层表面裂缝中新鲜金属与 Al 层表面裂缝中新鲜金属之间的摩擦系数、轧辊表面与 Al 层表面裂缝中新鲜金属之间的摩擦系数。

当裂缝尺寸较小时，从裂缝中挤压出的底层新鲜金属不能与对面挤压出的新鲜金属发生接触，因此，该状态下的摩擦系数 $\mu'_c=0$，$\mu'_{cb}=0$，$\mu'_b=0$；当从裂缝中挤压出的底层新鲜金属能够发生接触时，该状态下的摩擦系数 $\mu'_c=1$，$\mu'_{cb}=1$，$\mu'_b=1$。

令 $h_{t,J}(x)$ 表示在区域 $J(J=$Ⅰ，Ⅱ，Ⅲ，Ⅳ$)x$ 位置复合板材整体的压下率，于是
$$h_{t,J}(x)=1-\frac{Rh_0+x^2}{Rh_i}(证明过程详见附录)。$$

由于接触弧长相对于轧辊的直径而言，其数值很小，所以可以近似为 $\tan\theta\approx\frac{x}{R}$，又因为 $2\alpha=\pi-\theta$，可以得到 $\tan2\alpha=\tan(\pi-\theta)=-\frac{x}{R}$，所以 $h_{t,J}(x)=\frac{h_i-[h_0+2R(1-\cos\theta)]}{h_i}=1-\frac{h_0+2\frac{x^2}{2R}}{h_i}=1-\frac{Rh_0+x^2}{Rh_i}$。

因此在塑性加工变形的过程中，Ti 层与轧辊、Al 层与轧辊、Ti 层与 Al 层之间的平均摩擦力如下：

在区域Ⅰ中：
$$\begin{cases}\tau_c=(\mu_c+(\mu'_c-\mu_c)h_{t,Ⅰ})S_c\\\tau_{cb}=(\mu_{cb}+(\mu'_{cb}-\mu_{cb})h_{t,Ⅰ})S_b\\\tau_b=(\mu_b+(\mu'_b-\mu_b)h_{t,Ⅰ})S_b\end{cases}\quad(4-5-31)$$

在区域Ⅱ中：
$$\begin{cases}\tau_c=(\mu_c+(\mu'_c-\mu_c)h_{t,Ⅱ})S_c\\\tau_{cb}=(\mu_{cb}+(\mu'_{cb}-\mu_{cb})h_{t,Ⅱ})S_b\\\tau_b=(\mu_b+(\mu'_b-\mu_b)h_{t,Ⅱ})S_b\end{cases}\quad(4-5-32)$$

在区域Ⅲ中：
$$\begin{cases}\tau_c=(\mu_c+(\mu'_c-\mu_c)h_{t,Ⅲ})(\eta S_c+(1-\eta)S_b)\\\tau_b=(\mu_b+(\mu'_b-\mu_b)h_{t,Ⅲ})(\eta S_c+(1-\eta)S_b)\end{cases}\quad(4-5-33)$$

在区域Ⅳ中：
$$\begin{cases}\tau_c=(\mu_c+(\mu'_c-\mu_c)h_{t,Ⅳ})(\eta S_c+(1-\eta)S_b)\\\tau_b=(\mu_b+(\mu'_b-\mu_b)h_{t,Ⅳ})(\eta S_c+(1-\eta)S_b)\end{cases}\quad(4-5-34)$$

4.5.4　各区域应力的求解

令 $\sigma_{c,J}$、$P_{c,J}$ 及 $\sigma_{b,J}$、$P_{b,J}$ 分别表示为在区域 $J(J=$Ⅰ，Ⅱ$)$ 中 Ti 层的水平应力、竖直应力及 Al 层的水平应力、竖直应力，$P_Ⅲ$ 及 $P_Ⅳ$ 分别为区域Ⅲ及区域Ⅳ中复合板材整体的竖直应力。

在区域 I 中，$\sigma_{c,\mathrm{I}} = A_{\mathrm{I},\sigma_c}x + \dfrac{1}{3}\left(B_{\mathrm{I},\sigma_c} + \dfrac{A_{\mathrm{I},\sigma_c}}{R^2}\right)x^3 + \dfrac{B_{\mathrm{I},\sigma_c}}{5R^2}x^5 + C_{\mathrm{I},\sigma_c}$ （4-5-35）

式中，$A_{\mathrm{I},\sigma_c} = \dfrac{S_c\mu'_c - S_b\mu'_{cb} - \dfrac{S_c h_0(\mu'_c - \mu_c)}{h_i} + \dfrac{S_b h_0(\mu'_{cb} - \mu_{cb})}{h_i}}{h_{ic}}$ ；

$$B_{\mathrm{I},\sigma_c} = \frac{S_b(\mu'_{cb} - \mu_{cb}) - S_c(\mu'_c - \mu_c)}{Rh_i h_{ic}}。$$

当 $x = L$ 时，$\sigma_{c,\mathrm{I}} = 0$，可得积分常数为：

$$C_{\mathrm{I},\sigma_c} = -A_{\mathrm{I},\sigma_c}L - \frac{1}{3}\left(B_{\mathrm{I},\sigma_c} + \frac{A_{\mathrm{I},\sigma_c}}{R^2}\right)L^3 - \frac{B_{\mathrm{I},\sigma_c}}{5R^2}L^5。$$

$$P_{b,\mathrm{I}} = \frac{B_{\mathrm{I},P_b}x^3}{3R} - \left(B_{\mathrm{I},P_b}(h_0 - h_{ic}) - RB_{\mathrm{I},P_b} + \frac{A_{\mathrm{I},P_b}}{R}\right)x + S_b\ln(x^2 + (h_0 - h_{ic})R)$$

$$+ \frac{\arctan\left(\dfrac{x}{\sqrt{R(h_0 - h_{ic})}}\right)}{\sqrt{R(h_0 - h_{ic})}}(B_{\mathrm{I},P_b}R(h_0 - h_{ic})^2 - (B_{\mathrm{I},P_b}R^2 - A)(h_0 - h_{ic}) - RA_{\mathrm{I},P_b}) + C_{\mathrm{I},P_b}$$

（4-5-36）

式中，$A_{\mathrm{I},P_b} = S_b(\mu'_{cb} + \mu'_b) - \dfrac{S_b h_0}{h_i}[(\mu'_{cb} - \mu_{cb}) + (\mu'_b - \mu_b)]$ ；

$$B_{\mathrm{I},P_b} = \frac{S_b}{Rh_i}[(\mu'_{cb} - \mu_{cb}) + (\mu'_b - \mu_b)]。$$

当 $x = L$ 时，$\sigma_{b,\mathrm{I}} = 0$，且 $\sigma_{b,\mathrm{I}} + P_{b,\mathrm{I}} = S_b$，得到积分常数如下：

$$C_{\mathrm{I},P_b} = S_b - \frac{B_{\mathrm{I},P_b}L^3}{3R} + \left(B_{\mathrm{I},P_b}(h_0 - h_{ic}) - RB_{\mathrm{I},P_b} + \frac{A_{\mathrm{I},P_b}}{R}\right)L - S_b\ln(L^2 + (h_0 - h_{ic})R)$$

$$- \frac{\arctan\left(\dfrac{L}{\sqrt{R(h_0 - h_{ic})}}\right)}{\sqrt{R(h_0 - h_{ic})}}(B_{\mathrm{I},P_b}R(h_0 - h_{ic})^2 - (B_{\mathrm{I},P_b}R^2 - A)(h_0 - h_{ic}) - RA_{\mathrm{I},P_b})。$$

可以依据 $\sigma_{c,\mathrm{I}} + P_{b,\mathrm{I}} = S_c$，采用二分法即可求得位置 x_a。

在区域 II 中，

$$P_{c,\mathrm{II}} = \frac{-D_{\mathrm{II},P_c}h_0 R^2 + B_{\mathrm{II},P_c}R}{\eta}x + \frac{D_{\mathrm{II},P_c}R}{3\eta}x^3 + S_c\ln(h_0 R + x^2) +$$

$$\frac{\arctan\left(\dfrac{x}{\sqrt{Rh_0}}\right)}{\eta\sqrt{Rh_0}}(D_{\mathrm{II},P_c}h_0^2 R^3 - B_{\mathrm{II},P_c}h_0 R^2 + A_{\mathrm{II},P_c}R) + C_{\mathrm{II},P_c}$$ （4-5-37）

式中，$A_{\mathrm{II},P_c} = \mu'_{cb}S_b - S_c\mu'_c + \dfrac{S_c h_0}{h_i}(\mu'_c - \mu_c) - \dfrac{h_0 S_b}{h_i}(\mu'_{cb} - \mu_{cb})$ ；

$$B_{\text{II},P_c}=-\frac{\mu'_c S_c}{R^2}+\frac{\mu'_{cb}(1-2\eta)^2 S_b}{R^2}+\frac{S_c(\mu'_c-\mu_c)}{Rh_i}-\frac{\mu'_{cb}-\mu_{cb}}{Rh_i}S_b+$$

$$\frac{S_c h_0}{R^2 h_i}(\mu'_c-\mu_c)-\frac{h_0(1-2\eta)^2(\mu'_{cb}-\mu_{cb})}{R^2 h_i}S_b;$$

$$D_{\text{II},P_c}=\frac{S_c(\mu'_c-\mu_c)}{R^3 h_i}-\frac{(1-2\eta)^2(\mu'_{cb}-\mu_{cb})}{R^3 h_i}S_b\,\circ$$

$$P_{b,\text{II}}=\frac{D_{\text{II},P_b}h_0 R^2+B_{\text{II},P_b}R}{\eta-1}x-\frac{D_{\text{II},P_b}R}{3(\eta-1)}x^3+S_b\ln(h_0 R+x^2)-\frac{\arctan\left(\frac{x}{\sqrt{Rh_0}}\right)}{(\eta-1)\sqrt{Rh_0}}$$

$$(D_{\text{II},P_b}h_0^2 R^3+B_{\text{II},P_b}h_0 R^2-A_{\text{II},P_b}R)+C_{\text{II}.P_b} \tag{4-5-38}$$

式中，$A_{\text{II},P_b}=S_b\left(\mu'_{cb}-(\mu'_{cb}-\mu_{cb})\frac{h_0}{h_i}\right)+S_b\left(\mu'_b-(\mu'_b-\mu_b)\frac{h_0}{h_i}\right)$;

$$B_{\text{II},P_b}=S_b\left((1-2\eta)^2\left(\mu'_{cb}-(\mu'_{cb}-\mu_{cb})\frac{h_0}{h_i}\right)\frac{1}{R^2}-\frac{\mu'_{cb}-\mu_{cb}}{Rh_i}\right)+S_b\left(\frac{1}{R^2}\left(\mu'_b-(\mu'_b-\mu_b)\frac{h_0}{h_i}\right)-\frac{\mu'_b-\mu_b}{Rh_i}\right);$$

$$D_{\text{II},P_b}=\frac{S_b(\mu'_{cb}-\mu_{cb})(1-2\eta)^2}{R^3 h_i}+\frac{S_b(\mu'_b-\mu_b)}{R^3 h_i}\,\circ$$

根据 $P_{b,\text{I}}|_{x=x_a}=P_{b,\text{II}}|_{x=x_a}$，可以求得 $C_{\text{II},P_b}\circ$

在区域Ⅲ中，

$$P_{\text{III}}=-(D_{\text{III}}h_0 R^2+B_{\text{III}}R)x+\frac{1}{3}D_{\text{III}}Rx^3+(\eta S_c+(1-\eta)S_b)\ln(h_0 R+x^2)+\frac{\arctan\left(\frac{x}{\sqrt{Rh_0}}\right)}{\sqrt{Rh_0}}$$

$$(D_{\text{III}}h_0^2 R^3+B_{\text{III}}h_0 R^2-A_{\text{III}}R)+C_{\text{III}} \tag{4-5-39}$$

式中，$A_{\text{III}}=\eta S_c+(1-\eta)S_b\left[(\mu'_c+\mu'_b)-\frac{h_0}{h_i}((\mu'_c-\mu_c)+(\mu'_b-\mu_b))\right]$;

$$B_{\text{III}}=(\eta S_c+(1-\eta)S_b)\left\{\frac{(\mu'_c+\mu'_b)-\frac{h_0}{h_i}[(\mu'_c-\mu_c)+(\mu'_b-\mu_b)]}{R^2}-\left(\frac{(\mu'_c-\mu_c)}{Rh_i}+\frac{(\mu'_b-\mu_b)}{Rh_i}\right)\right\};$$

$$D_{\text{III}}=\frac{\eta S_c+1-\eta)S_b}{R^2}\left(\frac{(\mu'_c-\mu_c)}{Rh_i}+\frac{(\mu'_b-\mu_b)}{Rh_i}\right)\circ$$

在区域Ⅳ中，

$$P_{\text{IV}}=(D_{\text{IV}}h_0 R^2+B_{\text{IV}}R)x-\frac{1}{3}D_{\text{IV}}Rx^3+(\eta S_c+(1-\eta)S_b)\ln(h_0 R+x^2)-\frac{\arctan\left(\frac{x}{\sqrt{Rh_0}}\right)}{\sqrt{Rh_0}}$$

$$(D_{\text{IV}}h_0^2 R^3+B_{\text{IV}}h_0 R^2-A_{\text{IV}}R)+C_{\text{IV}} \tag{4-5-40}$$

式中　$A_{\text{IV}}=(\eta S_c+(1-\eta)S_b)\left[(\mu'_c+\mu'_b)-\frac{h_0}{h_i}((\mu'_c-\mu_c)+(\mu'_b-\mu_b))\right]$;

$$B_{\text{IV}} = (\eta S_c + (1-\eta)S_b) \left\{ \frac{(\mu'_c + \mu'_b) - \frac{h_0}{h_i}[(\mu'_c - \mu_c) + (\mu'_b - \mu_b)]}{R^2} - \left(\frac{(\mu'_c - \mu_c)}{Rh_i} + \frac{(\mu'_b - \mu_b)}{Rh_i}\right) \right\};$$

$$D_{\text{IV}} = \frac{\eta S_c + (1-\eta)S_b}{R^2} \left(\frac{(\mu'_c - \mu_c)}{Rh_i} + \frac{(\mu'_b - \mu_b)}{Rh_i}\right)。$$

当 $x=0$ 时，$\sigma_{\text{IV}}=0$，根据 $P_{\text{IV}} + \sigma_{\text{IV}} = \eta S_c + (1-\eta)S_b$，可以求得 C_{IV}，利用 $P_{\text{III}} = P_{\text{IV}}$，采用二分法即可求得 x_n。

根据体积不变原理，可以建立 x_b 及 x_n 之间的数学关系，根据 $V_b h_b = V_n h_n$，可得 $x_b = \sqrt{Rh_0(V-1) + Vx_n^2}$。其中，$V_b$ 及 V_n 分别为 Ti-Al 复合板材以整体形式通过 x_b 及 x_n 位置时的速度，$h_b = h_0 + x_b^2/R$，$h_n = h_0 + x_n^2/R$，$V = V_n/V_b$。

4.5.5　各层各向异性屈服准则及参数确定

综上所述，复合板材的整体形变模型考虑了 Ti 层及 Al 层的各向异性。为了客观描述正交塑性各向异性材料的屈服行为，Hill 提出了塑性各向异性的数学表达式，该研究者指出，如果屈服准则是应力分量的二次式，则必须可以采用式（4-5-41）形式进行表达，即：

$$2f(\sigma_{ij}) = F(\sigma_y - \sigma_z)^2 + G(\sigma_z - \sigma_x)^2 + H(\sigma_x - \sigma_y)^2 + 2L\tau_{yz}^2 + 2M\tau_{zx}^2 + 2N\tau_{xy}^2 = 1 \qquad (4-5-41)$$

式中，F、G、H、L、M 及 N 均是瞬时各向异性状态的特征参数。

当以各向异性屈服主轴作为参考坐标轴时，各向异性的屈服函数可以呈现出式（4-5-42）的形式，即：

$$2f(\sigma_{ij}) = F(\sigma_2 - \sigma_3)^2 + G(\sigma_3 - \sigma_1)^2 + H(\sigma_1 - \sigma_2)^2 = 1 \qquad (4-5-42)$$

式中，x、y、z 被主应力方向 1、2、3 所取代，并令 1、2、3 分别来代表轧制方向、宽展方向、法线方向。如果 X、Y、Z 是在各向异性主方向上的拉伸屈服应力，则可以得到：

$$\begin{cases} \dfrac{1}{X^2} = G+H, \quad 2F = \dfrac{1}{Y^2} + \dfrac{1}{Z^2} - \dfrac{1}{X^2} \\[2mm] \dfrac{1}{Y^2} = H+F, \quad 2G = \dfrac{1}{Z^2} + \dfrac{1}{X^2} - \dfrac{1}{Y^2} \\[2mm] \dfrac{1}{Z^2} = F+G, \quad 2H = \dfrac{1}{X^2} + \dfrac{1}{Y^2} - \dfrac{1}{Z^2} \end{cases} \qquad (4-5-43)$$

Hill 给出了在各向异性的主轴方向上的应变增量关系：

$$\begin{cases} d\varepsilon_1 = d\lambda[H(\sigma_1 - \sigma_2) + G(\sigma_1 - \sigma_3)] \\ d\varepsilon_2 = d\lambda[F(\sigma_2 - \sigma_3) + H(\sigma_2 - \sigma_1)] \\ d\varepsilon_3 = d\lambda[G(\sigma_3 - \sigma_1) + F(\sigma_3 - \sigma_2)] \end{cases} \qquad (4-5-44)$$

由于轧制变形可视为平面应变的过程，所以当 $d\varepsilon_2 = 0$ 时，可以得到 $\sigma_2 = \dfrac{F\sigma_3 + H\sigma_1}{F+H}$，代入式（4-5-42）中，则有 $\left(G + \dfrac{FH}{F+H}\right)(\sigma_1 - \sigma_3)^2 = 1$，所以，根据 $\sigma_1 - \sigma_3 = S$，得到下式：

$$S = \left(G + \frac{FH}{F+H}\right)^{-\frac{1}{2}} = \left[\frac{1}{2}\left(\frac{1}{Z^2} + \frac{1}{X^2} - \frac{1}{2Y^2}\right) + \frac{Y^2}{2}\left(\frac{1}{X^2 Z^2} - \frac{1}{2Z^4} - \frac{1}{2X^4}\right)\right]^{-\frac{1}{2}} \qquad (4-5-45)$$

由于 Ti 层和 Al 层的厚度相对较薄，无法测得沿着法线方向的拉伸屈服应力 Z，所以，可以通过沿着轧制方向及宽展方向的拉伸实验来间接计算出 Z：

$$Z = X\sqrt{P(1+R)/(P+R)} \qquad (4-5-46)$$

式中，$R = \dfrac{d\varepsilon_2}{d\varepsilon_3} = \dfrac{d\varepsilon_2}{-(d\varepsilon_1+d\varepsilon_2)} = \ln\left(\dfrac{w_0}{w}\right)\bigg/\ln\left(\dfrac{wl}{w_0l_0}\right)$，表示沿着轧制方向取样的试样，在拉伸实验的过程中，沿着宽展方向及法线方向上的应变比；$P = R_{90} = \dfrac{d\varepsilon_1}{d\varepsilon_3} = \ln\left(\dfrac{w_0}{w}\right)\bigg/\ln\left(\dfrac{wl}{w_0l_0}\right)$，表示沿宽展方向取样的试样，在拉伸实验过程中沿着宽展方向及法线方向的应变比。如图 4-5-6 所示，w 及 l 为试样在拉伸的过程中的宽度及长度，ε_w 及 ε_t 表示沿着宽展方向及沿法线方向的应变。

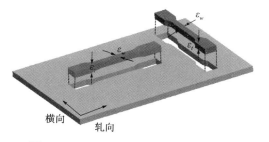

图 4-5-6 从原始料上切下的拉伸试样

表 4-5-1 Ti 层及 Al 层的塑性各向异性系数 R 及 P

塑性各向异性	Al①	Al②	Al③	Ti
R	0.44	0.57	0.63	1.96
P	0.53	0.60	0.57	4.12

表 4-5-2 冷轧复合模型的其他参数

μ_c	μ_b	μ_{cb}	轧辊的半径 R/mm	轧前 Al 层的厚度 h_{ib}/mm	V	轧前 Ti 层的厚度 h_{ic}/mm	Al 轧制方向的屈服应力/MPa	Al 宽展方向的屈服应力/MPa
0.2	0.3	0.2	135	0.6	1.1	0.2	43.6	43.6
		0.4		1.2	1.1	0.4	98.0	94.0
		0.6		1.8	1.1	0.6	279.0	258.0

在表 4-5-2 中，Al 层轧制方向的屈服应力为 43.6MPa，宽展方向的屈服应力为 43.6MPa（对应 Al①）；Al 层轧制方向的屈服应力为 98MPa，宽展方向的屈服应力为 94MPa（对应 Al②）；Al 层轧制方向的屈服应力为 279MPa，宽展方向的屈服应力 258MPa（对应 Al③）。

4.5.6 模型结果分析

在本实验中所提出的复合板材的冷轧形变模型，依据三个不同的特征点，可以将变形区域分为四个不同的区域，x_a、x_b 及 x_n 分别表示 Ti 层的屈服开始点、相对表面底层金属挤出接触点（即结合点）以及复合板材整体速度方向的改变点（即中性点）。

在不同的区域中复合板材具有不同的应力状态，其与 Ti 层的屈服状态、结合界面表面膜的破裂、底层金属被挤压的流动状态以及复合板整体相对于轧辊的速度状态有着密不可分的联系。为了进一步研究上述因素对轧制复合状态的影响，本实验引入了三个特征点相对于变形区长度(接触弧长)的比率,即 x_a/L、x_b/L 及 x_n/L。

4.5.6.1 模型可靠性的验证

为了有效验证模型的准确性,实施了 Ti-Al 复合板材的冷轧复合实验,以轧后 Ti-Al 复合板的厚度比率为研究目标,与模型预测值进行对比。此处,S1、S2 及 S3 分别代表的是 Ti 层与 Al①、Al② 及 Al③ 各层经过冷轧加工后得到的 Ti-Al 复合板材,其他参数见表 4-5-3。

表 4-5-3 模型验证所做冷轧实验对应的参数

μ_c	μ_b	μ_{cb}	轧辊的半径 R/mm	轧前 Al 层的厚度 h_{ib}/mm	V	轧前 Ti 层的厚度 h_{ic}/mm	轧制的压下率/%
0.2	0.3	0.4	135	1.2	1.1	0.2	35、42、50

如图 4-5-7 中所示,给出了采用理论模型及实验测得的 Ti-Al 各层的厚度比率值。从该图中可以观察出,对于 Al 层强度较小的情况而言,理论模型与实际测得的值之间的误差相对较小,最小的误差在 1% 以内;当 Al 层的强度增大时,误差有一定程度的扩大,但最大的误差不会超过 10%。上述结果充分说明理论模型具有一定的可靠性。

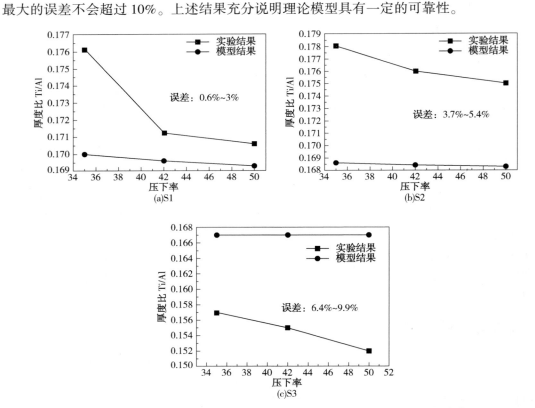

图 4-5-7 不同 Al 层强度下由理论模型及实验测得的 Ti-Al 的厚度比率值

4.5.6.2　轧制压下率的影响

图4-5-8给出了不同压下率对变形区域中压应力的分布情况以及对x_a、x_b、x_n的影响，具体参数已在图中标识。从该图中可以观察出，随着位置逐渐趋向出口，单位面积的轧制压力逐渐增大，并在x_n处达到了最大值；在区域IV中，单位面积的轧制压力会迅速减小。同时，在不同的压下率的情况下，x_a处单位面积的轧制压力相同，说明压下率对区域I中单位面积轧制压力的分布影响不大。

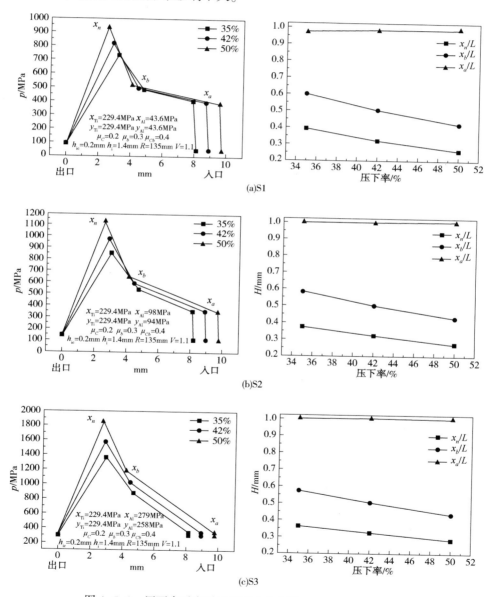

图4-5-8　压下率对变形区压应力分布及x_a、x_b、x_n的影响

对不同的轧制变形区域进行观察，发现区域Ⅱ是最宽的，说明表面氧化膜的破裂、硬化层的破裂以及底层金属受挤压后朝向裂缝中的流动是一个持续、稳定且相对较长的过程，随着 Al 层强度的持续增加，区域Ⅱ中单位面积轧制压力增大的幅度会明显增加，这对于 Ti 层表面膜的破裂以及底层金属受挤压后的流动结合过程有着十分重要的促进作用。

如图4-5-8中给出了 x_a、x_b、x_n 相对于变形区长度的相对位置关系。随着压下率的持续增加，x_n/L 及 x_b/L 会逐渐减小，这说明 x_n 及 x_b 逐渐远离了轧辊的入口，能够促使更多的 Al 向出口流动，而 x_a 的增幅相对不明显，尤其是在 Al 层的强度处于较高的情况下。当 x_n/L-压下率曲线与 x_a/L-压下率曲线如果存在交点，则表示在小于交点所对应的压下率的条件下，复合板材在整个变形区中 Ti 层都没能发生屈服，结合界面的金属键结合也没有形成，这充分说明了交叉点是形成金属键结合条件的最小压下率。然而，在此处没有出现交叉点，说明在35%压下率的条件下，结合界面已经形成了金属键结合，并且随着 Al 层强度的进一步增大，金属键结合也越充分。

4.5.6.3　初始 Al 层强度的影响

如图4-5-9中所示，当 Al 层的强度升高时，复合板材在变形区域内承受的单位面积的轧制压力会逐渐增加，尤其是在 S3 状态下。随着 Al 层强度的持续增加，x_a 则会向入口处移动，Ti 层在更短的距离内会发生屈服现象，这有利于表面膜的快速破裂，为底层金属受挤压流动争取了时间，同时在压下率较小的情况下，x_a/L 的增幅会明显变大。

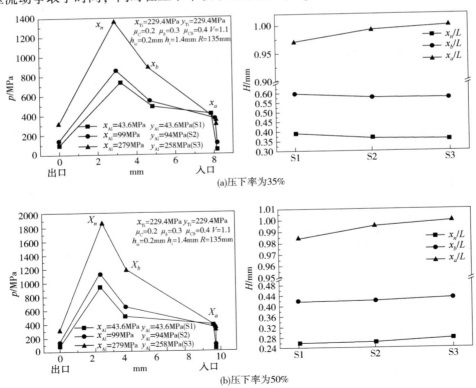

图4-5-9　Al 层的强度对变形区内压应力分布及 x_a、x_b、x_n 的影响

随着 Al 层的强度持续增加，入口处($x = L$)及 x_a 处单位面积的轧制压力之差会逐渐缩小，这说明在区域 Ⅰ 中单位面积的轧制压力的变化幅度了变小了。而 x_b 及 x_n 的变化会伴随着 Al 层强度的变化，与轧制压下率的变化密切相关。当压下率为 35% 时，随着 Al 层强度的增加，x_b/L 及 x_n/L 反而会减小，x_b 及 x_n 会向出口的方向移动。而当压下率增大至 50% 时，x_b/L 及 x_n/L 会出现小幅度的增加，x_b 及 x_n 依然会向入口的方向移动，复合板材在形成连接之前，则经历了相对较短距离的塑性加工。Al 层的强度越高，区域 Ⅱ 中单位面积的轧制压力会增加得越迅速，并且持续增大的 Al 层的强度有助于增加复合板材整体的轧制速度，并能够更快地接近轧辊的速度，进而有助于保持整体塑性加工的协调性。

如图 4-5-10 中所示，可知复合板材在相同的压下率条件下，Al 层的强度越高，其对应复合板中 Ti 层及 Al 层变形的协调性则越好，因为 Al 层强度的增加有助于减少二者塑性加工变形的差异。同时可以观察到，较大的轧制压下率，也有助于 Ti 层及 Al 层的变形协调性。众所周知，复合板材的变形越协调，其各层内部显微组织也会变得更加均匀，复合板材整体的性能才能变得更加稳定。由理论模型计算得知，轧制压下率和 Al 层的初始强度是实现复合板材变形协调的两个关键因素。

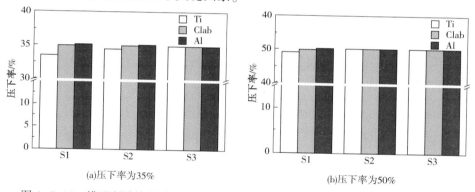

(a)压下率为35%　　　　　　　　　　　(b)压下率为50%

图 4-5-10　模型所计算得到的不同压下率下 Al 层的强度对复合板各层变形的影响

4.5.6.4　Ti 层与 Al 层之间的摩擦系数的影响

Ti 层与 Al 层之间的摩擦系数，对变形区域中的压应力的分布及复合状态的影响是与初始 Al 层的状态紧密相关的。在 4.3 章节中，被定义的摩擦系数与变形区域的位置密切相关，在该研究部分中，以 μ_{cb} 作为变化目标，表示整体摩擦系数的变化。

如图 4-5-11(a) 中所示，在 S1 状态下，区域 Ⅱ 中单位面积的轧制压力分布的差异十分明显。随着 μ_{cb} 的持续增大，x_a 处对应的单位面积的轧制压力则会逐渐变小；但是，当 Ti 层出现屈服现象之后，单位面积的轧制压力的增加幅度会变大；x_n/L、x_b/L 以及 x_a/L 则会随着 μ_{cb} 的增加而小幅度增大。在 S3 状态下，区域 Ⅱ 中单位面积轧制压力的增大幅度会随着 μ_{cb} 的增加而逐渐增大，而区域 Ⅲ 中单位面积轧制压力的增加幅度依旧保持不变；x_n/L 及 x_b/L 会随着 μ_{cb} 的增大而大幅度增大，但是 x_a/L 的变化并不明显，x_n 及 x_b 逐渐向着入口的方向移动。

较大的 μ_{cb} 有助于促使复合板材在更临近入口处形成结合，结合之后的复合板材在较

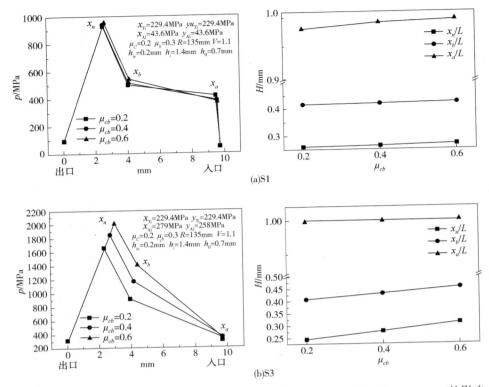

图 4-5-11 Ti 层与 Al 层之间的摩擦系数对变形区域内压应力的分布及 x_a、x_b、x_n 的影响

大的轧制压力的作用下会经过更长的距离，这有助于结合性能的进一步提升。同时，这也印证了采用机械表面处理(如钢丝刷来增加摩擦)相较于表面化学处理，对结合性能的提高具有更优异的效果。在 S1 及 S2 两种 Al 层的强度下，变形区域中的压应力分布曲线有个共同点，即在结合点 x_b 前(以从入口到出口为基准)，单位面积的轧制压力会随着 μ_{cb} 的增加而更加显著，这是由于在结合形成前，Ti 层及 Al 层之间已经存在了一定程度的相对滑动，即 Al 层与 Ti 层之间存在一定程度的错位。

4.5.6.5 Al 层初始厚度的影响

图 4-5-12 中所示，Al 层的厚度从 0.6mm 增加到了 1.8mm，其他参数保持不变。随着 Al 层厚度的增加，变形区域中单位面积的轧制压力会减小，x_b/L 及 x_n/L 也会减小，x_a/L 变化则不明显，结合点 x_b 及中性点 x_a 逐渐远离了轧制入口。随着 Al 层的厚度逐渐增大，底层金属挤压形成结合所需的距离会变长；当 Al 层的厚度为 1.8mm 时，x_b 相对于入口的距离最远，且在后续形成连接之后，作用于复合板材结合界面处的压应力则相对较小，会导致已经形成连接后的界面附近的金属流动及相互嵌入出现不足，复合板材的整体结合强度则相对较低。同时，当 Al 层的厚度为 0.6mm 时，变形区域中压应力会剧烈增大，出现轧机负载过重的现象。因此，综合考虑上述原因，此处最适宜的 Al 层的厚度为 1.2mm。

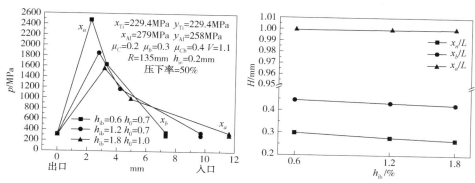

图 4-5-12　50%压下率下 Al 层初始厚度对变形区内压应力分布及 x_a、x_b、x_n 的影响

4.5.7　小结

本实验部分采用切块法建立了 Ti-Al 冷轧形变的模型，该模型考虑了 Ti 层和 Al 层各向异性效应以及底层金属受挤压结合过程导致的摩擦变化，得到以下结论。

（1）在轧制变形后的复合板 Ti 层-Al 层的厚度比例方面，用本模型所得到的预测值与实验值整体误差最大不超过 10%，初始 Al 层的强度越小，预测结果越准确。

（2）利用该模型分析了轧制压下率、初始 Al 层的强度、Ti 层与 Al 层之间的摩擦系数以及 Al 层初始厚度对变形区域中应力分布及结合状态的影响。理论模型的结果表明，随着压下率的增加，结合点 x_b 逐渐远离入口，有利于促使更多的 Al 向出口处流动；同时，当连接形成之后，更大的轧制压力对界面结合性能的增强有促进的作用。

（3）初始 Al 层的强度越高，复合板材的变形协调性越佳，整体的性能越稳定。同时，在压下率为 50% 的条件下，较大的初始 Al 层的强度对应结合点 x_b 更加靠近入口，复合板材在连接形成后在较大的轧制压力作用下会经历更长的变形距离，有利于促进结合性能的提升。

（4）Ti 层及 Al 层之间的摩擦系数越大，越有利于复合板材结合性能的提高。综合考虑结合性能及轧机载荷承受的能力，Ti 层及 Al 层之间存在最佳的厚度关系。在本模型所用的参数中，当初始 Ti 层厚度为 0.2mm 时，1.2mm 的初始 Al 层厚度为最佳。

4.6　Ti-Al 复合板材的冷轧制备工艺及界面结合性能研究

金属 Ti 和 Al 在室温条件下，二者的同步变形差异较大，这种变形不协调导致基层-复层在复合板材的厚度方向上出现明显的微观组织的不均匀。过多的残余变形会持续累积在基体的内部与界面处，进而导致复合板材整体的力学性能下降。

而根据本实验中的理论分析可以得知，初始条件下的 Al 层强度和轧制压下率是实现复合板材变形协调及结合性能提高的两个关键因素。在实现 Ti 层和 Al 层强度相近方面有不同的处理方式，一些研究者采用了复合板中各层变温加热轧制复合来解决上述问题，即将强度相对较大的金属层加热至较高的温度，以此降低其强度，这样操作有利于跟强度相对较低的金属层进行匹配。复合板材各层通过变温轧制实现复合，虽然在工业上有一定的应用，但是因其所需高温加热表面气体保护的装置价格高昂，对复合环境的要求较高，所以在实际操作的过程中也存在一定的问题。

Ti-Al 复合板材在室温条件下，轧制复合的研究重点在于 Ti-Al 两层之间的变形协调及界面强度的保障，本实验对强度较低的 Al 层提前进行强化处理，进一步提高变形的匹配性，同时研究不同 Al 层的强度对 Ti-Al 复合板材界面结合性能的影响，并深入探讨二者界面结合的形成机理。

4.6.1 实验材料及实验方法

本实验所用的材料为退火状态的 TA1 纯 Ti 和经过强化+退火处理的 4047Al 合金，二者的尺寸分别是：0.2mm×75mm×200mm、1.2mm×75mm×150mm，其化学成分详见表 4-6-1。

表 4-6-1 实验所用 4047Al 合金及 TA1 纯 Ti 的化学成分

实验材料	化学成分/wt.%								
	C	O	N	H	Ti	Fe	Al	Mn	Si
TA1	0.024	0.062	0.0076	0.002	Bal.	0.023	—	—	—
4047Al	—	—	—	—	0.15	0.8	Bal.	0.15	12.0

4047Al 合金的处理步骤如下：

（1）将 2.0mm 厚的 4047Al 合金经过两道次轧制到 1.2mm（2.0mm—1.5mm—1.2mm）；

（2）经两道次轧制的一部分 4047Al 合金在 300℃进行退火并保温 1h；

（3）将 5.0mm 的 4047Al 合金经过 4 道次轧制到 1.2mm（5mm—3.5mm—2mm—1.5mm—1.2mm）；

（4）经退火处理的、两道次强化处理的及四道次强化处理的 4047Al 合金分别表示为 Al 退火态、Al 轧制态（Ⅰ）及 Al 轧制态（Ⅱ），分别对应于第 4、5 节中的 Al①、Al②及 Al③。

本实验用的 4047Al 合金及 TA1 纯 Ti 的力学性能见表 4-6-2。在实施轧制复合之前，需将 Ti 板及 Al 板表面的油污、附着物以及氧化膜去除，具体的操作过程如下：

表 4-6-2 实验用 4047Al 合金及 TA1 纯 Ti 的力学性能

实验用材料的状态	宽展方向 YS/MPa	轧向 YS/MPa	El/%
Al 退火态	43.6	43.6	50.8
Al 轧制态（Ⅰ）	94.0	98.0	6.0
Al 轧制态（Ⅱ）	258.0	279.0	4.0
TA1	229.4	229.4	40.8

（1）将试样放入盛有丙酮的烧杯中，并将烧杯放入超声波清洗仪中，清洗15min，重复清洗两次；

（2）将清洗后的Ti板和Al板用吹风机吹干，随后用钢丝刷对表面进行打磨处理，直至表面显露出新鲜金属（能够出现肉眼可见的金属光泽）；

（3）将经过表面处理之后的TA1纯Ti及4047Al合金的一端对齐，打两个直径为φ5mm的通孔，用拉铆枪铆接，铆钉材质为Al，并用平头锤将铆接后的突起部分锤平，以利于后续轧制时的咬入。

完成上述操作过程之后，对其进行一道次的冷轧复合（见图4-6-1），轧制压下率分别为35%、42%、50%，轧机载荷均为20t，轧辊的直径为270mm，轧制速度为100rpm。具体的冷轧工艺见表4-6-3。

表4-6-3 Ti-Al复合板材的冷轧工艺

样品统称	样品编号	表面处理	Al的状态	压下率/%
A	A1	钢刷	轧制态（Ⅰ）	35.6
	A2	钢刷	轧制态（Ⅰ）	43.3
	A3	钢刷	轧制态（Ⅰ）	50.6
B	B1	钢刷	退火态	35.8
	B2	钢刷	退火态	42.8
	B3	钢刷	退火态	50.3
C	C1	钢刷	轧制态（Ⅱ）	35.9
	C2	钢刷	轧制态（Ⅱ）	41.8
	C3	钢刷	轧制态（Ⅱ）	50.3

对于复合板材结合界面的形态，采用光学显微镜（MV5000）观察其显微组织形貌，并用扫描电子显微镜（JSM 7500，JEOL）进行观察分析，二者分析时的样品尺寸均为10mm（长）×5mm（宽），长度方向即为轧制的方向。

通过带有背向散射电子衍射（EBSD）组件的TESCANMAIA3超高分辨场发射扫描电子显微镜对结合界面微区域取向进行观察分析。对于层状金属复合材料而言，采用电解抛光制样相对困难，很难同时得到各层的菊池花样，同时在较大的压下率条件下，其内应力较大，电解

图4-6-1 Ti-Al复合板材的冷轧复合示意图

抛光所得到的试样标定率一般较低。综合考虑上述影响因素，本实验中涉及的EBSD样品采用机械抛光及离子刻蚀，最后进行EBSD测试，离子刻蚀仪的型号为Leica RES101，EBSD型号为OXFORD公司的NordlysNano。通过分析处理软件Channel 5可以得到取向成像图、极图、反极图、KAM图、取向差轴分布图及ODF图等信息。样品坐标系及晶体坐标系的对应关系如下：①轧制方向（RD）//X；②法线方向（ND）//Y；③宽展方向（TD）//Z。

经过冷轧复合之后的Ti-Al复合板材，通过采用180°剥离实验获得其界面的结合强度。剥离实验在万能拉伸试验机上进行（如图4-6-2所示），经过剥离之后的试样的尺寸

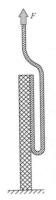

图 4-6-2　Ti-Al 复合板材的剥离实验

为 5mm(宽)×130mm(长)，剥离速度为 20mm/min，为了确保准确性，每个剥离实验重复测试 3 次。

4.6.2　原始钢刷的表面形貌

图 4-6-3 所示为 TA1 纯 Ti 及三种状态的 4047Al 合金通过钢刷之后的表面形态的 SEM 图片。从图 4-6-3(a)中可以观察出，在 TA1 纯 Ti 的表面上有一些块状的硬化物，它是在钢刷的作用下从表面上剥离下来的；从放大的图中还可以观察到，有一部分面积相对较大的块状硬化物最后分解成了许多的小块，这是在钢丝刷的反复作用下造成的。

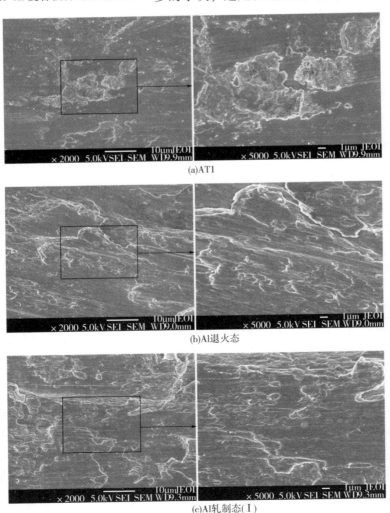

(a)AT1

(b)Al 退火态

(c)Al 轧制态(Ⅰ)

图 4-6-3　TA1 纯 Ti 及三种不同状态的 Al 经过钢刷后表面形态的 SEM 图片

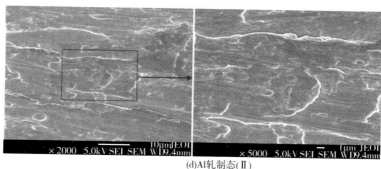

(d)Al轧制态(Ⅱ)

图4-6-3　TA1 纯 Ti 及三种不同状态的 Al 经过钢刷后表面形态的 SEM 图片(续图)

Al 层的退火态、Al 层的轧制态(Ⅰ)及 Al 层的轧制态(Ⅱ)，各自的表面形貌有相似的特点。由于 Al 板比 Ti 板的硬度低，材质上偏软，这三种不同状态 Al 的表面区域，虽然也出现了块状的硬化物，但是它们是以拖曳的形态存在的，说明 4047Al 合金的表面发生了剧烈的塑性加工变形，在表面区域形成了新生的界面。结合界面的形成除了与新生界面的出现有关之外，还与 Al 层本身的冷焊特性有着密切的关联。另外，有科研人员指出，经过钢丝刷处理之后的金属表面到基体之间的区域内(约几十微米的范围)，会出现超细晶层。而采用钢丝刷这种表面处理的方式，所产生的晶粒细化作用，能够对轧制复合过程中金属表面层的结合起到十分重要的作用。

4.6.3　冷轧 Ti-Al 复合板材的界面结合强度

图4-6-4 给出了压下率对三种不同的样品 A、B 及 C 剥离强度的影响。当压下率小于42%时，三种 Ti-Al 复合板材的剥离强度的变化趋势可以分为以下两种：第一种是缓慢增加的变化趋势，如样品 A 及 C；第二种是几乎没有什么变化的，如样品 B。并且，样品 C2 的剥离强度是样品 B2 的两倍。通过分析上述不同的情况可以认为，样品 B、A 和 C 的临界压下率依次递减。

当压下率为 35%时，三种不同的 Ti-Al 复合板材的剥离强度都较小。出现这种情况说明在 35%压下率以下，Ti 层及 Al 层的接触表面扩展十分有限，同时表面硬化层及氧化膜也较少破裂，二者的原子之间没有出现紧密的结合状态，接触表面形成的机理是机械咬合的方式。当超过各自的临界压下率时，复合板材的剥离强度均显著增加，说明此时其表面硬化层及氧

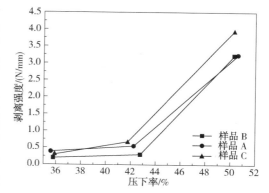

图 4-6-4　样品 A、B 及 C 的剥离强度随冷轧压下率的变化

化膜发生了大量的破裂，同时底层的金属通过裂纹挤出也发生了原子间的紧密结合。同时，由于形变诱导使得界面局部绝热的温度升高，也会导致在界面区域内发生再结晶，而这种现象的出现有利于界面结合质量的提高。

杨登科等对多层结构的 Ti-Al 复合板材进行了系列冷轧实验，发现在 Ti-Al 结合界面中 Al 层一侧发生了晶粒明显长大，并且也发生了热侵蚀，充分说明了在结合界面区域内

发生了完全再结晶。同时，也从一个侧面反映出，在大压下率条件下，界面绝热温升对界面结合质量的提高有明显的助益作用。另外，大压下率也能够在接触界面处形成剪切变形区域，有利于穿透表面硬化层及氧化膜，进而明显增强界面的韧性。

通过对实验结果的观察分析，发现样品 C 剥离强度明显高于样品 A 和 B，样品 C3 的剥离强度能够达到 3.9N/mm，而样品 A3 及 B3 的剥离强度均为 3.2N/mm。产生差异的主要原因即是上述分析过程中提及的剪切变形区域的形成，并助力于表面硬化层及氧化膜的穿透，进而提升了结合界面的韧性。

4.6.4　复合板材中各层的变形规律

对于金属复合板材中的各层变形协调性能，其重要的指标之一是各层的变形量。由于复合板材中的各层在轧前的力学性能以及轧制过程中应变硬化的性能存在着较大的差别，使得各层的变形量呈现出了明显的不同。图 4-6-5 给出了在不同的轧制压下率条件下，三种不同的 Ti-Al 复合板材各层的变形量。

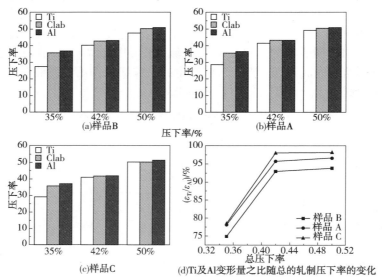

图 4-6-5　不同轧制压下率下三种 Ti-Al 复合板材各层的变形量

从图 4-6-5(a)(c)中可知，Al 层的变形量始终高于 Ti 层的变形量，在 35% 压下率的条件下，二者的变形量差异尤为明显。从图 4-6-5(d)中可知，Ti 层及 Al 层的变形量之比 $\varepsilon_{Ti}/\varepsilon_{Al}$，会随着压下率的增加而增加，该变化过程可以分为两个阶段，即压下率从 35%~42% 阶段和从 42%~50% 阶段。在前一个阶段中 $\varepsilon_{Ti}/\varepsilon_{Al}$ 大幅度增加，而在第二个阶段中 $\varepsilon_{Ti}/\varepsilon_{Al}$ 则趋于相对稳定的状态，且样品 A 和 C 中 $\varepsilon_{Ti}/\varepsilon_{Al}$ 要高于样品 B，说明 $\varepsilon_{Ti}/\varepsilon_{Al}$ 的变化主要归因于 Ti 层及 Al 层的应变硬化。

从图 4-6-6 中可以观察出，当复合板材总压下率处于 35%~0.42% 时，Al 层在对应的压下率区间内，其加工硬化的能力要明显弱于 Ti 层的；而当总压下率在 42%~50% 时，Al 层的加工硬化率会迅速增加，而对应的 Ti 层的加工硬化率会大幅度地减小，使得二者之间的加工硬化的能力差距明显缩小。因此，在第二个阶段，Ti 层的变形量更加趋近于 Al 层。样品 C3 中 $\varepsilon_{Ti}/\varepsilon_{Al}$ 达到了 98.1%，同时初始 Al 层的强度越高、$\varepsilon_{Ti}/\varepsilon_{Al}$ 越大，Ti 层及 Al

层之间的协调性越好。

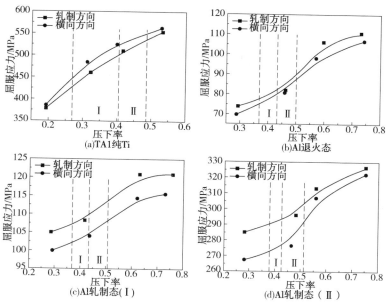

图4-6-6 拉伸屈服应力与压下率之间的关系

4.6.5 冷轧 Ti-Al 复合板材的剥离表面形貌

图4-6-7和图4-6-9，分别为样品 B2、B3、C2、C3 的 Ti 层一侧及 Al 层一侧的剥离表面形貌。无论是 Ti 层一侧还是 Al 层一侧，二者的表面均是由两个部分组成的，即新鲜金属结合区域和未结合的区域。结合的区域内，发生了一定程度的塑性变形，属于韧性断裂；而在未结合的区域内，则相对比较平坦，未能发生塑性变形，属于脆性断裂。

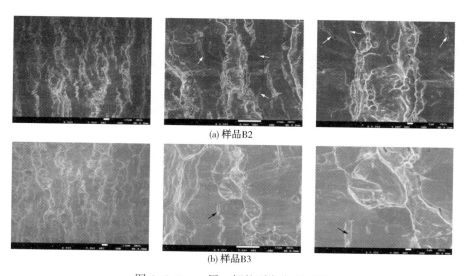

图4-6-7 Ti 层一侧的剥离表面形貌

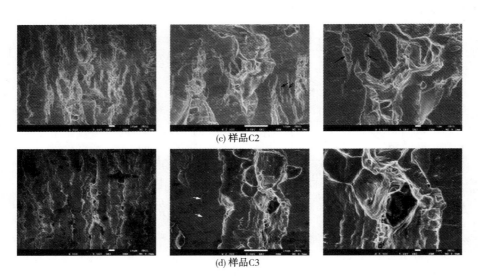

(c) 样品C2

(d) 样品C3

图 4-6-7　Ti 层一侧的剥离表面形貌(续图)

结合区域的出现，是由 Al 层一侧挤压出的新鲜金属 Al 嵌入相对应的 Ti 层一侧的裂缝中造成的。剥离的过程中，裂缝中形成的结合区域内，Al 层则会发生拉伸剪切变形，进而断裂主要发生在 Al 层一侧的结合界面区域中。而在 Ti 层一侧的剥离表面处，可以观察到很多的裂纹，这些裂纹处于未结合的区域。上述现象的出现，充分说明了这些裂纹中的新鲜金属 Ti 并未与相对面挤压出的新鲜金属 Al 形成金属结合。

在 Al 层一侧的剥离表面的未结合区域内，未能见到明显的裂纹，说明在大于临界压下率的条件下，Al 层一侧的底层新鲜金属 Al 已经通过裂缝被挤出了。随着压下率的持续增大，结合区域会不断扩大。不论在何种压下率的条件下，剥离表面都有一个共同的特征，即在剥离表面 Ti 层一侧会出现 Al 残留，但在 Al 层一侧则几乎没有 Ti 残留。图 4-6-8和图 4-6-10 分别为样品 C3 剥离表面 Ti 层一侧及 Al 层一侧的面分布 SEM 图片，可以明显地观察出 Al 层一侧几乎没有探测到 Ti 元素的存在。

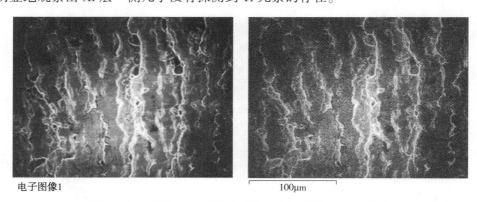

电子图像1　　　　　　　　　　　　　　　100μm

图 4-6-8　样品 C3 的剥离表面中 Ti 层一侧的 SEM 面分布

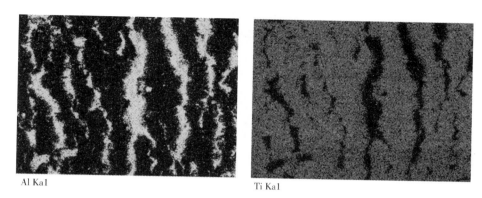

Al Ka1　　　　　　　　　　　　　　　　Ti Ka1

图 4-6-8　样品 C3 的剥离表面中 Ti 层一侧的 SEM 面分布(续图)

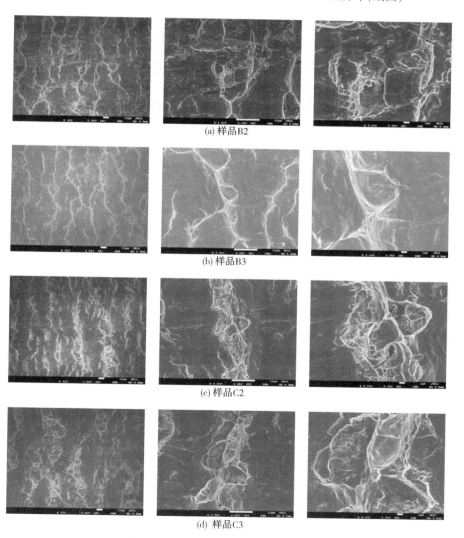

(a) 样品B2

(b) 样品B3

(c) 样品C2

(d) 样品C3

图 4-6-9　Al 层一侧的剥离表面形貌

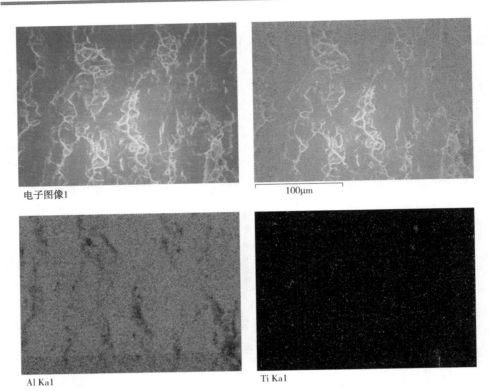

电子图像1

100μm

Al Ka1

Ti Ka1

图 4-6-10 样品 C3 的剥离表面中 Al 层一侧的 SEM 面分布

图 4-6-11 给出了样品 A2、A3、B2、B3、C2、C3 的剥离表面中 Ti 层一侧所残留下的 Al 元素面积比率,可以明显地观察出,同一种 Al 层的状态下,随着整体压下率的增大,Ti 层一侧残存 Al 的数量会减多,并且在相同的压下率条件下,随着 Al 层的强度增大,Ti 层一侧残存的 Al 元素含量会减少。Yoji Miyajima 指出,在剥离实验的过程中,承担剥离作用的载荷主要是源于结合区域内 Al 层的拉伸剪切变形,所以,需要对剥离强度进行修正,引入 Ti 层一侧中 Al 元素的残存分数 λ(具体见图 4-6-11),得到修正的剥离强度 $\tau_x = \tau_y / \lambda$($\tau_y$ 为未修正前的剥离强度),具体见图 4-6-12。

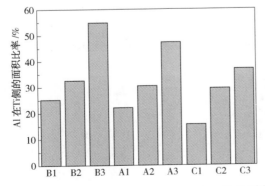

图 4-6-11 样品 A2、A3、B2、B3、C2、C3 的剥离表面中 Ti 层一侧所残留下的 Al 元素的面积比率

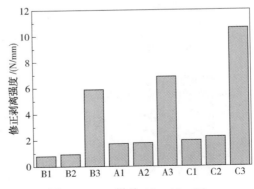

图 4-6-12 样品 A2、A3、B2、B3、C2、C3 修正的剥离强度值

4.6.6　复合板材的结合界面特征

图 4-6-13 分别给出了样品 A1、A2、A3、B1、B2、B3、C1、C2、C3 的光学显微图片。在压下率为 35% 的条件下，能够观察到少许的新鲜金属 Al，在轧制压力作用下通过裂缝挤压进入 Ti 层一侧，此时的裂缝间隙尺寸在几微米，并且界面比较平直。但是，随着压下率的持续增大，裂缝会逐渐增多，导致更多的新鲜金属 Al 向裂缝间隙处流动。

(a) 样品A1　　(b) 样品A2　　(c) 样品A3　　(d) 样品B1　　(e) 样品B2　　(f) 样品B3

(g) 样品C1　　(h) 样品C2　　(i) 样品C3

图 4-6-13　Ti-Al 复合板材界面的光学显微图片

在压下率不大于 42% 的条件下，裂缝间隙的尺寸并没有明显增大，但压下率在持续增加到 50% 之后，裂缝间隙的尺寸明显变大，平均在 10~40μm，结合界面呈现出明显的锯齿状（锁扣）。并且，在界面附近的 Ti 层一侧形成了一个剪切变形区域，且该剪切变形区域则与界面呈 45° 角，通过扫描电子显微镜可以更仔细地观察到这种锁扣镶嵌的结合形态，如图 4-6-14 中所示。

样品 B1 接触界面中 Ti 层一侧表面的硬化层及氧化层在轧辊间隙中，由于不能承受正向的拉应力而发生了断裂，并在剪切力的共同作用下从 Ti 层基体上脱落了，很明显观察到 Ti 层一侧的表面硬化层及氧化层的断裂，并且明显能够观察到锁扣镶嵌式的结构。样品 B3 的界面镶嵌处增多，形成了紧密的机械啮合状态。可以观察出，样品 A1、A2、A3 及 C1、C2、C3 的界面也具有和样品 B1、B2、B3 的界面相似的特征。

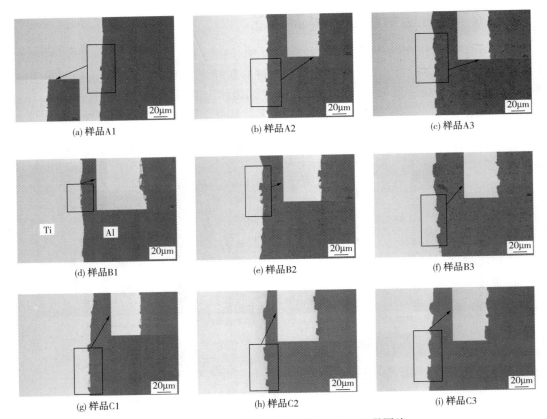

(a) 样品A1   (b) 样品A2   (c) 样品A3

(d) 样品B1   (e) 样品B2   (f) 样品B3

(g) 样品C1   (h) 样品C2   (i) 样品C3

图 4-6-14　Ti-Al 复合板材界面的 SEM 显微图片

4.6.7　界面附近变形显微组织及织构

　　Ti 及 Al 形变能力的差异十分明显，导致结合界面附近的 Ti 层一侧和 Al 层一侧的显微组织结构也存在较大的差别，本实验通过 EBSD 分析 Ti 和 Al 形变能力的差异对结合界面附近区域的显微组织结构的影响。通过 EBSD 的原始文件可以得到晶体取向的各种信息，本实验的分析是基于以下两个方面的信息：第一个方面包含反极图 IPF（Inverse Pole Figure）、极图 PF（Pole Figure）及三维取向分布图 ODF；第二个方面包含局部平均取向差 KAM（Kernel Average Misorientation）。

　　反极图 IPF 是将材料外观特征方向在多晶体各晶粒对应的晶体学坐标系中进行三维极射赤面投影，它能确定材料内部各点的晶体取向，对于本实验中的 Al 合金，用 $[001]$-$[101]$-$[111]$ 取向三角形表示取向，而对于纯 Ti，用 $[0001]$-$[01\bar{1}0]$-$[\bar{1}2\bar{1}0]$ 取向三角形表示取向。极图是多晶体中各晶粒的同一晶面的极点在样品坐标系中的极射赤面投影，对于纯 Ti，选择 (0001) 极图。三维取向分布图是根据极图的极密度分布计算得出的，采用空间取向的分布密度来表达整个空间的取向分布。局部平均取向差是以扫描的 pixel 为单位对周围相邻的像素进行评估以确定中心点 pixel 位向的评估方法，该方法反映的是塑性变形的程度。

4.6.7.1 显微组织观察分析

图 4-6-15 为样品 B3 和 C3 复合界面的 SEM+EBSD-IPF 取向图，不同的颜色深浅代表着不同的取向。样品 B3 中 Al 层的晶粒尺寸明显较大，这是由于在轧制复合之前实施的退火处理导致了变形晶粒的形核长大，通过测量可知平均晶粒尺寸约为 22.3μm。而样品 C3 中 Al 层的平均晶粒尺寸约为 6.1μm，且晶粒尺寸分布相对均匀[见图 4-6-16(c)]；样品 B3 和 C3 中 Ti 层的平均晶粒尺寸分别约为 1.8μm 和 1.6μm，二者的晶粒尺寸分布亦相似[见图 4-6-16(c)]，但前者存在许多沿着与轧制方向构成 15°~45°角的被拉长的晶粒。

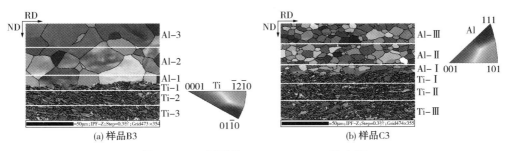

(a) 样品B3　　　　　　　　　(b) 样品C3

图 4-6-15　试样的 SEM+EBSD-IPF 取向图

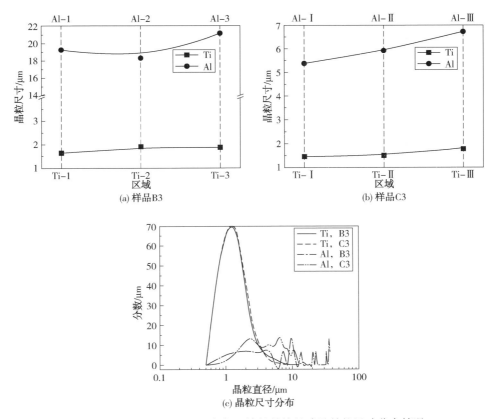

(a) 样品B3　　　　　　　　　(b) 样品C3

(c) 晶粒尺寸分布

图 4-6-16　为图 4-6-15 中各区域的晶粒尺寸及晶粒尺寸分布情况

将图 4-6-15(a)(b)中的不同区域，分别划分为五个子区域，以此探讨晶粒尺寸的变化。随着位置远离 Ti-Al 的结合界面，Ti 层和 Al 层的晶粒尺寸呈现出增大的趋势，这是由于在结合界面附近产生了较强的剪切应力，促使强度相对较大的 Ti 层晶粒发生了破碎，导致强度相对较小的 Al 层晶粒沿着轧向发生形变并被伸长。而在结合界面处形成的细小晶粒则有利于结合强度的提升，因为细晶强化的机制。在大应变下累积的变形有助于元素的扩散，进而形成一定厚度的扩散层，晶粒尺寸越细小，扩散层相对越大。而在样品 C3 中，Ti 层和 Al 层的晶粒尺寸相对较小，这就充分说明了样品 C 在相同压下率的条件下，其界面的结合强度比样品 B 高，尤其是在大压下率的条件下，二者通过比较之后，差异更加明显。

图 4-6-17 给出了样品 B3 和 C3 结合界面区域的 EBSD 晶界图。从该图中观察可知，不论是样品 B3 还是 C3，在 Ti 层一侧都包含大角度的晶界(取向差角>15°)、小角度的晶界(2°<取向差角<15°)、65°<$01\bar{1}0$>孪晶界({$11\bar{2}2$}<$11\bar{2}\,3$>)、85°<$1\bar{2}10$>孪晶界({$10\bar{1}2$}<$10\bar{1}\,1$>)及 45°<$5\bar{1}\,43$>孪晶。后三种不同的孪晶界对应于图 4-6-18 和图 4-6-19 中临近 65°、85°及 45°取向差角的峰值(高取向差角比率)。上述的实验结果与许多研究者的发现是一致的，且 45°<$5\bar{1}\,43$>孪晶被认为是存在于压缩孪晶中的拉伸孪晶。

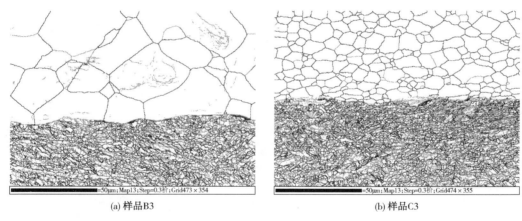

(a) 样品B3 　　　　　　　　　　　　　　　　(b) 样品C3

图 4-6-17　复合板材界面区域 EBSD 晶界图

同时也可以观察到，对于样品 B3 而言，65°<$01\bar{1}0$>和 45°<$5\bar{1}\,43$>的孪晶界峰值要比 85°<$1\bar{2}\bar{1}0$>的孪晶界峰值较高，从各自的位置进行观察，可知越临近界面，三种孪晶的峰强会逐渐变弱。其中，65°<$01\bar{1}0$>和 85°<$1\bar{2}\bar{1}0$>的孪晶界峰强减弱的幅度更大，且峰强会逐步扩展，孪晶界的取向差逐渐偏离了严格的孪晶-基体取向关系，这是由于在孪晶及基体中产生应变诱导晶体学转动，破坏了孪晶及基体初始的取向关系。

对于样品 C3 而言，各孪晶有不同的取向变化趋势。随着位置的变化，逐渐出现临近界面，85°<$1\bar{2}\bar{1}0$>孪晶界峰强逐渐减弱，而 65°<$01\bar{1}0$>孪晶界峰强的变化并不明显，同时也发现了 45°<$5\bar{1}\,43$>的孪晶界峰强有逐渐增大的趋势。在区域 Ti-Ⅲ中，85°<$1\bar{2}\bar{1}0$>的孪晶界峰值较 65°<$01\bar{1}0$>及 45°<$5\bar{1}\,43$>孪晶界的要高一些，而在区域 Ti-Ⅰ中，峰强发生了逆转。

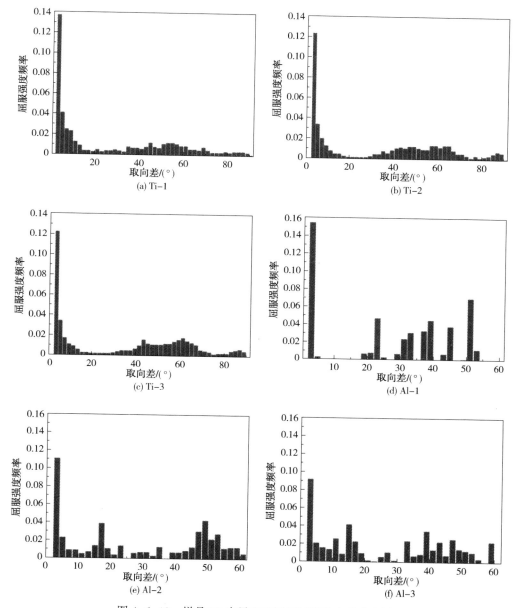

图 4-6-18 样品 B3 中界面不同区域的取向差分布图

图 4-6-20 给出了不同区域内具体的大小角度晶界比率变化。可以观察出，在样品 B3 中，随着位置的变化，当逐渐临近 Ti-Al 的结合界面处时，Ti 层一侧的小角度晶界占比会增加，这与取向差在 $2°\sim10°$ 的晶界增加有着密切的关系。而大角度晶界占比的减少是与取向差在 $30°\sim70°$ 的晶界减少直接相关的。另一方面，Al 层一侧的大角度晶界占比会增多。

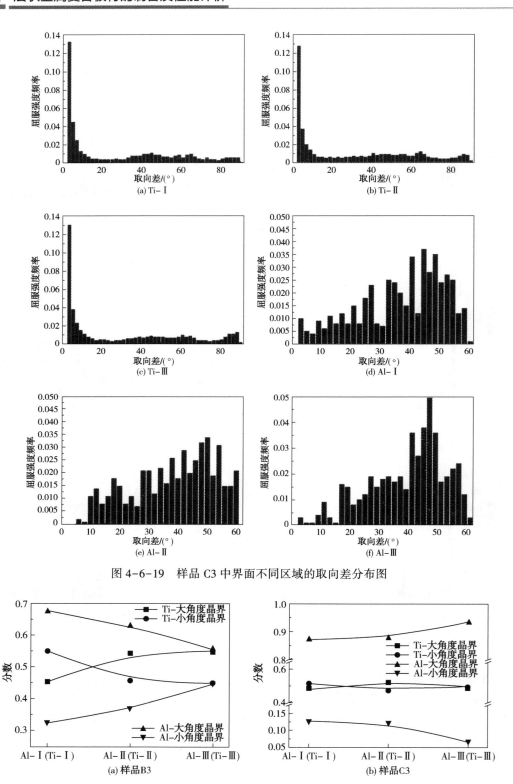

图 4-6-19　样品 C3 中界面不同区域的取向差分布图

图 4-6-20　复合板材界面不同区域内大小角度晶界的变化

在样品 C3 中，随着位置的改变，当其越临近 Ti-Al 的结合界面处时，Ti 层一侧的小角度晶界占比增加得并不明显，Al 层一侧的小角度晶界占比增加了 6%，但是在该区域，仍以大角度的晶界为主。从图 4-6-18 和图 4-6-19 中可以观察出，Ti 层一侧的取向差在 20°~30° 及 70°~80° 之间的晶界相对较少，尤其是在样品 B3 中，几乎为 0。同时也发现了，两种复合板材中 Al 层一侧变形方式的不同。对于样品 B3 而言，Al 层一侧的小角度晶界以"相互交织缠绕"的方式主要存在于大晶粒的内部。该现象的出现说明了在单个晶粒内部的应力-应变不均匀，从而导致晶粒内部各处的转动率也不尽相同。反过来导致晶粒的取向也明显不同。因此，激活滑移系的方式也会不一样，这可以从图 4-6-15(a) 中观察出来，即多个大晶粒中取向的颜色深浅明显不一致。而在样品 C3 中，结合图 4-6-15(b)，Al 层一侧的小角度晶界两侧晶粒取向的颜色相近，说明在小角度晶界两侧的晶粒相互转动的程度不一致，导致后续大晶粒逐渐出现了细分的过程。

图 4-6-21 给出了不同复合板材 EBSD 图中沿着实线的取向差分布。对于样品 B3 而言，Al 层一侧处大角度晶界之间的间隔相对较大，这与轧制复合之前，退火处理后晶粒长大紧密相关。同时，在大角度晶界之间存在着许多小角度晶界，说明晶粒内部的变形程度并不均匀，大晶粒相对于小晶粒在载荷的作用下更容易出现变形不同步的现象，同时滑移系的开动也不一致。由于位错的累积能够形成位错胞，可以将大晶粒分隔成多个不同的区域，各个区域取向基本相近，随着晶格转动的幅度在应力的持续作用下不断增大，各个区域之间的取向差也逐渐变大，慢慢呈现出将大晶粒破碎的趋势。

对于样品 C3 而言，Al 层一侧几乎都是大角度晶界，而这些大角度晶界的形成主要分为两类：第一类是在轧制复合之前的预强化过程中产生的；第二类是在轧制复合的过程中形成的。不管哪种方式形成的大角度晶界，其相互之间的间隔均较小且分布均匀，说明晶粒之间能够协调变形。由于复合板材受到了不同状态 Al 的变形限制作用，Ti 层一侧的取向差分布存在一定的差异。在样品 C3 中的 Ti 层一侧的大角度晶界比较密集，并且小角度晶界的取向差较大。

从图 4-6-21(c) 和 (g) 中可以观察出，Ti 和 Al 的晶粒内部没有出现大角度晶界，沿着 L1-L5 测得样品 B3 中 Al 层一侧晶粒内部取向差都小于 2°，但沿着 L3 实线在 38μm 处取向差出现突然增大表明，在该处由位错缠结形成的亚晶界正处在向大角度晶界演变的阶段。而沿着 LⅠ~LⅢ 测得样品 C3 中 Al 层一侧晶粒内部取向差都小于 0.25°，大部分的 Ti 晶粒内部取向差都处在 0.5°~6°。可以得出：在 Ti 层一侧的晶粒内部平均取向差高于 Al 层一侧的；经过强化处理之后，在 Al 晶粒内部的取向差远小于未经过强化处理的 Al 晶粒内部的取向差。

通过观察图 4-6-21(d) 和 (h)，可以得出：第一，Ti 层一侧中逐渐远离结合界面时，取向差梯度会逐渐减小，但是相互之间的差别不是很大；第二，Al 层一侧中除了形变较大的晶粒之外，其他的晶粒内部沿着实线的取向差分布曲线比较平滑，且经过强化处理之后的 Al 对应的取向差分布曲线将变得更加平滑。

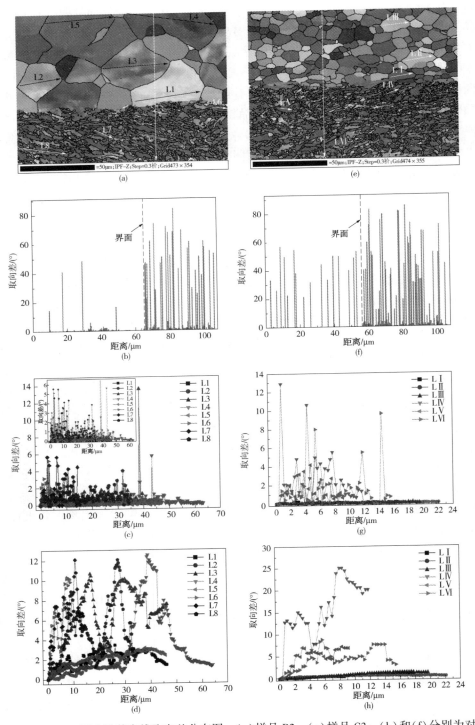

图 4-6-21　EBSD 图中沿着实线取向差分布图：（a）样品 B3；（e）样品 C3；（b）和（f）分别为对应的
沿白实线取向差分布；（c）及（g）分别为对应的点与相邻点间的取向差；（d）及
（h）分别为对应的点与初始点间的取向差

取向差分布曲线的平滑程度可以反映出粗晶发生破碎的过程，LⅠ～LⅢ的曲线相对平滑，说明了样品 C3 中 Al 层一侧的晶粒通过相互协调的作用承受了变形，在晶粒的内部还没有开启碎化的过程。相对而言，L1、L2 及 L5 三条曲线均有局部较小的峰值，而在变形较大的晶粒内部，L3 和 L4 的曲线局部也都出现了陡峭的峰值，上述现象对应着晶粒颜色的转变，在该区域中由于位错缠结形成了亚晶界，会逐步向小角度晶界直至大角度晶界进行转变。L6～L8 及 LⅣ～LⅥ各自的曲线都有类似的单个陡峭峰值，充分说明了在 Ti 层一侧的晶粒发生碎化过程正在进行中，而且是一个连续性的过程。

图 4-6-22 所示为两种复合板材结合界面的局部取向差分布图（KAM），对显微组织中的剧烈变形区进行观察，发现其具有高局部取向差值，浅色区域具有较高的残余应变，深色表示该区域残余变形相对较小。可以观察出 Ti 层一侧具有较高的局部取向差值，这意味着 Ti 层基体的内部存在较高的残余应变。在轧制压力的作用下，Ti 层一侧发生了塑性变形，使得位错出现累积，进而导致了小角度晶界的形成及发展，将原始的晶粒进行细分为以位错胞为界的亚晶，随着晶格的不断转动，逐渐形成了大角度晶界。对于样品 C3 而言，Al 层一侧发生的畸变不是很严重，各晶粒之间的变形也相对比较均匀；而对于样品 B3 而言，Al 层一侧中大晶粒的内部发生的畸变比较严重，说明了在这些晶粒的内部存在着大量滑移系的开动，进而导致位错运动形成缠结。

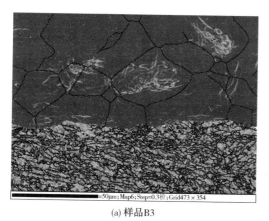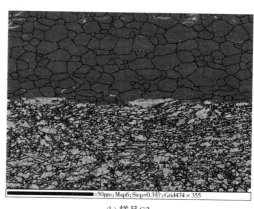

(a) 样品B3

(b) 样品C3

图 4-6-22　EBSD KAM 图

4.6.7.2　复合板材的形变及织构

1. Ti 层一侧

如图 4-6-23 中所示，可知 Ti 层一侧临近界面区域织构由三类不同的织构组成，即：①基面织构；②基面沿着 TD 偏转织构；③基面沿着 RD 偏转织构。具体而言，针对样品 B3，在 Ti-3 处由基面织构、基面沿 TD 偏转 30°织构及基面沿 RD 偏转 30°织构组成；在 Ti-2 处同样由以上三种织构组成；在 Ti-1 处则存在除了基面织构以外的另外两种织构。最明显的特征是，随着位置逐渐接近复合板材的结合界面，基面织构强度会逐渐减弱直至消失。

Thornburg 根据等应变（即 Taylor）晶体塑性模型，通过研究得出基面织构是由 <a> 滑移

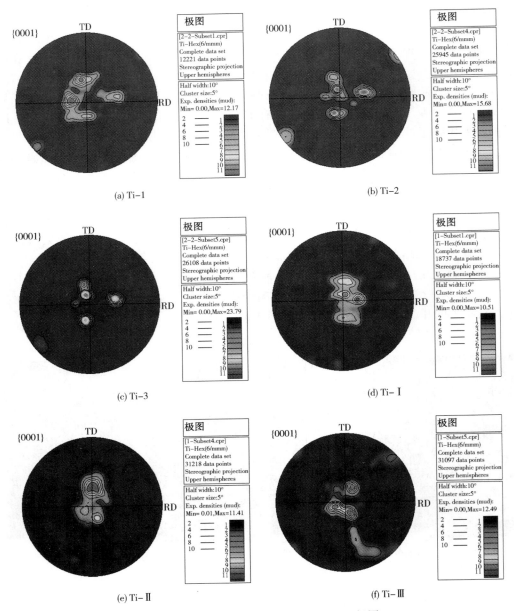

图 4-6-23　结合界面不同位置的(0001)极图

系及<c+a>滑移系共同作用而产生的。所以，可以得出在 Ti-3 及 Ti-2 处，该区域中的塑性变形是由滑移及孪晶共同实现的。其中，由于<c+a>滑移系临界分切剪应力相对较高（见表 4-6-4），并且在这两个区域内有孪晶承受沿着 c 轴方向的压力，避免了由于施密特因子为 0 而导致<a>滑移系不能开动。在 Ti-1 处，塑性变形主要是通过孪晶来实现。

　　从图 4-6-15(a)中可以观察出，由滑移造成的被拉长的晶粒在远离晶界到靠近晶界的过程中逐渐减少，尤其是在晶界处晶粒多数呈现出细小的等轴形状，可以佐证三个子域的形变模式变化。对于样品 C3 而言，Ti-Ⅲ处由基面沿 TD 偏转 30°织构及基面沿 RD 偏转

30°织构两部分组成，Ti-Ⅱ处由基面沿 TD 偏转 30°织构组成，Ti-Ⅰ处由基面织构、基面沿 TD 偏转 30°织构及基面沿 RD 偏转 30°织构三部分组成。最显著的特征是，随着位置的变化，在逐渐接近界面之后，基面沿 TD 偏转 30°织构明显减弱且在该区域内出现了基面织构。总结上述情况可以得出，Ti-Ⅲ及 Ti-Ⅱ区域内的塑性变形是由孪晶的方式实现的，而 Ti-Ⅰ区域内的塑性变形是由<a>滑移及孪晶共同实现。

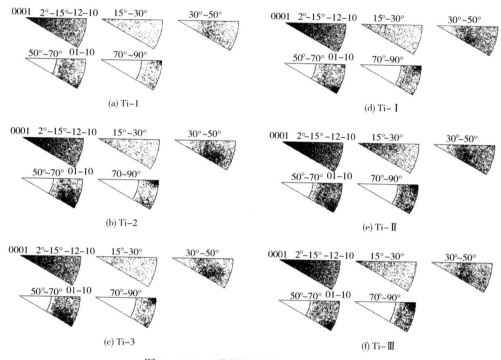

图 4-6-24　不同位置的取向差轴分布图

观察各个子域孪晶的形式，由区域 Ti-3 到 Ti-1，可知孪晶形式以 65°<01$\overline{1}$0>及 45°<5$\overline{1}$43>孪晶为主，85°<$\overline{1}$2$\overline{1}$0>为次，转变为以 45°<5$\overline{1}$43>为主，并伴有少量的 65°<01$\overline{1}$0>及 85°<$\overline{1}$2$\overline{1}$0>，这可以通过图 4-6-24 中取向差轴分布的情况得到佐证。

如图 4-6-24(a~c)中所示，在 Ti-3 处，大角度晶界取向差轴在[5$\overline{1}$43]及[01$\overline{1}$0]转轴的聚集程度要强于[$\overline{1}$2$\overline{1}$0]转轴，而在 Ti-1 处，在三种转轴的聚集程度则大幅度减弱，尤其沿[01$\overline{1}$0]及[$\overline{1}$2$\overline{1}$0]转轴的下降幅度更加明显。对于样品 C3 而言，由区域 Ti-Ⅲ到 Ti-Ⅰ，孪晶形式以 65°<01$\overline{1}$0>及 85°<$\overline{1}$2$\overline{1}$0>孪晶为主，45°<5$\overline{1}$43>为次，转变为以 45°<5$\overline{1}$43>及 65°<01$\overline{1}$0>为主，并伴有少量的 85°<$\overline{1}$2$\overline{1}$0>。

如图 4-6-24(d)(f)中所示，可以观察到沿着[5$\overline{1}$43]转轴聚集程度有一定程度的增强，沿着[01$\overline{1}$0]转轴几乎没有发生变化，而沿[$\overline{1}$2$\overline{1}$0]转轴则降低得比较明显。孪晶的激活是与 Al 层一侧的限制程度、Ti 基体取向密切相关的，同时直接影响着 Ti 层显微组织的均匀性。

从整体进行观察，样品 B3 中 Ti 层一侧的孪晶成分变化程度要强于样品 C3 中的，孪晶成分的强烈变化可能是样品 B3 中 Ti 层一侧的显微组织均匀程度降低的原因。

表 4-6-4　纯 Ti 中的主要滑移系及孪晶系

变形模式	滑移面	滑移方向	临界分切剪应力（CRSS）/MPa
基面滑移，<a>	{0001}	<11\overline{2}0>	190
柱面滑移，<a>	{10\overline{1}0}	<11\overline{2}0>	34
锥面滑移，<a>	{1\overline{1}01}	<11\overline{2}0>	136
锥面滑移，<c+a>	{10\overline{1}1}	<\overline{1}\overline{1}23>	276
拉伸孪晶，T1	{10\overline{1}2}	<10\overline{1}1>	65
拉伸孪晶，T2	{11\overline{2}1}	<\overline{11}26>	—
压缩孪晶，C1	{11\overline{2}2}	<11\overline{2}\overline{3}>	180
压缩孪晶，C2	{10\overline{1}1}	<\overline{1}012>	83

2. Al 层一侧

本实验采用 TexTools 软件计算密勒指数与欧拉角之间的关系，从而可以求得 Al 层中存在的择优取向的方向。如图 4-6-25（a）（b）中最右侧的位置所示。对于样品 B3 而言，随着位置不断变化，逐渐趋向结合界面，具有较强织构密度的{014}<041>织构［在 Al-3 处，取向分布函数值 $f(g)=16.2$］会逐渐减弱，最后直至消失；而{012}<321>织构、高斯织构{011}<100>则会逐渐增强。

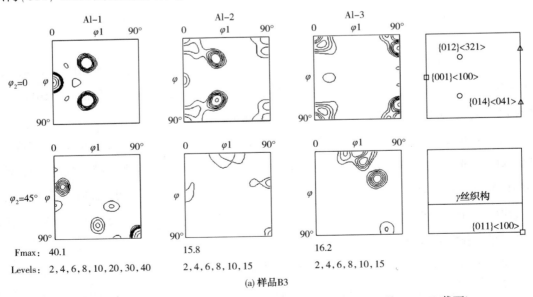

(a) 样品 B3

图 4-6-25　复合板材界面出 Al 层一侧各区域 ODF 图（$\varphi_2=0$ 及 $\varphi_2=45°$ 截面）

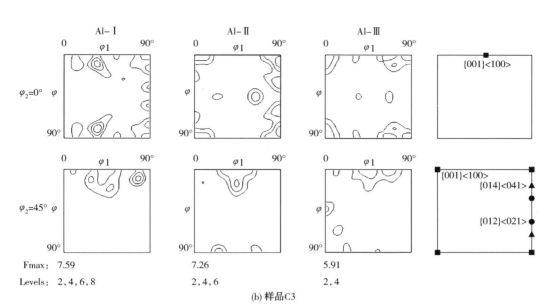

(b) 样品C3

图 4-6-25 复合板材界面出 Al 层一侧各区域 ODF 图($\varphi_2=0$ 及 $\varphi_2=45°$ 截面)（续图）

在 Al-1 处，其取向分布函数值分别达到了 19.8、40.1，同时在 Al-1 处出现微弱的 γ 丝织构。对于样品 C3 而言，其织构的类型则明显不同，不稳定的 {012}<021> 会逐渐消失，在 Al-I 处出现了 {014}<041> 织构，并且沿着 Al 基体向界面位置会一直存在着立方织构 {001}<100>。

4.6.8 复合板材界面的结合机理

金属复合材料领域的研究发展至今，有许多种描述冷轧复合机理的理论，例如，薄膜理论、能量壁垒理论、扩散结合理论和再结晶理论等。在上述诸多的理论之中，薄膜理论经过近些年的发展，成为冷轧复合方面的主流结合机理。

根据薄膜理论，冷轧结合机理可分为三个阶段：第一阶段是，复合表面的物理接触，经过机械处理的表面是凹凸不平的，存在许多微凸体，表面硬化层及氧化层附着在这些微凸体及表面的其他位置，这些微凸体在复合初期会发生初始接触；第二阶段是，随着轧制过程的持续进行，这些微凸体被压平，同时，表面硬化层及氧化膜会破裂；第三阶段是，复合板材的底层新鲜金属会发生明显的流动，通过破裂的缝隙流动至显微空洞处相互接触，并在轧制压力、界面剪切力以及轧制变形热的多重作用下形成了连接。这三个阶段是从微观上描述界面结合过程的，总结为硬化层及氧化膜的破裂和底层新鲜金属挤压流动过程，以下针对上述这两个微观过程进行数学模型的描述。

4.6.8.1 表面硬化层及氧化膜的受力破裂

轧制复合过程中底层新鲜金属在裂缝中的流动，该过程类似于宏观上的一个挤压工艺。Zhang 和 Bay 利用工程法分析了复合板材在辊缝中的压力分布，Le 对轧制过程中 Al 层表面氧化膜的破裂以及金属挤压行为进行了数学建模，给出了氧化膜的临界高宽比，并用此高宽比对氧化膜拉伸强度及金属基体的剪切屈服应力的关系建立了关系式，同时还建立了新鲜金属挤压速率与压下率之间的定量关系。

基于 Zhang 和 Bay 所提出的挤压模型以及 Le 的研究成果，Yang 建立了三层对称金属复合板材表面氧化膜在轧制变形区挤压破裂的模型，并给出了基层-复层表面氧化膜长宽比的表达式。以上数学模型是基于表面氧化膜的破裂，并未同时考虑硬化层及氧化膜；所以，在本实验中将其拓展到表面硬化层及氧化膜，并建立了相应的破裂模型。

基于建立上述破裂数学模型的思考，需要做如下的几个方面的假设。

第一，经过钢丝刷处理之后，接触的表面是由硬化层及氧化膜共同构成的，而氧化膜可分为两种，第一种是附着在硬化层的表面上，第二种是附着在基体金属的表面上，即接触的表面除硬化层之外的区域；

第二，表面附着氧化膜的硬化层在轧制压力的作用下与其表面的氧化膜共同发生断裂；

第三，由于硬化层及氧化膜的碎块相对于轧辊直径而言，在尺寸上相对较短，所以，轧辊面、硬化层及氧化膜表面可以近似模拟为平直状。

令 Ti 层表面硬化层所占比率为 ψ，则 Ti 层表面氧化膜(除去附着于硬化层表面的氧化膜)所占比率为 $1-\psi$；Al 层表面硬化层所占比率为 φ，则 Al 层表面氧化膜(除去附着于硬化层表面的氧化膜)所占比率为 $1-\varphi$。Ti 层及 Al 层表面真实的接触状态可以等效为四种的叠加，即 Ti 整体硬化层-Al 整体硬化层(类型Ⅰ)，Ti 整体硬化层-Al 氧化膜(类型Ⅱ)，Ti 氧化膜-Al 整体硬化层(类型Ⅲ)，Ti 氧化膜-Al 氧化膜(类型Ⅳ)，如图 4-6-26 中所示(以上四种类型的整体硬化层包含硬化层及其表面附着的氧化膜，而所提到的氧化膜是附着于基体上的氧化膜)。以类型Ⅰ为例来分析其受力的状态，如图 4-6-27 中所示。

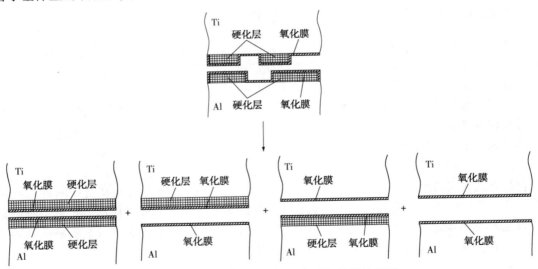

图 4-6-26　Ti-Al 冷轧结合表面接触的等效模型

如图 4-6-27 中所示，Ti 层表面的整体硬化层的特征长度为 λ_{1c}，硬化层及其表面氧化膜的厚度分别为 t_{ch} 及 t_{co}，基体 Ti 与整体硬化层之间的界面剪切应力在中性点 C 处的反向上。Al 层表面整体硬化层的特征长度为 λ_{1b}，硬化层与其表面氧化膜的厚度分别为 t_{bh} 及 t_{bo}，基体 Al 与整体硬化层之间的界面剪切应力在中性点 F 处的反向上。剪切应力的存在

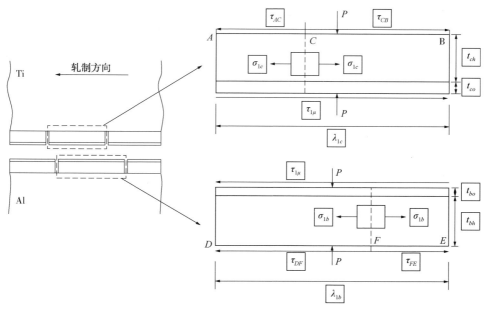

图4-6-27　Ti-Al冷轧界面接触的受力状态(类型Ⅰ)

会在整体硬化层的内部产生纵向应力，并假定纵向应力沿着整体硬化层的法线方向是恒定的。

对于基体Ti，其表面整体硬化层沿纵方向的平衡方程可以写成式(4-6-1)，如下所示：

$$\tau_{AC} L_{AC} = \tau_{1\mu} \lambda_{1c} + \tau_{CB} L_{CB} \tag{4-6-1}$$

其中，$L_{AC} + L_{CB} = \lambda_{1c}$，可以得到中性点的位置，即：

$$L_{CB} = \frac{\lambda_{1c} \tau_{AC} - \tau_{1\mu})}{(\tau_{AC} + \tau_{CB})} \tag{4-6-2}$$

整体硬化层中最大的拉伸应力出现在中性点 C 处，该处纵向受力状态如图4-6-28中所示，纵向平衡方程可以写为：

$$\sigma_{1c}(t_{ch} + t_{co}) = L_{CB}(\tau_{CB} + \tau_{1\mu}) \tag{4-6-3}$$

结合式(4-6-2)和式(4-6-3)，得到整体硬化层中最大纵向拉伸应力为：

$$\sigma_{1c} = \frac{\lambda_{1c}(\tau_{CB} + \tau_{1\mu})(\tau_{AC} - \tau_{1\mu})}{(t_{ch} + t_{co})(\tau_{AC} + \tau_{CB})} \tag{4-6-4}$$

令 $\tau_{AC} = \tau_{CB} = \tau_{1c}$，得 $\sigma_{1c} = \dfrac{\lambda_{1c}(\tau_{1c} + \tau_{1\mu})(\tau_{1c} - \tau_{1\mu})}{2(t_{ch} + t_{co})\tau_{1c}}$

$$\tag{4-6-5}$$

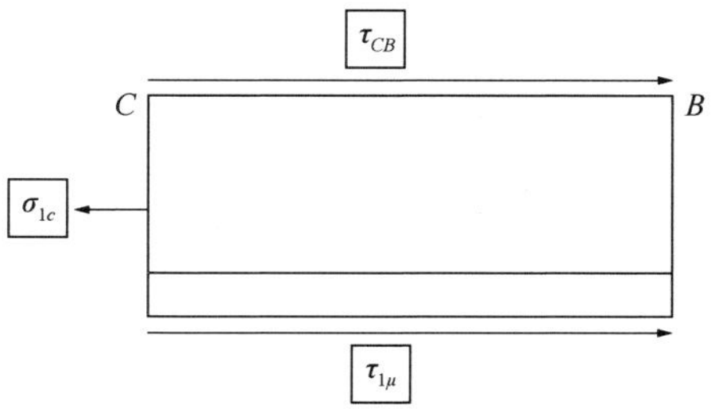

图4-6-28　中性点 C 处整体硬化层纵向的受力状态

当整体硬化层中最大纵向拉伸应力 σ_{1c} 达到其拉伸强度 $\sigma_{1c(\max)}$ 时，整体硬化层则会发生破裂。在中性点 C 处，整体硬化层满足平面应变Mises屈服准则，即：

$$\sigma_{1c}+P=2\left(\frac{t_{ch}}{t_{ch}+t_{co}}k_{ch}+\frac{t_{co}}{t_{ch}+t_{co}}k_{co}\right) \tag{4-6-6}$$

假定 $\tau_{1c}=k_{Ti}$，$\tau_{1\mu}=\mu_1 P=\mu_1 Y_{Ti}=2\mu_1 k_{Ti}$，其中 k_{Ti} 及 Y_{Ti} 分别为基体 Ti 的剪切屈服应力及平面应变屈服应力，结合式（4-6-5）和式（4-6-6），可得整体硬化层的长宽比为：

$$\frac{\lambda_{1c}}{t_{ch}+t_{co}}=\frac{4\left[\left(\frac{t_{ch}}{t_{ch}+t_{co}}k_{ch}+\frac{t_{ch}}{t_{ch}+t_{co}}k_{co}\right)/k_{Ti}-1\right]}{1-4\mu_1^2} \tag{4-6-7}$$

根据以上的分析方法，可以得到 Al 层表面整体硬化层的长宽比为：

$$\frac{\lambda_{1b}}{t_{bo}+t_{bh}}=\frac{4\left[\left(\frac{t_{bo}}{t_{bo}+t_{bh}}k_{bo}+\frac{t_{bh}}{t_{bo}+t_{bh}}k_{bh}\right)/k_{Al}-\frac{k_{Ti}}{k_{Al}}\right]}{1-4\mu_1^2\left(\frac{k_{Ti}}{k_{Al}}\right)^2} \tag{4-6-8}$$

同理，可以分别求得类型 II、III 及 IV 的 Ti 层及 Al 层表面整体硬化层或氧化膜的长宽比。

类型 II：Ti 层表面整体硬化层的长宽比为：

$$\frac{\lambda_{2c}}{t_{ch}+t_{co}}=\frac{4\left[\left(\frac{t_{ch}}{t_{ch}+t_{co}}k_{ch}+\frac{t_{ch}}{t_{ch}+t_{co}}k_{co}\right)/k_{Ti}-1\right]}{1-4\mu_2^2} \tag{4-6-9}$$

Al 层表面氧化膜的长宽比为：

$$\frac{\lambda_{2b}}{t_{bo}}=\frac{4\left[\frac{k_{bo}}{k_{Al}}-\frac{k_{Ti}}{k_{Al}}\right]}{1-4\mu_2^2\left(\frac{k_{Ti}}{k_{Al}}\right)^2} \tag{4-6-10}$$

式中，λ_{2c}、λ_{2b} 分别为 Ti 层及 Al 层表面整体硬化层及氧化膜的特征长度，μ_2 为 Ti 层表面整体硬化层与 Al 层表面氧化膜之间的摩擦系数。

类型 III：Ti 层表面氧化膜的长宽比为：

$$\frac{\lambda_{3c}}{t_{co}}=\frac{4\left[\frac{k_{co}}{k_{Ti}}-1\right]}{1-4\mu_3^2} \tag{4-6-11}$$

Al 层表面整体硬化层的长宽比为：

$$\frac{\lambda_{3b}}{t_{bo}+t_{bh}}=\frac{4\left[\left(\frac{t_{bo}}{t_{bo}+t_{bh}}k_{bo}+\frac{t_{bh}}{t_{bo}+t_{bh}}k_{bh}\right)/k_{Al}-\frac{k_{Ti}}{k_{Al}}\right]}{1-4\mu_3^2\left(\frac{k_{Ti}}{k_{Al}}\right)^2} \tag{4-6-12}$$

式中，λ_{3c}、λ_{3b} 分别为 Ti 及 Al 表面氧化膜及整体硬化层的特征长度，μ_3 为 Ti 层表面氧化膜与 Al 层表面整体硬化层之间的摩擦系数。

类型 IV：Ti 层表面氧化膜的长宽比为：

$$\frac{\lambda_{4c}}{t_{co}} = \frac{4\left[\dfrac{k_{co}}{k_{Ti}} - 1\right]}{1 - 4\mu_4^2} \tag{4-6-13}$$

Al 层表面氧化膜的长宽比为：

$$\frac{\lambda_{4b}}{t_{bo}} = \frac{4\left[\dfrac{k_{bo}}{k_{Al}} - \dfrac{k_{Ti}}{k_{Al}}\right]}{1 - 4\mu_4^2 \left(\dfrac{k_{Ti}}{k_{Al}}\right)^2} \tag{4-6-14}$$

式中，λ_{4c}、λ_{4b} 分别为 Ti 及 Al 表面氧化膜的特征长度，μ_3 为 Ti 层表面氧化膜与 Al 层表面整体硬化层之间的摩擦系数。

所以，真实界面 Ti 表面整体硬化层的长宽比为：

$$\frac{\lambda_c}{t_{ch}+t_{co}} = \psi\varphi \frac{4\left[\left(\dfrac{t_{ch}}{t_{ch}+t_{co}}k_{ch} + \dfrac{t_{ch}}{t_{ch}+t_{co}}k_{co}\right)/k_{Ti} - 1\right]}{1 - 4\mu_1^2} + \psi(1-\varphi)\frac{4\left[\left(\dfrac{t_{ch}}{t_{ch}+t_{co}}k_{ch} + \dfrac{t_{ch}}{t_{ch}+t_{co}}k_{co}\right)/k_{Ti} - 1\right]}{1 - 4\mu_2^2} \tag{4-6-15}$$

真实结合界面 Ti 表面氧化膜的长宽比为：

$$\frac{\lambda_c}{t_{co}} = (1-\psi)\phi\frac{4\left[\dfrac{k_{co}}{k_{Ti}} - 1\right]}{1 - 4\mu_3^2} + (1-\psi)(1-\varphi)\frac{4\left[\dfrac{k_{co}}{k_{Ti}} - 1\right]}{1 - 4\mu_4^2} \tag{4-6-16}$$

真实结合界面 Al 表面整体硬化层的长宽比为：

$$\frac{\lambda_b}{t_{bo}+t_{bh}} = \psi\varphi \frac{4\left[\left(\dfrac{t_{bo}}{t_{bo}+t_{bh}}k_{bo} + \dfrac{t_{bh}}{t_{bo}+t_{bh}}k_{bh}\right)/k_{Al} - \dfrac{k_{Ti}}{k_{Al}}\right]}{1 - 4\mu_1^2\left(\dfrac{k_{Ti}}{k_{Al}}\right)^2} + (1-\psi)\varphi\frac{4\left[\left(\dfrac{t_{bo}}{t_{bo}+t_{bh}}k_{bo} + \dfrac{t_{bh}}{t_{bo}+t_{bh}}k_{bh}\right)/k_{Al} - \dfrac{k_{Ti}}{k_{Al}}\right]}{1 - 4\mu_3^2\left(\dfrac{k_{Ti}}{k_{Al}}\right)^2} \tag{4-6-17}$$

真实结合界面 Al 表面氧化膜长宽比为：

$$\frac{\lambda_b}{t_{bo}} = \psi(1-\varphi)\frac{4\left[\dfrac{k_{bo}}{k_{Al}} - \dfrac{k_{Ti}}{k_{Al}}\right]}{1 - 4\mu_2^2\left(\dfrac{k_{Ti}}{k_{Al}}\right)^2} + (1-\psi)(1-\varphi)\frac{4\left[\dfrac{k_{bo}}{k_{Al}} - \dfrac{k_{Ti}}{k_{Al}}\right]}{1 - 4\mu_4^2\left(\dfrac{k_{Ti}}{k_{Al}}\right)^2} \tag{4-6-18}$$

4.6.8.2 金属复合的挤压过程

当复合板材整体的硬化层或氧化膜发生破裂时，底层新鲜金属就会在轧制压力的作用下向裂缝处流动。由前文 Ti-Al 轧制复合的结合界面可知，金属 Al 是不断向 Ti 层一侧嵌入的，所以，本实验认为 Ti 层一侧及 Al 层一侧的新鲜金属是在 Ti 层一侧的整体硬化层或氧化膜裂缝中相遇的。

令使类型 Ⅰ、类型 Ⅱ、类型 Ⅲ 及类型 Ⅳ 中整体硬化层或氧化膜破裂的法向应变分别为

ε_{N1}、ε_{N2}、ε_{N3} 及 ε_{N4}，纵向应变分别为 ε_{R1}、ε_{R2}、ε_{R3} 及 ε_{R4}，其对应的整体硬化层或氧化膜的间隔分别为 λ_1、λ_2、λ_3 及 λ_4，同时对应复合板中 Ti 层的轧制压下率分别为 r_1、r_2、r_3 及 r_4。

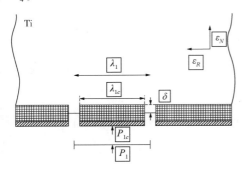

图 4-6-29 类型 I 中金属挤压通过 Ti 层
表面整体硬化层裂缝的模型

以类型 I 为例，给出金属在裂缝中的挤压速率，进而给出真实结合表面金属在裂缝中的挤压速率。类型 I 中金属挤压通过 Ti 层表面整体硬化层裂缝的模型，如图 4-6-29 中所示。P_{1c} 及 P_1 分别为作用在整体硬化层及整体硬化层间隔的平均压力，δ 为新鲜金属在裂缝中的挤压深度。

Ti 基体纵向应变可以由整体硬化层特征长度 λ_{1c} 和整体硬化层间隔 λ_1 表示，即：

$$\varepsilon_{R1} = \frac{\lambda_1 - \lambda_{1c}}{\lambda_{1c}} \qquad (4-6-19)$$

法向应变与 Ti 层的轧制压下率 r_1 相关，即：

$$\varepsilon_{N1} = -r_1 \qquad (4-6-20)$$

轧制过程中的金属可以认为是体积不可压缩的材料，遵循体积不变原理，可以得到：

$$\lambda_1 h = \lambda_{1c} h_0 \qquad (4-6-21)$$

式中，h 和 h_0 分别为 Ti 层轧前及轧后的厚度。结合式（4-6-19）和式（4-6-20），可得：

$$\varepsilon_{R1} = \frac{r_1}{1 - r_1} \qquad (4-6-22)$$

Sutcliffe 给出了一个无量纲的挤压速率 W_1，它是接触面积比率（λ_1/λ_{1c}）和作用于整体硬化层与新鲜金属上的标称压力之差 $[\Delta P = (P_{1c} - P_v)/Y_{Ti}]$ 的函数，P_v 为作用在新鲜金属上的压力，挤压速率 W_1 的具体表达式如下：

$$W_1 = \frac{2v_f}{\lambda_1 \dot{\varepsilon}} = W_1\left(\left(\frac{\lambda_1}{\lambda_{1c}}\right), \ \Delta P\right) \qquad (4-6-23)$$

式中，$v_f = \mathrm{d}\delta/\mathrm{d}t$ 表示挤压速度；$\dot{\varepsilon}$ 为纵向的应变。结合式（4-6-19）和式（4-6-22），可得金属标称挤压的深度如下：

$$\frac{\delta}{t_{co} + t_{ch}} = \frac{\lambda_{1c}}{2(t_{co} + t_{ch})} \int_0^{\varepsilon_{R1}} W_1(1 + \varepsilon) \, \mathrm{d}\varepsilon = \frac{\lambda_{1c}}{2(t_{co} + t_{ch})} \int_0^{\frac{r_1}{1-r_1}} W_1(1 + \varepsilon) \, \mathrm{d}\varepsilon \qquad (4-6-24)$$

由于作用与新鲜金属上的压力为 0，即 $P_v = 0$，所以，可以得到：

$$\Delta P = \frac{P_{1c}}{Y_{Ti}} = \frac{P_1 \lambda_{1c}}{Y_{Ti} \lambda_1} \qquad (4-6-25)$$

Johnson 给出了标称平均压力 P_1/Y_{Ti} 仅与轧件在辊缝中的位置有紧密关系，与纵向的应变间接相关，而接触面积比率（λ_1/λ_{1c}）也是与纵向应变相关的，所以，无量纲的挤压速率 W_1 仅与纵向的应变相关，通过积分计算之后，就可以表达出金属标称挤压深度与 Ti 层厚度压下率之间的关系。

令 $\left(\dfrac{\delta}{t}\right)_{\mathrm{Ti}\leftarrow\mathrm{Ti},i}$ 和 $\left(\dfrac{\delta}{t}\right)_{\mathrm{Ti}\leftarrow\mathrm{Al},i}$ 分别为类型 i($i=$ Ⅰ，Ⅱ，Ⅲ，Ⅳ)中 Ti 表面整体硬化层或氧化膜裂缝中新鲜金属 Ti 及 Al 的标称挤压深度，ε_i 为类型 i($i=$ Ⅰ，Ⅱ，Ⅲ，Ⅳ)中新鲜金属 Al 通过 Al 表面整体硬化层或氧化膜裂缝抵达 Ti 表面整体硬化层或氧化膜裂缝口的纵向的应变。同时，令 $\varepsilon_{\mathrm{Al},i}$ 为类型 i($i=$ Ⅰ，Ⅱ，Ⅲ，Ⅳ)中 Al 基体沿着纵向的应变。于是，类型 Ⅰ 中在 Ti 表面整体硬化层裂缝中的标称挤压深度如下：

$$\left(\frac{\delta}{t_{ch}+t_{co}}\right)_{\mathrm{I}}=\left(\frac{\delta}{t}\right)_{\mathrm{Ti}\leftarrow\mathrm{Ti},\,\mathrm{I}}+\left(\frac{\delta}{t}\right)_{\mathrm{Ti}\leftarrow\mathrm{Al},\,\mathrm{I}}=\frac{\lambda_{1c}}{2(t_{ch}+t_{co})}$$

$$\left(\int_0^{\varepsilon_{\mathrm{Al},\,\mathrm{I}}}(1+\varepsilon)\,W_{\mathrm{Ti}\leftarrow\mathrm{Ti},\,\mathrm{I}}\,\mathrm{d}\varepsilon+\int_{\varepsilon_\mathrm{I}}^{\varepsilon_{R1}}(1+\varepsilon)\,W_{\mathrm{Ti}\leftarrow\mathrm{Al},\,\mathrm{I}}\,\mathrm{d}\varepsilon\right) \tag{4-6-26}$$

同理，可以得到类型 Ⅱ 中在 Ti 表面整体硬化层裂缝中的标称挤压深度如下：

$$\left(\frac{\delta}{t_{ch}+t_{co}}\right)_{\mathrm{II}}=\left(\frac{\delta}{t}\right)_{\mathrm{Ti}\leftarrow\mathrm{Ti},\,\mathrm{II}}+\left(\frac{\delta}{t}\right)_{\mathrm{Ti}\leftarrow\mathrm{Al},\,\mathrm{II}}=\frac{\lambda_{1c}}{2(t_{ch}+t_{co})}$$

$$\left(\int_0^{\varepsilon_{\mathrm{Al},\,\mathrm{II}}}(1+\varepsilon)\,W_{\mathrm{Ti}\leftarrow\mathrm{Ti},\,\mathrm{II}}\,\mathrm{d}\varepsilon+\int_{\varepsilon_\mathrm{II}}^{\varepsilon_{R2}}(1+\varepsilon)\,W_{\mathrm{Ti}\leftarrow\mathrm{Al},\,\mathrm{II}}\,\mathrm{d}\varepsilon\right) \tag{4-6-27}$$

类型 Ⅲ 中在 Ti 表面整体硬化层裂缝中的标称挤压深度如下：

$$\left(\frac{\delta}{t_{co}}\right)_{\mathrm{III}}=\left(\frac{\delta}{t}\right)_{\mathrm{Ti}\leftarrow\mathrm{Ti},\,\mathrm{III}}+\left(\frac{\delta}{t}\right)_{\mathrm{Ti}\leftarrow\mathrm{Al},\,\mathrm{III}}=\frac{\lambda_{1c}}{2t_{co}}$$

$$\left(\int_0^{\varepsilon_{\mathrm{Al},\,\mathrm{III}}}(1+\varepsilon)\,W_{\mathrm{Ti}\leftarrow\mathrm{Ti},\,\mathrm{III}}\,\mathrm{d}\varepsilon+\int_{\varepsilon_\mathrm{III}}^{\varepsilon_{R3}}(1+\varepsilon)\,W_{\mathrm{Ti}\leftarrow\mathrm{Al},\,\mathrm{III}}\,\mathrm{d}\varepsilon\right) \tag{4-6-28}$$

类型 Ⅳ 中在 Ti 表面整体硬化层裂缝中的标称挤压深度如下：

$$\left(\frac{\delta}{t_{co}}\right)_{\mathrm{IV}}=\left(\frac{\delta}{t}\right)_{\mathrm{Ti}\leftarrow\mathrm{Ti},\,\mathrm{IV}}+\left(\frac{\delta}{t}\right)_{\mathrm{Ti}\leftarrow\mathrm{Al},\,\mathrm{IV}}=\frac{\lambda_{1c}}{2t_{co}}$$

$$\left(\int_0^{\varepsilon_{\mathrm{Al},\,\mathrm{IV}}}(1+\varepsilon)\,W_{\mathrm{Ti}\leftarrow\mathrm{Ti},\,\mathrm{IV}}\,\mathrm{d}\varepsilon+\int_{\varepsilon_\mathrm{IV}}^{\varepsilon_{R4}}(1+\varepsilon)\,W_{\mathrm{Ti}\leftarrow\mathrm{Al},\,\mathrm{IV}}\,\mathrm{d}\varepsilon\right) \tag{4-6-29}$$

复合板材要形成初始结合需要底层金属通过裂缝相遇，当轧制压力作用于复合板的表面时，对于每一种接触状态，在结合表面会有三种结合区域，即 A、B 和 C 区，B 区域对界面的结合起阻碍作用，C 区域是弱结合的状态，而 A 区域是形成初始结合的位置(如图 4-6-30 中所示)。由于真实接触表面是由四种接触状态组成的，在一定的压下率下，底层金属通过裂缝形成结合取决于四种接触状态下标称挤压深度的大小，同时还要考虑真实接触表面四种接触状态的接触顺序，它会随着轧制压力的增加而影响金属通过裂缝流动的开启。

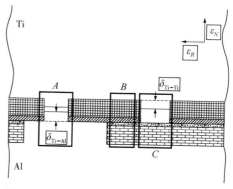

图 4-6-30 金属 Al 和 Ti 在 Ti 层表面整体硬化层裂缝中受挤压流动的示意图

4.6.8.3　复合板材界面的结合机理

当轧制压力施与的载荷作用在复合板材的上下面时，由于 Al 层的屈服点较低，在塑性加工方面能够呈现出更大的压下率和压下量，其表面的氧化膜最先发生破裂。当出现裂缝之后，底层的 Al 金属则开启向裂缝区域的流动。由于受到裂缝尺寸的影响，在金属流动的过程中，其速度相对比较缓慢。随着塑性变形的持续进行，Al 表面硬化层进一步破裂，进而有助于底层金属 Al 的流动速度加快。

当复合板材的塑性变形达到一定程度之后，Ti 层表面相应的氧化膜及硬化层也会陆续发生破裂，底层的 Ti 金属也开启了流动，且其流动速度明显要小于金属 Al 的流动速度。基于上述复杂的加工变形过程，在接触表面会出现 12 种不同的连接状态。其中，只有 4 种 A 形式的连接状态称为强连接状态，正如前文所陈述的那样，金属 Ti 及金属 Al 的初始接触决定于 A 连接状态的形式，后续等 4 种强连接状态都形成时，整个复合过程便完成了。

复合板材整体的结合强度取决于强连接状态的面积和强度（即结合界面的面积与结合强度），因为在剥离表面 Ti 层一侧存在金属 Al，而剥离表面 Al 层一侧则几乎没有金属 Ti。虽然样品 B 剥离表面 Ti 层一侧的 Al 金属的残存量与其他两种复合板材相比显得较多，但是 Al 的强度较小，导致整体的结合强度也较低。这说明影响 Ti-Al 冷轧复合板材结合强度的主要因素是 A 连接状态中的金属 Al 的强度，A 连接状态的面积是次要因素。

4.6.9　小结

本实验部分以冷轧 Ti-Al 复合板材的变形理论为基础，探究了 Ti-Al 复合板材冷轧制备工艺，对界面结合强度的变化规律及 Ti 与 Al 之间的变形协调性能进行了深入分析；同时，结合剥离表面形貌、界面结合特征、界面显微组织，以及氧化膜及硬化层的破裂及金属挤压的模型，阐述了 Ti-Al 冷轧界面结合的机理并得到以下结论。

（1）Ti-Al 复合板材剥离强度随着冷轧压下率的增加而提升，在相同压下率的条件下，Al 层的强化状态比 Al 层的退火状态构成的 Ti-Al 复合板材的剥离强度高，尤其是在较大压下率的前提下。

（2）随着轧制压下率的增加，Ti 层及 Al 层之间的变形协调会逐渐变好。Al 层的强化状态比 Al 层的退火状态构筑的 Ti-Al 复合板材的整体变形协调性好，这与 Ti 及 Al 的应变硬化密切相关。

（3）三种不同的 Ti-Al 复合板材的剥离表面有共同的特征：Ti 层一侧有 Al 金属的残留，但在 Al 层一侧几乎没有 Ti 金属的残留。对于同一种 Ti-Al 复合板材而言，当轧制的压下率越大时，剥离表面 Ti 层一侧残存的 Al 金属越多，而在相同的压下率之下，Al 层的强度越大，Ti 层一侧残存的 Al 金属越少。

（4）在压下率小于 42% 的条件下，结合界面区域内的裂缝间隙为几微米；当压下率达到 50% 时，裂缝间隙明显变大，平均在 $10 \sim 40 \mu m$，结合界面呈现出锯齿状（锁扣），并且在界面附近 Ti 层一侧有与界面呈 45° 的剪切变形区形成。

（5）当压下率在 50% 的条件下，Ti-Al 结合界面中 Ti 层一侧出现了 65° $<10\bar{1}0>$ 压缩孪晶（$\{11\bar{2}2\}<112\bar{3}>$）、$85°<2\bar{1}\bar{1}0>$ 拉伸孪晶（$\{10\bar{1}2\}<10\bar{1}\bar{1}>$）和 $45°<5\bar{1}43>$ 孪晶。

（6）对于 Al 层为退火状态的 Ti-Al 复合板材而言，随着位置的变化逐渐靠近 Ti-Al 的结合界面，Ti 侧的小角度晶界比率会增加，Al 侧的大角度晶界比率也会增加。而对于 Al 层强化状态的 Ti-Al 复合板材而言，随着位置变化逐渐靠近 Ti-Al 的结合界面，Ti 层一侧的小角度晶界比率却增加得并不明显，Al 层一侧的小角度晶界比率会增加约 6%，但是仍以小角度晶界为主。

（7）Ti 层一侧晶粒内部平均取向差高于 Al 层一侧的，强化状态的 Al 晶粒内部取向差远小于退火状态的 Al 晶粒内部的取向差。Al 层一侧中除了形变较大的晶粒之外，其他的晶粒内部取向差分布曲线相对比较平滑，且强化状态的 Al 对应的取向差分布曲线更加平滑。

（8）在 Ti 层一侧，随着位置逐渐靠近结合界面，Al 层为退火状态的 Ti-Al 复合板材中基面织构的强度逐渐减弱，直至消失；Al 层为强化状态的 Ti-Al 复合板材中基面沿 TD 偏转 $30°$ 的织构会明显减弱并出现基面织构。

（9）Ti-1 处的塑性加工变形主要是由孪晶实现的，而 Ti-I 区域塑性加工变形是由 $<a>$ 滑移及孪晶实现的。在 Al 层一侧，对于 Al 层为退火状态的 Ti-Al 复合板材而言，随着位置不断临近结合界面，具有较强织构密度的 $\{014\}<041>$ 织构会逐渐减弱直至消失，而 $\{012\}<321>$ 织构、高斯织构 $\{011\}<100>$ 逐渐增强，同时在临近界面处会出现微弱的丝织构。

（10）对于 Al 层为强化状态的 Ti-Al 复合板材而言，不稳定的 $\{012\}<021>$ 会消失，在临近结合界面的 Al-I 处会出现 $\{014\}<041>$ 织构，并且沿着 Al 基体接近界面的位置会出现立方织构 $\{001\}<100>$。

（11）建立了同时考虑表面氧化膜和硬化层的受力破裂以及金属挤压过程的数学模型。复合过程决定于 4 种强连接形态，Al 层为强化状态的 Ti-Al 复合板材的结合强度明显高于 Al 层为退火状态的，其中强连接形态中 Al 层的强度是决定复合板材整体强度的主要因素，Ti 层一侧剥离表面 Al 金属的残存量则是决定复合板材整体强度的次要因素。

4.7　主要结论

本实验以 Ti-钢和 Ti-Al 两种不同种类的复合板材的复合工艺及结合界面的性能为研究重点。采用钎焊轧制新工艺成功制备了 Ti-钢复合板材，研究分析了经过热轧及热处理之后的 Ti-钢复合板材的结合性能、结合界面的显微组织、界面结构演变及力学性能。建立了包括 Ti 层和 Al 层的各向异性效应以及底层金属受挤压结合过程中所造成的摩擦变化在内的冷轧形变模型，并用该模型分析了冷轧变形区域内的应力分布及结合状态。探索研究了三种不同 Al 状态的 Ti-Al 复合板材冷轧制备工艺，重点分析了剥离表面形貌、界面结合特征、结合界面显微组织及各层变形规律，并建立了氧化膜及硬化层破裂、金属挤压的模型，阐述了 Ti-Al 冷轧复合的结合机理，并得出的以下主要结论。

（1）在纯 Ti 板及低碳钢板（Q235）之间加入 BAg-8 材质的钎料及未加入钎料，经过钎焊+热轧之后的 Ti-钢复合板材，其结合界面处的剪切强度会随着压下率的增加而增大；而对于加入紫铜 T2 经过钎焊+热轧后的 Ti-钢复合板材而言，当压下率达到 65%时，剪切强度则出现了大幅度的降低，这与界面出现大量的（Ti_2Cu+脆性 IMCs）-steel 界面组成形态密切相关。经过热处理之后，加入 T2 钎料的 Ti-钢复合板材的界面遭到破坏，这与存在脆性显著的金属间化合物以及快速增殖的 α-βTi 相紧密相关。加入 BAg-8 钎料的 Ti-钢复合板材在 800℃实施热处理之后，结合界面处存在 $TiFe_2$ 相的位置，是拉伸实验过程中裂纹形核及扩展的主要区域。加入 BAg-8 钎料的 Ti-钢复合板材，经过热处理之后具有相对较好的加工成形性能。

（2）依据 Ti-Al 冷轧变形模型可知，随着轧制压下率的增加，结合点 x_b 会逐渐远离入口，促使更多的 Al 金属向出口流动；同时，当连接形成之后，较高的轧制压力会促使界面形成更加紧密的结合。Al 层的强度增高，Ti 层及 Al 层变形协调性会变好。Ti 层及 Al 层之间的摩擦系数增大，则有利于结合性能的提高。本模型所使用的参数中，综合考虑结合性能及轧机载荷承受的能力，0.2mm 的 Ti 层厚度及 1.2mm 的初始 Al 层厚度具有最好的结合效果。

（3）冷轧 Ti-Al 复合板材剥离强度会随着压下率的增加而逐渐增加；在相同的压下率条件下，Al 层的强化状态要比 Al 层的退火状态构成的 Ti-Al 复合板材的剥离强度大，尤其是在较大的压下率下更加明显；Ti 层及 Al 层的应变硬化是决定 Ti-Al 复合板材变形协调的关键因素。Ti-Al 复合板材剥离表面 Ti 层一侧有 Al 金属的残留，而 Al 层一侧几乎没有 Ti 金属的残留；随着压下率的增大及 Al 层的强度减小，Ti 层一侧残存的 Al 金属则会变多。在 50%压下率的条件下，Ti-Al 的结合界面会呈现出锯齿状，且具有良好的结合性能。

（4）在 50%压下率的条件下，冷轧 Ti-Al 复合板材结合界面 Ti 层一侧同时出现了 65° <$10\bar{1}0$>压缩孪晶、85°<$2\bar{1}\,\bar{1}0$>拉伸孪晶及 45°<$5\bar{1}\,\bar{4}3$>孪晶；对于 Al 层为退火状态的 Ti-Al 复合板材而言，从 Ti 层外侧到 Ti-Al 的结合界面，小角度晶界的比率会增加，从 Al 层外侧到 Ti-Al 的结合界面，大角度晶界的比率也会增加。

（5）对于 Al 层为强化状态的 Ti-Al 复合板材而言，从 Ti 层外侧到 Ti-Al 的结合界面，小角度晶界的比率增加得并不明显，从 Al 层外侧到 Ti-Al 的结合界面，小角度晶界比率增加约 6%，但仍以小角度晶界为主。Al 层中除了形变较大的晶粒之外，其他的晶粒内部的取向差分布曲线较为平滑，且强化状态的 Al 对应的取向差分布曲线更加平滑。

（6）从 Ti 层外侧到 Ti-Al 的结合界面，Al 层为退火状态的 Ti-Al 复合板材中，织构演变特征为基面织构强度逐渐减弱直至消失，而 Al 层为强化状态的 Ti-Al 复合板材中，织构表现为基面沿着 TD 偏转 30°的织构明显减弱，并且出现了基面织构。从 Al 层外侧到 Ti-Al 的结合界面，Al 层为退火状态的 Ti-Al 复合板材中具有较强织构密度的{014}<041>织构会逐渐减弱直至消失，而{012}<321>织构、高斯织构{011}<100>则逐渐增强，同时在临近界面处出现了微弱的丝织构。

（7）而对于 Al 层为强化状态的 Ti-Al 复合板材，其织构类型则明显不同，不稳定的{012}<021>会消失，在紧邻界面处出现了{014}<041>织构，并且沿着 Al 基体接近界面位置出现了立方织构{001}<100>。Ti-Al 冷轧复合板材的结合性能决定于 4 种不同的强连接形态，Al 层的强度是影响其整体结合性能的主要因素，而 Ti 层一侧的剥离表面 Al 金属的残存量则是次要因素。

4.8　展望

（1）复合板材焊接性能的研究。高质量的金属复合板材要实现大规模的生产及应用，除了能够采用连续性工业化制备加工之外，另一个关键的因素是其焊接性方面的问题。对于各层金属互相无法完全互溶，或二者互溶性较差的复合板材而言（如 Ti-钢复合板、Cu-Al复合板等），其焊接性尤其是个难点，主要体现在以下两个方面。

第一个方面，是选择特定焊接工艺时，由于基层-复层的互溶性较差，在焊接基层金属的过程中，会因为复层的合金元素的渗入，造成基层中形成脆性相而脆化了基层。同样的原理，在焊接复层的过程中，复层则会由于基层合金元素的溶入而被稀释，进而造成复层特定性能的缺失。

第二个方面，由于基层-复层力学性能的差异造成焊接接头区域的应力较大，容易引起焊缝开裂。为了解决焊缝容易开裂的问题，可以采取如下方式：使用间接焊接的方式来实现连接，即将两层中的 A 和 A 进行焊接，B 与 B 进行焊接，这样有助于避免复合板材整体之间的焊接，从而可以防止焊接接头的区域出现大量的脆性相，以此减少造成的裂纹在焊接接头区域中的产生及扩展。但是上述这种方法，只能适用于对焊接接头的强度要求不是非常高的条件下，并且，对于多层结构的复合板材的情况不适用。此外，从经济性及可靠性的角度考虑，可以对焊接方法工艺最优化，针对特定的复合板材，探索建立焊接接头性能与焊接工艺参数之间的最佳匹配关系。例如，褚巧玲在对 Ti-钢复合板材直接实施熔焊时，从开坡口形式、焊接顺序、焊接材料的选择角度，实现了对焊缝组织的调控。以上方法是针对于复合厚板而言的，对于厚度较薄的复合板材，焊接工艺将会变得更加复杂，而且更加难以控制。有的科研人员也给出了小热量输入、能量密度集中的焊接方法及选用特定性能的合金焊丝的建议。另外，多层复合板的复合结构较为复杂，难以用普通的焊接方法实现连接，开发新的具有适用性的焊接方法是多层复合板材焊接的研究方向。

（2）层状金属复合材料轧制过程中的多尺度模拟。金属复合材料在轧制复合的过程中，各层的显微结构呈现出了明显的非均匀性，从而直接影响到复合板材的各向异性及成形性，而轧制复合参数的不同会在复合板材各层的内部造就不同的显微组织结构，使得复合板材的各向异性行为及成形性差异明显。进而言之，轧制复合的参数直接影响着复合板材的各向异性及成形性，二者之间通过显微组织紧密联系，对轧制复合工艺参数-各层微观结构-复合板材的各向异性及成形性这三角关系的认识，能够使研究人员通过调节工艺参数达到复合板材最佳的综合性能。对特定轧制复合过程下复合板材的各层显微结构的追踪研究就是未来的研究重点，特别是晶体学织构及晶粒形貌这类微观结构。将 Lebensohn 及 Tomé 所提出的黏塑性自洽本构模型（VPSC）嵌入有限元计算中，是模拟织构及显微组织结构演变的最佳方法，但目前对此研究得不多，所以，这亦是一个新的研究切入点。图 4-18-1 为黏塑性自洽本构模型算法流程图。

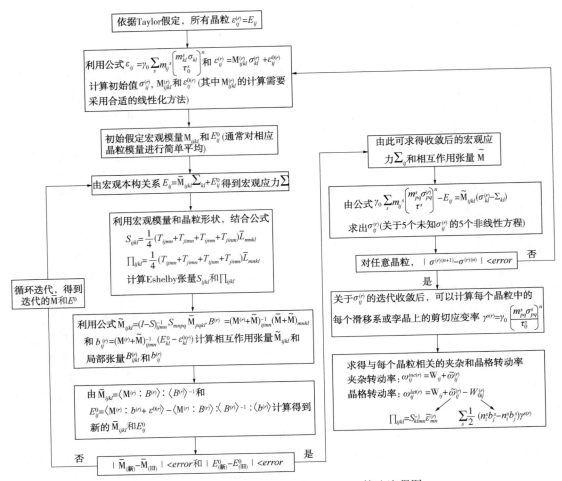

图 4-8-1 黏塑性自洽本构模型(VPSC)算法流程图

参 考 文 献

[1] 李正华. 复合板的发展方向[J]. 稀有金属材料与工程, 1989, (4): 56-59.

[2] 王小兵, 刘润生, 范江峰, 等. 现行金属复合板生产标准体系[C]. 第二届层压金属复合材料生产技术开发与应用学术研讨会, 北京, 2010: 112-119.

[3] 黄永光. 钛钢复合板及标准化[J]. 中国钛业, 2009, 18(1): 7-9.

[4] 马志新, 胡捷, 李德富. 层状金属复合板的研究及生产现状[J]. 稀有金属, 2003, 27(6): 799-803.

[5] 彭大暑, 刘浪飞, 朱旭霞. 金属层状复合材料的研究状况与展望[J]. 材料导报, 2000, 4: 23-25.

[6] 田雅琴, 秦建平, 李小红. 金属复合板的工艺研究现状与发展[J]. 材料开发与应用, 2006, 2: 40-42.

[7] 李世俊. 轧制技术国内外情况[C]. 北京: 中国金属学会.

[8] 秦建平, 周存龙, 於方. 双金属复合管冷斜轧工艺的成形过程分析[J]. 塑性工程学报, 2004(2): 71-75.

[9] 王敬忠, 颜学柏, 王玮琪, 等. 轧制钛-钢复合板工艺综述[J]. 材料导报, 2005, 4: 61-64.

[10] 何春雨, 许荣昌, 任学平, 等. 累积叠轧焊制备钛钢复合板的组织与结合界面[J]. 有色金属, 2007, 59(3): 1-4.

[11] 王小红, 唐荻, 许荣昌, 等. 铝-铜轧制复合工艺及界面结合机理[J]. 有色金属, 2007, 2: 21-24.

[12] 刘靖, 韩静涛. 碳钢轧制-扩散复合模拟实验研究[J]. 塑性工程学报, 2007, 6(14): 20-23.

[13] 董成文, 袁清华, 任学平, 等. TA1/Q235钢复合板界面结构与结合特性[J]. 塑性工程学报, 2009, 16(3): 130-135.

[14] Zhang L, Meng L, Zhou S P, et al. Behaviors of the interface and matrix for the Ag/Cu bimetallic laminates prepared by roll bonding and diffusion annealing[J]. Materials Science and Engineering A, 2004, 371: 65-71.

[15] Zhang X P, Castagne S, Yang T H, et al. Entrance analysis of 7075Al/Mg-Gd-Y-Zr/7075Al laminated composite prepared by hot rolling and its mechanical properties[J]. Materials and Design, 2011, 32: 1152-1158.

[16] 宗家富, 张文志, 许秀梅, 等. 双金属板热轧复合模拟及最小相对压下量的确定[J]. 燕山大学学报, 2007, 28(1): 27-33.

[17] Hosseini S A, Hosseini M, Danesh Manesh H. Bond strength evaluation of roll bonded bi-layer copper alloy strips in different rolling conditions[J]. Materials and Design, 2011, 32(1): 76-81.

[18] Zhang X P, Yang T H, Castagne S, et al. Microstructure: bonding strength and thickness ratio of Al/Mg/Al alloy laminated composites prepared by hot rolling[J]. Materials Science and Engineering A, 2011, 528: 1954-1960.

[19] 林大超, 史庆南. 双金属轧制复合技术及其研究的进展[J]. 云南冶金, 1998, 6: 32-35.

[20] 杨扬, 张新明, 李正华, 等. 爆炸复合的研究现状及发展趋势[J]. 材料导报, 1995, 9(1): 72-77.

[21] 温仲元, 等, 译. 金属基复合材料[M]. 北京: 国防工业出版社, 1982.

[22] 田建胜. 爆炸焊接技术的研究与应用进展[J]. 材料导报, 2007, 21(11): 99-104.

[23] 郑远谋, 黄荣光. 爆炸焊接及在制造双金属材料中的应用[J]. 汽车工艺与材料, 1998, 2: 12-15.

[24] 马志新, 李德富, 胡捷, 等. 采用爆炸轧制法制备钛/铝复合板[J]. 稀有金属, 2004, 28(4): 797-799.

[25] 徐卫，朱明，胡捷，等. 钛-铝复合板加工性能研究[J]. 热加工工艺，2010，39(20)：91-94.

[26] 刘晓涛，张廷安. 层状金属复合材料生产工艺及其新进展[J]. 材料导报，2002，16：41-43.

[27] 陈燕俊，周世平. 层叠复合材料加工技术新进展[J]. 材料科学与工程，2002，20(1)：140-142.

[28] Cam G，Bohm K H，Mullauer J，et al. The fracture behavior of diffusion bonded duplex gamma TiAl [J]. The Minerals，Metals & Materials Society，1996，(11)：66-68.

[29] Matauoka S J. Ultrasonic Welding of Ceramics/Metal Using Insert s[J]. Journal of Materials Process Technology，1998，75：259-265.

[30] 郑红霞，李宝宽，昌泽舟. 金属复合板生产方法的发展现状[J]. 炼钢，2001，2：20-23.

[31] 朱永伟，谢刚朝. 层压金属复合材料的加工技术[J]. 矿冶工程，1998，18(2)：68-72.

[32] 张雪. 热双金属复合工艺及其发展趋势[J]. 西安邮电学院学报，1999，4(2)：64-67.

[33] 谢建新，孙德勤，吴春京，等. 双金属复合材料双结晶器连铸工艺研究[J]. 材料工程，2000，4：38-41.

[34] 孙德勤，谢建新，吴春京. 复合板的成形技术与发展趋势[J]. 金属成形工艺，2003，2(2)：19-24.

[35] 赵红亮，齐克敏，高德福，等. 反向凝固复合不锈钢带的轧制工艺及界面结合[J]. 钢铁研究学报，2000，34(1)：73-77.

[36] Rabin B H. Joining of fiber-reinforced SiC composites by in situ reaction methods[J]. Materials Science and Engineering A，1990，130：1-5.

[37] 王志伟. 自蔓延高温合成技术研究与应用的新进展[J]. 化工进展，2002，21(3)：175-178.

[38] 崔健忠. 液—固相轧制复合法生产铝不锈钢复合带[J]. 材料导报，2001，2：14.

[39] 刘建彬，韩静涛，解国良，等. 双金属复合管短流程新工艺实验研究[J]. 塑性工程学报，2008，15(5)：57-61.

[40] 刘建彬，韩静涛，鲍善勤，等. 热处理对双金属复合管 X60/2205 组织及力学性能的影响. 材料热处理技术，2009，38(4)：125-127.

[41] 解国良，刘靖，韩静涛，韩晓光. 包覆浇铸及热轧工艺制备 Q235/CrWMn 刀具材料[J]. 北京科技大学学报，2010，32(3)：340-344.

[42] 饶启昌，周庆德，邢建东，等. 高铬白口铸铁抗磨粒磨损耐磨性与断裂韧性的研究[J]. 西安交通大学学报，1986，20(1)：84-91.

[43] 甘宅平. 高铬铸铁组织及元素分布的研究[J]. 钢铁研究，2003，(4)：41-42.

[44] 慈铁军，齐纪渝，叶锋，等. 铬对高铬铸铁组织及性能的影响[J]. 铸造，2000，49(S1)：677-679.

[45] 彭晓春，张长军. 27%Cr 高铬铸铁组织及性能研究[J]. 机械工程材料，2005，29(11)：35-38.

[46] 陈宗民，栾振涛，叶以富，等. 现代铬系抗磨白口铸铁的应用与发展[J]. 山东科技学院学报，2000，14(3)：43-46.

[47] Arai K I，Ishiyama K. Recent developments of new soft magnetic materials[J]. Journal of Magnetism and Magnetic Materials，1994，133(1-3)：233-237.

[48] 何忠治. 电工钢[M]. 北京：冶金工业出版社，1997.

[49] Komatsubara M，Sadahiro K，Kondo O，et al. Newly developed electrical steel for high-frequency use [J]. Journal of Magnetism and Magnetic Materials，2002，242-245(part1)：212-215.

[50] Raviprasad K，Chattopadhyay K. The influence of critical points and structure and microstructural evolution in iron rich Fe-Si alloys[J]. Acta Metall Mater，1993，41(2)：609-624.

[51] Matsumura S，Oyama H，Oki K. Dynamical behavior of ordering with phase separation in off-stoichiometric Fe_3Si alloys [J]. Materials Transactions，JIM，1989，30：695.

［52］ Ushigami Y，Mizokami M，Fujikura M，et al. Recent development of low−loss grain−oriented silicon steel ［J］. Journal of Magnetism and Magnetic Materials，2003，254：307−314.

［53］ Fish G E，Chang C F，Bye R. Frequency dependence of core loss in rapidly quenched Fe−6.5%Si［J］. Journal of Applied Physics，1988，64(10)：5370−5372.

［54］ Takada Y，Abe M，Masuda S，et al. Commercial scale production of Fe−6.5wt.% Si sheet and its magnetic properties［J］. Journal of applied physics，1988，64(10)：5367−5369.

［55］ Nakano M，Ishiyama K，Arai K I，et al. New production method of 100mm thick grain oriented 3wt% silicon［J］. Journal of Applied Physics，1997，81(8)：4098−4100.

［56］ Phway T P，Moses A J. Magnetostriction trend of non−oriented 6.5%Si−Fe［J］. Journal of Magnetism and Magnetic Materials，2008，320(20)：611−613.

［57］ 杨劲松，谢建新，周成. 6.5%Si 高硅电工钢的制备工艺及发展前景［J］. 功能材料，2003，34(3)：244−246.

［58］ Takahashi N，Suga Y，Kobayashi H. Recent developments in grain−oriented silicon−steel［J］. Journal of Magnetism and Magnetic Materials，1996，160：98−101.

［59］ Kubota T，Fujikura M，Ushigami Y. Recent progress and future trend on grain−oriented silicon steel［J］. Journal of Magnetism and Magnetic Materials，2000，215：69−73.

［60］ Sato Y，Sato T，Okazaki Y. Production and properties of melt−spun Fe−6.5%Si ribbons［J］. Materials Science and Engineering，1988，99(1−2)：73−76.

［61］ Haiji H，Okada K，Hiratani T，et al. Magnetic properties and workability of 6.5% Si steel sheet［J］. Journal of Magnetism and Magnetic Materials，1996，160：109−114.

［62］ Yamaji T，Abe M，Takada Y，et al. Magnetic properties and workability of 6.5% silicon steel sheet manufactured in continuous CVD siliconizing line［J］. Journal of Magnetism and Magnetic Materials，1994，133(1−3)：187−189

［63］ Varga L K，Mazaleyrat F，Kovac J，et al. Magnetic properties of rapidly quenched Fe100−xSix (15<x<34) alloys［J］. Materials Science and Engineering A，2001，304−306：946−949.

［64］ Yuan W J，Li J G，Shen Q，et al. A study on magnetic properties of high Si steel obtained through powder rolling processing［J］. Journal of Magnetism and Magnetic Materials，2008，320(1)：76−80.

［65］ Swann P R，Granas L，Lehtinen B. The B2 and DO$_3$ ordering reactions in iron−silicon alloys in the vicinity of the curie temperature［J］. Metal Science，1975，9(1)：90−96.

［66］ Zhang Z W，Chen G，Bei H，et al. Improvement of magnetic properties of an Fe−6.5%Si alloy by directional recrystallization［J］. Applied Physics Letters，2008，93(19)：191908.

［67］ Yang Y H，Lin G Y，Chen D D，et al. Fabrication of Al−Cu laminated composites by diffusion rolling procedure［J］. Materials Science and Technology，2014，30(8)：973−976.

［68］ Xie G，Sheng H，Han J，et al. Fabrication of high chromium cast iron/low carbon steel composite material by cast and hot rolling process［J］. Materials & Design，2010，31(6)：3062−3066.

［69］ Xie G，Han J，Liu J，et al. Texture，microstructure and microhardness evolution of a hot−rolled high chromium cast iron［J］. Materials Science and Engineering：A，2010，527(23)：6251−6254.

［70］ Ji S，Han J T，Liu J. Fabrication of 6.5% Si Composite Plate by Coat Casting and Hot Deformation Processes［J］. Advanced Materials Research，2014，902：7−11.

［71］ Tanaka Y，Takada Y，Abe M，et al. Magnetic properties of 6.5% Si−Fe sheet and its applications［J］. Journal of Magnetism and Magnetic Materials，1990，83(1−3)：375−376.

［72］ Matsumura S，Tanaka Y，Koga Y，et al. Concurrent ordering and phase separation in the vicinity of the metastable critical point of order-disorder transition in Fe-Si alloys[J]. Materials Science and Engineering：A，2001，312(1-2)：284-292.

[73] Narita K，Teshima N，Yamashiro Y，et al. Magnetic properties of rapidly quenched silicon-iron ribbons [J]. Journal of Magnetism and Magnetic Materials，1984，41(1-3)：86-92.

[74] Xia Z，Kang Y，Wang Q. Developments in the production of grain-oriented electrical steel[J]. Journal of Magnetism and Magnetic Materials，2008，320(23)：3229-3233.

[75] 陈国钧. 金属软磁材料及其热处理[M]. 北京：机械工业出版社，1986.

[76] Xiuhua G，Kemin Q，Chunlin Q. Magnetic properties of grain oriented ultra-thin silicon steel sheets processed by conventional rolling and cross shear rolling[J]. Materials Science and Engineering：A，2006，430(1-2)：138-141.

[77] Okamoto H. Desk handbook：phase diagrams for binary alloys[M]. Materials Park，OH：ASM International，2000.

[78] 金吉男. $Fe_{14}Si_2$有序合金薄板制备新技术与组织性能的研究[D]. 北京：北京科技大学，2004.

[79] Shin J S，Bae J S，Kim H J，et al. Ordering-disordering phenomena and micro-hardness characteristics of B2 phase in Fe-(5-6.5%)Si alloys[J]. Materials Science and Engineering A，2005，407(1-2)：282-290.

[80] Ball J，Gottstein G. Large-strain deformation of Ni3Al+B：Part III. Microstructure，long-range order and mechanical properties of deformed and recrystallized Ni3Al+B[J]. Intermetallics，1994，2(3)：205-219.

[81] 梁永锋. Fe-6.5%Si高硅电工钢冷轧薄板制备及其性能的研究[D]. 北京：北京科技大学，2010.

[82] 林均品，叶丰，陈国良，等. 6.5%Si高硅电工钢冷轧薄板制备工艺、结构及性能[J]. 前沿科学，2007(02)：13-26.

[83] 陈国良，林均品. 有序金属间化合物结构材料物理金属学基础[M]. 北京：冶金工业出版社，1999.

[84] 彭继华. Fe3Si基合金及其环境脆性[D]. 北京：北京科技大学，1998.

[85] 田民波. 磁性材料[M]. 北京：清华大学出版社，2001.

[86] Yoo M H，Fu C L. Fundamental aspects of deformation and fracture in high-temperature ordered intermetallics[J]. ISIJ International，1991，31(10)：1049-1062.

[87] Chen G L，Liu C T. Moisture induced environmental embrittlement of intermetallics[J]. International Materials Review，2001，46(6)：253-270.

[88] Bi X F，Tanaka Y，Sato K，et al. The relationship of microstructure and magnetic properties in cold-rolled 6.5% Si-Fe alloy[J]. IEEE Trans Magn，1996，32(5)：4818-4820.

[89] Shin J，Lee Z，Lee T，et al. The effect of casting method and heat treating condition on cold workability of high-Si electrical steel[J]. Scripta Materialia，2001，45(6)：725-731.

[90] Honma H，Ushigami Y，Suga Y. Magnetic properties of (110)[001] grain oriented 6.5% silicon steel [J]. Journal of Applied Physics，1991，70(10)：6259.

[91] Ruiz D，Yañez T R，Cuello G J，et al. Order in Fe-Si alloys：A neutron diffraction study[J]. Physica B：Condensed Matter，2006，385-386：578-580.

[92] Liu J L，Sha Y H，Zhang F，et al. Development of {210}⟨001⟩ recrystallization texture in Fe-6.5%Si thin sheets[J]. Scripta Materialia，2011，65(4)：292-295.

[93] Liang Y F，Shang S L，Wang J，et al. First-principles calculations of phonon and thermodynamic properties of Fe-Si compounds[J]. Intermetallics，2011，19(10)：1374-1384.

[94] Lima C C，Da Silva M C A，Sobral M D C，et al. Effects of order-disorder reactions on rapidly quenched Fe-6.5%Si alloy[J]. Journal of Alloys and Compounds，2014，586：314-316.

［95］ Zhang Z，Chen G，Bei H，et al. Directional recrystallization and microstructures of an Fe-6.5%Si alloy ［J］. Journal of Materials Research，2009，24(08)：2654-2660.

［96］ Zheng Z L，Ye F，Liang Y F，et al. Formation of columnar-grained structures in directionally solidified Fe-6.5%Si alloy［J］. Intermetallics，2011，19(2)：165-168.

［97］ Ruiz D，Ros-Yanez T，Vandenberghe R E，et al. Magnetic properties of high Si steel with variable ordering obtained through thermomechanical processing［J］. Journal of Applied Physics，2003，93(10)：7112-7114.

［98］ Roters F，Eisenlohr P，Hantcherli L，et al. Overview of constitutive laws，kinematics，homogenization and multiscale methods in crystal plasticity finite-element modeling：Theory，experiments，applications［J］. Acta Materialia，2010，58(4)：1152-1211.

［99］ Jang P，Lee B，Choi G. Effects of annealing on the magnetic properties of Fe-6.5%Si alloy powder cores ［J］. Journal of Applied Physics，2008，103(7)：740-743.

［100］ Liu H，Liu Z，Sun Y，et al. Formation of ｛001｝<510> recrystallization texture and magnetic property in strip casting non-oriented electrical steel［J］. Materials Letters，2012，81：65-68.

［101］ Tomida T. (100)-textured 3% silicon steel sheets by manganese removal and decarburization［J］. Journal of Applied Physics，1996，79(8)：5443-5445.

［102］ 曾维虎. Fe-6.5%Si 合金中硼含量控制及焊接性能的研究［D］. 北京：北京科技大学，2009.

［103］ Narita K，Enokizono M. Effect of nickel and manganese addition on ductility and magnetic properties of 6.5% silicon-iron alloy［J］. IEEE Trans Magn，1978，14(4)：258-262.

［104］ 邵元智，顾守仁，陈南平. 硼在体心立方结构 $Fe_3(SiAl)$ 中的分布及其对脆性的改善［J］. 金属学报，1991，27(2)：105-110.

［105］ 牛长胜，王艳丽，林均品，等. Fe_3Si 基合金不同热处理工艺的软化机制［J］. 轧钢，2004，21(4)：17-20.

［106］ Kim K N，Pan L M，Lin J P，et al. The effect of boron content on the processing for Fe-6.5% Si electrical steel sheets［J］. Journal of Magnetism and Magnetic Materials，2004，277(3)：331-336.

［107］ Ros T，Ruiz D，Houbaert Y，et al. Study of ordering phenomena in high silicon electrical steel (up to 12.5at%) by Mössbauer spectroscopy［J］. Journal of Magnetism and Magnetic Materials，2002，242-245，Part 1(0)：208-211.

［108］ Ros-Yáñez T，Ruiz D，Barros J，et al. Advances in the production of high-silicon electrical steel by thermomechanical processing and by immersion and diffusion annealing［J］. Journal of Alloys and Compounds，2004，369(1-2)：125-130.

［109］ Barros Lorenzo J，Ros-Yanez T，DeWulf M，et al. Magnetic Properties of Electrical Steel With Si and Al Concentration Gradients［J］. IEEE Transactions on Magnetics，2004，40(4)：2739-2741.

［110］ Ros-Yañez T，Houbaert Y，Fischer O，et al. Production of high silicon steel for electrical applications by thermomechanical processing［J］. Journal of Materials Processing Technology，2003，143-144：916-921.

［111］ Ros T，Houbaert Y，Fischer O，et al. Thermomechanical processing of high Si-steel (up to 6.3wt%Si) ［J］. IEEE Transactions on Magnetics，2001，37(4)：2321-2324.

［112］ Barros J，Schneider J，Verbeken K，et al. On the correlation between microstructure and magnetic losses in electrical steel［J］. Journal of Magnetism and Magnetic Materials，2008，320(20)：2490-2493.

［113］ Tanaka Y，Ninomiya H，Kobayashi H，et al. Application of 6.5% Silicon Steel Sheet to Audio Frequency Transformers ［J］. NKK Technical Review，1990，60：9-15.

［114］ Takada Y，Murakami T，Abe M. High-Function 6.5% Silicon Magnetic Steel Sheet ［J］. NKK Technical Report，1989，125：58-63.

［115］付华栋．高硅电工钢带材组织结构精确控制高效制备加工基础研究［D］．北京：北京科技大学，2012.

［116］Ames S L，Sarver，Bitler W R. Method of increasing the silicon content of wrought grain oriented silicon steel［P］. Patent Number：US3423253.

［117］Okada K，Yamaji T，Kasai K. Basic investigation of CVD method for manufacturing 6.5%Si steel sheet［J］. ISIJ International，1996，36：706-713.

［118］Namikawa M，Ninomiya H，Yamaji T. High silicon steel sheets realizing excellent high frequency reactor performance［J］. JFE Technical Report，2005，6：12-17.

［119］He X D，Li X，Sun Y. Microstructure and magnetic properties of high silicon electrical steel produced by electron beam physical vapor deposition［J］. Journal of Magnetism and Magnetic Materials，2008，320（3）：217-221.

［120］李晓，赫晓东，孙跃．高硅电工钢片的特性、制备及研究进展［J］．磁性材料及器件，2008，39（6）：1-4.

［121］李晓，孙跃，赫晓东．高温快速退火对电子束物理气相沉积制备高硅电工钢片的影响［J］．功能材料，2007，38（10）：1603-1609.

［122］蔡宗英，张莉霞，李运刚．电化学还原法制备 Fe-6.5% Si 薄板［J］．湿法冶金，2005，24（2）：83-87.

［123］杨海丽．CVD 法制备高硅电工钢工艺过程［D］．秦皇岛．燕山大学，2011.

［124］李运刚，梁精龙，李慧等．渗硅制备 6.5%Si 电工钢表面 Fe-Si 过渡梯度层的特性［J］．中国有色金属学报，2009，19（4）：714-719.

［125］Ros-Yanez T，Houbaert Y，Gomez Rodríguez V. High-silicon steel produced by hot dipping and diffusion annealing［J］. Journal of Applied Physics，2002，91（10）：7857.

［126］吴润，陈大凯．PCVD 硅涂层对 DW 型电工钢磁性能的影响［J］．金属热处理，1996（9）：15-17.

［127］王蕾，吴新杰．PCVD 法制高 Si 钢片的研究［J］．金属热处理，2000（12）：27-29.

［128］高田芳一，稻垣淳一，升田贞及，等．公开特许公报［P］日本专利：昭 63-35714.

［129］有泉孝，吉野雅彦，藤田文夫，等．公开特许公报［P］日本专利：昭 63-36906.

［130］小林俊平，嫌田正融，有泉孝，等．公开特许公报［P］日本专利：昭 63-36904.

［131］Liang Y F，Ye F，Lin J P，et al. Effect of annealing temperature on magnetic properties of cold rolled high silicon steel thin sheet［J］. Journal of Alloys and Compounds，2010，491（1-2）：268-270.

［132］Liang Y，Ye F，Lin J，et al. Effect of heat treatment on mechanical properties of heavily cold-rolled Fe-6.5%Si alloy sheet［J］. Science China Technological Sciences，2010，53（4）：1008-1011.

［133］Liang Y F，Lin J P，Ye F，et al. Microstructure and mechanical properties of rapidly quenched Fe-6.5% Si alloy［J］. Journal of Alloys and Compounds，2010，504：476-479.

［134］Liang Y，Lin J，Ye F，et al. Processing of Fe-6.5% Si alloy foils by cold rolling［J］. Frontiers of Materials Science in China，2009，3（3）：329-332.

［135］Xie J，Fu H，Zhang Z，et al. Deformation twinning feature and its effects on significant enhancement of tensile ductility in columnar-grained Fe-6.5% Si alloy at intermediate temperatures［J］. Intermetallics，2012，23：20-26.

［136］Xie J，Fu H，Zhang Z，et al. Deformation twinning in an Fe-6.5%Si alloy with columnar grains during intermediate temperature compression［J］. Materials Science and Engineering：A，2012，538：315-319.

［137］Fu H，Zhang Z，Wu X，et al. Effects of boron on microstructure and mechanical properties of Fe-6.5wt.%Si alloy fabricated by directional solidification［J］. Intermetallics，2013，35：67-72.

［138］Fu H, Zhang Z, Jiang Y, et al. Improvement of magnetic properties of an Fe-6.5%Si alloy by directional solidification［J］. Materials Letters, 2011, 65(9)：1416-1419.

［139］Fu H, Zhang Z, Pan H, et al. Warm/cold rolling processes for producing Fe-6.5% Si electrical steel with columnar grains［J］. International Journal of Minerals, Metallurgy, and Materials, 2013, 20(6)：535-540.

［140］Mo Y, Zhang Z, Fu H, et al. Effects of deformation temperature on the microstructure, ordering and mechanical properties of Fe-6.5% Si alloy with columnar grains［J］. Materials Science and Engineering：A, 2014, 594：111-117.

［141］Xie J, Pan H, Fu H, et al. High Efficiency Warm-cold Rolling Technology of Fe-6.5%Si Alloy Sheets ［J］. Procedia Engineering, 2014, 81：149-154.

［142］山下治, 田显, 能见正夫, 等. 高硅电工钢的制造方法及电工钢［P］. 中国专利：CN1273611A(公开号), 2000-02-28.

［143］Li R, Shen Q, Zhang L, et al. Magnetic properties of high silicon iron sheet fabricated by direct powder rolling［J］. Journal of magnetism and magnetic materials, 2004, 281(2)：135-139.

［144］李然. 粉末压延技术制备高硅 Fe-Si 合金［D］. 武汉：武汉理工大学, 2004.

［145］员文杰, 沈强, 张联盟. 粉末轧制法制备 Fe-6.5%Si 电工钢片的研究［J］. 粉末冶金技术, 2007, 25(1)：32-34.

［146］张联盟, 张涛, 沈强, 等. 一种高硅电工钢薄板的热处理及多次冷轧加工方法［P］. 中国专利 CN1528921A(公开号), 2004-09-15.

［147］王林. 反复粉末套管法制备高硅电工钢新工艺基础研究［D］. 北京：北京科技大学, 2011.

［148］陈远星, 刘志坚, 吴水桂. Fe-6.5%Si 合金粉末形貌特征对磁粉芯性能的影响［J］. 南方金属, 2013(3)：1-3.

［149］Tsuya N, Arai K I. Magnetostriction of ribbon-form amorphous and crystalline ferromagnetic alloys［J］. Journal of Applied Physics, 1979, 50(B3)：1658-1663.

［150］Ciurzyńska W H. Effect of the silicon content on the magnetic susceptibility disaccommodation in silicon iron ribbons［J］. Journal of Magnetism and Magnetic Materials, 2000, 215(1)：542-544.

［151］刘海明, 彭长平, 李玉国. Fe-6.5%Si 快速凝固极薄带［J］. 钢铁, 1993, 28(7)：55-79.

［152］谢建新, 等. 材料加工新技术新工艺［M］. 北京：冶金工业出版社, 2004.

［153］杨林, 田冲. 喷射成形电工钢板坯的工艺研究［J］. 粉末冶金技术, 2001, 19(6)：354-357.

［154］杨林, 田冲. 喷射轧制 Fe-4.5% Si 电工钢片的组织及性能［J］. 材料科学与工艺, 2002, 10(1)：55-58.

［155］Bolfarini C, Silva M C A, Jorge Jr A M, et al. Magnetic properties of spray-formed Fe-6.5% Si and Fe-6.5% Si-1.0% Al after rolling and heat treatment［J］. Journal of Magnetism and Magnetic Materials, 2008, 320(20)：653-656.

［156］Kasama A H, Bolfarini C, Kiminami C S, et al. Magnetic properties evaluation of spray formed and rolled Fe-6.5wt.% Si-1.0wt.% Al alloy［J］. Materials Science and Engineering：A, 2007, 449：375-377.

［157］Fang X S, Lin J P, Liang Y F, et al. Effect of Annealing Temperature on Soft Magnetic Properties of Cold Rolled 0.30mm Thick Fe-6.5wt.%Si Foils［J］. Journal of Magnetics, 2011, 16(2)：177-180.

［158］Fang X S, Liang Y F, Ye F, et al. Cold rolled Fe-6.5% Si alloy foils with high magnetic induction ［J］. Journal of Applied Physics, 2012, 111(9)：94913.

［159］Yang W, Li H, Yang K, et al. Hot drawn Fe-6.5%Si wires with good ductility［J］. Materials Science and Engineering：B, 2014, 186：79-82.

[160] Ye F, Liang Y F, Wang Y L, et al. Fe-6.5%Si High Silicon Steel Sheets Produced by Cold Rolling [J]. Materials Science Forum, 2010, 638-642: 1428-1433.

[161] 国家电工钢工程技术研究中心. 高硅电工钢的冶炼、非晶加工实验及检测报告, 2012.

[162] 周杰, 吴隽. 多弧离子镀法制备高硅电工钢, 2012 年第十二届中国电工钢学术年会论文集, 242-247.

[163] 蒋虽合, 毛卫民, 杨平, 叶丰等. 冷轧高硅电工钢退火过程组织结构及磁性能演变规律[J]. 2012 年第十二届中国电工钢学术年会论文集, 82-85.

[164] 周磊, 潘应君, 徐超, 等. PCVD 法制备 Fe-6.5%Si 高硅电工钢片的工艺研究[J]. 表面技术, 2013, 42(3): 88-90.

[165] 李慧, 梁永锋, 贺睿琦, 等. 快速凝固 Fe-6.5% Si 合金有序结构及力学性能研究[J]. 金属学报, 2013, 49(011): 1452-1456.

[166] Jung H, Kim J. Influence of cooling rate on iron loss behavior in 6.5% grain-oriented silicon steel[J]. Journal of Magnetism and Magnetic Materials, 2014, 353: 76-81.

[167] Li H, Liu H, Liu Y, et al. Effects of warm temper rolling on microstructure, texture and magnetic properties of strip-casting 6.5% Si electrical steel[J]. Journal of Magnetism and Magnetic Materials, 2014, 370: 6-12.

[168] 刘艳. Fe-6.5%Si 合金薄板磁性能的研究[D]. 北京: 北京科技大学, 2007.

[169] 钟春生, 韩静涛. 金属塑性变形力计算基础[M]. 北京: 冶金工业出版社, 1994: 134-151.

[170] 郝南海, 常志梁. 塑性成形力学[M]. 2001 北京: 兵器工业出版社: 82.

[171] 宋岱才, 路永浩, 刘国志, 等. 数值计算方法[M]. 北京: 中国经济出版社, 2006: 122-123.

[172] 尹茂华, 颜登强. 温度, 变形程度, 变形速度对 3.0wt%电工钢高温变形抗力的影响[J]. 武钢技术, 1987, 11: 002.

[173] 温钰, 田广科, 毕晓昉. Si 在纯 Fe 及低电工钢中扩散行为[J]. 北京科技大学学报, 2012, 34(010): 1138-114.

[174] 李正华. 复合板的发展方向[J]. 稀有金属材料与工程, 1989, (4): 56-59.

[175] 王小兵, 刘润生, 范江峰, 等. 现行金属复合板生产标准体系[C]. 第二届层压金属复合板材生产技术开发与应用学术研讨会, 北京, 2010: 112-119.

[176] 黄永光. 钛钢复合板及标准化[J]. 中国钛业, 2009, 18(1): 7-9.

[177] 马志新, 胡捷, 李德富. 层状金属复合板的研究及生产现状[J]. 稀有金属, 2003, 27(6): 799-803.

[178] 彭大暑, 刘浪飞, 朱旭霞. 金属层状复合板材的研究状况与展望[J]. 材料导报, 2000, 4: 23-25.

[179] 田雅琴, 秦建平, 李小红. 金属复合板的工艺研究现状与发展[J]. 材料开发与应用, 2006, 2: 40-42.

[180] 李世俊. 轧制技术国内外情况[J]. 北京: 中国金属学会.

[181] 秦建平, 周存龙, 於方. 双金属复合管冷斜轧工艺的成形过程分析[J]. 塑性工程学报, 2004(2): 71-75.

[182] 王敬忠, 颜学柏, 王玮琪, 等. 轧制钛-钢复合板工艺综述[J]. 材料导报, 2005, 4: 61-64.

[183] 何春雨, 许荣昌, 任学平, 等. 累积叠轧焊制备钛钢复合板的组织与结合界面[J]. 有色金属, 2007, 59(3): 1-4.

[184] 王小红, 唐获, 许荣昌, 等. 铝-铜轧制复合工艺及界面结合机理[J]. 有色金属, 2007, 2: 21-24.

[185] 刘靖，韩静涛．碳钢轧制-扩散复合模拟实验研究[J]．塑性工程学报，2007，6(14)：20-23.

[186] 董成文，袁清华，任学平，等．TA1/Q235 钢复合板界面结构与结合特性[J]．塑性工程学报，2009，16(3)：130-135.

[187] Zhang L，Meng L，Zhou S P，et al. Behaviors of the interface and matrix for the Ag/Cu bimetallic laminates prepared by roll bonding and diffusion annealing[J]. Materials Science and Engineering A，2004，371：65-71.

[188] Zhang X P，Castagne S，Yang T H，et al. Entrance analysis of 7075Al/Mg-Gd-Y-Zr/7075Al laminated composite prepared by hot rolling and its mechanical properties[J]. Materials and Design，2011，32：1152-1158.

[189] 宗家富，张文志，许秀梅，等．双金属板热轧复合模拟及最小相对压下量的确定[J]．燕山大学学报，2007，28(1)：27-33.

[190] Hosseini S A，Hosseini M，Danesh Manesh H. Bond strength evaluation of roll bonded bi-layer copper alloy strips in different rolling conditions[J]. Materials and Design，2011，32(1)：76-81.

[191] Zhang X P，Yang T H，Castagne S，et al. Microstructure；bonding strength and thickness ratio of Al/Mg/Al alloy laminated composites prepared by hot rolling[J]. Materials Science and Engineering A，2011，528：1954-1960.

[192] 林大超，史庆南．双金属轧制复合技术及其研究的进展[J]．云南冶金，1998，6：32-35.

[193] 杨扬，张新明，李正华，等．爆炸复合的研究现状及发展趋势[J]．材料导报，1995，9(1)：72-77.

[194] 温仲元等译．金属基复合板材[M]．北京：国防工业出版社，1982.

[195] 田建胜．爆炸焊接技术的研究与应用进展[J]．材料导报，2007，21(11)：99-104.

[196] 郑远谋，黄荣光．爆炸焊接及在制造双金属材料中的应用[J]．汽车工艺与材料，1998，2：12-15.

[197] 马志新，李德富，胡捷，等．采用爆炸轧制法制备钛/铝复合板[J]．稀有金属，2004，28(4)：797-799.

[198] 徐卫，朱明，胡捷，等．钛-铝复合板加工性能研究[J]．热加工工艺，2010，39(20)：91-94.

[199] 刘晓涛，张廷安．层状金属复合板材生产工艺及其新进展[J]．材料导报，2002，16：41-43.

[200] 陈燕俊，周世平．层叠复合板材加工技术新进展[J]．材料科学与工程，2002，20(1)：140-142.

[201] Cam G，Bohm K H，Mullauer J，et al. The fracture behavior of diffusion bonded duplex gamma TiAl [J]. The Minerals，Metals & Materials Society，1996，(11)：66-68.

[202] Matauoka S J. Ultrasonic Welding of Ceramics/Metal Using Insert s[J]. Journal of Materials Process Technology，1998，75：259-265.

[203] 郑红霞，李宝宽，昌泽舟．金属复合板生产方法的发展现状[J]．炼钢，2001，2：20-23.

[204] 朱永伟，谢刚朝．层压金属复合板材的加工技术[J]．矿冶工程，1998，18(2)：68-72.

[205] 张雪．热双金属复合工艺及其发展趋势[J]．西安邮电学院学报，1999，4(2)：64-67.

[206] 谢建新，孙德勤，吴春京，等．双金属复合板材双结晶器连铸工艺研究[J]．材料工程，2000，4：38-41.

[207] 孙德勤，谢建新，吴春京．复合板的成形技术与发展趋势[J]．金属成形工艺，2003，2(2)：19-24.

[208] 赵红亮，齐克敏，高德福，等．反向凝固复合不锈钢带的轧制工艺及界面结合[J]．钢铁研究学报，2000，34(1)：73-77.

[209] Rabin B H. Joining of fiber-reinforced SiC composites by in situ reaction methods[J]. Materials Science and

Engineering A，1990，130：1-5.

[210] 王志伟．自蔓延高温合成技术研究与应用的新进展[J]．化工进展，2002，21(3)：175-178.

[211] 崔健忠．液—固相轧制复合法生产铝不锈钢复合带[J]．材料导报，2001，2：14.

[212] 刘建彬，韩静涛，解国良，等．双金属复合管短流程新工艺实验研究[J]．塑性工程学报，2008，15(5)：57-61.

[213] 刘建彬，韩静涛，鲍善勤，等．热处理对双金属复合管 X60/2205 组织及力学性能的影响．材料热处理技术，2009，38(4)：125-127.

[214] 解国良，刘靖，韩静涛，等．包覆浇铸及热轧工艺制备 Q235/CrWMn 刀具材料[J]．北京科技大学学报，2010，32(3)：340-344.

[215] 饶启昌，周庆德，邢建东，等．高铬白口铸铁耐磨粒磨损耐磨性与断裂韧性的研究[J]．西安交通大学学报，1986，20(1)：84-91.

[216] 甘宅平．高铬铸铁组织及元素分布的研究[J]．钢铁研究，2003，(4)：41-42.

[217] 慈铁军，齐纪渝，叶锋，等．铬对高铬铸铁组织及性能的影响[J]．铸造，2000，49(S1)：677-679.

[218] 彭晓春，张长军．27%Cr 高铬铸铁组织及性能研究[J]．机械工程材料，2005，29(11)：35-38.

[219] 陈宗民，栾振涛，叶以富，等．现代铬系耐磨白口铸铁的应用与发展[J]．山东科技学院学报，2000，14(3)：43-46.

[220] 苑农，董建新，谢锡善．15Cr 系高铬铸铁组织特征的热力学分析[J]．铸造，2005，54(4)：351-355.

[221] 孙志平，沈保罗，高升吉，等．Mo、Cu 对高铬铸铁凝固组织及亚临界热处理硬化行为的影响[J]．金属热处理，2004，29(8)：8-12.

[222] 王均．合金元素对高铬耐磨铸铁凝固组织及亚临界硬化行为的影响[D]．成都：四川大学，2003.

[223] 朱国庆，郑中甫，张茂勋．铬对低碳高铬铸铁性能的影响[J]．热加工工艺，2008，37(1)：15-17.

[224] 孙志平，沈保罗，高升吉，等．高铬白口铸铁耐磨性及显微组织的关系[J]．金属热处理，2005，30(7)：60-64.

[225] 任福战，赵维民，王如，等．高铬铸铁里的碳化物形貌对力学性能的影响[J]．中国铸造装备与技术，2007，(2)：23-26.

[226] Dogan Ö N，Hawk J A．Effect of carbide orientation on abrasion of high Cr white cast iron[J]．Wear，1995，189(1-2)：136-142.

[227] 慈铁军．铬对高铬铸铁组织性能的影响及冲击磨料磨损机理研究[D]．北京：华北电力大学，2000.

[228] 郝石坚．高铬耐磨铸铁[M]．北京：煤炭工业出版社，1993：1-10.

[229] Weber K，Regener D，Mehner H．Characterization of the microstructure of high-chromium cast irons using Mössbauer spectroscopy[J]．Materials Characterization，2001，46(5)：399-406.

[230] Scandian C，Boher C，De Mello J D B，et al．Effect of molybdenum and chromium contents in sliding wear of high-chromium white cast iron：The relationship between microstructure and wear[J]．Wear，2009，267(1-4)：401-408.

[231] 孙志平，沈保罗，高升吉，等．亚临界热处理对高铬白口铸铁组织及耐磨性的影响[J]．材料热处理学报，2003，24(3)：54-57.

[232] 陈文松．高铬白口铸铁的研究及应用[J]．现代铸铁，1997，(2)：46-50.

[233] 段汉桥．锰对高铬铸铁凝固过程及组织的影响[J]．热加工工艺，2001，(3)：23-25.

[234] 刘浩怀，孙志平，罗诚，等．锰对高铬铸铁凝固组织及亚临界硬化行为的影响[J]．金属热处理，2004，29(4)：24-27.

[235] Bedolla Jacuinde A，Rainforth W M. The wear behaviour of high-chromium white cast irons as a function of silicon and Mischmetal content[J]. Wear，2001，250(1-12)：449-461.

[236] Bedolla-Jacuinde A，Correa R，Quezada J G. Effect of titanium on the as-cast microstructure of a 16% chromium white iron[J]. Materials Science and Engineering A，2005，398(1-2)：297-308.

[237] 张羊换，王贵，刘宗昌，等．稀土对高铬白口铸铁组织及性能的影响[J]．兵器材料科学与工程，1999，22(4)：28-31.

[238] 陈文松．高铬白口铸铁的研究及应用[J]．现代铸铁，1997，(2)：46-49.

[239] 覃劲松，贺柏龄．高铬铸铁-碳钢复合板水平浇注铸造工艺[J]．热加工工艺，2004，(5)33-34.

[240] 刘清梅，吴振卿．高铬铸铁及中碳钢复合界面结合情况分析[J]．铸造设备研究，2002，(6)：27-29.

[241] 西安电力机械厂耐磨件试制组，西安交通大学耐磨课题组．高铬铸铁及其在耐磨上的应用[J]．西安交通大学学报，1978，(4)：99-106.

[242] 张玲，王铁旦，周荣锋，等．铸态亚共晶高铬铸铁重熔时先共晶相的演变[J]．特种铸造及有色合金，2010，(9)：827-830.

[243] Fernández I，Belzunce F J. Wear and oxidation behaviour of high-chromium white cast irons[J]. Materials Characterization，Materials Characterization，2008，59(6)：669-674.

[244] 丁大钊，叶春堂，赵志祥．中子物理学——原理、方法与应用[J]．原子能出版社，2001：243-246，392-398，535.

[245] 刘然．硼及硼化物的应用现状与研究进展[J]．材料导报，2006，20(6)：1-4.

[246] 王零森．碳化硼屏蔽吸收芯块的研制及其在快堆中的性能考核[J]．中国有色金属学报，2006，16(9)：1481-1485.

[247] Subramanian C，Suri A K，Murthy T S R Ch. Development of Boron-based materials for nuclear applications [J]. Barc Newletters，2010，313：14-23.

[248] Subramanian C，Suri A K. Development of Boron and other Boron compounds of Nuclear Interest [J]. IANCAS Bulletin，2005，237-244.

[249] Shibata H，Kohno Y，Shibata K，et al. Nuclear reaction microanalysis of boron doped steels [J]. Nuclear Instruments and Methods in Physics Research B，2007(260)：321-324.

[250] Okamoto H. B-Fe (Boron-Iron) [J]. Journal of Phase Equilibria and Diffusion，2004，25(3)：297-298.

[251] ASTM Committee A-1. Standard Specification for Borated Stainless Steel Plate，Sheet，and Strip for Nuclear Application [S]. Annual Book of ASTM Standards，2000，Vol 01. 03.

[252] Robino C V，Cieslak M J. High-temperature metallurgy of advanced borated stainless steels [J]. Metallurgical and Materials Transactions A，1995，26(7)：1673-1685.

[253] 段永华，竺培显．中国核能技术的回顾与展望[J]．国土资源，2005.101-107.

[254] 党刚．不锈钢[M]．上海：上海市科学技术编译馆出版社．1965，9(2)：89-107.

[255] 松田隆明．热中子遮蔽用添加硼不锈钢"304BN1""304BN2"[J]．住友金属，1995，4(47)：71-75.

[256] Molinari A，Menapace C，Kazior J，et al. Liquid Phase Sintering of a Boron Alloyed Austenitic Stainless Steel[J]. Materials Science Forum，2007，534-536：553-556.

[257] 陈家民．塑性成形力学[M]．沈阳：东北大学出版社，2006：43-45.

[258] 王平，崔建忠．金属塑性成形力学[M]．北京：冶金工业出版社，2006：138-140.

[259] 钟春生，韩静涛．金属塑性变形力计算基础[M]．北京：冶金工业出版社，1994：134-151.

[260] 郝南海，常志梁．塑性成形力学[M]．2001 北京：兵器工业出版社：82.

[261] 刘元文，戴焕海．双金属塑性成形的滑移线特性[J]．锻压机械，1994(5)：28-30.

[262] 宋岱才，路永浩，刘国志，等．数值计算方法[M]．北京：中国经济出版社，2006：122-123.

[263] Fernández I, Belzunce F J. Wear and oxidation behavior of high chromium white cast irons [J]. Materials Characterization, 2008, 59: 669-674.

[264] 毛卫民．金属材料的晶体学织构与各向异性[M]．北京：科学出版社，2002.

[265] 贾乃文．塑性力学[M]．重庆：重庆大学出版社，1992：316-321.

[266] 周纪华，管克智．金属塑性变形阻力[M]．北京：机械工业出版社，1989：70-79.

[267] 黄四亮．高铬白口铸铁(10%-28%Cr)热处理工艺研究与探讨[J]．铸造技术，2000，(6)：43-46.

[268] Wang J, Li C, Liu H H, et al. The precipitation and transformation of secondary carbides in a high chromium cast iron[J]. Materials Characterization, 2006, 56: 73-78.

[269] 丛树林，孙凯，刘忆．碳化物对高铬铸铁性能影响的分形理论讨论[J]．热加工工艺，2006，35(12)：17-19.

[270] Weber K, Regener D, Mehner H, et al. Characterization of the microstructure of high-chromium cast irons using Mossbauer spectroscopy [J]. Materials Characterization, 2001, 46: 399-406.

[271] Tabrett C P, Sare I R. The effect of heat treatment on the abrasion resistance of alloy white irons [J]. Wear, 1997, 203-204: 206-219.

[272] Hou Q Y, Huang Z Y, Wang J T. Application of rietveld refinement to investigate the high chromium white cast Iron austempered at different temperatures [J]. Journal of Iron and Steel Research, International, 2009, 16: 33-38.

[273] Wiengmoon A, Chairuangsri T, Poolthong N, et al. Electron microscopy and hardness study of a semi-solid processed 27wt%Cr cast iron [J]. Materials Science and Engineering A, 2008, 480: 333-341.

[274] 龚正春，刘产军．热处理对高铬铸铁磨损特性的影响[J]．哈尔滨理工大学学报，2001，6(6)：58-62.

[275] 赵磊，孙煌炜．离心复合高铬铸铁轧辊的热处理[J]．大型铸锻件，2000，(1)：38-40.

[276] 肖纪美．不锈钢的金属学问题[M]．北京：冶金工业出版社．1983.

[277] 李木森．Fe2B 相价电子结构及其本质脆性[J]．金属学报，1995，(5)：201-207.

[278] 李燕鸣．热能中子防护用含硼不锈钢[J]．钢铁研究，1989，4：114-115.

[279] Döring J E, Vaßen R, Linke J, et al. Properties of plasma sprayed boron carbide protective coatings for the first wall in fusion experiments [J]. Journal of Nuclear Materials, 2002, (307-311): 121-125.

[280] Akkurt I, Calik A, Aky H. The boronizing effect on the radiation shielding and magnetization properties of AISI 316L austenitic stainless steel [J]. Nuclear Engineering and Design, 2011, 241: 55-58.

[281] 温军国，郑弃非，涂思京，等．热处理对铁素体不锈钢组织及性能的影响[J]．稀有金属，2006，(30)：152-154.

[282] 王松涛，杨柯，单以银，等．高氮奥氏体不锈钢与 316 不锈钢的冷变形行为研究[J]．金属学报，2007(2)：171-176.

[283] Swift H W. Plastic Instability under Plane Stress[J]. Journal of the Mechanics and Physics of Solids, 1952, 1(1): 1-18.

[284] Yanagimoto J, Oya T, Kawanishi S, et al. Enhancement of bending formability of brittle sheet metal in multilayer metallic sheets [J]. CIRP Annals-Manufacturing Technology, 2010, 59: 287-290.

[285] Inoue J, Nambu S, Ishimoto Y, et al. Fracture Elongation of Brittle/ Ductile Multilay-ered Steel Composites with a Strong Interface [J]. Scripta Materialia, 2008, 59: 1055-1058.

[286] Nambu S, Michiuchi M, Ishimoto Y, et al. Transition in Deformation Behavior of Martensitic Steel during Large Deformation under Uniaxial Tensile Loading [J]. Scripta Materialia, 2009, 60: 221-224.

[287] 赵文金, 潘英, 卢怀昌, 等. 蒸汽发生器管束裂纹的金相及断口分析 [J]. 中国核科技报告, 1990 (7): 1-9.

[288] 吴钱林, 孙扬善, 薛烽, 等. 电渣重熔对 TiC 强化 2Cr13 不锈钢力学性能及断口的影响[J]. 2008, 44(6): 745-750.

[289] Bastürk M, Kardjilov N, Lehman E, et al. Monte Carlo Simulation of Neutron Transmission of Boron-Alloyed Steel[J]. Transactions on nuclear science, 2005, 52(1): 394-399.

[290] Zawisky M, Bastürk M, Rehacek J, et al. Neutron tomographic investigations of boron-alloyed steels [J]. Journal of Nuclear Materials, 2004, (327): 188-193.

[291] Demir F, Budak G, Sahin R, et al. Under Determination of radiation attenuation coefficients of heavyweight and normal-weight concretes containing colemanite and barite for 0.663 MeV c-rays[J]. Annals of Nuclear Energy, 2011, (38): 1274-1278.

[292] 邱东, 李俊杰. 含硼聚乙烯材料中子衰减系数的实验测量[C]. 第十三届全国核电子学与核探测技术学术年会论文集(下册), 2006: 463-466.

[293] 王廷, 张秉刚, 陈国庆, 等. Ti-钢异种金属焊接存在问题及研究现状[J]. 焊接专题综述, 2009 (09): 29-32.

[294] Lee M K, Lee J G, Choi Y H, et al. Interlayer engineering for dissimilar bonding of titanium to stainless steel[J]. Materials Letters, 2010, 64(9): 1105-1108.

[295] Kahraman N, Gülenç B, Findik F. Joining of titanium-stainless steel by explosive welding and effect on interface[J]. Journal of Materials Processing Technology, 2005, 169(2): 127-133.

[296] Mousavi S A A, Sartangi P F. Experimental investigation of explosive welding of cp-titanium-AISI 304stainless steel[J]. Materials & Design, 2009, 30(3): 459-468.

[297] Manikandan P, Hokamoto K, Fujita M, et al. Control of energetic conditions by employing interlayer of different thickness for explosive welding of titanium-304stainless steel[J]. Journal of Materials Processing Technology, 2008, 195(1-3): 232-240.

[298] Manikandan P, Hokamoto K, Deribas A A, et al. Explosive Welding of Titanium-Stainless Steel by Controlling Energetic Conditions[J]. Materials Transactions, 2006, 47(8): 2049-2055.

[299] Song J, Kostka A, Veehmayer M, et al. Hierarchical microstructure of explosive joints: Example of titanium to steel cladding[J]. Materials Science and Engineering: A, 2011, 528(6): 2641-2647.

[300] Mousavi S A A, Sartangi P F. Effect of post-weld heat treatment on the interface microstructure of explosively welded titanium-stainless steel composite[J]. Materials Science and Engineering: A, 2008, 494 (1-2): 329-336.

[301] 颜学柏, 李正华, 彭文安. 加热对 Ti-钢爆炸复合板界面力学性能及显微结构的影响[J]. 稀有金属材料与工程, 1990(05): 38-45.

[302] Chiba A, Nishida M, Morizono Y, et al. Diffusion Barrier Effect of TiC Layer Formed at the Bonding Interface and Bonding Characteristics of an Explosively Welded Ti-SUS420J1Stainless Steel Clad by Heat Treatment[J]. The Iron and Steel Institute of Japan, 1997, 83(11): 48-53.

[303] Momono T, Enjo T, Ikeuchi K. Effect of carbon content on the diffusion bonding of iron and steel to titanium[J]. ISIJ International, 1990, 30(11): 978-984.

[304] 赵东升. Ti 合金与不锈钢真空热轧形变连接机理研究[D]. 哈尔滨工业大学, 2008.

[305] Ghosh M, Chatterjee S. Characterization of transition joints of commercially pure titanium to 304stainless steel[J]. Materials Characterization, 2002, 48(5): 393-399.

[306] Ghosh M, Chatterjee S. Diffusion bonded transition joints of titanium to stainless steel with improved properties[J]. Materials Science and Engineering: A, 2003, 358(1-2): 152-158.

[307] Ghosh M, Bhanumurthy K, Kale G B, et al. Diffusion bonding of titanium to 304stainless steel[J]. Journal of Nuclear Materials, 2003, 322(2-3): 235-241.

[308] Ghosh M, Chatterjee S. Effect of interface microstructure on the bond strength of the diffusion welded joints between titanium and stainless steel[J]. Materials Characterization, 2005, 54(4-5): 327-337.

[309] Ghosh A, Das S, Banarjee P S, et al. Variation in the reaction zone and its effects on the strength of diffusion bonded titanium-stainless steel couple[J]. Materials Science and Engineering: A, 2005, 390(1-2): 217-226.

[310] Kundu S, Chatterjee S. Diffusion bonding between commercially pure titanium and micro-duplex stainless steel[J]. Materials Science and Engineering: A, 2008, 480(1-2): 316-322.

[311] Kundu S, Ghosh M, Chatterjee S. Diffusion bonding of commercially pure titanium and 17-4precipitation hardening stainless steel[J]. Materials Science and Engineering: A, 2006, 428(1-2): 18-23.

[312] Kundu S, Roy D, Chatterjee S, et al. Influence of interface microstructure on the mechanical properties of titanium-17-4 PH stainless steel solid state diffusion bonded joints[J]. Materials & Design, 2012, 37: 560-568.

[313] Kundu S, Sam S, Chatterjee S. Interface microstructure and strength properties of Ti-6Al-4V and micro-duplex stainless steel diffusion bonded joints[J]. Materials & Design, 2011, 32(5): 2997-3003.

[314] Kurt B, Orhan N, Evin E, et al. Diffusion bonding between Ti-6Al-4V alloy and ferritic stainless steel [J]. Materials Letters, 2007, 61(8-9): 1747-1750.

[315] Eroglu M, Khan T I, Orhan N. Diffusion bonding between Ti-6Al -4V alloy and microduplex stainless steel with copper interlayer[J]. Materials Science and Technology, 2002, 18: 68-72.

[316] Kundu S, Ghosh A, Laik A, et al. Diffusion bonding of commercially pure titanium to 304stainless steel using copper interlayer[J]. Materials Science and Engineering: A, 2005, 407(1-2): 154-160.

[317] Özdemir N, Bilgin B. Interfacial properties of diffusion bonded Ti-6Al-4V to AISI 304stainless steel by inserting a Cu interlayer[J]. International Journal of Advanced Manufacturing Technology, 2009, 41: 519-526.

[318] Deng Y Q, Sheng G M, Xu C. Evaluation of the microstructure and mechanical properties of diffusion bonded joints of titanium to stainless steel with a pure silver interlayer[J]. Materials & Design, 2013, 46: 84-87.

[319] Atasoy E, Kahraman N. Diffusion bonding of commercially pure titanium to low carbon steel using a silver interlayer[J]. Materials Characterization, 2008, 59(10): 1481-1490.

[320] Lee J G, Hong S J, Lee M K, et al. High strength bonding of titanium to stainless steel using an Ag interlayer[J]. Journal of Nuclear Materials, 2009, 395(1-3): 145-149.

[321] Elrefaey A, Tillmann W. Solid state diffusion bonding of titanium to steel using a copper base alloy as interlayer[J]. Journal of Materials Processing Technology, 2009, 209(5): 2746-2752.

[322] Li P, Li J L, Xiong J T. Diffusion bonding titanium to stainless steel using Nb-Cu-Ni multi-interlayer [J]. Materials Characterization, 2012, 68: 82-87.

[323] 秦斌, 盛光敏, 黄家伟, 等. Ti 合金与不锈钢的相变超塑性扩散焊工艺[J]. 焊接学报, 2006(01):

41-44.

[324] 韩靖. Ti 合金与不锈钢扩散焊接研究进展[J]. 热加工工艺，2011，40(1)：123-125，128.

[325] Han J，Sheng G M，Zhou X L. Diffusion Bonding of Surface Self-nanocrystallized Ti-4Al-2V and 0Cr18Ni9Ti by Means of High Energy Shot Peening[J]. ISIJ International，2008，48(9)：1238-1245.

[326] 黄金昌. NKK 开发 Ti 钢轧制复合板[J]. 稀有金属快报，2002(6)：3-5.

[327] Yamamoto A，Nakamura H，Nishiyama Y. Development of hot-rolled titanium-clad steel coils by using liquid phase at titanium-steel interface for bonding[J]. Nippon Steel Technical Report，1994，62：34-39.

[328] 王敬忠，颜学柏，阎静亚. Ti-钢复合板材生产中的过渡层材料[J]. 有色金属，2009(61)：39-42.

[329] Mohsen S，Gholam R R，Hossein M. The Investigate Metallurgical Properties of Roll Bonding Titanium Clad Steel[J]. International Journal of Applied Physics and Mathematics，2011，1(3)：177-180.

[330] Dziallach S，Bleck W，Köhler M，et al. Roll-Bonded Titanium-Stainless-Steel Couples，Part 1：Diffusion and Interface-Layer Investigations[J]. Advanced Engineering Materials，2009，11(1-2)：75-81

[331] Dziallach S，Bleck W，Köhler M，et al. Roll-Bonded Titanium-Stainless-Steel Couples，Part 2：Mechanical Properties after Different Material-Treatment Routes[J]. Advanced Engineering Materials，2009，11(1-2)：82-87.

[332] Dziallach S，Bleck W，Köhler M. Roll-Bonded Titanium-Stainless-Steel Couples. Part 3：Adhesion Properties[J]. Advanced Engineering Materials，2010，12(9)：848-854.

[333] Bae D S，Chae Y R，Lee S P，et al. Effect of Post Heat Treatment on Bonding Interfaces in Ti-Mild steel-Ti Clad Materials[J]. Procedia Engineering，2011，10：996-1001.

[334] Xia H B，Wang S G，Ben H F. Microstructure and mechanical properties of Ti-Al explosive cladding[J]. Materials & Design，2014，56：1014-1019.

[335] Fronczek D M，Wojewoda-Budka J，Chulist R，et al. Structural properties of Ti-Al clads manufactured by explosive welding and annealing[J]. Materials & Design，2016，91：80-89.

[336] 马志新，李德富，胡捷，等. 采用爆炸-轧制法制备 Ti-Al 复合板材[J]. 稀有金属，2004(04)：797-799.

[337] 陈泽军，陈全忠，黄光杰，等. Al-Ti-Al 三层复合板热轧工艺及微观组织研究[J]. 材料导报 B，2012，26(3)：106-109.

[338] Ma M，Huo P，Liu W C，et al. Microstructure and mechanical properties of Al-Ti-Al laminated composites prepared by roll bondingt[J]. Materials Science and Engineering：A，2015，636：301-310.

[339] Lee K S，Bae S J，Lee H W，et al. Interface-correlated bonding properties for a roll-bonded Ti-Al 2-ply sheet[J]. Materials Characterization，2017，134：163-171.

[340] Xiao H，Qi Z C，Yu C，et al. Preparation and properties for Ti-Al clad plates generated by differential temperature rolling[J]. Journal of Materials Processing Technology，2017，249：285-290.

[341] Bhushan B. Adhesion and stiction：Mechanisms，measurement techniques，and methods for reduction[J]. Journal Of Vacuum Science & Technology B，2003，21(6)：2262-2296.

[342] Wagener H W，Haats J. Pressure welding of corrosion resistant metals by cold extrusion[J]. Journal of materials processing technology，1994，45：275-280.

[343] Vaidyanath L R，Nicholas M G，Milner D R. Pressure welding by rolling[J]. British Welding Journal，1959，6：13-28.

[344] Wright P K，Snow D A，Tay C K. Interfacial conditions and bond strength in cold pressure weld by rolling[J]. Metals Technology，1978，(1)：24-31.

［345］ Bay N. Cold pressure welding—a theoretical model for the bond strength［J］. The Joining of metals: Practice and Performance, 1981, 2: 47-62.

［346］ Bay N. Mechanisms producing metallic bonds in cold welding［J］. Welding Journal, 1983, 62(5): 137-142.

［347］ Bay N. Cold Pressure Welding – The Mechanisms Governing Bonding［J］. Journal of Engineering for Industry, 1979, (101): 121-127.

［348］ Bay N, Clemensen C, Juelstorp O. Bond Strength in Cold Roll Bonding［J］. Annals of the CIRP, 1985, (34): 221-224.

［349］ Zhang W, Bay N. A Numerical Model for Cold Welding of Metals［J］. CIRP Annals – Manufacturing Technology, 1996, 45(1): 215-220.

［350］ Yan H Z, Lenard J G. A study of warm and cold roll-bonding of an aluminium alloy［J］. Materials Science and Engineering: A, 2004, 385(1-2): 419-428.

［351］ Cooper D R, Allwood J M. The influence of deformation conditions in solid – state aluminium welding processes on the resulting weld strength［J］. Journal of Materials Processing Technology, 2014, 214(11): 2576-2592.

［352］ GB/T 6396—2008 复合钢板力学及工艺性能试验方法［S］, 全国钢标准化技术委员会.

［353］ Nakasuji K, Masuda K, Hayashi C. Development of Manufacturing Process of Clad Bar by Rotary［J］. ISIJ International, 1997, 37(9): 899-905.

［354］ ASTM A264-12. Standard Specification for Stainless Chromium-Nickel Steel-Clad Plate［S］. Annual Book of ASTM Standards, 2019, A01. 11.

［355］ ASTM B432-14. Standard Specification for Copper and Copper Alloy Clad Steel Plate［S］. Annual Book of ASTM Standards, 2014, B05. 01.

［356］ ASTM A265 - 12. Standard Specification for Nickel and Nickel-Base Alloy-Clad Steel Plate［S］. Annual Book of ASTM Standards, 2019, A01. 11

［357］ ASTM B898-11. Standard Specification for Reactive and Refractory Metal Clad Plate［S］. Annual Book of ASTM Standards, 2016, B10. 01.

［358］ ASTM A263 - 12. Standard Specification for Stainless Chromium Steel – Clad Plate［S］. Annual Book of ASTM Standards, 2012, A01. 11.

［359］ Yang W. An investigation of Bonding mechanism in metal cladding by warm rolling［D］. Texas: Texas A&M University, 2011.

［360］ ASTM D1876-08. Standard Test Method for Peel Resistance of Adhesives (T-Peel Test)［S］. Annual Book of ASTM Standards, 2008, D14. 80.

［361］ ASTM D903-98. Standard Test Method for Peel or Stripping Strength of Adhesive Bonds［S］. Annual Book of ASTM Standards, 2010, D14. 80.

［362］ ASTM D3167 - 03a. Standard Test Method for Floating Roller Peel Resistance of Adhesives［S］. Annual Book of ASTM Standards, 2004, D14. 80.

［363］ Govindaraj N V, Lauvdal S, Holmedal B. Tensile bond strength of cold roll bonded aluminium sheets［J］. Journal of Materials Processing Technology, 2013, 213(6): 955-960.

［364］ Zhang J J, Liang W, Liu Y M, et al. A novel testing approach for interfacial normal bond strength of thin laminated metallic composite plates［J］. Materials Science and Engineering: A, 2014, 590: 314-317.

［365］ Wang Q, Leng X S, Yan J C, et al. Al 1060-Pure Iron Clad Materials by Vacuum Roll Bonding and Their Solderability［J］. Journal of Materials Science & Technology, 2013, 29(10): 948-954.

［366］Akramifard H R, Mirzadeh H, Parsa M H. Estimating interface bonding strength in clad sheets based on tensile test results［J］. Materials & Design, 2014, 64: 307-309.

［367］Lee D J, Ahn D H, Yoon E Y, et al. Estimating interface bonding strength in clad metals using digital image correlation［J］. Scripta Materialia, 2013, 68(11): 893-896.

［368］Buchner M, Buchner B, Buchmayr B, et al. Investigation of different parameters on roll bonding quality of aluminium and steel sheets［J］. International Journal of Material Forming, 2008, 1(1Supplement): 1279-1282.

［369］Li X D, Bhushan B. A review of nanoindentation continuous stiffness measurement technique and its applications［J］. Materials Characterization, 2002, 48(1): 11-36.

［370］Liu J T, Li M, Sheu S, et al. Macro- and micro-surface engineering to improve hot roll bonding of aluminum plate and sheet［J］. Materials Science and Engineering: A, 2008, 479(1-2): 45-57.

［371］Zhao D S, Yan J C, Wang C W, et al. Interfacial structure and mechanical properties of hot roll bonded joints between titanium alloy and stainless steel using copper interlayer［J］. Science and technology of welding and joining, 2008, 13(8): 765-768.

［372］Yan J C, Zhao D S, Wang C W, et al. Vacuum hot roll bonding of titanium alloy and stainless steel using nickel interlayer［J］. Materials science and technology, 2009, 25(7): 914-918.

［373］Yang Y H, Lin G Y, Chen D D, et al. Fabrication of Al-Cu laminated composites by diffusion rolling procedure［J］. Materials science and technology, 2014, 30(8): 973-976.

［374］Elrefaey A, Tillmann W. Correlation between microstructure, mechanical properties, and brazing temperature of steel to titanium joint［J］. Journal of Alloys and Compounds, 2009, 487: 639-645.

［375］Yue X, He P, Feng J C, et al. Microstructure and interfacial reactions of vacuum brazingtitanium alloy to stainless steel using an AgCuTi filler metal［J］. Materials Characterization, 2008, 59: 1721-1727.

［376］Li J, Strane J W, Russell S W, et al. Observation and prediction of first phase formation in binary Cu-metal thin films［J］. Journal of Applied Physics, 1992, 72: 2810-2817.

［377］An J, Liu Y B, Lu Y, et al. Hot roll bonding of Al-Pb-bearing alloy strips and steel sheets using an aluminized interlayer［J］. Materials Characterization, 2001, 47: 291-297.

［378］An J, Liu Y B, Sun D R. Mechanism of bonding of Al-Pb alloy strip and hot dip aluminised steel sheet by hot rolling［J］. Materials science and technology, 2001, 17: 451-454.

［379］Atasoya E, Kahraman N. Diffusion bonding of commercially pure titanium to low carbon steel using a silver interlayer［J］. Materials Characterization, 2008, 59: 1481-1490.

［380］Zhao D S, Yan J C, Wang Y, et al. Relative slipping of interface of titanium alloy to stainless steel during vacuum hot roll bonding［J］. Materials Science and Engineering: A, 2009, 499: 282-286.

［381］Reihanian M, Naseri M. An analytical approach for necking and fracture of hard layer during accumulative roll bonding (ARB) of metallic multilayer［J］. Materials & Design, 2016, 89: 1213-1222.

［382］Hwang Y M, Hsu H H, Lee H J. Analysis of plastic instability during sandwich sheet rolling［J］. Int. J. Math. Tools Manufact., 1996, 36(1): 47-62.

［383］Govindaraj N V, Frydendahl J G, Holmedal B. Layer continuity in accumulative roll bonding of dissimilar material combinations［J］. Materials & Design, 2013, 52: 905-915.

［384］Luo C Z, Liang W, Chen Z Q, et al. Effect of high temperature annealing and subsequent hot rolling on microstructural evolution at the bond-interface of Al-Mg-Al alloy laminated composites［J］. Materials Characterization, 2013, 84: 34-40.

［385］Abedi R, Akbarzadeh A. Bond strength and mechanical properties of three-layered St-AZ31-St composite fabricated by roll bonding[J]. Materials & Design, 2015, 88: 880-888.

[386] Jin J Y, Hong S I. Effect of heat treatment on tensile deformation characteristics and properties of Al3003-STS439clad composite[J]. Materials Science and Engineering: A, 2014, 596: 1-8.

[387] Mousavi S A A A, Sartangi P F. Effect of post-weld heat treatment on the interface microstructure of explosively welded titanium-stainless steel composite[J]. Materials Science and Engineering: A, 2008, 494: 329-336.

[388] Saboktakin M, Razavi G R, Monajati H. The Investigate Metallurgical Properties of Roll Bonding Titanium Clad Steel[J]. Inter. J. Appl. Phys. Math., 2011, 1(3): 177-180.

[389] Kim J S, Lee K S, Kwon Y N, et al. Improvement of interfacial bonding strength in roll-bonded Mg-Al clad sheets through annealing and secondary rolling process[J]. Materials Science and Engineering: A, 2015, 628: 1-10.

[390] Lee K S, Kim J S, Jo Y M, et al. Interface-correlated deformation behavior of a stainless steel-Al-Mg 3-ply composite[J]. Materials Characterization, 2013, 75: 138-149.

[391] Lee K S, Yoon D H, Kim H K, et al. Effect of annealing on the interface microstructure and mechanical properties of a STS-Al-Mg 3-ply clad sheet[J]. Materials Science and Engineering: A, 2012, 556: 319-330.

[392] Kim W N, Hong S I. Interactive deformation and enhanced ductility of tri-layered Cu-Al-Cu clad composite[J]. Materials Science and Engineering: A, 2016, 651: 976-986.

[393] Liu C Y, Wang Q, Jia Y Z, et al. Microstructures and mechanical properties of Mg-Mg and Mg-Al-Mg laminated composites prepared via warm roll bonding[J]. Materials Science and Engineering: A, 2012, 556: 1-8.

[394] Zhang N, Wang W X, Cao X Q, et al. The effect of annealing on the interface microstructure and mechanical characteristics of AZ31B-AA6061composite plates fabricated by explosive welding[J]. Materials & Design, 2015, 65: 1100-1109.

[395] Akramifard H R, Mirzadeh H, Parsa M H. Cladding of aluminum on AISI 304L stainless steel by cold roll bonding: Mechanism, microstructure, and mechanical properties[J]. Materials Science and Engineering: A, 2014, 613: 232-239.

[396] 马旻. Ti-Al-镁叠层板热轧复合及组织与性能研究[D]. 秦皇岛: 燕山大学, 2016.

[397] Chaudhari G P, Acoff V. Cold roll bonding of multi-layered bi-metal laminate composites[J]. Composites Science and Technology, 2009, 69: 1667-1675.

[398] Pan S C, Huang M N, Tzou G Y, et al. Analysis of asymmetrical cold and hot bond rolling of unbounded clad sheet under constant shear friction[J]. Journal of Materials Processing Technology, 2006, 177: 114-120.

[399] R. 希尔. 塑性数学理论[M]. 北京: 科学出版社, 1966: 347-365.

[400] Hosseini M, Manesh H D. Bond strength optimization of Ti-Cu-Ti clad composites produced by roll-bonding[J]. Materials & Design, 2015, 81: 122-132.

[401] Yang D K, Xiong J Y, Hodgson P, et al. Influence of deformation-induced heating on the bond strength of rolled metal multilayers[J]. Materials Letters, 2009, 63: 2300-2302.

[402] Miyajima Y, Iguchi K, Onaka S, et al. Effects of Rolling Reduction and Strength of Composed Layers on Bond Strength of Pure Copper and Aluminium Alloy Clad Sheets Fabricated by Cold Roll Bonding[J]. Advances in Materials Science and Engineering, 2014, (2): 1-11.

[403] Dyakonov G S, Mironov S, Zherebtsov S V, et al. Grain-structure development in heavily cold-rolled al-

pha-titanium[J]. Materials Science and Engineering：A，2014，607：145-154.

[404] Zherebtsov S V，Dyakonov G S，Salem A A，et al. Evolution of grain and subgrain structure during cold rolling of commercial-purity titanium[J]. Materials Science and Engineering：A，2011，528：3474-3479.

[405] Zeng Z P，Jonsson S，Roven H J. The effects of deformation conditions on microstructure and texture of commercially pure Ti[J]. Acta Materialia，2009，57：5822-5833.

[406] Chun Y B，Yu S H，Semiatin S L，et al. Effect of deformation twinning on microstructure and texture evolution during cold rolling of CP-titanium[J]. Materials Science and Engineering：A，2005，398：209-219.

[407] Lee J K，Lee D N. Texture control and grain refinement of AA1050 Al alloy sheets by asymmetric rolling[J]. International Journal of Mechanical Sciences，2008，50：869-887.

[408] Thornburg D R，Piehler H R. An analysis of constrained deformation by slip and twinning in hexagonal close packed metals and alloys[J]. Metallurgical Transactions A，1975，6A(8)：1511-1523.

[409] Lopatin N V. Microstructure evolution in pure titanium during warm deformation by combined rolling processes[J]. Materials Science and Engineering：A，2012，556：704-715.

[410] Le H R，Sutcliffe M P F，Wang P Z，et al. Surface oxide fracture in cold aluminium rolling[J]. Acta Materialia，2004，52：911-920.

[411] Sutcliffe M P F. Flattening of Random Rough Surfaces in Metal-Forming Processes[J]. ASME J Tribol，1999，(121)：433-440.

[412] Johnson K L. Contact mechanics[M]. Cambridge，UK：Cambridge University Press 1985.

[413] 褚巧玲. TA1-Q345 层状复合板焊接机理及其组织演变行为研究[D]. 西安：西安理工大学，2017.

[414] Lebensohn R A，Tome C N. A self-consistent approach for the simulation of plastic deformation and texture development of polycrystals：application to Zirconium alloys. Acta Metallurgica et Materialia，1993，41(9)：2611-2624.

附　　录

关于 $h_{t,J}(x) = 1 - \dfrac{Rh_0 + x^2}{Rh_i}$；证明过程如下：

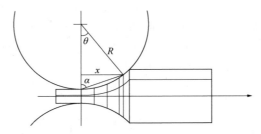

　　由于所接触的弧长相对于轧辊的直径而言（如上图所示），其数值很小，所以可以作为近似处理，即 $\tan\theta \approx \dfrac{x}{R}$，又因为 $2\alpha = \pi - \theta$，可以得到：

$$\tan 2\alpha = \tan(\pi - \theta) = -\frac{x}{R}$$

又因为 $\tan 2\alpha = \dfrac{2\,\dfrac{x}{R(1-\cos\theta)}}{1 - \left(\dfrac{x}{R(1-\cos\theta)}\right)^2}$，

　　所以可以得到：

$$\tan 2\alpha = \frac{2R(1-\cos\theta)x}{[R(1-\cos\theta)]^2 - x^2} \approx -\frac{2R(1-\cos\theta)}{x}，\text{ 而 } R(1-\cos\theta) = \frac{x^2}{2R}，$$

　　所以得到：

$$h_{t,J}(x) = \frac{h_i - [h_0 + 2R(1-\cos\theta)]}{h_i} = 1 - \frac{h_0 + 2\dfrac{x^2}{2R}}{h_i} = 1 - \frac{Rh_0 + x^2}{Rh_i}。$$